FR. A. WILLERS

MATHEMATISCHE MASCHINEN UND INSTRUMENTE

MATHEMATISCHE MASCHINEN UND INSTRUMENTE

VON

DR. FR. A. WILLERS

ord. Prof. der angewandten Mathematik
an der Technischen Hochschule Dresden

MIT 258 ABBILDUNGEN

1951

AKADEMIE-VERLAG · BERLIN

Erschienen im Akademie-Verlag GmbH., Berlin NW 7, Schiffbauerdamm 19
Lizenz-Nr. 156 · 100/112/50
Herstellung: IV/2/14 - VEB Werkdruck Gräfenhainichen - 223
Bestell- und Verlagsnummer: 5064
Printed in Germany

VORWORT

Heute scheint es mir nicht mehr nötig zu sein, das Erscheinen eines Buches über mathematische Maschinen und Instrumente zu rechtfertigen, wie ich das noch in meinem 1943 erschienenen Buche glaubte tun zu müssen. Die Entwicklung insbesondere des letzten Jahrzehntes hat gezeigt, von welcher Bedeutung diese Maschinen in der Hauptsache für die Anwendung der Mathematik sind. Der vorliegende Band ist eine Neubearbeitung des Buches „Mathematische Instrumente", das 1943 im Verlag Oldenbourg-München erschien und schon nach einem Jahr vergriffen war. Die Zeitverhältnisse erlaubten damals keine Neuauflage. Auch in den unmittelbar folgenden Jahren empfahl sich kein Neudruck, da die großen Fortschritte, die im Bau mathematischer Maschinen, die während dieser Zeit im Ausland gemacht waren, in Deutschland noch nicht genauer bekannt waren. Erst in den letzten Jahren wurde die ausländische Literatur wenigstens so weit zugänglich, daß man sich ein Bild der Entwicklung machen konnte. Es handelt sich dabei vor allem um die großen Rechenautomaten (digital general-purpose machines), an deren Entwicklung heute in vielen Ländern gearbeitet wird, auch in Deutschland, so daß auch hier aus eigener Erfahrung geurteilt werden konnte.

Die Hauptveränderungen gegenüber dem Buche von 1943 bestehen darin, daß die mathematischen Maschinen (digital machines) gegenüber den mathematischen Instrumenten (analog machines) entsprechend der Entwicklung der letzten Jahre mehr in den Vordergrund getreten sind. Es schien mir wünschenswert, das auch im Titel zum Ausdruck zu bringen. Auch sonst sind überall Ergänzungen angebracht, die die neuere Entwicklung berücksichtigen. Besonders ist der Abschnitt über „Zeichnen von Kurven und Messungen an Kurven" erweitert worden. Ganz neu geschrieben ist der Abschnitt über Integriermaschinen (differential-analyser). Auch dieses Mal sind aber die Instrumente zur Lösung algebraischer Gleichungen und von Systemen linearer Gleichungen noch nicht berücksichtigt. Das mag einer späteren Auflage vorbehalten bleiben. Im übrigen können die dafür erforderlichen Rechnungen auch mit den Rechenautomaten durchgeführt werden.

Das Literaturverzeichnis ist durchaus nicht vollständig, da ich, abgesehen von ganz wenigen Ausnahmen, nur das aufgenommen habe, was ich wirklich durcharbeiten konnte. Vor allem ist nur ein kleiner Ausschnitt aus der außerordentlich umfangreichen neueren Literatur über Rechenautomaten angeführt, die hier immer noch nur zum geringen Teil zugänglich ist. Das gilt allgemein auch von der sowjetischen Literatur über mathematische Instrumente. Im Jahre 1949 ist in Moskau eine Übersetzung meines Buches von 1943 erschienen, in der in zahlreichen Anmerkungen auf die Entwicklung in der UdSSR hingewiesen und in der das Schriftenverzeichnis um 115 Zitate sowjetischer Abhandlungen vervollständigt ist. Den Inhalt der Anmerkungen habe ich zum Teil im Text verarbeitet. Das Schriftenverzeichnis habe ich nicht aufgenommen, da mir die Arbeiten nicht zugänglich waren und ich daran festhalten möchte, möglichst nur solche Arbeiten zu zitieren, die ich selbst einsehen konnte.

Zum Schluß möchte ich allen, die mich bei meiner Arbeit unterstützt haben, danken, sei es den Firmen, die mir für die Reproduktion Photos der von ihnen gebauten Instrumente überlassen haben, sei es den Herren, die mir durch Ratschläge oder beim Korrekturlesen geholfen haben. Insbesondere danke ich meinen Assistenten Herrn Dr.-Ing. *N. J. Lehmann* und Herrn Dipl.-Math. *K.-H. Bachmann*. Ersterer machte mir zu dem Abschnitt über Rechenautomaten eine Anzahl von Ergänzungs- und Verbesserungsvorschlägen, durch deren Befolgung dieser Abschnitt wesentlich gewonnen hat; letzterer unterstützte mich wirksam beim Lesen der Korrekturen. Nicht zuletzt gilt mein Dank den Herren des Akademie-Verlages, die bereitwillig auf alle meine Wünsche eingingen.

Dresden, im Juni 1951

Willers

INHALTSVERZEICHNIS

Seite

EINLEITUNG

Das Gebiet der instrumentellen Mathematik hat in den letzten Jahren beträchtlich an Bedeutung gewonnen. Es sind nicht nur eine Reihe von neuen Apparaten für Flächen- und Momentenberechnung ebener Flächenstücke, für harmonische Analyse usw. konstruiert worden; sondern es sind vor allem programmgesteuerte Rechenautomaten zur automatischen Durchführung längerer Rechengänge und Differentialanalysatoren für die genäherte Lösung solcher Probleme, die auf Differential- oder Integralgleichungen führen, gebaut worden, Maschinen, die die Behandlung solcher Probleme in einer angemessenen Zeit ermöglichen. Viele mathematisch und technisch wichtige Fragen, die sonst nur mit umständlichen numerischen oder graphischen Methoden behandelt werden können, lassen sich so instrumentell mit ausreichender Genauigkeit verhältnismäßig schnell beantworten.

Man teilt heute die mathematischen Geräte in zwei Gruppen. Werden die Daten in Form von Zahlen eingegeben und werden die Resultate ebenfalls in Zahlen angegeben, so spricht man von mathematischen Maschinen (digital machines); werden dagegen die Daten in Gestalt von Kurven oder von Winkeldrehungen, elektrischen Strömen usw. eingegeben und erhält man die Resultate in entsprechender Form, so spricht man von mathematischen Instrumenten oder Apparaten (analogue machines). Eine dritte Art von Geräten, die zwischen obigen beiden Arten steht, hat *Stibitz*[1]) [711] konstruiert. Der zweite und dritte Abschnitt dieses Buches ist den mathematischen Maschinen, die übrigen sind den Instrumenten und Apparaten gewidmet.

Schon immer haben die instrumentellen Methoden Interesse gefunden, und es gibt zahlreiche Aufsätze und Bücher, die einzelnen Apparaten gewidmet sind, aber auch eine ganze Anzahl, die größere Teilbereiche oder das ganze Gebiet behandeln. Einige Verfasser solcher Werke mögen in der Reihenfolge des Erscheinens der ersten Auflage ihres Buches genannt sein: *Leupold* 1727 [415], *Dyck* 1893 [169], *von Bohl* 1896 [72], *Mehmke* 1902 [472], *d'Ocagne* 1905 [538], *Jacob* 1911 [331], *Galle* 1912 [212], *de Morin* 1913 [498], *Whipple* 1914 [808], *Lenz* 1915 [414], *Horsburgh* 1920 [322], *Willers* 1926 [817], *Cassini* 1928 [107], *Couffignal* 1933 [134], *Martin* 1936 [467], *Jelstrup* 1939 [334], *Lind* und *Berger* 1940 [422], *Meyer zur Capellen* 1941 [485], *Wittke* 1943 [827], *Murray* 1947 [503], *Crank* 1947 [137], *Hartree* 1950 [863], *Stifler, Tompkins u. Wakelin* 1950 [867], *Bulgakow* 1950 [868].

1) Die Zahlen in eckigen Klammern geben die entsprechende Nummer des Schrifttumverzeichnisses an.

I. RECHENSCHIEBER

Von den am weitesten verbreiteten mathematischen Instrumenten, den Rechenschiebern, soll hier nur ganz kurz die Rede sein. Denn es gibt heute eine große Zahl guter Anleitungen für das Rechnen mit diesen Rechenstäben; außerdem wird jedem Schieber, von denen es eine große Zahl verschiedener Konstruktionen gibt, eine speziell auf den Stab zugeschnittene Anweisung beigegeben. Es sei hier nur erwähnt, daß in den Kreisen der wissenschaftlichen Rechner und der Techniker der Rechenschieber „Darmstadt", der auf der Rückseite der Zunge eine log-log-Skala trägt, wohl am weitesten verbreitet ist. Ferner sei darauf verwiesen, daß es zahlreiche Spezialrechenschieber gibt und daß skalenlose Rechenstäbe mit ein und zwei Zungen im Handel zu haben sind, auf denen die für die Auswertung bestimmter Formeln erforderlichen Skalen aufgetragen werden können, so daß man sich selbst Spezialrechenstäbe herstellen kann [38]. Als Material wird für einfache Rechenstäbe meist Pappe, sonst im allgemeinen Holz mit Metalleinlage oder Leichtmetall benutzt; neuerdings werden auch Kunststoffe wie Aristophan verwendet.

Gelegentlich werden die Skalen auf gegeneinander drehbaren Kreisscheiben oder -ringen oder auf den Mänteln von um die gleiche Achse drehbaren kurzen Kreiszylindern mit gleichem Durchmesser angebracht. Die so entstehenden Apparate bezeichnet man als Rechenuhren, Rechenräder oder auch Rechenscheiben [212, 472]. Neuerdings werden diese Apparate mehr verwendet. So hat die Firma Dennert & Pape eine Scheibe von 40 cm Durchmesser herausgebracht. Diese Scheiben haben den Vorteil, daß die Skalenlänge bei kleiner Ausdehnung des Instrumentes verhältnismäßig groß ist und daß bei ihnen das lästige Durchschieben der Zunge vermieden wird, da allen Teilen der beweglichen Skala immer Teile der festen gegenüberliegen.

Die Längeneinheit der Skalen der üblichen Rechenstäbe beträgt 25 cm oder auch 50 cm. Bei umfangreichen Rechnungen erreicht man mit diesen Stäben eine Genauigkeit, die zwischen 5 und $^1/_2{}^0/_{00}$ liegt. Um größere Rechengenauigkeiten zu erzielen, muß man größere Längeneinheiten für die Skalen nehmen. Damit aber der Apparat dann nicht unhandlich wird, bricht man die Skalen und ordnet die einzelnen Teile parallel nebeneinander in einer Ebene, wie das z. B. bei den Rechentafeln von *Scherer*, *Proell*, *Grünert*, *Lacroix* und *Ragot* u. a. der Fall ist, oder auf dem Mantel eines Kreiszylinders in Richtung der Erzeugenden an. Für die verschiebbare Skala muß man in entsprechender Weise ein durchsichtiges Blatt oder einen durchsichtigen Hohlzylinder nehmen, der über dem Zylinder verschiebbar ist. Damit den Skalen des verschiebbaren Teiles immer Skalenteile des festen gegenüberstehen, müssen die einzelnen Stücke des festen Teiles doppelt so lang sein, so daß sich hier die einzelnen Skalenabschnitte wiederholen. Man ist bis zu 12,5 m Länge der Skaleneinheit gegangen. Mit solchen Rechenwalzen erreicht man etwa dieselbe Genauigkeit wie beim Rechnen mit fünfstelligen Logarithmentafeln. Neuerdings hat man Skalen von 220 Fuß Länge auf aneinander abrollenden Filmstreifen benutzt, die auf Spulen gewickelt werden. Die Länge des aufgewickelten Filmstückes wird durch die Umdrehung von Zahnrädern ermittelt, deren Zähne in die Löcher des Filmstreifens eingreifen. Nur ein kleines Stück jedes Films, das zwischen den beiden zur Auf- und Abwicklung dienenden Spulen liegt, ist für die Ablesung frei. Der Fehler infolge Verziehens des Films ist daher verhältnismäßig gering [709]. Übrigens hat sich gezeigt, daß bei Schiebern größerer Skalenlänge die Rechengenauigkeit schneller als die Rechenzeit wächst.

Abb. 1. Rechenwalze

Logarithmische Skalen von der Länge 150 cm benutzt auch die logarithmische Rechenmaschine von *Fuß* [210]. Bei ihr befinden sich die Skalen auf aneinander hingleitenden Stahlbändern, die elektromagnetisch gekoppelt werden können. Die Maschine ist insbesondere für trigonometrische Rechnungen eingerichtet.

Später haben die Askaniawerke diese Rechenmaschine durch einen Kreisrechenschieber von 100 cm Durchmesser ersetzt. Bei diesem sind die Skalen nicht aneinander verschiebbar. Man hat vielmehr nur eine Skala. Zum Rechnen dienen zwei Radialarme, die gekuppelt werden können und die jeder auf einem Glasfensterchen einen Indexstrich tragen. Um z. B. $a \cdot b$ zu bilden, stellt man den ersten Indexstrich auf 1, den des zweiten Armes auf a, kuppelt und dreht die Arme zusammen so weit herum, daß der erste Indexstrich auf b steht, unter dem zweiten liest man dann $a \cdot b$ ab. Ähnlich erfolgt die Division. Für trigonometrische Rechnungen ist auf einer Spirale eine logarithmische Sinusskala angeordnet. Das Gerät wird z. B. zur Massenauswertung von Kinotheodolitbeobachtungen benutzt [657]. Einen Überblick über die neuere Entwicklung der Rechenschieber hat *Kron* gegeben [396].

Eine Rechenwalze, insbesondere für trigonometrische Rechnungen, die etwa die Genauigkeit einer fünfstelligen Logarithmentafel hat, ist neuerdings von *Dennert* und *Pape* konstruiert worden. Ihre wesentlichen Bestandteile sind drei Walzen W_1, W_2 und W_3 (Abb. 1) von 255 mm Durchmesser, die einzeln oder gekoppelt mittels der an den Enden einer Welle befindlichen Drehknöpfe D_1 oder D_3 um eine gemeinsame Achse gedreht werden können. Die Walze W_2 ist fest mit der Welle verbunden. Auf den Walzen befinden sich 100mal gebrochene logarithmische Skalen, deren einzelne Teile 100 mm lang sind und die eine Überteilung von 10 mm haben. Außerdem hat jede Walze eine grüne Schraubenlinie, die zur Grobeinstellung dient. An einer vor den Walzen liegenden Führungsschiene F befindet sich über jeder Walze ein Schlitz S_i, der eine Skale trägt. Unter dem auf Plexiglas angebrachten Indexstrich J_i liegt die richtige Teilskala, wenn die Walze so weit gedreht ist, daß die grüne Schraubenlinie unter der entsprechenden zweistelligen Zahl der Skala von S_i erscheint. Die Walze W_2 hat oberhalb des Indexträgers eine Numerus-, unterhalb eine Quadratskala. Auf W_1 und W_3 befinden sich logarithmische Sinus- bzw. Tangensskalen. Die Walzen W_1 und W_3 können gegen andere mit anderen Skalen ausgewechselt werden.

An der Multiplikation $c = a \sin \alpha$ sei erläutert, wie dieser *Drehrechner* gehandhabt wird. Zunächst wird auf der Numerusskala von W_2 a eingestellt. Dazu wird die Walze so lange gedreht, bis die grüne Schraubenlinie in S_2 unter der durch die beiden ersten Ziffern von a bestimmten Zahl erscheint. Dann wird J_2 durch waagerechtes Verschieben auf a gestellt und auf der Leitschiene L festgeschraubt. Unter Festhalten von W_2 wird J_1 auf den Anfang der Sinusteilung von W_1 gestellt. J_1 wird mit L fest verbunden und W_1 mit W_2 gekoppelt. Dann werden die beiden Walzen mittels des Drehknopfes D_1 gedreht, bis mit Hilfe der grünen Spirale und der Teilung von S_1 unter dem Indexstrich J_1 der Teil der Skala von W_1 gebracht ist, der α enthält. Nun wird J_1 mittels des Drehknopfes D_2 zusammen mit J_2 verschoben, bis er über α steht. Unter J_2 steht dann auf W_2 $c = a \sin \alpha$. Ganz entsprechend werden Divisionen und zusammengesetzte Rechnungen ausgeführt. Will man gewöhnliche Zahlen miteinander multiplizieren oder dividieren, so muß eine der Walzen W_1 oder W_3 durch eine Walze ersetzt werden, die die gleichen Skalen trägt wie die Walze W_2.

II. RECHENMASCHINEN

A. Geschichtliches

Wegen ihrer vielseitigen Verwendbarkeit sind die Rechenmaschinen für die praktische Analysis außerordentlich wichtig. Schon früh hat man sich mechanischer Hilfsmittel beim Rechnen bedient, z. B. der Neperschen Rechenstäbe beim Multiplizieren [169, 212, 538]. Um 1640 entwarf der Jesuitenpater *Ciermans* eine eigentliche Rechenmaschine [696]. Die erste wirklich arbeitende Maschine mit Rädertrieb, die in der Hauptsache der Addition diente, wurde von dem damals

Abb. 2. Rechenmaschine von *Pascal*

achtzehnjährigen *Blaise Pascal* 1641 gebaut. Er erhielt 1649 ein königliches Privileg für die Herstellung solcher Maschinen [147, 696]. Eine größere Zahl der von ihm gebauten Maschinen hat sich erhalten. Abb. 2 zeigt eine der frühesten. Sie wird im mathematisch-physikalischen Salon in Dresden aufbewahrt. Abb. 3 gibt einen Blick in das Innere der Maschine. Man erkennt die primitive Konstruktion; z. B. würde man heute statt der zwei aufeinander senkrechten Zapfenräder Kegelzahnräder benutzen [300]. Die Maschine wurde später mehrfach nachgeahmt und verbessert. So stellte der Engländer *Morland* Additionsmaschinen her [499]. Er baute auch eine Maschine für alle vier Rechnungsarten, bei der die Multiplikation mittels Neperscher Rechenstäbe ausgeführt wurde [500]. Die Originale dedizierte er 1662 dem König Karl II. Auch *Hooke* entwarf 1673 eine ähnliche Maschine. Ein Exemplar der Morlandschen Maschinen befindet sich noch im South Kenn-

Abb. 3. Inneres der Rechenmaschine von *Pascal*

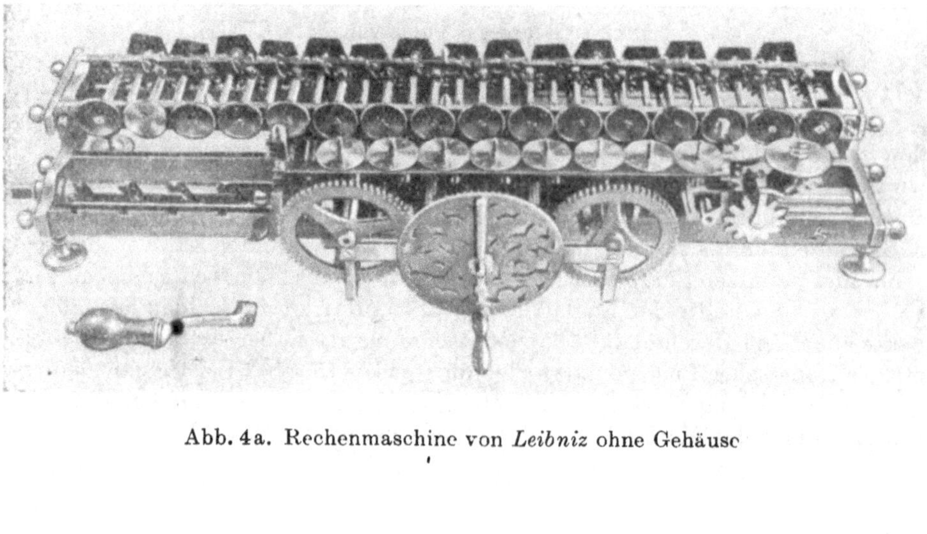

Abb. 4a. Rechenmaschine von *Leibniz* ohne Gehäuse

sington-Museum [515]. Die erste alle vier Grundrechnungen mechanisch ausführende Maschine ist von *Leibniz* erdacht. Er faßte schon 1671, bevor er die Pascalsche Maschine in Paris kennenlernte, die Idee einer solchen Maschine. 1672 führte er bei seinem Besuch in London ein allerdings noch nicht einwandfrei

Abb. 4b. Schaltwerk der Maschine von *Leibniz*

arbeitendes Modell vor. Die erste wirklich arbeitende, nach seinen Plänen in Paris gebaute Maschine, die er vielfach vorführte, war nach seinen eigenen Angaben 1674 vollendet [338—342]. In der Niedersächsischen Landesbibliothek in Hannover wird noch eine Leibnizsche Maschine aufbewahrt (Abb. 4a). Es ist eine Staffelwalzenmaschine mit feststehendem Resultatwerk und verschiebbarem Einstell- und Schaltwerk (Abb. 4b). Nach Ansicht des Gründers der ersten deutschen Rechenmaschinenfabrik, *Burkhardt*, der die Maschine 1893—1896 untersuchte und, soweit möglich, in Stand setzte, hat sie — vor allem wegen der unzulänglichen mechanischen Ausführung — niemals einwandfrei gearbeitet [96]. Den Versuch, eine ebenfalls alle vier Rechnungsarten ausführende Maschine zu bauen, machte der *Marchese Giovanni Poleni* 1709 in Padua. 1727 wird von *Leupold* eine solche Maschine beschrieben, die er kurz vor seinem Tode entwarf [415]. 1735 gibt der Gießener Professor *Ch. L. Gersten* die Beschreibung einer von ihm entworfenen Maschine [351, 472].

Die ersten wirklich brauchbaren Maschinen für alle vier Rechnungsarten wurden von dem Pfarrer *Matthäus Hahn* zwischen 1773 und 1790 hergestellt [188]. Abb. 5

Abb. 5. Rechenmaschine von *Hahn*

zeigt eine der Hahnschen Maschinen. Auch in dieser wird die Staffelwalze, und zwar nur eine einzige, als Schaltorgan verwendet, um die die Zahlreihen kreisförmig angeordnet sind. Ähnliche Maschinen sind mehrfach gebaut worden, so von *Schuster* in Ansbach, dem Schwager von *Hahn*, ferner von dem hessen-darmstädtischen Ingenieurhauptmann *Müller*, der als erster eine Signalglocke anbrachte, die ertönt, wenn die Leistungsfähigkeit der Maschine überschritten wird. Die fabrikmäßige Herstellung der Staffelwalzenmaschinen nahm der Colmarer *Thomas* um 1820 in Paris auf [611]. Aus seiner Fabrik wurden bis 1878 etwa 1500 Maschinen verkauft. In diesem Jahr wurde die Herstellung ähnlicher Maschinen von dem Ingenieur *Burkhardt* in Glashütte begonnen. Im gleichen Jahre konstruierte *Tschebyscheff* eine Maschine, in der die Vorrichtung für die Addition und Subtraktion unabhängig von der für die Multiplikation (Staffelwalze) ist. Die Zehnerübertragung ist schleichend, nicht springend wie bei den meisten Rechenmaschinen. Das einzige Exemplar der Maschine befindet sich in Paris im Conservatoire des Arts et Métiers [331].

Die Verbreitung der Rechenmaschinen ist seitdem stetig gewachsen. Bald wurden auch Maschinen mit anderen Schaltvorrichtungen gebaut, so von 1872 ab von *Baldwin* in Amerika, von 1887 ab von *Odhner* in Petersburg Sprossenradmaschinen [430]; derartige Räder mit veränderlicher Zähnezahl wurden schon von *Leibniz* beschrieben, 1709 von *Poleni*, 1841 von *Roth* und 1874 von *Odhner* verwendet [537]. Man bezeichnet sie daher in der Sowjetunion wohl als Odhnerräder. Von den Rothschen Maschinen werden zwei im Conservatoire des Arts et Métiers in Paris aufbewahrt. In Deutschland wurde der Bau von Sprossenradmaschinen 1892 von den Brunsvigawerken aufgenommen. 1905 kamen die von *Chr. Hamann* konstruierten Proportionalhebelmaschinen dazu [723] und 1925 die von dem gleichen Konstrukteur angegebenen Schaltklinkenmaschinen [88,467,581].

Die Entwicklung der letzten Jahrzehnte ging im Rechenmaschinenbau dahin, den Einfluß des Rechners auf den Gang der Rechnung möglichst auszuschalten. Das ist in weitem Umfang bei den vollautomatischen Maschinen mit elektrischem Antrieb gelungen. Bei diesen hat der Rechner nur die in die Rechnung eingehenden Zahlen einzustellen, die entsprechende Taste zu drücken und das von der Maschine errechnete Resultat abzulesen. Damit sind alle Fehler vermieden, die durch falsche Führung der Rechnung entstehen können; möglich sind nur noch Einstellfehler, die man durch Nachprüfung der eingestellten Zahl in Kontrollwerken vor Beginn der Rechnung möglichst zu vermeiden sucht, und Ablesefehler. Erleichtert wird die Fehlerkontrolle bei Maschinen mit Druckwerk dadurch, daß die eingehenden Zahlen und das Resultat der Rechnung von der Maschine gedruckt werden. Diese vollautomatischen Maschinen, die im großen ganzen den Anforderungen, vor allen denen des kaufmännischen Rechnens genügen, sind ziemlich kompliziert. Eine längere Einarbeitungszeit ist erforderlich, bis man eine solche Maschine voll beherrscht [88, 134, 315, 422, 467, 581].

Die starke Verbreitung der Rechenmaschinen hat zu einer vollständigen Änderung der Rechentechnik geführt. Das früher meist übliche logarithmische Rechnen ist stark zurückgedrängt worden [384]. Dementsprechend sind auch eine Reihe von Tafelwerken neu erschienen, die nicht mehr die Logarithmen der Funktionswerte, sondern diese selbst geben. Insbesondere gilt das für die trigonometrischen Funktionen. Bei Tafeln anderer Funktionen (elliptische Funktionen, Zylinder-, Kugelfunktionen usw.) gibt man meist schon immer den Funktionswert selbst an.

Neben dem Gebrauch der obenerwähnten Maschinen, die man wohl als erweiterte Additionsmaschinen bezeichnet, hat die Verwendung der eigentlichen Additionsmaschinen außerordentlich zugenommen, vor allem auch verbunden mit Schreibmaschinen in der Form von Fakturierungs- und Buchungsmaschinen [62, 190, 414, 422]. Die eigentlichen Multiplikationsmaschinen haben sich nicht eingeführt. Ihr Bau ist seit einigen Jahren, wenigstens in Europa, eingestellt. Dagegen sind Maschinen entwickelt worden, die automatisch kompliziertere Rechnungen ausführen, z. B. den bei Matrizenmultiplikation auftretenden Ausdruck $\sum_{i=1}^{n} a_i \cdot b_i$, wo n Werte bis $n = 15$ annehmen kann, berechnen [755]. Vor allem sei aber auf die im Abschnitt III beschriebenen Rechenautomaten verwiesen.

Im folgenden soll nun zunächst ein Überblick über die wichtigsten Arbeitsprinzipe der eigentlichen Additionsmaschinen gegeben werden. Ein näheres Eingehen erübrigt sich, da es eine große Zahl von Schriften über diese Maschinen und ihre Handhabung gibt [414, 422, 537]. Ich erwähne nur das vom RKW herausgegebene Heft: Buchungsmaschinen, ihre Auswahl und ihr Einsatz. Weiter sollen dann etwas eingehender Konstruktionsprinzipe und Arbeitsweise der verschiedenen Maschinen zur Ausführung der vier Grundrechnungsarten auseinandergesetzt werden. Da den Schaltorganen die übrigen Einrichtungen angepaßt sind, werden die einzelnen Typen hier nacheinander behandelt. Dabei sollen allerdings nur mechanisch arbeitende Maschinen betrachtet werden.

B. Addiermaschinen

1. Addiervorrichtungen ohne automatische Zehnerübertragung

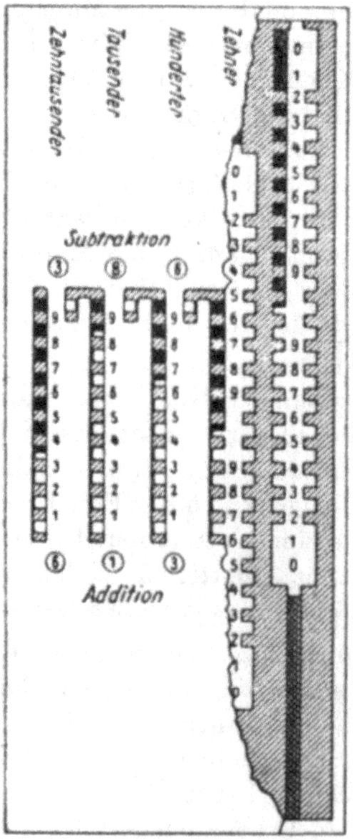

Abb. 6. Additionsvorrichtung ohne automatische Zehnerübertragung

Derartige Vorrichtungen werden auch wohl einfach als Zählwerke bezeichnet. Schematisch ist eine solche Vorrichtung in Abb. 6 für fünfstellige Zahlen dargestellt. Es werden einfache Ziffernstäbe benutzt, die an beiden Seiten gezähnt sind und die der Reihe nach von oben nach unten die Ziffern von Null bis Neun und von Neun bis Null tragen. Die linke Zahnreihe der oberen Hälfte ist meist anders gefärbt als die der unteren. Jeder Stelle der Zahl entspricht eine Zahnstange und zu jedem Stab gehören in der Deckplatte zwei Schaulöcher und ein Schlitz, der oben eine krückstockartige Verlängerung besitzt. Die Schaulöcher, von denen das obere der Subtraktion, das untere der Addition dienen, sind so angeordnet, daß sich die darin sichtbaren Ziffern zu neun ergänzen. Die Schlitze befinden sich über der linken Zahnreihe des zugehörigen Stabes und geben je zehn Zähne frei, während die oberen Verlängerungen über die rechte Zahnreihe des Stabes der nächsthöheren Stelle reichen und nur einen Zahn freilassen. Soll man zu der in der Hunderterreihe stehenden 3 eine 4 addieren, so setzt man einen zugespitzten Stab in die Lücke der Zahnstange, neben der am Schlitzrande eine 4 steht, und zieht diese bis zum Anschlag nach unten. Dann erscheint im unteren Schauloch $3 + 4 = 7$, im oberen $6 - 4 = 2$. Soll man aber zu der 3 eine 8 addieren, so setzt man den Stift in die Lücke, neben der auf der Deckplatte eine 8 steht. Diese liegt zwischen dunkel gefärbten Zähnen, deshalb hat man jetzt mit dem Stift nach oben und in der krückenartigen Verlängerung herumzufahren. Die erste Zahnstange wird so um zwei Einheiten nach oben verschoben; in der Schaulochreihe erscheint unten eine 1, oben eine 8, weiter verschiebt sich die Tausenderzahnstange um eine Einheit nach unten, so daß unten eine 2, oben eine 7 erscheint, entsprechend $13 + 8 = 21$ und $86 - 8 = 78$. Schwierigkeiten entstehen hier, wenn in der nächsthöheren Stelle oben eine 0 und unten eine 9 gestanden hätte. Für die Subtraktion hat man zur Einstellung des Minuenden den Stift bei den Ziffern einzusetzen, die die des Minuenden zu 9 ergänzen, und nach unten zu ziehen. Meistens haben diese Vorrichtungen, um direkt den Minuenden einstellen zu können, eine besondere Schlitzreihe oder besondere Bezifferung für die Subtraktion [538, 485, 817].

2. Eigentliche Addiermaschinen. Allgemeiner Aufbau

Der wichtigste Teil aller Rechenmaschinen ist das *Zähl-* oder *Resultatwerk*, das entweder wie oben aus Stäben mit einer Zahlenreihe oder aus Scheiben besteht, auf denen die Zahlen 0 bis 9 im Kreise angeordnet sind. Diese Scheiben drehen sich unter einer Deckplatte so, daß immer eine dieser Ziffern in einem Schauloch sichtbar ist. Man kann auch ein Rollenzählwerk benutzen, das aus nebeneinanderliegenden Rollen besteht, auf deren Umfang die Ziffern 0 bis 9 stehen, von denen immer eine in einem Schauloch sichtbar ist. Zwischenstellungen werden durch Sperrfedern verhindert, die in Zahnlücken eines mit der Zählscheibe oder -rolle festverbundenen Zahnrades eingreifen. Die Einstellung der Ziffern erfolgt entweder mittels Stiftes (Abb. 7) oder mittels einer Tastatur (z. B. Abb. 8). Bei vielen Rechenmaschinen erscheinen die eingestellten Zahlen in einer besonderen Schaulochreihe, dem *Kontrollwerk*. Man hat so die Möglichkeit, die Richtigkeit der Einstellung zu prüfen. Manche Maschinen haben auch ein *Druckwerk*, das die einzelnen Posten wie auch die Summen bzw. Differenzen druckt. Ferner gehört zu jedem Zählwerk eine automatische Zehnerübertragung und meist auch eine *Löschvorrichtung*, mittels der man durch Umlegen eines Hebels oder Verschiebung eines Knopfes oder Handgriffes bewirkt, daß in sämtlichen Schaulöchern eine 0 erscheint.

Eine *Zehnerübertragung* von einem Zahnrad nur auf das nächste verursacht technisch keine Schwierigkeiten. Man bringt z. B. unter jeder Zählscheibe einen Zahn an, der beim Durchgang der Null durch das Schauloch in ein Zahnrad unter der nächsten Zählscheibe greift und diese um eine Stelle weiterdreht. Steht aber z. B. in den beiden nächsthöheren Stellen schon eine Neun, so hat die Zehnerübertragung gleichzeitig noch in diesen beiden Stellen stattzufinden. Es tritt eine „Häufung der Widerstände" ein, da jetzt außer der einen noch drei weitere Ziffernscheiben zu drehen, deren Bewegung noch durch Sperrklinken erschwert ist, und außerdem drei Zehnerübertragungen zu betätigen sind. Dadurch tritt infolge des Nachlassens des Widerstandes nach der Übertragung ein ruckweises Arbeiten ein, das die Ursache von Überschleudern sein kann. Ferner kann es bei einfachen, sog. einstufigen Zehnerübertragungen vorkommen, daß infolge des sich addierenden Einflusses, des immer vorhandenen toten Ganges der Zahnräder, die Zehnerübertragung nur über eine gewisse Zahl von Stellen arbeitet und daß man bei höheren Stellen dann mit der Hand nachhelfen muß. Man benutzt daher heute meist Zehnerschaltvorrichtungen, bei denen die Schaltung zweistufig entweder dadurch erfolgt, daß ein vorher etwa von der Maschine aufgespeicherter Impuls ausgelöst wird, oder solche, bei denen von der Maschine bei jedem Arbeitsgang periodisch an sämtlichen Stellen Schaltbewegungen ausgeführt werden, die die Zehnerübertragung auszuführen gestatten. Dabei kommt eine Verbindung mit den zu schaltenden Stellen aber nur dann zustande, wenn die Übertragung nötig ist. Die aufeinanderfolgenden Stellen werden stets nacheinander geschaltet, so daß eine durchlaufende Übertragung von den niedrigeren nach den höheren Stellen staffelförmig erfolgt [420, 422].

3. Einstufig arbeitende Maschinen

a) Zahnstangenmaschinen

Bei den einfacheren Maschinen erfolgt gleichzeitig mit der Einstellung die Addition.

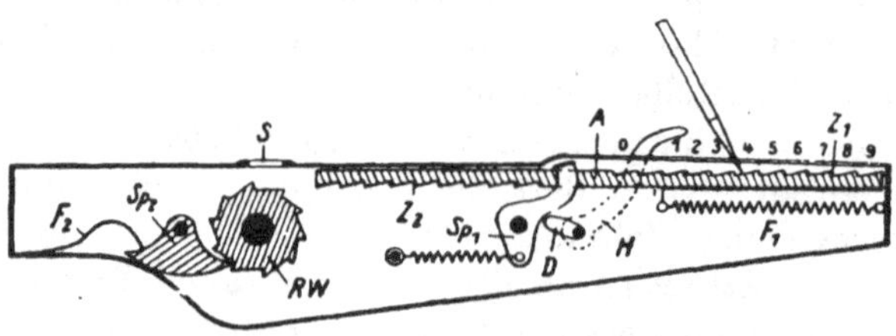

Abb. 7. Einstufig arbeitende Additionsmaschine mit Stifteinstellung

Abb. 7 zeigt schematisch den Längsschnitt durch eine solche *Zahnstangenmaschine*. Das *Einstellwerk* besteht aus einer Anzahl nebeneinanderliegender Zahnstangen A, wie sie die Abb. 7 zeigt. Auf den flachen Abschrägungen der in einem Fenster sichtbaren Zähne Z_1 stehen die Zahlen von 9 bis 1, dann kommt ein unbezifferter Zahn und auf dem letzten steht eine 0. Will man z. B. eine 4 addieren, setzt man den Stift auf das mit 4 bezifferte Feld (s. Abb. 7) und führt die Zahnstange bis zum Anschlag herunter (in Abb. 7 nach links). Dabei haben vier der unteren Zähne Z_2 in das gezähnte Resultatwerkrad RW eingegriffen, auf dessen schwachabgeschrägten zehn Zahnflanken ebenfalls die Zahlen 0 bis 9 stehen, und haben dieses um vier Zähne gedreht, also eine 4 zu der dort bereits stehenden Zahl addiert. Zwischen den einzelnen Rollen des Resultatwerks wirken hier nicht gezeichnete Zehnerübertragungen. Bei Abheben des Stiftes wird die Zahnstange zunächst nicht durch die Feder F_1 in die Ruhelage zurückgezogen, sondern durch die Sperrklinke Sp_1

in ihrer Lage gehalten, so daß nach Einbringen der ganzen zu addierenden Zahl diese zur Kontrolle unmittelbar über dem Anschlag erscheint. War die Einstellung richtig, drückt man auf den an der linken Seite der Maschine liegenden Hebel *H*, der mittels der Daumen *D* die sämtlichen Sperrklinken Sp_1 hebt. Die Zahnstangen *A* schnellen dann in die Ausgangslage zurück, die Rollen des Resultatwerkes *RW* bleiben aber in ihrer Lage, da ein Zurückdrehen durch die Sperrklinken Sp_2, die durch Blattfedern F_2 angedrückt werden, verhindert wird. Jetzt kann man durch die Schaulöcher *S* im Zählwerk die Summe ablesen.

Die *Subtraktion* erfolgt bei solchen Maschinen durch Addition der *Komplementzahl.* Man bildet z. B. bei fünfstelligen Maschinen 536 — 393 = 536 + 100000 — 393 — 100000 = 536 + 99607 — 100000 = 100143 — 100000; also statt 393 zu subtrahieren, addiert man das Komplement 99607, das die letzte Ziffer der gegebenen Zahl zu 10, *alle* übrigen zu 9 ergänzt. Die in der sechsten Stelle auftretende 1 tritt nicht in Erscheinung, da die sechste Stelle fehlt. Bei vielen, insbesondere bei Tastenmaschinen, stehen diese Ergänzungszahlen klein und in anderer Farbe neben den Hauptzahlen.

Bei manchen Maschinen kann man die Zehnerübertragung zwischen einzelnen Stellen ausschalten. Man bezeichnet das als *Splitten* des Addierwerkes. Das würde man in obigem Beispiel zwischen den Hundertern und Tausendern machen, damit man nur 607 und nicht 99607 zu addieren braucht.

b) Tastenaddiermaschinen mit Volltastatur

Abb. 8 zeigt schematisch Aufsicht und Schnitt durch eine einfache *Tastenaddiermaschine mit Volltastatur*, bei der also jeder Stelle der Zahl eine Tastenreihe entspricht, die von 1 bis 9 beziffert ist. Ein Druck z. B. auf die Taste 4 dreht den Hebel *H* um den vierfachen Winkel nach unten, wie ein Druck auf die Taste 1. Dabei gleitet die durch das Verbindungsglied *V* mit dem Hebelende verbundene Sperrklinke *Sp* über das mit der Resultatwerksrolle verbundene Zahnrad *Z*, ohne dieses zu drehen, da es durch die Sperrfeder F_1 in seiner Lage festgehalten wird. Um ein unvollkommenes Niederdrücken der Taste zu verhindern, ist entweder eine Vollhubsperre eingebaut oder ein Motor, der den Hub der Taste auf alle Fälle zu Ende führt. Nach Freigabe der Tasten und damit der Hebel *H* wird durch die Federn F_2 der ganze Mechanismus wieder in die Ruhelage gebracht und dabei das Resultatwerksrad an der gezeichneten Stelle um vier Einheiten weiterge-

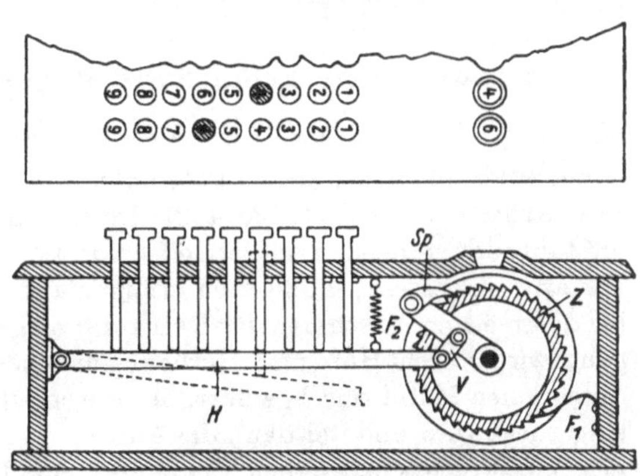

Abb. 8. Einstufig arbeitende Additionsmaschine mit Volltastatur

dreht, die zu der bereits im Resultatwerk stehenden Zahl addiert werden. Bei diesen Maschinen wie auch bei anderen sind Vorrichtungen angebracht, die ein Überschleudern der einzelnen Teile bei schnellem Rechnen verhindern, außerdem müssen ziemlich komplizierte Zehnerübertragungen eingebaut sein, die z. B. auch arbeiten, wenn mehrere Tasten gleichzeitig gedrückt werden, die also auch auf ein bewegtes Resultatwerksrad wirken und nicht nur auf ein ruhendes.

Durch diese auf ein bewegtes Resultatwerk wirkende Zehnerübertragung gestatten diese Maschinen ein außerordentlich schnelles Rechnen. Man kann mit ihnen z. B. fast ebenso schnell multiplizieren wie mit den später zu besprechenden Maschinen mit Handkurbel (II, C). Dazu drückt man die sämtlichen Ziffern des Multiplikanden gleichzeitig so oft nieder, wie die Einer des Multiplikators angeben, rückt dann mit der gleichen Fingerstellung um eine Tastenbreite nach links, drückt um die durch die Zehner des Multiplikators angegebene Anzahl von Malen nieder, rückt wieder mit unveränderter Fingerstellung um eine Tastenbreite nach links usw. Ähnlich kann man durch wiederholtes Subtrahieren die Division ausführen. Diese Maschinen haben aber den wesentlichen Nachteil, daß man keine Kontrolle hat, ob die Zahlen auch richtig eingetastet wurden. Sie eignen sich daher weniger zur Ausführung neuer als zur Nachprüfung fertig vorliegender Rechnungen [212].

c) Maschinen mit reduzierter Tastatur

Während bei dieser Art Maschinen mit Volltastatur, wie erwähnt, sämtliche Ziffern eines Postens gleichzeitig gedrückt werden können, haben andere eine reduzierte Tastatur von zehn Tasten für die einzelnen Ziffern. Hier können die Ziffern natürlich nur einzeln eingetastet werden. Außerdem wird durch Drücken einer Taste einer weiteren Ziffernreihe die Stelle bestimmt, an der die betreffende Ziffer addiert oder subtrahiert werden soll. Dieses System wird bei Schreibmaschinen mit Addiervorrichtung (z. B. Remington) verwendet. Oft haben diese Maschinen mehrere Zählwerke, die gleichzeitig additiv oder subtraktiv arbeiten können.

4. Zweistufig arbeitende Maschinen mit Volltastatur

a) Aufbau der Maschinen

Bei zweistufig arbeitenden Maschinen erfolgt die Addition bzw. Subtraktion in zwei Arbeitsgängen [414, 420, 422]. Im ersten wird die Zahl, die zu der bereits im Zählwerk stehenden addiert oder von ihr subtrahiert werden soll, mittels der Tastatur eingestellt, im zweiten erfolgt dann die Ausführung der Rechnung und bei den meisten Maschinen der Druck der eingetasteten Zahl. Der zweite Arbeitsgang wird durch Hin- und Herbewegen eines Handhebels (in Abb. 9 H_1) oder durch einen Motor durchgeführt, der durch Druck auf eine besondere Motortaste eingerückt wird und der dann die Antriebswelle einmal herumdreht. Diese Taste liegt meist rechts neben dem Tastenbrett und hat etwa die Form der Spatientaste einer Schreibmaschine. Die niedergedrückten Tasten werden in der Tieflage festgehalten, so daß die Einstellung vor Ausführung der Rechnung kontrolliert werden kann. Ein besonderes Kontrollwerk, in dem die eingestellte Zahl erscheint, erübrigt sich so und fehlt auch meistens an diesen Maschinen. Im allgemeinen ist die Tastensperrung „selbstkorrigierend". Hat man also eine falsche Taste gedrückt, braucht man in der gleichen Tastenreihe nur die richtige Taste niederzudrücken. Diese wird dann in der Tieflage festgehalten und die falsch eingestellte springt heraus. In Spalten, in denen eine Null steht, braucht keine Taste gedrückt zu werden. Die schematische Abb. 9 zeigt den Längsschnitt durch eine solche Maschine mit Druckwerk. Für die Rechnungskontrolle ist dieses Druckwerk sehr wichtig. Gelegentlich fehlt sogar das Resultatwerk; die Summe oder Differenz erscheint dann erst im Druck. Das Wesentliche im Schaltwerk dieser Maschinen ist ein zweiarmiger Hebel H_3, an dessen vorderer Seite sich die Verzahnung zum Eingriff in die Zifferräder des Zählwerkes befinden und dessen hinteres Ende die Drucktypen trägt.

Der *Arbeitsgang der Maschine bei Addition* ist der folgende:

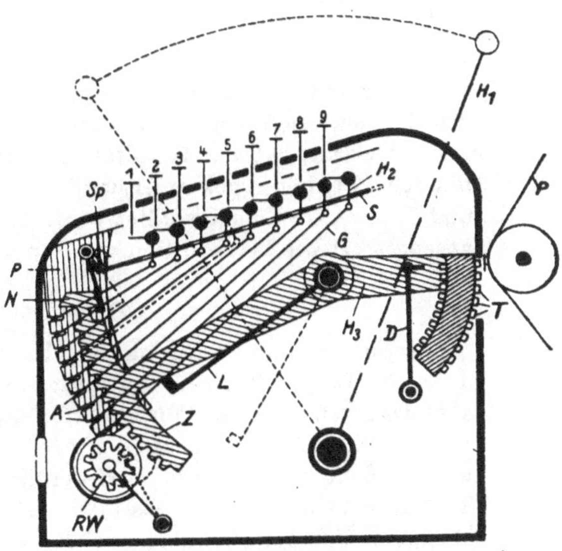

Abb. 9. Zweistufig arbeitende Additionsmaschine mit Volltastatur

b) Der Arbeitsgang der Maschine

α) *Erster Arbeitsgang:* Durch Drükken einer Taste wird mittels des darunterliegenden Winkelhebels H_2 ein damit verbundenes Gestänge G so bewegt, daß es mit seinem anderen Ende einen Anschlag A, der sich in einem Schlitz einer feststehenden Platte P verschiebt, so verrückt, daß er in die Bahn der Nase N des Zahnsegmentes Z kommt. Ferner wird durch den Winkelhebel die unter jeder Tastenreihe entlanglaufende Schiene S zurückgeschoben. Dadurch wird der Sperrhebel Sp zurückgedreht und der zweiarmige Hebel H_3 freigegeben,

β) *Zweiter Arbeitsgang:* Nachdem so die ganze Zahl eingestellt ist, wird der Antriebshebel H_1 nach vorn gezogen und schnellt von dort durch starke Federn in seine Anfangslage zurück. Dadurch geschieht folgendes: Bei der *Vorwärtsbewegung* senkt sich die Querleiste L, die bisher die Hebel H_3 in ihrer Ruhelage festhielt, in die punktierte Lage. Die nichtgesperrten Hebel H_3 sinken vermöge ihrer Schwere oder infolge daran angreifender Federn so weit, bis die Nase N auf den Anschlag A schlägt. Dabei hebt sich der hintere Bogen von H_3, in dem Drucktypen T verschiebbar gelagert sind, so, daß an der Stelle, in der in der Ruhelage die Type 0 stand, jetzt die der gedrückten Zahl entsprechende steht. Dann werden die durch Federn gespannten Druckhämmer D frei, schlagen auf die Typen und drucken den zu addierenden Posten auf das Papierband P. Beim

Rückgang des Antriebshebels wird das Resultatwerk *RW* um seine Achse geschwenkt und kommt zum Eingriff mit dem Zahnbogen *Z*. Dieser wird durch die in die Ruhelage zurückgehende Leiste *L* gehoben. Dabei drehen sich die Räder von *RW* um die eingestellte Zahl, die so zu der bereits im Resultatwerk stehenden addiert wird. Zum Schluß rückt das Papierband um eine Stelle weiter, die Tastensperrung wird gelöst und diese springen in die Anfangslage zurück, falls nicht die *Repetiertaste* gedrückt ist. In diesem Falle bleibt die Tasteneinstellung, und man kann durch wiederholtes Umlegen des Antriebshebels die eingestellte Zahl ebensooft addieren [250].

c) Die Subtraktion

erfolgt entweder durch Addieren der Komplementzahl oder dadurch, daß man vor dem Ziehen des Antriebshebels eine *Subtraktionstaste* drückt; dadurch wird entweder bewirkt, daß das Resultatwerk statt beim Rückgang schon beim Hingang mit dem Zahnbogen gekuppelt wird oder daß ein Zwischenrad zwischen Zahnbogen und Zählwerkrad eingeschaltet wird. In beiden Fällen bewegt sich letzteres entgegengesetzt wie bei Addition.

d) Summenbildung

Die Summe kann man im Resultatwerk ablesen; man kann sie aber auch drucken. Dazu führt man zunächst eine Leerbewegung mit dem Antriebshebel aus. Dadurch wird der Papierstreifen um eine Zeile weitergerückt. Dann drückt man vor der nächsten Bewegung des Antriebshebels die *Summentaste*. Dadurch wird erreicht, daß schon beim Heruntergehen des Hebels H_3 das Resultatwerk in die Zähne *Z* eingreift. Das Resultatwerk wird bis auf 0 zurückgedreht, dann greift aber eine Hemmung ein, so daß das Zahnsegment von H_3 sich nur um so viel Zähne nach unten bewegt, wie die im Zählwerk stehende Zahl angibt. Dadurch stehen die entsprechenden Drucktypen dem Papier gegenüber. Jetzt schlagen die Hämmer *D* auf die Typen und drucken die Zahl, die im Resultatwerk stand. Bei der Rückwärtsbewegung des Antriebshebels wird das Zählwerk ausgekoppelt, bleibt also auf 0 stehen, während das Antriebswerk in die Ausgangslage zurückkehrt. Der Summe und dem ersten Posten wird von der Maschine selbsttätig ein Zeichen beigedruckt, oder dieser Druck erfolgt in anderer Farbe, damit sich die Summe abhebt und damit man erkennt, daß die Maschine beim Beginn der Rechnung klargestellt war. Beim Zwischensummenzug wird die *Zwischensummentaste* gedrückt. Der Arbeitsgang verläuft zunächst genau wie oben, nur wird beim Rückgang der Zahnsegmente das Resultatwerk nicht ausgeschaltet, so daß die Summe am Schluß wieder in ihm erscheint und man mit ihr weiter rechnen kann. Auch die gedruckten Zwischensummen werden besonders gekennzeichnet [538].

e) Das wissenschaftliche Rechnen

Für das *wissenschaftliche Rechnen*, insbesondere die Berechnung von Funktionstafeln, können diese Maschinen mit Vorteil benutzt werden. Früher hat man besondere Maschinen für diese Zwecke konstruiert; z. B. haben *P. G.* und *E. Scheutz*

[22] 1840, *M. Viberg* [212] 1875, *Bauschinger* und *Peters* [212] derartige Maschinen gebaut. Heute benutzt man für diese Rechnungen möglichst im Handel befindliche Maschinen. Insbesondere hat sich da eine nach Patenten des Amerikaners *Ellis* gebaute Maschine, die Nationalbuchungsmaschine, eine Multiplexmaschine — als Multiplexmaschine bezeichnet man eine Maschine mit mehreren Zählwerken — mit zwölfspaltiger Tastatur, Druckwerk, sechs Addierwerken und einem Wagen bewährt. Die Haupteigenschaften der Maschine, auf der ihre Verwendbarkeit für derartige Rechnungen beruht, sind die, daß eine mit der Tastatur eingestellte Zahl in jedes beliebige Resultatwerk, davon in zwei auch negativ, oder auch in jede Kombination von Zählwerken übernommen werden kann, und vor allem darauf, daß der Inhalt eines jeden Resultatwerkes in jedes andere oder in jede Kombination von Zählwerken übertragen und zugleich gedruckt werden kann, mit und ohne Löschung des betreffenden Zählwerkes. Die Arbeitsverfahren für Tafelberechnung mit diesen Maschinen sind von *Comrie* ausgearbeitet worden [106, 123—125, 184, 360]. Zunächst wird dazu eine Anzahl von Stützwerten berechnet, die man, wenn möglich, gleichabständig wählt; zwischen diesen werden dann unter Benutzung von Interpolationsformeln weitere Funktionswerte berechnet. Den Abstand der Stützwerte wählt man so dicht, daß in den einzelnen Abschnitten eine bestimmte Differenz der zu berechnenden Werte, etwa die dritte, konstant ist. In diesem Fall braucht man vier Addierwerke. Zunächst werden der erste Funktionswert, erste, zweite und dritte Differenz in je einem dieser Werke eingestellt, dann die im ersten Abschnitt konstante dritte Differenz zur zweiten, diese zur ersten, diese schließlich zum Funktionswert addiert. Das wird fortgesetzt, bis man zum nächsten Stützwert kommt. Wird dieser genau wiedergegeben, hat man eine Kontrolle für die gesamte Rechnung. Von *Walther* [778] wurde dieses Verfahren noch weiter durch eine Zusatzeinrichtung automatisiert, die die Bedienungstasten der Buchungsmaschine in der notwendigen Reihenfolge niederdrückt. Diese wurde durch ein Schaltgerät mit umlaufender Welle geregelt. Die Maschine kam selbständig zum Stillstand, wenn mittels „Brückendifferenz" zu einer anderen bei der weiteren Rechnung konstant bleibenden letzten Differenz überzugehen war. Diese wird dann zur letzten Differenz hinzugefügt, und der Rechnungsgang geht automatisch weiter.

Natürlich nimmt man bei der Rechnung stets eine Anzahl von Schutzstellen mit. Die Ergebnisse werden von der Maschine gedruckt. Dabei bleiben die mitgeführten Schutzstellen natürlich fort. Durch den Druck werden Fehler, die beim Abschreiben entstehen könnten, vermieden.

Eine solche Untertafelung kann auch unter Benutzung des Lochkartenverfahrens automatisch durchgeführt werden.

Die bekanntesten deutschen Maschinen mit Volltastatur sind Continental, Goerz und Tasma. Auch die Registrierkassen sind zweistufig arbeitende Addiermaschinen [62, 422, 727].

5. Zweistufig arbeitende Maschinen mit Zehnertastatur

a) Aufbau

Maschinen mit reduzierter Tastatur haben außer den Operationstasten (Additions- und Subtraktionstaste oder -hebel, Summentaste, Teilsummentaste usw.) nur die neun Zifferntasten und drei Tasten mit den Bezeichnungen 0, 00 und 000. Die Einstellung einer Zahl erfolgt so, daß man, mit der Ziffer der höchsten Stelle beginnend, die Ziffern der einzelnen Stellen der Reihe nach tippt. Nullen, auch wenn sie am Ende stehen, müssen hier ebenfalls getippt werden. Treten zwei oder drei Nullen hintereinander auf, tippt man nur einmal die Taste 00 oder 000. Die eingetastete Zahl erscheint im allgemeinen in einem Kontrollwerk, so daß man vor Ausführung der Rechnung die Einstellung kontrollieren kann. War die Einstellung falsch, muß man sie vollständig löschen und die Zahl von neuem eintasten.

b) Arbeitsprinzip

Das *Arbeitsprinzip* der Maschine sei an den beiden schematischen Abbildungen 10 und 11 erläutert. Die bezifferten Tasten T bewegen Hebel, die sich um die Achse A_1 drehen und am anderen Ende so umgebogen sind, daß ihre Enden auf einer Geraden senkrecht zur Achse A_1 unter den neun Stiften der ersten Stiftreihe

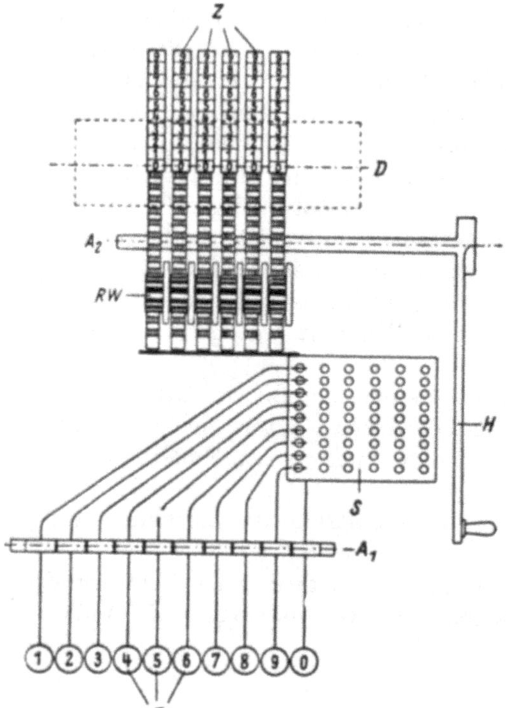

Abb. 10. Zweistufig arbeitende Additionsmaschine mit Zehnertastatur (Ruhestellung)

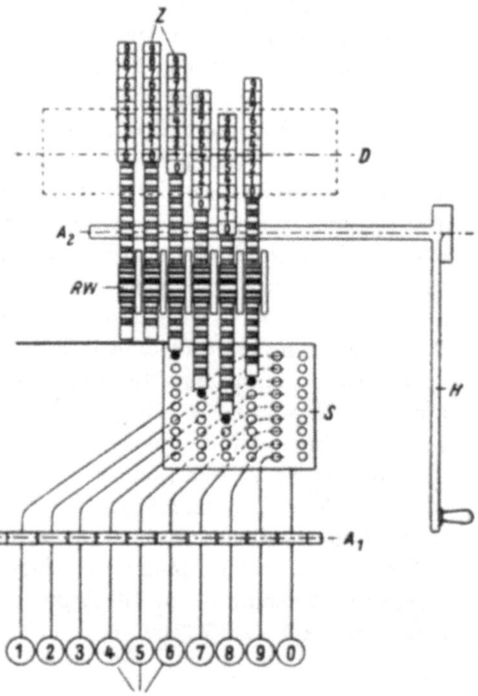

Abb. 11. Zweistufig arbeitende Additionsmaschine mit Zehnertastatur (Arbeitsstellung)

des Stiftschlittens S liegen. Schlägt man eine Taste an, so wird der entsprechende Stift der ersten Reihe nach oben aus der Platte des Stiftschlittens herausgedrückt, sodann springt dieser nach links um so viel weiter, daß die zweite Stiftreihe über den Hebelenden liegt. Die Ziffer der nächsthöchsten Stelle wird angeschlagen und dadurch der entsprechende Stift herausgedrückt; wieder springt der Schlitten um eine Stelle nach links usw. Bei Anschlagen der Tasten 0, 00 und 000 springt der Schlitten um eine, zwei oder drei Stellen nach links, ohne daß ein Stift herausgedrückt wird, dafür wird aber bewirkt, daß die über den entsprechenden Stellen liegenden Antriebsstangen Z in ihrer Lage gesperrt werden. Ist die Zahl eingestellt, wird der Antriebshebel H in Bewegung gesetzt bzw. der Antriebsmotor eingerückt. Dadurch werden zunächst die Antriebszahnstangen Z, unter denen Stiftreihen des Schlittens stehen, freigegeben und schlagen infolge Federzuges nach unten gegen die herausgedrückten Stifte des Schlittens (Abb. 11). Die Zahnstangen tragen oben die Drucktypen von 0 bis 9. Nach dem Heruntergleiten stehen auf der Drucklinie D die Typen der eingestellten Zahl. Die Druckhämmer werden freigegeben, schlagen mittels Federkraft zu und drucken die eingestellte Zahl. Jetzt greifen die Zahnräder des Resultatwerkes RW in die Zähne der Antriebsstangen Z ein und beim Zurückgehen der Stangen erfolgt im Resultatwerk die Addition der eingestellten Zahl. Die Zehnertastenmaschinen stimmen im übrigen in ihrer Arbeitsweise und Leistungsfähigkeit mit den Volltastaturmaschinen überein, nur ermöglichen sie, falls sie kein Kontrollwerk haben, nicht die Kontrolle der eingestellten Zahl vor der Ausführung der Operation; dafür hat man im allgemeinen eine größere Sicherheit dafür, daß man die richtige Zahl auch in der richtigen Spalte einstellt.

Die verbreitetsten deutschen Maschinen mit Zehnertastatur sind: Astra, Mauser, Mercedes und Rheinmetall.

6. Nach dem Speicherverfahren arbeitende Maschinen

Es ist möglich, den Eingang entsprechend gebauter Addiermaschinen durch Lochkarten zu steuern. Die in die Rechnung eingehenden Zahlen werden dann ein für allemal mittels Lochschrift in solche Karten eingetragen und damit gespeichert, und zwar kann das natürlich an beliebigem Ort und zu beliebiger Zeit geschehen. Es gibt elektromagnetisch und mechanisch arbeitende Lochkartenmaschinen. Die Lochung und Ordnung der Karten geschieht in besonderen Maschinen. Zur Auswertung der Aufzeichnungen dienen die Tabuliermaschinen. Diese haben Addiervorrichtungen [868]. Bei den mechanisch arbeitenden Maschinen ist das Arbeitsschema dieser Vorrichtungen etwa das folgende: Die Lochkarte, deren Form rechts unten in Abb. 12 angedeutet ist, wird an der mit L bezeichneten Stelle in die Maschine eingeführt. Das Bild gibt den einer Ziffer entsprechenden Mechanismus wieder. Durch Anheben des Kastens K werden in Reihen zu Zehn liegende gefederte Fühlstifte F gegen die Lochkarte gedrückt und dringen dort, wo ein Loch ist, durch die Karte durch, während alle anderen gegen die Karte stoßen und entgegen der Federwirkung nach unten gedrückt werden. In jeder Reihe tritt also ein Stift durch und hebt mittels der zugehörigen Übertragungsstange S das Stellstück A so an, daß sein Ende in die Bahn der Nase N kommt, die sich am Ende des Zahnsegmentes Z befindet. Durch Verschwenken der Brücke B wird dieses Segment freigegeben und so verdreht, daß die Nase gegen den herausstehenden Anschlag A schlägt. Jetzt steht die an dem Segment befindliche Drucktype T, die der gelochten Ziffer entspricht, dem Papier P gegenüber. Die Druckhämmer D werden freigegeben, schlagen mittels Federzug gegen die Type und drucken die gelochte Zahl. Vor dem Rückgang des Segmentes wird das Resultatwerk RW um seine Achse geschwenkt, so daß dieZähne eingreifen.Infolgedessen wird beim Rückgang die gelochte Zahl zu der bereits im Resultatwerk stehenden addiert. Am Schluß der Bewegung kehrt dann alles in die Ausgangslage zurück. Die Summe kann entweder im Resultatwerk abgelesen werden oder auch ähnlich wie oben beschrieben gedruckt werden. Über die Verwendung solcher Maschinen wird in vielen Arbeiten, z. B. [11, 35, 54, 122, 219, 294, 491, 583, 697], berichtet.

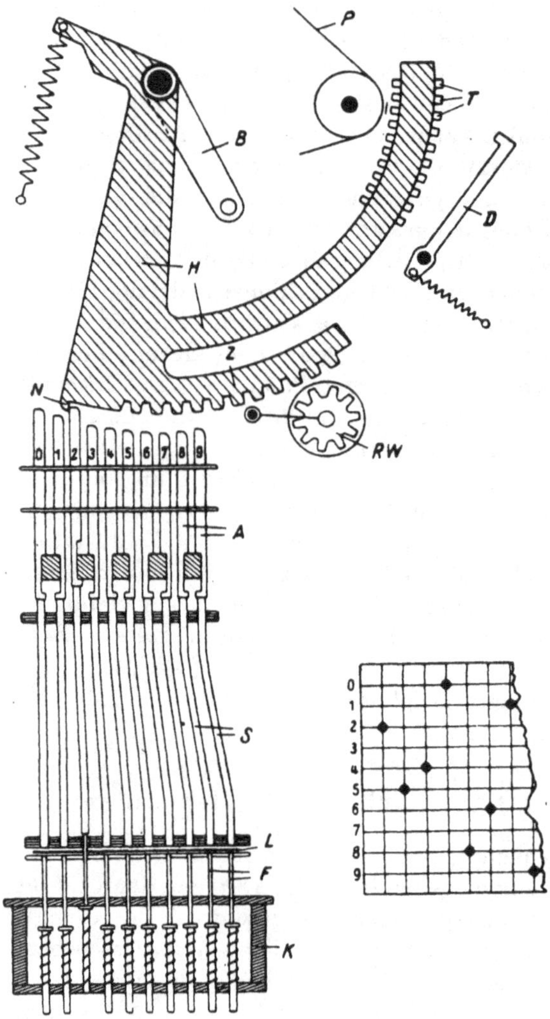

Abb. 12. Nach dem Lochkartenverfahren arbeitende Additionsmaschine

C. Erweiterte Additionsmaschinen

1. Äußerer Aufbau

Die erweiterten Additionsmaschinen, bei denen die Multiplikation durch wiederholte Addition, die Division durch wiederholte Subtraktion erfolgt, arbeiten sämtlich zweistufig. Es erfolgt zunächst mittels Knöpfen, Hebeln oder Tasten die Einstellung und dann durch Drehen einer Kurbel K oder Einrücken eines Motors die Übertragung der eingestellten Zahl ins Resultatwerk. Die Maschinen können sowohl zur Addition und Subtraktion wie zur Multiplikation und Division benutzt werden. Auf fast allen findet man in nebeneinanderliegenden Schaulöchern drei Zahlenreihen. Das *Kontrollwerk KW* zur Prüfung der eingestellten Zahl, das *Umdrehungszählwerk UW*, das die Triebwellenumdrehungen zählt, und das *Resultatwerk RW*. In diesem erscheinen die Ergebnisse der Addition, der Subtraktion und der Multiplikation, während das Resultat einer Division nicht hier, sondern im Umdrehungszählwerk abgelesen wird. Man bezeichnet daher *RW* auch wohl als *Hauptzählwerk*, während man statt Umdrehungszählwerk auch wohl *Quotientenwerk* sagt. Dazu kommt bei manchen Maschinen noch ein *Speicherwerk SpW* zur Aufbewahrung berechneter Werte. An Stäben, die an allen Ziffernreihen entlanglaufen, sind verschiebbare Zeiger angebracht, die dazu dienen, das Dezimalkomma einzustellen oder sonstige Einteilungen in Gruppen vorzunehmen. Die Übertragung der eingestellten Zahl aus dem Einstellwerk in das Resultatwerk erfolgt durch das *Schalt-* oder *Übertragungswerk*. Je nach der Art des Schaltwerkes unterscheidet man vier verschiedene Arten von Maschinen: Sprossenrad-, Staffelwalzen-, Proportionalhebel- und Schaltklinkenmaschinen. Da es unmöglich ist, auf alle von den verschiedenen Firmen herausgebrachten Konstruktionen einzugehen, sollen hier nur das Arbeitsprinzip der Maschinen auseinandergesetzt und von jeder Type ein oder zwei charakteristische Maschinen etwas eingehender behandelt werden [293, 414, 467, 537, 582, 605].

2. Sprossenradmaschinen

a) Das Sprossenrad

Die in Abb. 13 und 15 wiedergegebene Maschine hat als Schaltwerk *Sprossenräder SpR*, d. h. Räder mit veränderlicher Zähnezahl. Abb. 14 zeigt nebeneinander die beiden gegeneinander verdrehbaren Teile eines solchen Rades in schematischer

Abb. 13. Sprossenrad-Maschine mit Hebeleinstellung (Brunsviga 13 ZG-ZK)

Darstellung. Der rechts gezeichnete, fest mit der Antriebwelle verbundene Teil hat auf etwa ein Viertel des Umfanges radiale Schlitze, in denen Zähne Z verschiebbar sind. Im Bilde ragen vier Zähne heraus, die übrigen liegen ganz in den Schlitzen. Die Zähne haben einen seitlichen Ansatz, der in eine Blende B des drehbaren Teiles eingreift. Befinden sich die Ansätze in dem Teil der Blende mit dem kleineren Radius, so stehen die Zähne nicht aus dem Rade hervor, im anderen Falle greifen sie über den Radrand hinaus. Die Drehung des beweglichen Teiles erfolgt mittels des Hebels H, der aus dem zugehörigen Spalt des Einstellwerkes herausragt (Abb. 14 und 15). Stellt man ihn z. B. auf die neben dem Spalt stehende 5, so dreht sich dieser Teil so, daß 5 Zähne aus dem Rad herausgeschoben werden. Die gleichzeitige Einstellung mehrerer dieser nebeneinander liegenden Hebel kann, falls es sich um öfter gebrauchte Zahlenwerte handelt, mittels Scha-

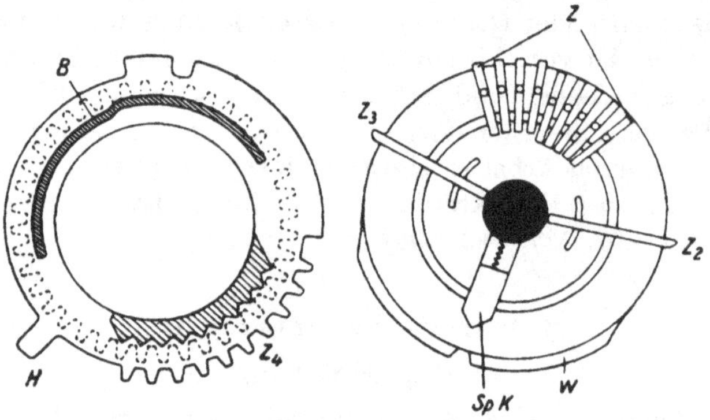

Abb. 14. Sprossenrad, auseinandergeklappt

blonen erfolgen. Solche Schablonen sind z. B. für den Sinus und den Kosinus gleichabständiger Argumente hergestellt. Der drehbare Teil wird durch eine Sperrklinke SpK in seiner Lage festgehalten; diese verhindert auch Zwischenlagen. Bei Beginn jeder Kurbeldrehung werden die Sperrklinken durch einen sich in Richtung der Kurbelachse verschiebenden Kamm gesperrt, so daß während der Drehung keine Veränderung der Einstellung erfolgen kann. Unter jedem Schlitz des Einstellwerkes liegt ein solches Sprossenrad. Alle sind auf der Antriebwelle befestigt, die mittels der Kurbel gedreht wird, und zwar erfolgt die Umdrehung nach vorn herum beginnend, wenn die eingestellte Zahl zu der im Resultatwerk stehenden addiert, in entgegengesetzter Richtung, wenn sie subtrahiert werden soll.

b) Multiplikation

Nachdem man den Multiplikanden durch Verschiebung der Handgriffe H in das Einstellwerk EW gebracht hat, kann man in dem über dem Einstellwerk liegenden Kontrollwerk KW die Richtigkeit der Einstellung prüfen, denn auf die zu ihm gehörenden Ziffernrollen (Abb. 15) wird durch dazwischengeschaltete Zahnräder ZR_1 die Drehung des beweglichen Teiles des Sprossenrades übertragen, so daß in dem zugehörigen Schauloch die eingestellte Ziffer sichtbar wird. Dann wird durch

Kurbeldrehungen der Multiplikator in das Umdrehungszählwerk gebracht. Bei jeder Umdrehung greifen die herausstehenden Zähne der Sprossenräder in die Zahnräder ZR_2 des Resultatwerkes und drehen diese um die entsprechende Anzahl von Zähnen weiter, und diese drehen wieder die Trommeln *RW*, auf denen die in

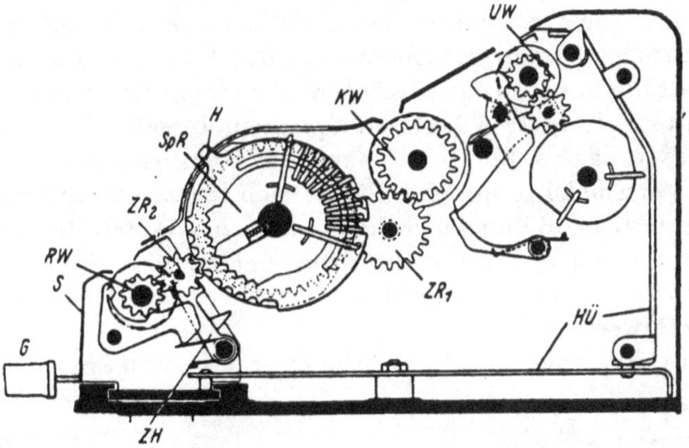

Abb. 15. Schnitt durch eine Sprossenrad-Maschine (nach Brunsviga-Sonderheft 1938, S. 14)

den Schaulöchern des Resultatwerkes sichtbaren Ziffern stehen. Je nach der Umdrehungsrichtung erfolgt also Addition bzw. Subtraktion der eingestellten Zahl zu der im Resultatwerk bereits stehenden. Die Zahl der Umdrehungen der Antriebswelle wird durch die Ziffernrollen *UW* des Umdrehungszählwerkes weiß bzw. rot angezeigt.

c) Schlittenverschiebung

Soll mit einer mehrstelligen Zahl, z. B. 312, multipliziert werden, so braucht die Kurbel nicht 312mal gedreht zu werden, sondern nur sechsmal. Um das zu erreichen, sind Hauptzählwerk und oft auch Umdrehungszählwerk in einen Schlitten *S* eingebaut (Abb. 16), der z. B. bei den Brunsviga-Maschinen mittels

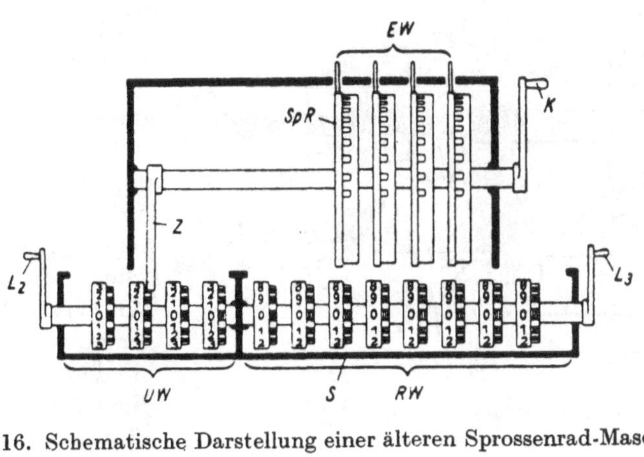

Abb. 16. Schematische Darstellung einer älteren Sprossenrad-Maschine

seitlichen Druckes auf den Griff G um eine Stelle nach links oder rechts verschiebbar ist. Bei Eindrücken von G ist der Schlitten beliebig verschiebbar.

In obigem Falle stellt man den Schlitten so ein, daß die letzte Stelle des Resultatwerkes rechts unter der niedrigsten Stelle des Einstellwerkes steht und kurbelt zweimal. Dabei greift der auf der Triebwelle sitzende Zahn Z in das Rad der niedrigsten Stelle des Umdrehungszählwerkes UW zweimal ein, so daß hier die Zahl 2 erscheint. Dann verschiebt man den Schlitten um eine Stelle nach rechts. Durch Einschnappen eines Hebels wird der Schlitten dabei in der richtigen Lage festgehalten. Jetzt steht das letzte Sprossenrad rechts der zweiten Stelle des Resultatwerkes gegenüber. Eine Umdrehung bewirkt also eine Multiplikation mit 10. Eine weitere Verschiebung um eine Stelle nach rechts und dreimalige Drehung der Kurbel bringt das dreihundertfache der Zahl in das Resultatwerk. Damit ist die Multiplikation mit 312 ausgeführt. Im Umdrehungszählwerk erscheint die Zahl 312. Die in Abb. 13 wiedergegebene Maschine hat ganz oben ein feststehendes Umdrehungszählwerk.

Insbesondere für vermessungstechnische Zwecke werden Sprossenradmaschinen mit zwei Einstellwerken, die unabhängig voneinander gleich- und gegenläufig arbeiten können, mit zwei Resultatwerken, aber nur mit einem Umdrehungszählwerk gebaut. Diese Maschinen werden neuerdings sehr vielfach verwendet [59, 119, 168, 272, 309, 310, 347, 350, 358, 364, 401, 416, 427, 550, 580, 598, 651].

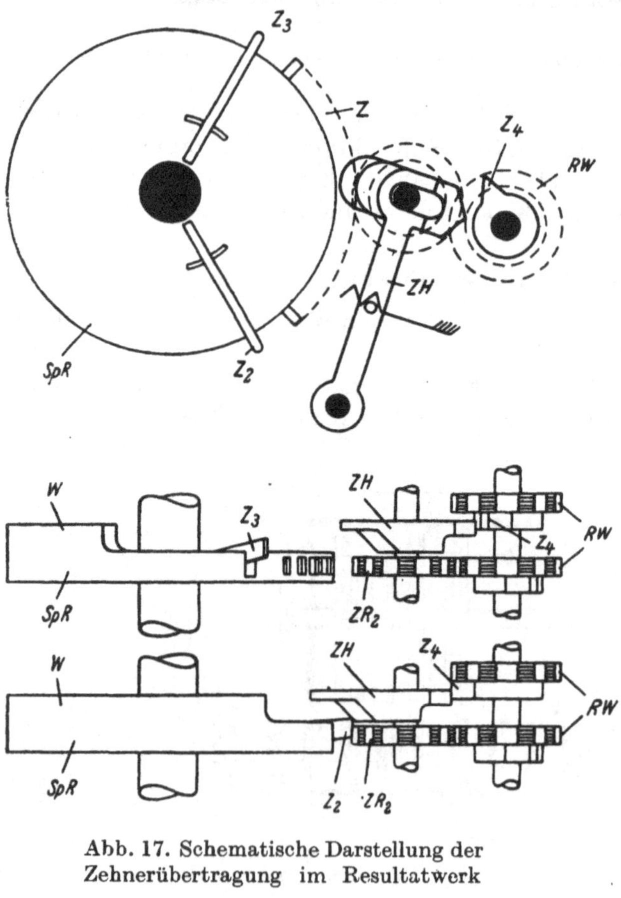

Abb. 17. Schematische Darstellung der Zehnerübertragung im Resultatwerk

d) Zehnerübertragung

Das Haupt-, aber bei fast allen neueren Maschinen auch das Umdrehungszählwerk haben Zehnerübertragung [219, 759]. Abb. 17 gibt ein solches Zehnerübertragungsgetriebe schematisch. Abb. 18 zeigt den Schlitten einer älteren Maschine, aus dem die Zählräder bis auf zwei herausgenommen sind, so daß man die der Zehnerübertragung dienenden Teile, die in Abb. 17 angedeutet sind, erkennt.

Der Zehnerhebel ZH wird durch einen Zahn oder Knopf, der am Zählrad der nächst niederen Stelle angebracht ist, auf das Sprossenrad zu gedrückt, wenn in dieser niedrigeren Stelle die sichtbare Ziffer des Zählrades von Null auf Neun oder um-

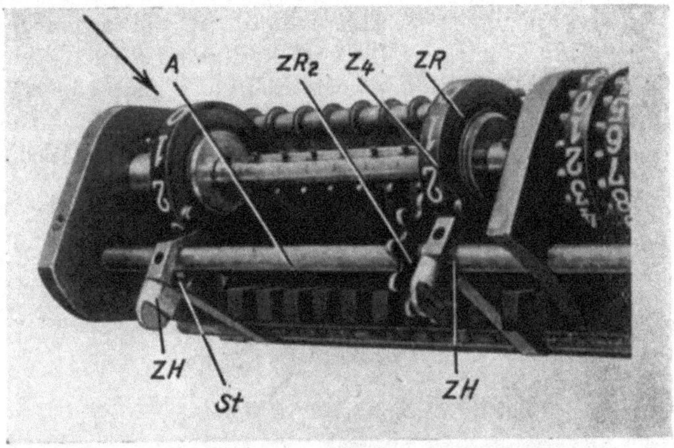

Abb. 18. Schlitten einer älteren Brunsviga-Maschine
Zählrollen bis auf eine ausgebaut

gekehrt geht. Der Hebel ist nach dem Sprossenrade zu abgeschrägt. Er wird durch eine Feder in seinen beiden Lagen festgehalten. In der schematischen Zeichnung 17 ist diese durch eine Blattfeder angedeutet. In Wirklichkeit ist es ein gefederter, nach oben dachförmig abgeschrägter Stift (*St* Abb. 18), der in die Öse des Hebels ZH hineinragt und sich entweder vor oder hinter die durch die Öse hindurchgehende Achse A legt, auf der auch die Zwischenzahnräder ZR_2 sitzen. Bei der Stellung von ZH in Abb. 18 links ist eine Zehnerübertragung vorbereitet, bei der Stellung rechts nicht. Bei der weiteren Umdrehung des Sprossenrades wird dann durch den Zehnerhebel ZH die Zehnersprosse Z_2 bzw. Z_3 der nächsten Stelle in axialer Richtung verschoben und zum Eingreifen in das zugehörige Zwischenrad des Hauptzählwerkes gebracht (Abb. 17 unten). Abb. 19 zeigt die Stellung von Z_3 unmittelbar vor Beginn der Zehnerübertragung. Die Zehnersprosse wird sofort nach ausgeführter Zehnerübertragung durch Federkraft in die Ruhelage gezogen und der Zehnerhebel ZH wird durch einen Wulst am Sprossenrade wieder zurückgedrückt. In Abb. 17 ist dieser als seitliche Verbreiterung gezeichnet. In Wirklichkeit ist es ein radial ansetzender Wulst, wie ihn

Abb. 19. Zehnerübertragung unmittelbar vor der Ausführung

Abb. 14 und 15 zeigen. Die Zähne Z_2 und Z_3 sind bei jeder höheren Stelle etwas gegen die Lage in der vorhergehenden verrückt, damit die Übertragung von der niedrigsten Stelle beginnend nacheinander erfolgen kann. Sie ordnen sich also auf etwa drei Achteln der Windung einer rechts- und einer linksgewundenen Schraubenlinie an. Es lassen sich so etwa je 15 solcher Zähne anordnen. Daher hat z. B. die große Brunsviga-Maschine mit zwanzig Stellen im Resultatwerk nur bis zur fünfzehnten Zehnerübertragung. Andere Maschinen, wie die in Abb. 22 wiedergegebene, haben besondere Zehnerübertragungsräder, die bis zum fünfzehnten auf einer gemeinsamen Welle sitzen. Die restlichen sind auf einer besonderen Welle angeordnet,

Abb. 20. Umdrehungszählwerk einer Brunsviga-Maschine mit Zehnerübertragung

die sich mit der doppelten Geschwindigkeit dreht. Diese Zähne greifen erst dann ein, wenn die Zehnerübertragungen in den niedrigsten 15 Stellen ausgeführt sind.

Ganz ähnlich wie im Resultatwerk geht die Zehnerübertragung im Umdrehungszählwerk vor sich, ihr dienen die in Abb. 15 oben rechts gezeichneten Teile. Abb. 20 zeigt die Rückseite einer geöffneten Brunsviga-Maschine. Man erkennt den Übertragungshebel *HÜ*. Dieser verschiebt in der Nut *N* einer sich mit der Triebwelle drehenden Achse *A* einen Daumen *D* so, daß er immer in die gerade in Betracht kommende Stelle des Umdrehungszählwerks eingreift. Ferner sieht man die Welle *ZW* mit den staffelförmig versetzten Zehnersprossen.

e) Abgekürzte Multiplikation

Bei Maschinen, die auch im Umdrehungszählwerk Zehnerübertragung haben, kommt man bei der Multiplikation oft mit weniger Umdrehungen aus, als die Quersumme des Multiplikators angibt. Soll man z. B. mit 198 multiplizieren, wird man zunächst mit 200 malnehmen, den Schlitten um zwei Stellen nach links verschieben und durch zweimalige Kurbeldrehung in der Minusrichtung die Zahl zweimal subtrahieren. Das Umdrehungszählwerk zeigt dann 198, und man ist statt mit 18 mit 4 Kurbeldrehungen ausgekommen.

f) Löschvorrichtung

Durch Umlegen der Hebel L_1, L_2 und L_3 (Abb. 13) um etwa 90° können die im Einstell-, Umdrehungs- und Hauptzählwerk stehenden Zahlen gelöscht werden. Durch entsprechende Einstellung eines kleinen Kopplungshebels *KH* kann man erreichen, daß der Löschhebel L_4 gleichzeitig Einstell- und Umdrehungszählwerk oder alle drei Werke auf Null stellt bzw. daß der Löschhebel L_2 nur das Umdrehungszählwerk oder dieses und das Einstell- und Kontrollwerk löscht.

g) Rückübertragung

Mit den beschriebenen Vorrichtungen kann man Ausdrücke der Form $s = a \cdot b \pm c \cdot d \pm e \cdot f \pm \cdots$ berechnen. Dazu berechnet man zunächst $a \cdot b$. Einstell- und Umdrehungszählwerk werden gelöscht; dann wird c ins Einstellwerk gebracht und d in positiver oder negativer Richtung ins Umdrehungszählwerk gekurbelt, je nachdem man $a \cdot b + c \cdot d$ oder $a \cdot b - c \cdot d$ bilden soll usw. Um bequem auch das Produkt mehrerer Faktoren $a \cdot b \cdot c \cdot \ldots$ berechnen zu können, haben einige Maschinen, wie die in Abb. 13, Vorrichtungen, um die im Resultatwerk stehende Zahl ins Einstellwerk zu übertragen. Dazu löscht man mit dem Hebel L_1 Einstell- und Kontrollwerk, legt diesen Hebel noch etwas weiter um, wodurch bewirkt wird, daß die Zahnräder des Resultatwerkes in die gegenüberliegenden Zähne des drehbaren Teiles des Sprossenrades eingreifen. Legt man jetzt den Hebel L_4 um, so werden die im Haupt- und Umdrehungszählwerk stehenden Zahlen gelöscht. Die Rückdrehung der Räder des Resultatwerkes wird aber durch die Zahnräder ZR_2 (Abb. 15) auf den beweglichen Teil der Sprossenräder übertragen, und im Einstell- und Kontrollwerk erscheint die vorher im Resultatwerk stehende Zahl $a \cdot b$, während Haupt- und Umdrehungszählwerk gelöscht sind. Jetzt kann man sofort c ins Umdrehungszählwerk kurbeln und erhält im Resultatwerk die Zahl $a \cdot b \cdot c$ usw.

h) Division

Zur Division bringt man den Dividenden ins Resultatwerk, und zwar mit seiner höchsten Ziffer ganz links beginnend. Das kann entweder mittels kleiner Rändelrädchen oder Wirtel, die neben oder über den einzelnen Zählrollen des Resultatwerkes liegen, geschehen, oder wenn diese fehlen, stellt man den Dividenden im Einstellwerk ein, kurbelt ihn ganz links ins Resultatwerk und löscht Einstell- und Umdrehungszählwerk. Dann bringt man den Divisor ebenfalls mit der höchsten Ziffer ganz links beginnend ins Einstellwerk. Der Schlitten wird so verschoben, daß die unter dem Divisor stehende Zahl im Resultatwerk größer, aber nicht zehn- oder mehrmals größer ist als dieser. Durch Kurbelumdrehungen im negativen Sinne wird so oft subtrahiert, bis der im Resultatwerk stehende Rest kleiner ist als der Divisor. Der Schlitten wird nach links verschoben und wieder die Subtraktion so oft als möglich ausgeführt usw. Im Umdrehungszählwerk erscheint dann der Quotient, und zwar bei Maschinen ohne Zehnerübertragung in diesem Zählwerk stets in roten Ziffern.

Bei Maschinen, die auch im Umdrehungszählwerk Zehnerübertragung haben, kann man Umdrehungen sparen. Ist der Rest größer als die Hälfte des Divisors, so subtrahiert man nochmals. Im Resultatwerk erscheint dann das Komplement der zu erwartenden negativen Zahl, dabei springen links von den Stellen, in denen man rechnet, statt der Nullen Neunen ein, und es ertönt ein Glockenzeichen, das anzeigt, daß in der höchsten Stelle links eine Zehnerübertragung ausgefallen ist. Der Schlitten wird um eine Stelle nach links verschoben und der Divisor so oft addiert, bis wieder eine positive Zahl im Resultatwerk erscheint. Man verschiebt den Schlitten um eine Stelle nach links und subtrahiert wieder usw. Dadurch, daß man statt des Glockensignales eine Sperrung einführt, eine Addition selbsttätig erfolgen und den Schlitten weiterspringen läßt, oder nach der Sperrung den Schlitten weiterspringen läßt, wobei die Maschine eine Umstellung von Addition auf Subtraktion oder umgekehrt vornimmt, kann die Division vollautomatisch gemacht werden.

i) Speicherwerk

Bei der Berechnung der Summen $s = a \cdot b \pm c \cdot d \pm e \cdot f \pm \cdots$ ist die Ablesung der Produkte $c \cdot d$, $e \cdot f$ nicht möglich. Um das zu ermöglichen, hat man Maschinen mit zwei Resultatwerken gebaut, die übereinanderliegen und gleichzeitig gleich- oder gegenläufig arbeiten und einzeln gelöscht werden können.

Eine andere Einrichtung zum Speichern hat die große Brunsviga mit 20 Stellen im Resultatwerk. Durch Umlegen eines Hebels auf der linken Schlittenseite erreicht man, daß der Löschhebel des Resultatwerkes nur auf die rechten 10 Stellen wirkt, während die linken 10 Stellen durch einen besonderen Hebel gelöscht werden können. Man bringt nun durch Rückübertragung die berechneten Produkte aus dem Resultatwerk in die linken Stellen des Einstellwerkes und überträgt sie nach entsprechender Schlittenverschiebung durch einmalige Drehung der Kurbel nacheinander in die linke Hälfte des Resultatwerkes, das so als Speicherwerk dient.

Diese Anordnung ermöglicht auch die Rückübertragung eines Quotienten ins Einstellwerk. Man stellt in die rechte Hälfte des Einstellwerkes den Divisor ein und in der höchsten Stelle, die auf den abgekuppelten Teil des Resultatwerkes wirkt, eine 1. Dann erscheint nach Ausführung der Division sowohl im Umdrehungszählwerk wie im abgekuppelten Teil des Resultatwerkes der Quotient und kann von dort durch Rückübertragung wieder ins Einstellwerk gebracht werden [706].

k) Sprossenradmaschine mit Hebeleinstellung und elektrischem Antrieb

Abb. 21 zeigt eine *Sprossenradmaschine mit Hebeleinstellung und elektrischem Antrieb*, wie sie von der Firma *C. Walther* gebaut werden. Hier liegen Haupt- und Umdrehungszählwerk im Schlitten. Zum Löschen dient die Kurbel an der linken

Seite. Das Einstellwerk wird durch Hochschwenken der unter ihm liegenden Schiene gelöscht. Die mit den Pfeilen versehenen Tasten dienen der Schlittenbewegung, die übrigen Tasten der Einleitung der Rechnung, deren Operationszeichen auf ihnen zu sehen ist. Der kleine Hebel *UH* links oben schaltet das Umdrehungszählwerk auf + oder —. Hier muß man bei der Multiplikation nach Drücken der +- bzw. —-Taste die Zahl der Wellenumdrehungen nach dem Gehör zählen, kann allerdings den Hebel *MH* rechts oben nacheinander auf die einzelnen

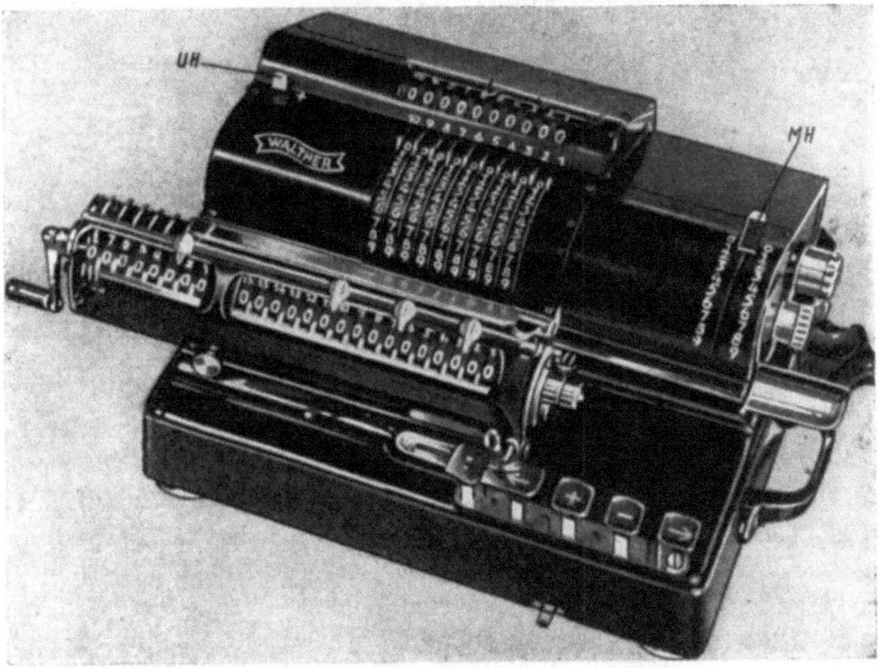

Abb. 21. Sprossenradmaschine mit elektrischem Antrieb

Ziffern des Multiplikators einstellen und so die jedesmalige Anzahl der Umdrehungen der Welle bestimmen. Eine solche halbautomatische Multiplikation verläuft bei einiger Einarbeitung außerordentlich schnell und sicher, schneller z. B. als bei den meisten Maschinen die vollautomatische Multiplikation (II, C, 3, d). Eine Kontrolle hat man dabei immer durch das Umdrehungszählwerk. Diese Maschinen haben auch eine Einrichtung für die automatische Division, wie sie weiter unten z. B. II, C, 3, f beschrieben wird.

l) Tastenmaschinen

Sprossenradmaschinen werden sowohl mit Volltastatur im Einstellwerk wie mit Zehnertastatur gebaut. Eine Zehnertastaturmaschine mit elektrischem Antrieb zeigt Abb. 22.

Die hier benutzten Sprossenräder haben vier Einzelsprossen Z und ein Fünferstück F (Abb. 23). Beim Drücken der Tasten 1 bis 4 bewegt sich der drehbare Teil des Sprossenrades nach rechts und drückt die entsprechende Anzahl von Zähnen

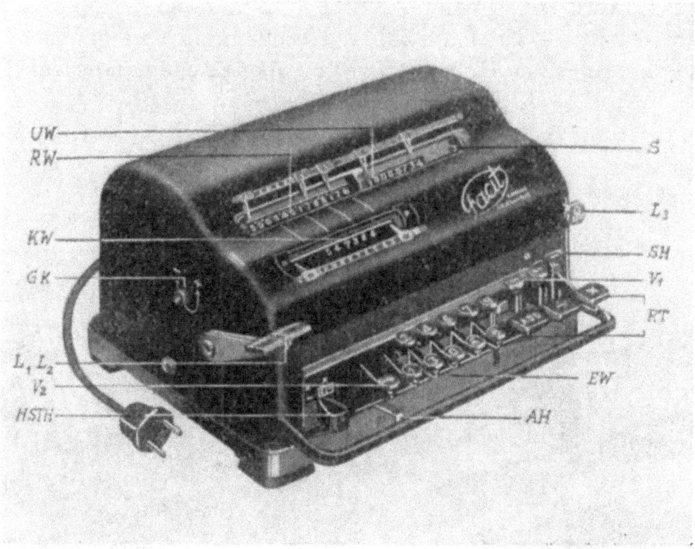

Abb. 22. 10-Tasten-Sprossenradmaschine mit elektrischem Antrieb (Fazit-Kurzrechen-Automat E. K.)

heraus. Drückt man eine der Tasten 5 bis 9, erfolgt eine Drehung nach links, zuerst wird das Fünferstück herausgedrückt und dazu, wenn nötig, noch die entsprechende Zahl von Einzelzähnen. Das Haupt- und Umdrehungszählwerk stehen hier fest, dagegen sind die Sprossenräder des Einstellwerkes EW auf Kugeln verschiebbar gelagert. Der Multiplikand wird mit der höchsten Stelle beginnend getippt. Beim ersten Druck auf eine Taste wird das am weitesten links liegende Einstellrad entsprechend eingestellt, danach springt das ganze Einstellwerk um eine Stelle nach links. Die nächste Ziffer wird getippt, und der Vorgang wiederholt sich mit dem zweiten Sprossenrad usw. Durch Druck auf eine der beiden Transporttasten V_1 oder V_2 kann das Einstellwerk um eine Stelle nach links bzw. nach rechts verschoben werden. Der Druck auf die Tasten T_+ bzw. T_- oder bei neuen Maschinen auf eine der drei Rechentasten RT bewirken das Einschalten des Motors für Addition oder für Subtraktion. Das Umdrehungszählwerk wird automatisch durch die erste Umdrehung auf Addition oder Subtrak-

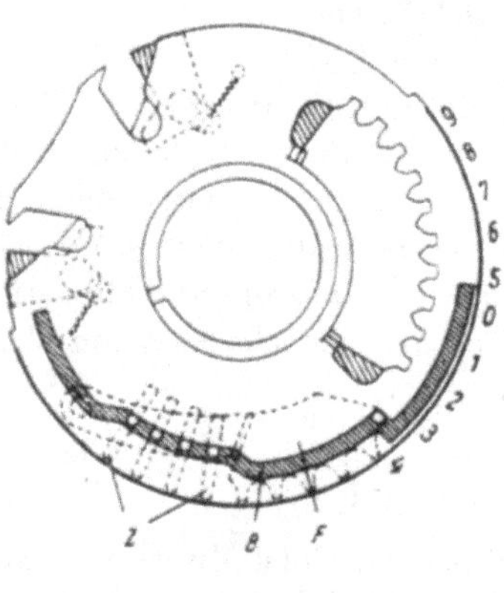

Abb. 23. Sprossenrad der Fazit-Maschine

tion geschaltet, so daß also im ersten Fall weiterhin positive Umdrehungen positiv, negative negativ gezählt werden; bei Subtraktion, bei der bei neueren Maschinen der Hebel *SH* nach unten zu drücken ist, ist es umgekehrt. Im letzten Fall springt eine rote Signalscheibe *S* automatisch ein. Bei der Multiplikation wird die Zahl der Triebwellendrehungen nach dem Maschinengeräusch gezählt. Das Produkt kann einer im Resultatwerk stehenden Zahl zugefügt oder von ihr abgezogen werden. Die Division ist bei den älteren Maschinen halbautomatisch und wird ähnlich, wie oben beschrieben, ausgeführt. Die Maschine wird gesperrt, wenn einmal zuviel subtrahiert oder addiert wurde. Durch Weitertransport des Einstellwerkes wird diese Sperrung gelöst, dann wird in der nächsten Stelle addiert bzw. subtrahiert usw. Man hat also eine sog. Stoppdivision, wie sie bei der Mercedes-Euklid ganz automatisiert ist. Der Quotient erscheint im Umdrehungszählwerk und kann nach Einstellung einer dort stehenden Zahl additiv oder subtraktiv zugefügt werden. Eine Taste dient dazu, den in das Einstellwerk getasteten Dividenden ganz nach links zu transportieren. Von dort wird er in die ersten Stellen des Hauptzählwerkes durch Addition übertragen. Durch Druck auf die gleiche Taste wird auch der ins Einstellwerk gebrachte Divisor nach links verschoben, so daß er richtig unter dem Dividenden steht. Will man die Maschine für Addition oder Subtraktion benutzen, wird ein Hebel nach unten gestellt, dann wird nach einer Triebwellendrehung die eingestellte Zahl gelöscht; stellt man den Hebel nach oben, bleibt die Einstellung und muß nach Ausführung der Rechnung durch Druck auf die Nulltaste L_3 gelöscht werden. Dadurch wird gleichzeitig das Einstellwerk in die Nullstellung zurückgeführt. Die Hebel L_1 und L_2 löschen Resultat- und Umdrehungszählwerk. Die Fazit-Maschine ist die einzige Rechenmaschine, deren Mechanismus staubsicher in einem vollkommen geschlossenen Gehäuse liegt [640].

Neuerdings wird die Maschine mit voll automatischer Division gebaut, ferner erfolgt bei der Multiplikation automatisch ein Transport um einen Schritt nach rechts oder nach links je nach Einstellung. Bei der neuen in Abb. 23 dargestellten Maschine hat man zur Division folgendermaßen vorzugehen: Der Hauptsteuerhebel *HStH*, der bei allen anderen Rechnungsarten nach links steht, wird ganz nach rechts gedrückt, der Dividend eingetastet und die rechts von V_1 liegende als Totaltabulator bezeichnete Taste und anschließend die Additionstaste gedrückt. Dadurch wird der Dividend in die höchsten Stellen des Resultatwerkes gebracht und das Zählwerk gelöscht. Jetzt wird der Divisor eingetastet, wieder der Totaltabulator und anschließend kurz die Divisionstaste gedrückt. Damit ist die Division eingeleitet, die nun automatisch von der Maschine durchgeführt wird.

3. Staffelwalzenmaschinen

a) Wirkungsweise der Staffelwalze

Die erste von *Leibniz* gebaute Rechenmaschine für alle vier Rechnungsarten, wie auch die ersten fabrikmäßig [611] hergestellten Maschinen benutzen als Schaltorgan *Staffelwalzen StW*; das sind Zylinder, die auf einem Drittel ihres Umfanges achsenparallele Rippen gestaffelter Länge tragen, wie man in Abb. 24, die schematisch den Schnitt durch eine ältere Maschine zeigt, erkennt. In Abb. 25, die

Abb. 24. Schematischer Schnitt
durch eine ältere Staffelwalzenmaschine

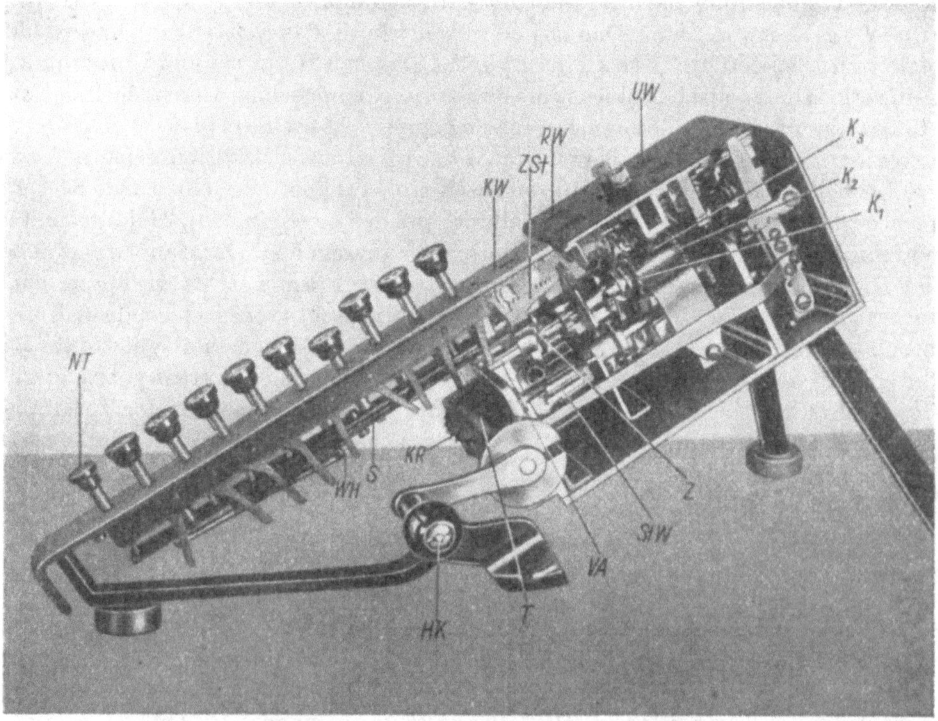

Abb. 25. Schnittmodell einer neueren Staffelwalzenmaschine mit Volltastatur

nach einem Schnittmodell einer neueren Maschine hergestellt ist, sieht man, wie von dem die Rippen tragenden Zylinder nur noch der gerippte Teil übergeblieben ist. Die Staffelwalzen werden durch Kegelräder *KR* mittels der Triebwelle *T* gedreht. Diese wird durch eine Handkurbel *HK* oder durch einen Motor angetrieben. Jeder Staffelwalze gegenüber kann ein zehnzähniges Rad *Z* auf einer Vierkantachse *VA* bei älteren Maschinen mittels eines Knopfes *K* verschoben werden, der sich in einem Spalt bewegt, an dessen Rändern die Zahlen 0 bis 9 stehen. Stellt man den Knopf auf eine dieser Ziffern, z. B. 6 (Zwischenstellungen werden durch Einklinken vermieden), so wird das Zahnrad bei Umdrehung der Staffelwalze von der entsprechenden Anzahl von Rippen, also 6, gekämmt. Die Umdrehung der Vierkantachse wird durch ein Wendegetriebe auf die Ziffernscheiben *ZS* des Resultatwerkes übertragen und fügt die eingestellte Zahl beim Eingreifen von K_1 in K_3 additiv, beim Eingreifen von K_2 in K_3 subtraktiv der im Resultatwerk stehenden Zahl hinzu. Die beiden Kegelräder K_1 und K_2 sind durch eine Hülse verbunden, die auf der Vierkantachse gleiten kann. Die Verschiebung erfolgt durch einen auf der linken Seite der Maschine liegenden Hebel oder durch Druckknöpfe, die mit + bzw. — bezeichnet sind oder auch automatisch beim Druck auf die entsprechende Operationstaste, z. B. die Additions- oder Subtraktionstaste. Umdrehungs- und Hauptzählwerk, die bei den älteren Maschinen Ziffernscheiben *ZS*, bei den neueren Zählrollen haben, sind hier in dem Schlitten *S*, der meist als Lineal bezeichnet wird, vereinigt, der beim Weitertransport bei den älteren Maschinen angehoben werden muß, so daß bei Verschiebung der Eingriff von K_3 in K_1 oder K_2 aufgehoben wird. Bei neueren Maschinen erfolgt der Eingriff der Kegelräder erst bei Beginn der Kurbeldrehung, vorher steht K_3 zwischen K_1 und K_2, so daß der Schlitten ohne Anheben verschoben werden kann. Die Löschung der beiden im Lineal vereinigten Werke erfolgt durch Hebel, die sich im Lineal auf der rechten Seite der Maschine befinden. Im Hauptzählwerk, meist auch im Umdrehungszählwerk, können die Ziffern durch Knöpfe, die oberhalb der Schaulöcher liegen, einzeln eingestellt werden. Durch in entsprechende Einschnitte eines mit der Scheibe verbundenen Rades eingreifende Blattfedern werden Zwischenstellungen verhindert. Man kann so z. B. den Dividenden bei der Division direkt im Hauptzählwerk einstellen.

b) Zehnerübertragung

Die der Verhinderung des Überschleuderns und der Zehnerübertragung dienenden Teile sind nochmals in Abb. 26 dargestellt. Die Rippen der Staffelwalze *StW*, die sich stets in der Pfeilrichtung dreht, sind so angeordnet, daß der Eingriff in das Zahnrad *Z* bei allen Einstellungen bei dem gleichen Drehwinkel aufhört. In diesem Moment schiebt sich der Teil des Zylindermantels *ZM*, der den größeren Radius hat, in einen der zehn kreisförmigen Ausschnitte der Bremsscheibe *BS*, die verschiebbar, aber nicht drehbar auf der Vierkantachse sitzt, und hindert dadurch diese an der weiteren Drehung.

Geht die Zifferntrommel des Hauptzählwerkes der vorhergehenden Stelle von 9 auf 0 oder umgekehrt, wird durch einen nicht dargestellten Hebel, der in die Nut rechts neben dem Zahnrad *ZR* eingreift, die Bremsscheibe und das mit ihr verbundene Zahnrad ZR etwas nach links verschoben. Damit ist die Zehnerübertragung vorbereitet. Die Scheibe BS steht bei weiterer Drehung dem Einschnitt A_1 des Zylinders ZM gegenüber und das zehnzähnige Rad ZR liegt in der Bahn des Zehnerzahnes ZZ_1. Bei weiterer Drehung wird also ZZ_1 in ZR eingreifen und es um einen Zahn drehen. Damit werden auch die Vierkantachse, die Kegelräder K rechts und schließlich die Trommel T des Hauptzählwerkes um eine Stelle weitergedreht. Gleich nach Ausführung dieser Drehung legt sich wieder der Zylindermantel in einen der Ausschnitte von BS und hindert dadurch die weitere Drehung von VA. Durch Rückverschiebung von BS und ZR wird dann sofort alles wieder in den ursprünglichen Zustand zurückgeführt. Der Zehnerzahn ZZ_2 und der Ausschnitt A_2 des Zylinders ZM dienen der Zehnerübertragung an der vorhergehenden Stelle, für die die gleiche Staffelwalze vorhanden ist. Aus der Versetzung der beiden Zähne und Ausschnitte erkennt man, daß zunächst die Zehnerübertragung in der niedrigeren Stelle erfolgt. Das muß der Fall sein, damit nacheinander die Übertragung durch das ganze Zählwerk gehen kann. Blattfedern, die auf das Zahnrad Z_2 und andere, die auf die Räder des Zählwerkes drücken, halten die Achsen und Räder in ihrer Lage und verhindern, daß sie Zwischenstellungen einnehmen.

Abb. 26. Schaltwerk einer neueren Staffelwalzenmaschine

Zu den Staffelwalzenmaschinen ist auch die Maschine „Gauß“ zu rechnen. Sie hat ähnlich wie die Hahnsche Maschine nur ein Schaltorgan, nämlich eine Platte, auf der radial die entsprechende Anzahl Zähne angeordnet sind. Resultat- und Umdrehungszählwerk sind, wie bei der Hahnschen Maschine, im Kreise angeordnet [678].

c) Neuere Maschinen

haben im Einstellwerk fast alle eine selbstkorrigierende Volltastatur (Abb. 25), die außerdem meist vor jeder Tastenreihe eine Nulltaste NT hat, um eine in dieser Reihe eingestellte Zahl zu löschen. Beim Niederdrücken einer Taste wird mittels eines Winkelhebels WH eine unter der Tastenreihe herlaufende Schiene S verschoben, die das Zahnrad Z entsprechend einstellt und außerdem mittels einer Zahnstange ZSt die Ziffernrolle im Kontrollwerk KW so dreht, daß hier die eingestellte Ziffer erscheint. Abb. 27 zeigt eine neuere Maschine *mit Handkurbel HK*. Man sieht die Volltastatur des Einstellwerkes mit den Nulltasten NT, das Kontrollwerk *KW* und im Schlitten oben vereinigt das Resultatwerk *RW* und das Umdrehungszählwerk *UW* mit Einstellwirteln über den Schaulöchern des Resultatwerkes, Kommaschienen zum Einteilen der Zahlen in Gruppen und den zugehörigen Löschhebeln *LR* und *LU*. Haupt- wie Umdrehungszählwerk haben natürlich Zehnerübertragung. Der Griff der Handkurbel ist ausziehbar und greift in der Ruhelage in einen Kurbelanschlag ein, mit dem gewisse Sperrvorrichtungen verbunden sind, wie das auch bei den oben beschriebenen Sprossenradmaschinen der Fall ist. Durch die Löschtaste *LT* kann man die gesamte Tastatur löschen. Zwischen den einzelnen Tastenreihen liegen Kommaleisten, die durch die Knöpfe *KL* so gedreht werden können, daß die untere weiße Seite dieser Leisten nach oben kommt und so die eingetastete Zahl in Gruppen geteilt wird. Durch Drehung des dreiarmigen Hebels *HS* um ein Drittel einer Umdrehung kann man den Schlitten um eine Stelle nach rechts oder nach links bewegen. Außerdem kann man ihn um mehrere Stellen verschieben, wenn man den Knopf *K* nach oben oder den Griff *G* zur Seite drückt. Die Stelle, an der gerade gerechnet wird, wird durch den Stellenanzeiger *StA* bezeichnet. Für die Addition und Subtraktion wird die mit *Add* bezeichnete Taste heruntergedrückt. Es springt dann nach einer Kurbeldrehung die ins Einstellwerk gebrachte Zahl heraus. Bei Multiplikation und Division wird diese Taste nicht gedrückt; die Zahl bleibt dann im Einstellwerk, bis sie durch Druck auf die Löschtaste *LT* gelöscht wird. Durch Eindrücken der mit — bezeichneten Umschalttaste *UT* wird das Resultatwerk von + auf — geschaltet. Sie wird also bei Subtraktion und Division gedrückt. Die Tasten *Add* und *UT* lassen sich einrasten, die Korrektionstaste *KT* dagegen nicht. Drückt man sie herunter, wird Resultat- und Umdrehungszählwerk gleichzeitig auf die entgegengesetzte Rechnungsart umgeschaltet. Sie wird also benutzt werden, wenn man eine zuviel ausgeführte Umdrehung rückgängig machen will.

Abb. 27. Staffelwalzenmaschine mit Handkurbel (Rheinmetall D I e)

Auf die Beschreibung der einzelnen Rechenoperationen braucht hier nicht eingegangen zu werden, da sie im wesentlichen ebenso verlaufen wie bei den Sprossenradmaschinen.

Vergleicht man die drei verschiedenen Einstellungsarten, durch die der Multiplikand ins Einstellwerk gebracht werden kann, hinsichtlich der Schnelligkeit des

Arbeitens, so ist die Schlitzeinstellung der älteren Maschinen am ungünstigsten, die Tasteneinstellung am vorteilhaftesten. Die Hebeleinstellung kann wesentlich schneller erfolgen als die Schlitzeinstellung, weil die Bewegung dabei der natürlichen Bewegung der Hand entspricht. Sprossenradmaschinen mit Volltastatur gibt es daher sehr wenig [134].

Die meisten neueren Maschinen haben Motorantrieb. Durch eine Additions- und eine Subtraktionstaste wird der Motor eingerückt, der die Antriebswelle dreht (Abb. 28, 29). Die Zahl der Umdrehungen beträgt bei deutschen Maschinen meistens 400 in der Minute. Manche im Ausland, insbesondere in Amerika, hergestellte Maschinen laufen schneller; doch baut man neuerdings auch in Deutschland Maschinen, die 500 und mehr Umdrehungen in der Minute machen, so daß der Rechenvorgang wesentlich schneller abläuft.

Den im Gegensatz zu den Sprossenrädern durch die Staffelwalzen bedingten größeren Abstand der Schaulöcher des Hauptzählwerkes hat man entweder dadurch verkleinert, daß man diese Walzen zickzackförmig anordnete oder, wie oben erwähnt, dadurch, daß man eine Staffelwalze auf zwei Vierkantachsen wirken läßt, wie das z. B. bei den von der Firma Rheinmetall gebauten Maschinen der Fall ist. Ein anderes Mittel zur Verkleinerung des Schaltorganes wird bei den amerikanischen Monroe-Maschinen angewendet [487]. Dort ist die Staffelwalze aufgeteilt in eine Walze mit nur vier Rippen und einen Ergänzungssektor mit fünf Zähnen.

d) Vollautomatische Multiplikation

Die Entwicklung der letzten Zeit ging in Richtung der Konstruktion vollautomatisch arbeitender Maschinen, die nach Einstellung der Zahlen die Rechnung ohne weiteren Eingriff des Rechners durchführen. Zuerst gelang die Konstruktion von Maschinen, die die Division automatisch durchführen konnten. Ein erster Schritt zur vollautomatischen Multiplikation war der Einbau eines besonderen Einstellwerkes für einen einstelligen Multiplikator. Durch Drücken der entsprechenden Taste wurde der eingestellte Multiplikand mit der einstelligen Zahl multipliziert und der Schlitten um eine Stelle weiter gerückt, dann tastete man die nächste Ziffer des Multiplikators ein usw. Von dieser Einrichtung kam man dann zur vollautomatischen Multiplikation, bei der beide Faktoren vor Ausführung der Rechnung eingestellt werden. Für die Einstellung des zweiten Faktors kann man eine zweite Volltastatur oder auch eine reduzierte Zehnertastatur verwenden. Nach Druck auf eine Multiplikationstaste werden dann die einzelnen Stellen des zweiten Faktors nacheinander abgearbeitet, wobei der Schlitten sich automatisch verschiebt.

Abb. 28 zeigt eine vollautomatische Maschine mit nur einer Tastatur. Sie hat nur ein Resultatwerk *RW*. Die gleiche Maschine wird aber auch mit zwei gemeinsam oder getrennt arbeitenden Hauptzählwerken gebaut, die im Schlitten untereinander liegen. Diese beiden können wahlweise eingeschaltet in gleichem oder entgegengesetztem Sinne arbeiten; eins von ihnen kann als Speicherwerk benutzt werden. Die Resultatwerke ebenso wie das darüberliegende Umdrehungszählwerk *UW* können einzeln durch rechts im Schlitten liegende Löschhebel *LR* und *LU* gelöscht werden. Die Maschine hat, außer den weiterhin noch zu erwähnenden, folgende Hebel und Tasten. Die +- und —-Taste rechts vorn schalten den Motor ein, der dann die Triebwelle in positivem oder negativem Sinne in Umdrehungen versetzt. Steht der Hebel H auf Addition, springt die eingestellte Zahl nach einer Wellendrehung heraus, sonst bleibt sie stehen, bis sie durch die hier mit O bezeichnete Löschtaste LT aus der Tastatur gelöscht wird. Vor dieser Taste liegen mit R und U bezeichnete Tasten, durch welche auch das Haupt- und das Umdrehungszählwerk gelöscht werden können. Die Anordnung der Tasten erlaubt es, durch gleichzeitigen Druck mit einer Hand sämtliche Werke auf Null einzustellen. Resultat- und Umdrehungszählwerk lassen sich auch durch Druck auf die links

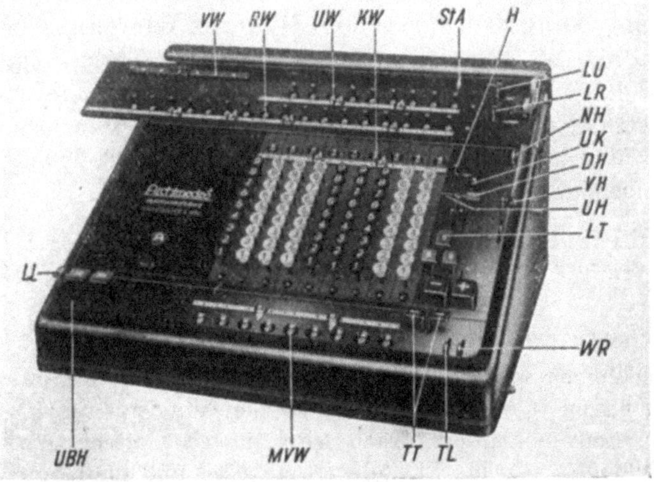

Abb. 28. Vollautomatische Rechenmaschine mit gemeinsamem Einstellwerk für Multiplikand und Multiplikator (Archimedes Modell M)

neben der ×-Taste liegenden Lineallöschtaste LL löschen, die dabei den Rücklauf des Lineals veranlaßt. Der Schlitten wird durch Niederdrücken einer der beiden Transporttasten TT in der auf ihnen angegebenen Richtung verschoben. Durch den Umschalthebel UH kann das Umdrehungszählwerk so eingestellt werden, daß es entweder positive oder negative Umdrehungen positiv zählt.

Für die automatische Multiplikation wird zunächst der Hebel WR für den automatischen Wagenrücklauf eingerückt. Dann wird der Multiplikand eingetastet und durch Druck auf die links liegende ×-Taste in das über dem Einstellwerk liegende Kontrollwerk KW gebracht. Die Tasten springen dabei wieder hoch. Weiter wird der Multiplikator eingetastet. Dieser erscheint in dem unter dem Einstellwerk liegenden Multiplikatorvoreinstellwerk MVW. Jetzt wird das Lineal ganz nach links gezogen und durch Druck auf die ebenfalls links liegende =-Taste der Multiplikationsvorgang ausgelöst. Dabei verschwinden die Ziffern aus dem Multiplikatorvoreinstellwerk und erscheinen zur Kontrolle in dem ganz oben liegenden Umdrehungszählwerk UW. Die Tasten springen nach Ausführung der Multiplikation wieder hoch, falls der Tastenlöschhebel TL nach oben gestellt ist. Die in MVW eingestellte Zahl ist gelöscht. Der Schlitten kehrt von selbst in die Grundstellung zurück. Will man aus irgendeinem Grund die Multiplikation unterbrechen, legt man den unter der $\times$-Taste liegenden Unterbrechungshebel UBH um.

Zieht man den Tastenlöschhebel TL nach vorn, bleibt die in KW eingestellte Zahl stehen. Diese Stellung wird man also wählen, wenn man wiederholt mit dem gleichen Faktor zu multiplizieren hat. Vor dem Eintasten des nächsten Multiplikators ist dann jedesmal die $\times$-Taste zu drücken. Diese wiederholte Multiplikation mit dem gleichen Faktor kommt vor allem bei der Lösung von Systemen linearer Gleichungen vor.

e) Lösung von Systemen linearer Gleichungen

Da die eben beschriebene vollautomatische Maschine Archimedes Modell MZ mit zwei Resultatwerken sich besonders zur Lösung eines Systems linerarer Gleichungen eignet, sei gleich hier darauf eingegangen. Man benutzt dazu am besten ein Rechenschema, wie man es z. B. in [818], S. 298, findet.

In dem Gleichungssystem

$$\begin{array}{l} a_{11}\,x_1 + a_{12}\,x_2 + \cdots\cdots + a_{1n}\,x_n + a_1 = 0 \\ a_{21}\,x_1 + a_{22}\,x_2 + \cdots\cdots + a_{2n}\,x_n + a_2 = 0 \\ \cdots\cdots\cdots\cdots\cdots\cdots\cdots\cdots \\ a_{n1}\,x_1 + a_{n2}\,x_2 + \cdots\cdots + a_{nn}\,x_n + a_n = 0 \end{array}$$

seien die Gleichungen so geordnet, daß a_{11} der größte der Faktoren von x_1 ist. Zur Elimination von x_1 wird dann die erste Gleichung mit $a_{i1} : a_{11}$ multipliziert und von der i-ten subtrahiert. Dazu wird zunächst dieser Quotient mit der Maschine gebildet (s. u.), ins Einstellwerk getastet und ins Kontrollwerk übernommen. Dann wird der Reihe nach mit $a_{12}, a_{13}, \ldots, a_{1n}, a_1$ multipliziert, und zwar mit nach vorn gezogenem Hebel TL, damit der Quotient im Kontrollwerk stehenbleibt. Das Resultatwerk, in dem man $\frac{a_{i1}}{a_{11}} \cdot a_{1k}$ abliest, das dann von a_{ik} zu subtrahieren ist, wird nach jeder Multiplikation gelöscht. Nicht gelöscht werden aber das Speicherwerk und das Umdrehungszählwerk, und zwar werden diese beiden Zählwerke durch Umstellung der entsprechenden Hebel auf $+$ oder $-$ auf Addition oder Subtraktion geschaltet, so daß hier die betreffenden Posten je nach Vorzeichen addiert bzw. subtrahiert werden. Am Schluß steht im Umdrehungszählwerk $s = \sum_{k=1}^{n} a_{1k} + a_1$ und im Speicherwerk $\frac{a_{i1}}{a_{11}} \cdot s$. Hat man schon vorher s gebildet und in das Rechenschema eingetragen, so hat man damit eine, wenn auch nicht unbedingt zuverlässige Kontrolle für die Richtigkeit der Einstellung der einzelnen Koeffizienten. Zur weiteren Kontrolle kann man anschließend a_{i1}/a_{11} nochmals mit s multiplizieren. Die mitgeführte Summenspalte dient dann in der Hauptsache der Kontrolle der Richtigkeit der Additionen und Subtraktionen. In dieser Weise wird aus allen Gleichungen x_1 eliminiert. Mit dem sich so ergebenden neuen System von $n - 1$ Gleichungen verfährt man eventuell nach Umordnung genau so usw. Dann werden nacheinander die Unbekannten berechnet, wobei die Addition der Produkte und die jeweils folgende Division in einem Rechnungsgang erledigt werden kann [253, 794]. In gleicher Weise kann man mit allen Maschinen rechnen, die ein Speicherwerk haben und bei denen eine Speicherung im Umdrehungszählwerk möglich ist, z. B. mit den II, C 3 g und II, C 4 f beschriebenen Maschinen.

Neuerdings ist unter Benutzung des Matrizenkalküls ein anderes Verfahren von *Banachiewicz* entwickelt worden, das wesentlich mit dem sog. abgekürzten Gaußschen Verfahren zusammenfällt. Dadurch, daß man die dabei auftretenden Summen von Produkten in geschickter Weise in der Rechenmaschine auflaufen läßt, kommt man so mit bedeutend weniger Schreibarbeit wesentlich schneller zum Ziel [839].

f) Automatische Division

Vor ihrer Ausführung stellt man oben links den im Lineal liegenden Vorwähler *VW* auf die Zahl der Dezimalen ein, die hinter dem Komma errechnet werden sollen, z. B. werden drei Stellen errechnet, wenn man den Vorwähler auf 4, vier Stellen, wenn man ihn auf 5 stellt usw. Dann tastet man den Dividenden in die Tastatur und zieht den am rechten Rande der Maschine liegenden Voreinstellhebel *VH* kurz herunter. Dadurch erfolgt Herausrücken des Lineales, Übertragung der eingestellten Zahl in die der Voreinstellung entsprechenden Stellen des Resultatwerkes und Löschen der Tastatur. War der über dem Voreinstellhebel liegende kleine Hebel *NH* auf Null gestellt, erscheint im Umdrehungszählwerk keine Zahl, andernfalls erscheint dort eine 1, die wieder gelöscht werden muß. Jetzt wird der Divisor ebenfalls von rechts beginnend eingetastet und der Divisionshebel *DH* nach unten gezogen. Damit wird die Division eingeleitet, und zwar subtrahiert die Maschine zunächst den Divisor so oft, bis im Resultatwerk eine negative Zahl erscheint. Links von der höchsten Stelle springen dann im Resultatwerk lauter Neunen ein. Der Impuls der dabei ausgeführten geringen Rückwärtsbewegung des Zählrades der höchsten Stelle schaltet ein Getriebe um, das die Maschine auf Korrektur stellt. Dabei wird das Wendegetriebe des Resultatwerks auf Addition geschaltet, und der Divisor wird einmal addiert. Diese 1 wird im Umdrehungszählwerk subtrahiert. Die dabei nach der anderen Seite gehende Drehung des am weitesten links liegenden Zahnrades des Resultatwerkes veranlaßt die Umkupplung des Motors von der Antriebwelle auf das Getriebe der Linealverschiebung, dieses wird um eine Stelle verschoben und die Maschine wieder auf Subtraktion umgestellt. Der gleiche Vorgang spielt sich jetzt in der nächst niedrigeren Stelle ab usw. Der Quotient erscheint im Umdrehungszählwerk. Der Divisionsvorgang kann an jeder Stelle durch Druck auf den Unterbrechungsknopf *UK* unterbrochen werden.

g) Andere Ausführung

Abb. 29 zeigt eine andere Ausführung einer vollautomatischen Maschine, bei der die Einstellung des Multiplikanden mittels der Volltastatur des Einstellwerkes geschieht, während der Multiplikator in dem rechts unten liegenden Multiplikatorwerk *MW* mittels *Zehnertastatur* eingetastet wird. Die Maschine hat außerdem oben im Schlitten ein Speicherwerk *SpW* mit Löschhebel *LSp* und ein Postenzählwerk *PZ* mit Löschvorrichtung, das die Anzahl der in das Speicherwerk übertragenen Posten zählt.

Die Maschine hat Motorantrieb; der Motor wird eingerückt durch Druck auf die mit + bezeichnete Additions-, die mit — bezeichnete Subtraktions-, die mit ÷ bezeichnete Divisions- oder die mit × gekennzeichnete Multiplikationstaste. Die Bewegung des Schlittens erfolgt wie bei der in Abb. 27 wiedergegebenen Maschine; bei automatischer Multiplikation und Division geschieht sie natürlich selbsttätig. Löschtaste *LT* und Umschalttaste *UT* wirken wie bei dieser Maschine.

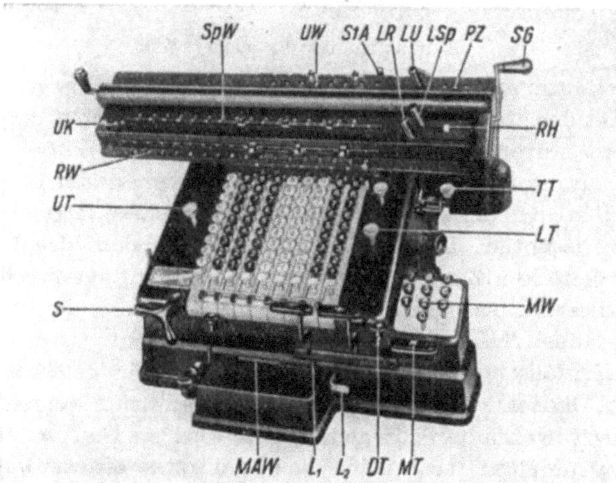

Abb. 29. Vollautomatische Rechenmaschine mit Volltastatur zur Einstellung des Multiplikanden und Zehnertastatur zur Einstellung des Multiplikators (Rheinmetall Sasl IIc)

Bei der automatischen Multiplikation wird nach Einstellung des Multiplikanden im Einstellwerk der Multiplikator in das Multiplikatorwerk *MW* mit der Ziffer der höchsten Stelle beginnend eingetastet. Er erscheint dann im Multiplikatoranzeigewerk *MAW*. Dieses kann durch die beiden Löschhebel L_1 und L_2 gelöscht werden. Durch Verschieben von L_1 nach rechts wird der Multiplikator aus dem Anzeigewerk entfernt, durch Bewegung von L_2 nach vorn wird er gelöscht. Der Multiplikationsvorgang wird durch Drücken der Taste × ausgelöst, dabei verschwindet der Multiplikator aus dem Anzeigewerk und erscheint zur Kontrolle im Umdrehungszählwerk. Der Schlitten kehrt selbsttätig in die Ausgangsstellung zurück. Durch Verschieben zweier rechts unter dem Schlitten liegender Kupplungsschieber kann man erreichen, daß Haupt- und Umdrehungszählwerk automatisch gelöscht werden, sobald man die Multiplikationstaste drückt. Damit wird ein Fehler ausgeschaltet, der dadurch entstehen kann, daß man vor Beginn der Rechnung vergessen hat, die Zählwerke zu löschen.

Das Multiplikatoreinstellwerk besteht hier aus einem Wagen, der parallele, in ihrer Richtung verschiebbare Zahnstangen trägt. Beim Drücken einer Taste des Multiplikatorwerkes wird die erste Zahnstange um die entsprechende Anzahl von Zähnen nach oben verschoben und in dieser Lage festgehalten. Der Wagen springt dann um eine Stelle nach links. Jetzt kann die zweite Ziffer eingetastet werden usw. Die Verschiebung der Zahnstangen bewirkt gleichzeitig, daß die eingestellte Zahl im Anzeigewerk *MAW* erscheint [800].

Die Division erfolgt auch bei dieser Maschine automatisch, und zwar genau in der oben beschriebenen Weise.

Bei automatischer Multiplikation wird das Produkt von selbst in das *Speicherwerk SpW* übertragen. In anderen Fällen kann man durch Nachvornziehen des Summiergriffes *SG* eine Zahl aus dem Resultatwerk in das Speicherwerk bringen. Das Resultatwerk wird dabei gelöscht. Die in das Speicherwerk gebrachte Zahl wird entweder additiv oder subtraktiv der dort bereits stehenden Zahl hinzugefügt, je nachdem ob der Umschaltknopf *UK* auf *A* oder *S* steht. Eine im Speicherwerk stehende Zahl kann mittels des Rückübertragungshebels *RH* in das vorher gelöschte Resultatwerk zurückgebracht werden. Man schiebt dazu diesen Hebel nach links und zieht den Löschhebel *LSp* nach rechts.

Neuerdings werden diese Maschinen in sehr geschlossenem Aufbau mit Vorrichtung zur Rückübertragung aus dem Resultatwerk ins Einstellwerk hergestellt. Das große Gewicht und den großen Umfang der vollautomatischen Maschinen sucht man dadurch zu verkleinern, daß man Maschinen ohne Volltastatur nur mit einer Zehnertastatur für den Multiplikanden und einer für den Multiplikator baut. Doch sind diese Maschinen bis jetzt noch nicht im Handel.

h) Maschinen im Kleinformat

Seit langem ist man bemüht, möglichst kleine Maschinen für alle vier Rechnungsarten zu bauen. Eine solche, die eine einzige Staffelwalze benutzt, ähnlich wie die Maschine von *Hahn*, ist die von dem Ingenieur *Curt Herzstark* konstruierte „Curta“, die seit 1948 in Mauren (Fürstentum Liechtenstein) gebaut wird. Die Maschine hat im Einstellwerk 8, im Zählwerk 6 und im Resultatwerk 11 Stellen. Sie hat die Form eines Zylinders, dessen Höhe 85 mm, dessen Durchmesser 53 mm und dessen Gewicht 230 g beträgt. Resultat- (*RW*) und Zählwerk sind im Kreise um die Kurbelachse auf der Deckplatte des Zylinders angeordnet. Die Einstellung erfolgt mittels Zapfen *EZ*, die sich in Schlitzen des Zylindermantels in Richtung der Mantellinien verschieben können. (In Abb. 29a sind der Mantel und alle Übertragungswellen bis auf eine rechts entfernt.) Das Kontrollwerk *KW* liegt am oberen Ende dieser Schlitze. Die Löschung nur des Zählwerkes oder des Zähl- und Resultatwerkes erfolgt durch einen um die Kurbelachse drehbaren Hebel mit Ring *L*. Die obere Deckplatte des Zylinders kann nach Anheben ebenfalls gedreht werden. Sie stellt den Schlitten der Maschine dar (Abb. 29a). Das Schaltwerk ist nochmals in Abb. 29b dargestellt und braucht wohl kaum wieder beschrieben zu werden. Besonders interessant ist die Staffelwalze *StW*, bei der die Rippen in einzelne Zähne aufgelöst sind. Bei der Addition und Multiplikation werden die Einstellrädchen von derselben Zahl der Zähne gekämmt wie bei den anderen Staffelwalzenmaschinen. Bei Subtraktion und Division werden durch Herausziehen der Kurbel K und der fest mit ihr verbundenen Staffelwalze die Einstellrädchen einer Zahl von Zähnen gegenübergestellt, die das Komplement der eingestellten Zahl sind, d. h. die die eingestellten Ziffern zu neun, nur die letzte Ziffer zu zehn ergänzen. In der Abb. 29c, in der die Zähne für die Subtraktion

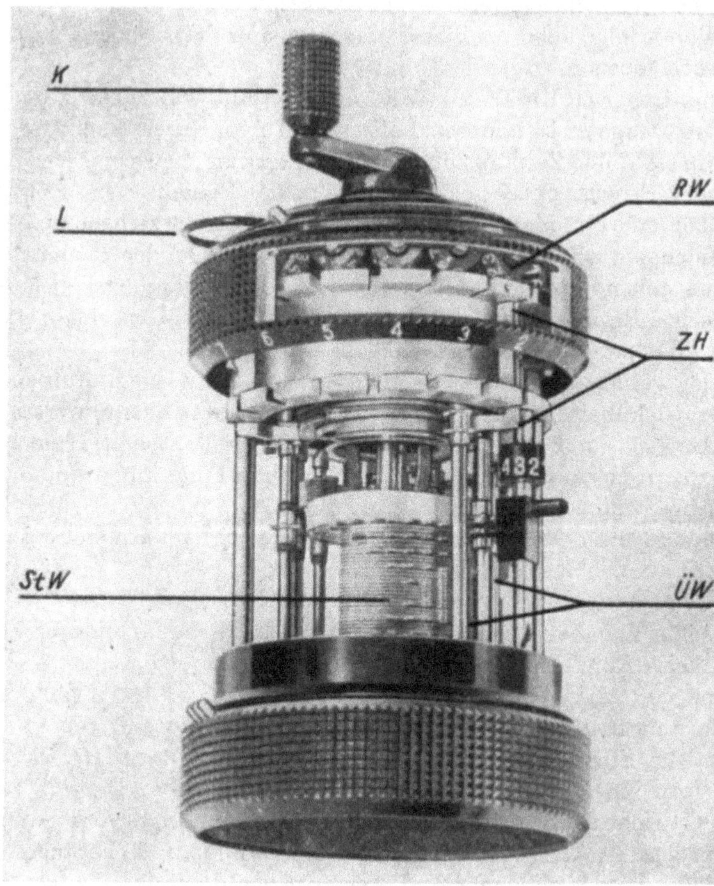

Abb. 29a Maschine Curta

links, die für die Addition rechts gezeichnet sind, erkennt man das sehr deutlich. Die Ergänzung der letzten Stelle zu zehn geschieht einfach dadurch, daß auf der letzten Übertragungswelle zwei starr miteinander verbundene Zähne sitzen, die den Abstand zweier für dieselbe Rechnungsart bestimmter, benachbarter Zahnreihen haben. Diese drehen sich immer um die größere Anzahl der Zähne, von denen sie gekämmt werden. Dadurch ist ihre Drehung bei der Addition durch die eingestellte, bei der Subtraktion durch die diese zu zehn ergänzende Zahl bestimmt. Durch die Addition dieser Komplementzahl wird die Subtraktion ausgeführt. Die dabei an zwölfter Stelle des Resultatwerkes auftretende 1 tritt nicht in Erscheinung. Die Division erfolgt durch wiederholte Subtraktion. Das Zählwerk kann mittels eines an der Rückseite der Maschine liegenden Hebels so geschaltet werden, daß es die subtraktiven Umdrehungen entweder positiv oder negativ zählt.

Auch zwei etwas größere Typen der Maschine sind gebaut worden.

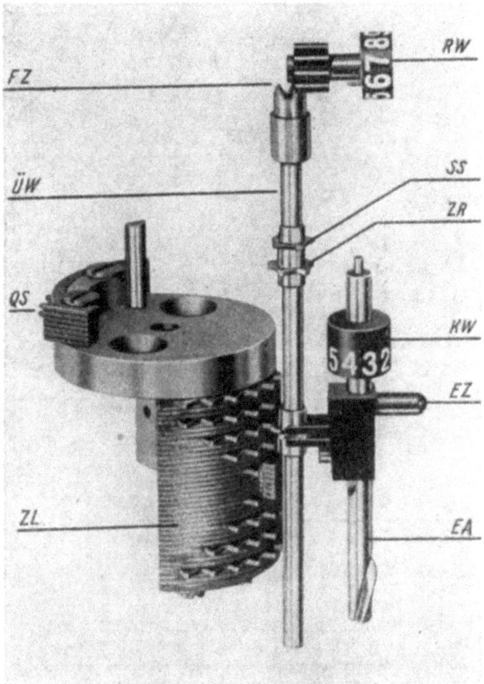

Abb. 29b Rechenwerk der Maschine Curta

4. Proportionalhebelmaschinen

a) Das Schaltwerk

Im Jahre 1905 kamen die von *Chr. Hamann* konstruierten Proportionalhebelmaschinen in den Handel [723]. Sie haben als Schaltwerk 10 parallele, in ihrer Richtung verschiebbare Zahnstangen *ZSt*, deren Zähne nach oben liegen (Abb. 30). Links haben diese Stangen Stifte *S*, die in den Schlitz des Proportionalhebels *PH* greifen. Dieser ist mittels Pleuelstange *PS* und Handkurbel *HK* (s. Abb. 32) oder Motor um einen seiner Endpunkte schwenkbar. Mittels einer Vorrichtung *F* wird einer dieser Endpunkte festgehalten, und zwar bei Addition und Multiplikation der obere, bei Subtraktion der untere. Im ersten Fall verschieben sich der Reihe nach die oberste Zahnstange um Null, die nächste um einen, die unterste um neun

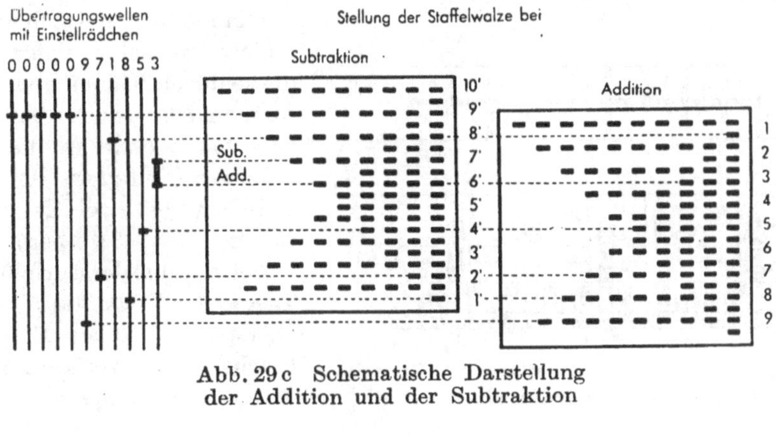

Abb. 29c Schematische Darstellung der Addition und der Subtraktion

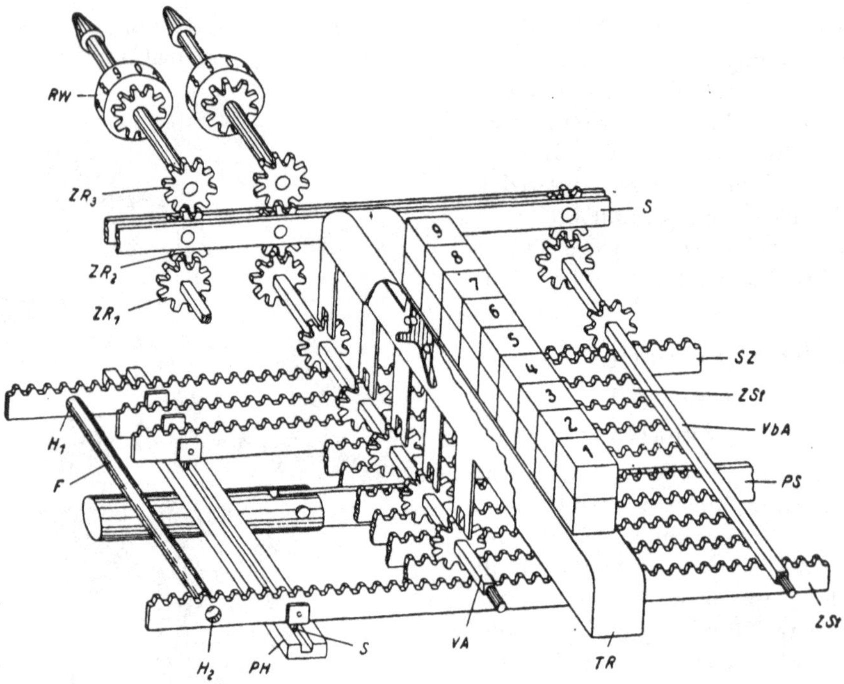

Abb. 30. Schematische Darstellung des Schaltwerkes einer Proportionalhebelmaschine

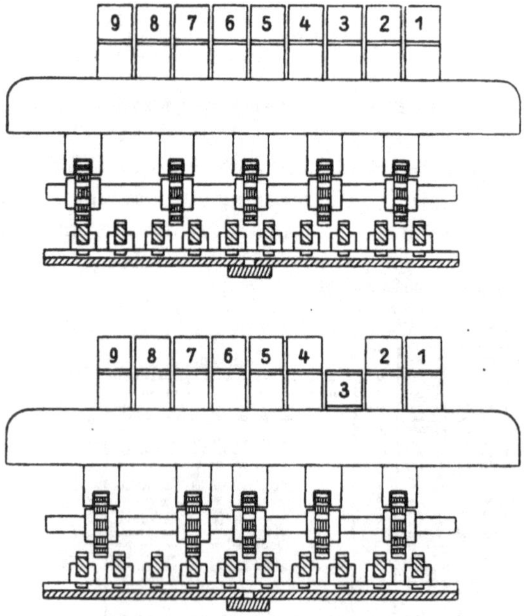

Abb. 31. Schematische Darstellung des Einstellwerkes einer Proportionalhebelmaschine

Zähne, nach rechts bei der ersten, zurück nach links bei der zweiten halben Kurbeldrehung. Quer zu den Zahnstangen liegen so viel Vierkantachsen *VA*, wie das Resultatwerk Stellen hat. Auf jeder von ihnen befinden sich fünf verschiebbare zehnzähnige Räder, die so durch Klauen vom Tastenrahmen *TR* aus gehalten werden, daß das oberste in die oberste Zahnstange eingreift, die anderen zwischen je zwei Zahnstangen stehen (Abb. 31 oben). Durch Druck auf eine der würfelförmigen Tasten der Volltastatur wird das oberste Rad außer Eingriff gebracht, dafür greift eines der anderen in die entsprechende Zahnstange ein (Abb. 31 unten). Zu je zwei Tasten gehört immer ein Einstellrad. So wird hier erreicht, daß alle Tasten bei Druck sich um das gleiche Stück senken. In Wirklichkeit liegen die Zahnstangen und die Einstellrädchen enger zusammen, so daß sich die Klauen nur etwa auf ein Drittel der Rahmenlänge verteilen. Die Tasten werden in der Tiefstellung festgehalten und geben dadurch eine Kontrolle der eingestellten Zahl; ein besonderes Kontrollwerk ist meist nicht vorhanden.

b) Die Kupplung

Die Vierkantachsen haben am Ende Zahnräder ZR_1, die mit Zahnrädern ZR_3 des Resultatwerkes durch die Räder ZR_2 gekuppelt werden können. Letztere liegen nebeneinander in einer Schiene, die bei Beginn der Bewegung mittels Maltesergetriebe so eingeschwenkt wird, daß sämtliche Räder ZR_2 zum Eingriff kommen. Die Lösung erfolgt im Moment der Bewegungsumkehr der Zahnstangen, so daß die Kupplung in einem momentanen Ruhezustand hergestellt und gelöst wird. Überschleuderungen können daher nicht stattfinden. Die Räder des Resultatwerkes machen so nur die Hinbewegung und nicht die Rückbewegung mit; während dieser erfolgt die Zehnerübertragung.

c) Die Subtraktion

geschieht durch Addition der dekadischen Ergänzung in der Weise, daß an Stelle der oberen Zahnstange durch Druck auf die „—“-Taste die untere verriegelt wird (Abb. 32 unten). Jetzt schwenkt das obere Ende des Proportionalhebels aus, und die oberste Zahnstange bewegt sich um neun, die nächste um acht Zähne usw., die unterste bleibt in Ruhe. Die Hinzufügung einer 1 in der niedrigsten Stelle erfolgt durch die ganz rechts liegende Vorbereitungsachse *VbA*. Sie bleibt bei Addition in Ruhe und wird bei Subtraktion durch eine mit der oberen Zahnstange verbundene kleine Sonderzahnstange *SZ* einmal voll herumgedreht und bereitet dadurch eine Zehnerschaltung in der niedrigsten Stelle vor, die dann durch den zugehörigen Zehnerschieber ausgeführt wird. Die Zehnerschaltung stellt ebenfalls die durch die oberste Zahnstange und die in sie eingreifenden Nullräder der Vierkantachsen auf Neun gedrehten Ziffernräder der linken Stellen wieder auf Null. Die dabei ganz links auftretende Eins tritt nicht in Erscheinung.

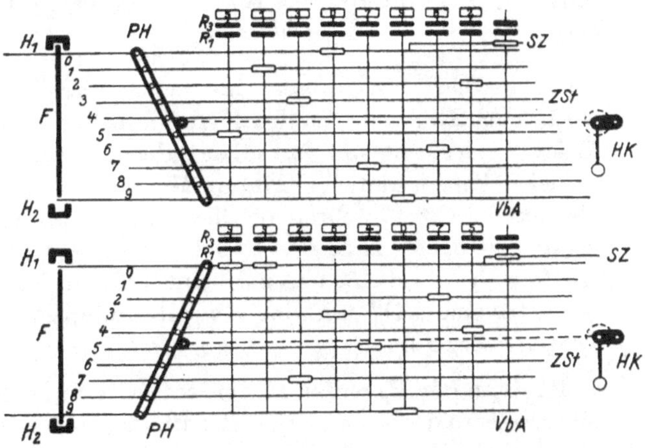

Abb. 32. Schematische Darstellung der Bewegung des Schaltwerkes einer Proportionalhebelmaschine bei Addition und Subtraktion

d) Zehnerübertragung

Die Zehnerschaltvorrichtung im Resultatwerk der Mercedes-Euklid-Maschine zeigt schematisch Abb. 33. Hinter der Schiene *S* in Abb. 33 liegt die dort nicht gezeichnete Zehnerschaltwelle *ZW* (Abb. 30), die sich bei jeder Kurbeldrehung einmal dreht. Auf ihr befinden sich für jede Stelle Exzenter *E*, die so angeordnet sind, daß sie während des Rückganges der Zahnstangen *Zst*, von der niedrigsten Stelle beginnend, nacheinander auf die Zehnerschalthebel *ZH* treffen und diese anheben. Ist keine Zehnerübertragung vorbereitet, so geht der am oberen Ende dieser Hebel sitzende Zehnerschaltzahn *ZZ*, an dem mit dem Zählrad *RW* des Resultatwerkes verbundenen Zahnrad ZR_3 vorüber. Der Zehnerschalthebel wird nach Vorübergang des Exzenters durch die Blattfeder *F* wieder zurückgedrückt. Wenn aber das rechts liegende Zählrad des Resultatwerkes von Neun nach Null geht, so drückt der mit dem vorderen Zahnrad ZR_4 verbundene Zahn *Z*, der mit der Achse des Resultatwerkes umläuft, den Vorbereitungsschieber *V* nach hinten. Wird nun der Zehnerschalthebel *ZH* angehoben, so gleitet die obere rechte Abschrägung dieses Hebels an der Kante von *V* entlang. Dabei wird das obere Ende des Hebels *ZH* nach links verschoben, der Zahn *ZZ* greift in das Rad ZR_3 ein und beim weiteren Anheben wird dieses mit der Zählwerkstrommel *RW* um eine Einheit weitergedreht. Damit ist die Zehnerübertragung ausgeführt.

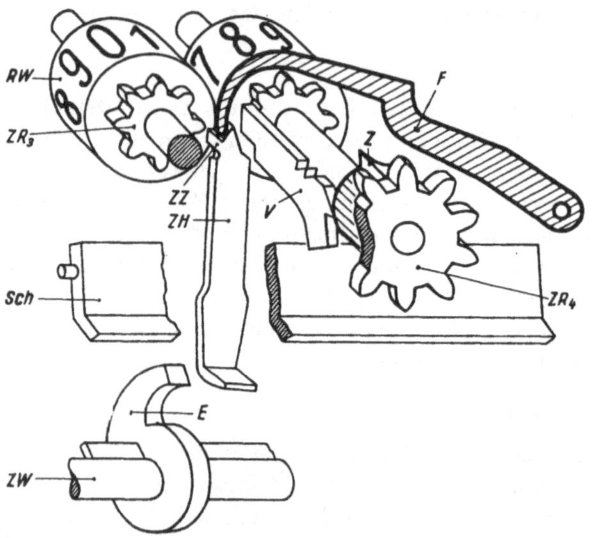

Abb. 33. Zehnerübertragung einer Proportionalhebelmaschine

Ist dann der Exzenter an dem unteren Ende des Zehnerschalthebels *ZH* vorüber, so wird durch den Druck der Blattfeder *F* gegen die obere linke Abschrägung des Hebels dieser wieder nach rechts und weiter nach unten gedrückt. Dabei kann der Zahn *ZZ* nicht mehr in das Zahnrad ZR_3 eingreifen. Die Zehnerschaltschiene *Sch*, die im allgemeinen die Zählrollen des Resultatwerkes sperrt, war während dieser Zehnerübertragung zurückgeklappt und gab die Bewegung frei. Nachdem alle Zehnerschalthebel gehoben sind, klappt sie jetzt wieder hoch, nimmt alle zurückgeschobenen Vorbereitungshebel *V* in ihre erste Lage vor und sperrt wieder die Bewegung. Damit sind alle für die Zehnerübertragung erforderlichen Verschiebungen wieder rückgängig gemacht.

e) Vollautomatische Maschinen

Eine vollautomatische Maschine zeigt Abb. 34. Die Löschung der im Einstellwerk eingetasteten Zahl erfolgt durch Druck auf die Taste III. Umdrehungs- und Hauptzählwerk werden mittels der Tasten I und II gelöscht. Diese verschieben eine Zahnstange, die in mit den betreffenden Zählwerkstrommeln verbundene Zahnräder eingreift. Diesen Zahnrädern fehlt ein Zahn. Diese Lücke steht dann der Zahnstange gegenüber, wenn in dem Schauloch des Zählwerkes eine Null erscheint. Die Maschine hat ein Komplementwerk, in dem das Kom-

Abb. 34. Elektrisch angetriebene, ganzautomatische Proportionalhebelmaschine Mercedes-Euklid 37 SM mit Speicher- und Komplementwerk

plement der im Resultatwerk stehenden Zahl erscheint. Im Falle, daß der Subtrahend größer als der Minuend ist, erscheint hier z. B. die Differenz positiv. Ist die letzte Ziffer der Differenz Null, muß die vorletzte Stelle um 1 erhöht werden. Durch Verschieben des Knopfes K von $+$ auf $-$ werden die Zahlen des Komplementwerkes anstatt derjenigen des Resultatwerkes sichtbar. Die Addition bzw. Subtraktion der ins Einstellwerk gebrachten Zahl erfolgt durch Druck auf die mit $+$ bzw. $-$ bezeichnete Taste. Dadurch wird der Motor eingerückt und veranlaßt eine Umdrehung der Triebwelle. Die Tasten springen wieder heraus, wenn der Hebel H_1 auf A geschaltet war.

f) Die Multiplikation

Für die Multiplikation ist das Einstellwerk in zwei Hälften geteilt zu je sechs, bei den größeren Maschinen zu je acht Stellen. Die letzte Tastenreihe LT der linken Hälfte ist rot. Der Multiplikand wird in der rechten Tastaturhälfte ganz rechts eingestellt, der Multiplikator in der linken, so daß die Einer in die rote Tastenreihe kommen. Beim Druck auf die ×-Taste wird der Multiplikator zunächst in das unsichtbare Multiplikatorwerk übernommen, durch den Motor der Schlitten um eine Stelle weniger herausgezogen als der Multiplikator hat. Dieser wird dann abgearbeitet und im Einstell- und Multiplikatorwerk gelöscht. Dafür erscheint er im Umdrehungszählwerk.

Um das Produkt von drei Faktoren zu bilden, wird der erste Faktor wie ein Multiplikator in die linke Tastaturhälfte einschließlich der roten Reihe eingetastet und durch Druck auf die +-Taste in das Resultatwerk übertragen. Ein Druck auf die M-Taste überträgt ihn von hier in das unsichtbare Multiplikatorwerk. Dabei wird, wenn der Hebel H_2 auf E steht, wie es normal ist, das Umdrehungszählwerk gelöscht; steht er auf A, geschieht das nicht. Der zweite Faktor wird ebenfalls links eingestellt. Ein Druck auf die ×-Taste läßt in der linken Hälfte des Resultatwerkes das Produkt erscheinen, das durch Druck auf die M-Taste wieder in das unsichtbare Multiplikatorwerk übernommen wird. Die Tastatur wird gelöscht und der letzte Faktor in der rechten Tastaturhälfte eingestellt. Nach abermaligem Druck auf die ×-Taste wird auch die letzte Multiplikation ausgeführt.

Der links neben der Tastatur liegende Hebel HM gibt die Möglichkeit, auch mehr als sechs- bzw. achtstellige Zahlen zu multiplizieren, falls die Gesamtstellenzahl 12 bzw. 16 nicht überschreitet. Man stellt dazu Hebel HM auf 1—12 bzw. 1—16 und tastet die kleinere, etwa dreistellige Zahl in die linke Tastaturhälfte einschließlich der roten Reihe. Druck auf die ×-Taste schafft die Zahl in das unsichtbare Multiplikatorwerk. Damit ist die Teilung der Tastatur aufgehoben, und man kann von rechts nach links einen Multiplikanden von bis zu neun bzw. dreizehn Stellen einstellen. Bei Zurückführung des Hebels HM auf 1—6 bzw. 1—8 wird der Multiplikationsvorgang ausgelöst, und der Multiplikator erscheint im Umdrehungszählwerk, das Produkt im Resultatwerk.

Durch Druck auf die S-Taste kann eine Zahl aus dem Resultatwerk in das *Speicherwerk* übernommen werden, wenn sie später wieder verwendet werden soll. Die Löschung des Speicherwerkes erfolgt so, daß man durch Druck auf die L-Taste die Zahl aus dem Speicherwerk in das Resultatwerk bringt und dann durch Druck auf die Taste II löscht.

g) Die Division

Zur Division wird der Dividend ganz links beginnend bis zur roten Reihe eingetastet, der Divisor dagegen in der rechten Hälfte beginnend mit der roten Reihe. Durch Druck auf die „:“-Taste wird der Dividend in das Resultatwerk übertragen und im Einstellwerk gelöscht und der Schlitten automatisch ausgezogen. Dann wird der Divisor so oft vom Dividenden abgezogen, bis im Resultatwerk eine negative Zahl erscheint. Der Schlitten springt beim Überziehen vom Positiven zum Negativen um eine Stelle nach links, und die zuviel vorgenommene Subtraktion wird durch Addition in der nächstniedrigeren Stelle korrigiert, bis im Resultatwerk wieder eine positive Zahl erscheint. Bei diesem Überziehen springt der Schlitten wieder um eine Stelle weiter, die Maschine wird von Addition auf

Subtraktion umgestellt, und wieder wird subtrahiert, bis im Resultatwerk eine negative Zahl erscheint usw. Bei jeder Umschaltung des Arbeitsvorganges wird auch das Umdrehungszählwerk umgeschaltet, so daß der Quotient hier richtig abzulesen ist.

Die Umschaltung des Umdrehungszählwerkes erfolgt sonst durch vollständiges Niederdrücken der mit *COR* bezeichneten Taste. Man erhält dann bei positiver Multiplikation den Multiplikator negativ, bei Subtraktion die Anzahl der abgezogenen Posten positiv. Bei halb heruntergedrückter Taste arbeitet das Umdrehungszählwerk nicht, ausgenommen bei Division.

Mittels eines besonderen Hebels, den man auf die danebenstehenden Zahlen 4, 6 stellt, kann man erreichen, daß die Division bei vier bzw. sechs Stellen abgebrochen wird und dann der Schlitten in die Ruhelage zurückkehrt.

5. Schaltklinkenmaschinen

a) Einstellung

Im äußeren Aufbau gleicht die 1925 ebenfalls von *Ch. Hamann* herausgebrachte Schaltklinkenmaschine (Abb. 35) den Sprossenradmaschinen. Sie hat den gleichen Vorteil der gedrängten Anordnung; doch wird die Kurbel hier immer in einer Richtung gedreht. Die Umschaltung von Addition auf Subtraktion erfolgt durch einen Hebel, der unmittelbar unter der Kurbel liegt und der mit der gleichen Hand, die die Kurbel dreht, gestellt werden kann. Als Schaltorgan wird das Schaltklinkenrad benutzt. Die Einstellung erfolgt mittels der aus dem Schlitz herausragenden Einstellhebel *EH*, die hier länger sind als bei der Sprossenradmaschine und die die Rotation nicht mitmachen. Durch den fest mit *EH* verbundenen Einstellbogen *EB* (Abb. 36) werden durch Zwischenzahnräder die Zähl-

Abb. 35. Handrechenmaschine Hamann-Manus mit Schaltklinkenantrieb

trommeln *KW* des Kontrollwerkes gedreht, so daß man darin die eingestellte Zahl nachprüfen kann. Die Einstellhebel werden durch Sperrklinken *SpK*, die durch die Federn F_1 nach rechts gedrückt werden, in ihrer Lage gehalten. Am Schluß

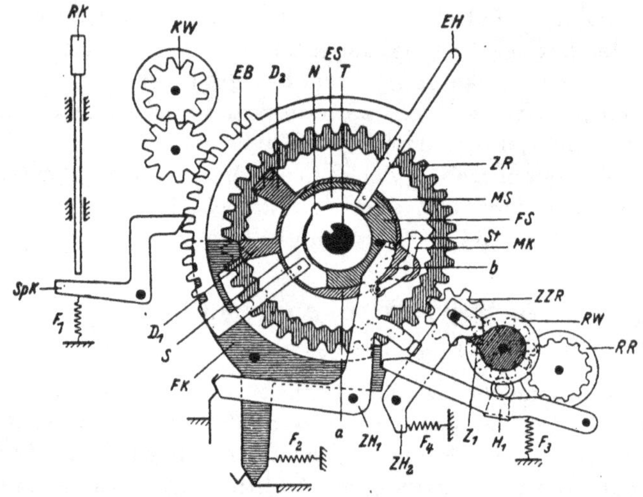

Abb. 36. Schematische Darstellung eines Schnittes durch eine Schaltklinkenmaschine

der Rechnung können sie durch einen Druck auf den auf *Mult.* gestellten Rückstellknopf *RK* aus der Verzahnung gelöst werden. Durch Zug hier nicht gezeichneter Federn kehren die Einstellhebel dann in die Ausgangslage zurück, und das Kontrollwerk wird gelöscht. Dreht man den Rückstellknopf nach Nieder-

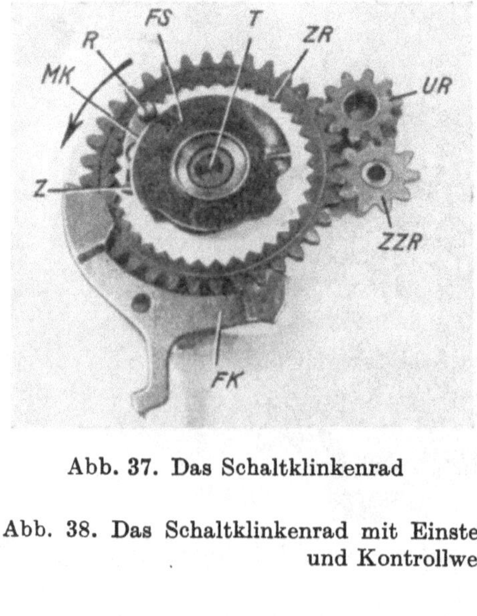

Abb. 37. Das Schaltklinkenrad

Abb. 38. Das Schaltklinkenrad mit Einstell- und Kontrollwerk

drücken um 180° auf *Add.*, springen die Einstellhebel im letzten Viertel jeder Kurbeldrehung in die Nullage zurück. Die Maschine läßt sich so für Additionen und Subtraktionen benutzen.

Das Übertragungswerk der Schaltklinkenmaschinen ist in Abb. 36 schematisch dargestellt. In Abb. 37 bis 39 sind Einzelheiten photographisch wiedergegeben.

b) Das Schaltklinkenrad

Mit dem Einstellhebel *EH* ist der Einstellbogen *EB* um die Triebachse *T* drehbar. Unmittelbar unter ihm liegt die Festscheibe *FS* (Abb. 36 und 37). Beide

Abb. 39. Schaltklinkenrad mit Zehnerübertragung

machen die Umdrehung der Antriebswelle nicht mit. Die Festscheibe hat eine Aussparung *a*, die bei Drehung des Einstellsegmentes *ES*, das an der entsprechenden Stelle den gleichen Radius wie die Festscheibe hat, mehr oder weniger verdeckt wird. Ist der Einstellhebel auf Null gestellt, liegen die Scheiben so aufeinander, daß sie keinen Ausschnitt freigeben. Verdreht man den Einstellhebel, wird von beiden eine Aussparung freigegeben, deren Länge proportional der eingestellten Zahl ist. Mit der Triebachse *T* ist die Mitnehmerscheibe *MS* fest verbunden, die die um einen Zapfen drehbare Mitnehmer- oder Schaltklinke *MK* trägt. Der eine Arm von *MK* hat eine Rolle *R*, die durch eine Feder auf Einstellsegment und Festscheibe gedrückt wird und auf diesen abrollt. Fällt die Rolle in den von den beiden Scheiben freigelassenen Ausschnitt, greift das keilförmig ausgebildete Ende *Z* des anderen Armes in die Innenverzahnung des um die Achse T frei drehbaren Rades ZR ein und nimmt dieses mit. Dabei wird das in die Außenverzahnung eingreifende Zwischenrad ZZR und mit diesem die Zähltrommel RW des Resultatwerkes um so viel Zähne gedreht, wie an dieser Stelle eingestellt sind. Bei Subtraktion wird bei Umlegen des erwähnten Hebels der Schlitten etwas seitlich verschoben, so daß ZZR nicht mehr in das große Zahnrad ZR direkt eingreift, sondern zwischen ZZR und ZR wird ein weiteres, in der schematischen Zeichnung nicht angegebenes Zahnrad UR (Abb. 37) eingeschoben. Dadurch wird erreicht, daß sich ZZR und die Zähltrommel des Hauptzählwerkes in entgegengesetzter Richtung drehen. Die eingestellte Zahl wird also von der im Resultatwerk stehenden subtrahiert. In dem Augenblick, in dem die Rolle aus der Aussparung heraustritt und das Zahnrad freigibt, drückt der Daumen D_1 der Mitnehmerscheibe MS auf den linken Arm der Fangklinke FK, bringt dadurch das keilförmige Ende des anderen Armes zum Eingriff mit der Außenverzahnung des großen Zahnrades und hindert so die Weiterdrehung dieses Rades. Gleichzeitig drückt ein Fortsatz der Fangklinke FK gegen den Hebel H_1, der die Zähltrommel RW in ihren Rastlagen festhält, und sperrt dadurch die Drehung auch dieser Trommeln. Die Zeichnung zeigt die Stellung der Maschine in diesem Moment. Nach Vorübergang des Daumens wird die Fangklinke FK durch die Feder F_2 in die Ausgangslage zurückgedrückt. In der Ruhelage können die Zähltrommeln des Resultatwerkes RW mittels der Rändelrädchen RR mit Hand eingestellt werden.

Das Umdrehungszählwerk wird durch Eingriff zweier mit der Triebwelle rotierender Finger, und zwar durch den einen in positivem, durch den anderen in negativem Sinne je nach Schaltung der Maschine in Tätigkeit gesetzt.

c) Zehnerübertragung

In der Festscheibe befindet sich noch eine zweite kleine Aussparung b, die der Zehnerübertragung dient (Abb. 36 und 37 rechts an FS). Gewöhnlich ist diese durch ein Segment des Hebels ZH_1 überdeckt, so daß die Rolle der Mitnehmerklinke darüber hinrollt. Geht aber die Zähltrommel des Resultatwerkes an der nächstniedrigen Stelle von Neun auf Null, so drückt der Zahn Z_1 den Hebel ZH_2 nach links und dieser drückt auf den nach rechts gehenden Fortsatz des Hebels ZH_1 der nächsten Stelle, so daß dieser die Aussparung b an der höheren Stelle freigibt. ZH_2 wird durch die Feder F_4 sofort wieder in die Ausgangslage zurückgedrückt. Bei der weiteren Umdrehung der Triebwelle fällt nun die Rolle der Mitnehmerklinke in die freigegebene Aussparung b und dreht das Zahnrad ZR um einen Zahn weiter. Sowie die Rolle wieder aus der Aussparung herausgetreten ist, drückt der zweite Daumen D_2 der Mitnehmerscheibe gegen die Fangklinke, und diese verriegelt in der gleichen Weise wie das erste Mal das Zahnrad ZR und die Zähltrommel RW. Kurz vor Beendigung der Umdrehung drückt dann die Nase N der mitrotierenden Scheibe S den Hebel ZH_1 wieder nach rechts, so daß die Aussparung b wieder überdeckt ist. Am Ende des Hebels ZH_1 befindet sich ein Stift St, der sich in einem Schlitz der Festscheibe FS bewegen kann und der diese an der Umdrehung hindert. Damit die Zehnerübertragungen nacheinander erfolgen, in den höheren Stellen immer etwas später, sind die Mitnehmerklinken

MK von Stelle zu Stelle um den gleichen Betrag versetzt. Da das Resultatwerk der Maschine mehr Stellen als das Einstellwerk aufweist und an den überschießen-

Abb. 40. Zehnerübertragung

den Stellen natürlich auch Zehnerübertragungen erfolgen sollen, müssen für diese auch Schaltklinkenscheiben vorhanden sein, die aber nur die Zehnerschaltvorrichtungen zu haben brauchen. Eine solche Scheibe zeigt Abb. 40.

d) Vollautomatische Schaltklinkenmaschine

Die vollautomatische Schaltklinkenmaschine unterscheidet sich im Aussehen nicht wesentlich von den Handmaschinen. Natürlich fällt die Kurbel mit dem danebenliegenden Umschalthebel weg. Der Antrieb der Maschine erfolgt durch einen *DeTeWe*-Volluniversalmotor, der durch die Motortaste *MT* eingeschaltet wird. Die Löschung des Umdrehungszählwerks *UW* und des Resultatwerkes *RW* erfolgt ebenfalls motorisch durch kurzen Druck auf die Taste *MT*, wenn sich der Schlitten in Ruhestellung befindet. Wird dabei der Knopf *AKR* niedergedrückt, so wird nur das Umdrehungszählwerk, bei Niederdrücken von *AKZ* nur das Resultatwerk gelöscht. Diese Knöpfe können auch eingerastet werden. Der Schlittentransport nach links erfolgt durch Druck auf die Taste *TT* und nach rechts durch Druck auf die Rücktaste *RT*, die auch zur Auslösung der verkürzten automatischen Multiplikation dient. Der Umstellhebel *UH* wird für jede Rechnungsart in die neben ihm angegebene Lage gebracht. Ebenso wird der Zählwerksteuerhebel *StH* auf die gerade auszuführende Rechnungsart eingestellt. Nur bei der halbautomatischen Multiplikation werden beide Hebel auf „+“ gestellt. Wird der Zählwerksteuerhebel z. B. bei Multiplikation in die Gegenlage gebracht, so wird das errechnete Resultat von der im Resultatwerk stehenden Zahl subtrahiert.

e) Division

Bei der vollautomatischen Division wird der Dividend von links mit der höchsten Stelle beginnend mittels der Rändelrädchen ins Resultatwerk und der Divisor ebenfalls mit der höchsten Stelle von links beginnend ins Einstellwerk gebracht. *UH* und *StH* werden auf „:“ gestellt und dann der Schlitten aus der Grund-

Abb. 41. Elektrisch angetriebene vollautomatische Schaltklinkenmaschine Hamann-Automat

stellung nach rechts bis zum Anschlag gezogen und freigegeben. Im Zählwerk *UW* erscheint dann der Quotient, im Resultatwerk bleibt der Rest. Schaltet man *StH* auf „+“, wird der Quotient von der im Zählwerk stehenden Zahl subtrahiert.

f) Automatische, verkürzte Multiplikation

Der Multiplikand wird mit der niedrigsten Stelle von rechts beginnend ins Einstellwerk gebracht. Der Multiplikator ebenfalls mit der niedrigsten Stelle von rechts beginnend mittels der Rändelrädchen ins Umdrehungszählwerk. *UH* und *StH* werden auf „×“ gestellt. Dann wird die Rücktaste *RT* kurz gedrückt und die Maschine arbeitet den Multiplikator aus dem Umdrehungszählwerk mit der niedrigsten Stelle beginnend ab. Das Produkt erscheint im Resultatwerk. Die Abarbeitung des Multiplikators geschieht nun bei den Ziffern 1—4 sowie bei anderen vollautomatischen Maschinen durch Minusumdrehungen, die im Resultatwerk positiv, im Umdrehungszählwerk negativ gezählt werden. Bei den Ziffern 5—9 wird das Umdrehungszählwerk durch Plusdrehung auf Null gebracht, wobei eine Zehnerübertragung zur nächsthöheren Stelle erfolgt, die dann dort abgearbeitet wird. Hierbei wird also im Resultatwerk negativ, im Umdrehungszählwerk positiv gezählt. Mechanisch ist der Vorgang so, daß die Ziffernrollen des Umdrehungszählwerkes kleine Hebel, die aus der Grundplatte des Schlittens herausragen, für die Ziffern 1—4 und 5—9 nach verschiedenen Seiten hin ausschwenken. Bei Bewegung des Schlittens treffen sie dann auf verschiedene Anschläge, halten den Schlitten an und steuern die Maschine entsprechend. Bei dem Rechenvorgang werden die Hebel zurückgedreht und geben in der Nullstellung den Schlitten frei, so daß er zur nächsten Stelle gleiten kann. Durch diese Art der automatischen Multiplikation wird der Rechenvorgang wesentlich beschleunigt und die Zahl der für eine Multiplikation erforderlichen Umdrehungen durchschnittlich um etwa 40% vermindert. Dadurch wird die Maschine weniger beansprucht. Die Art der oben erwähnten Einstellung hat den Vorteil, daß z. B. ein von der Maschine errechneter Quotient sofort wieder als Multiplikator und ein Produkt als Dividend verwendet werden kann.

Die Additionen und Subtraktionen erfolgen im wesentlichen wie oben beschrieben und die halbautomatische Multiplikation wie z. B. in II, C 2 1 bei der Facit-Maschine angegeben wurde.

g) Abrundungsvorrichtung

Manche Maschinen können mit einer ein- und ausschaltbaren Abrundungsvorrichtung versehen werden, die bei Übertragung einer Zahl aus dem Resultat- in das Speicherwerk eine Abrundung an einer bestimmten Stelle vornimmt, so daß, wenn an der nächstniedrigen Stelle eine der Zahlen 5—9 steht, diese Stelle um 1 erhöht wird. Steht an der niedrigeren Stelle eine 0, 1, 2, 3 oder 4, unterbleibt die Erhöhung. Man kann übrigens das gleiche dadurch erreichen, daß man in der ersten nicht mehr benutzten Stelle des ersten Summanden die dort stehende Zahl um 5 Einheiten erhöht. Bei der Addition beliebig vieler Zahlen ist dann die letzte in Frage kommende Stelle bereits in der richtigen Weise abgerundet. Dieser Kunstgriff von *V. Wrede* wird vielfach verwendet. (Siehe z. B. *H. Bruns*, Grundlinien des wissenschaftlichen Rechnens, Leipzig 1903, S. 53.) Einige Maschinen haben auch einen Postenzähler, der eingeschaltet die Anzahl der aus dem Resultatwerk in das Speicherwerk übernommenen Posten anzeigt.

D. Eigentliche Multiplikationsmaschinen

1. Konstruktionsprinzip

Die eigentlichen Multiplikationsmaschinen unterscheiden sich von den bisher besprochenen Maschinen dadurch, daß die Multiplikation des im Einstellwerk stehenden Multiplikanden mit einem einstelligen Multiplikator durch eine einzige Kurbeldrehung erfolgt. Die Übertragung der errechneten Zahl ins Resultatwerk geschieht ähnlich wie bei den Proportionalhebelmaschinen mittels Zahnstangen, Zahnrädern und Vierkantachsen. *Selling* (1886) verschob die Zahnstangen mittels Nürnberger Scheren um die den einzelnen Teilprodukten, die sich aus der Multiplikation der an den einzelnen Stellen stehenden Ziffern ergeben, entsprechende Zahl von Zähnen. Dabei traten aber Schwierigkeiten bei der Zehnerübertragung auf, da jetzt z. B. im ungünstigsten Falle bei dem Produkt 9 · 9 gleich 8 Zehner auf die nächste Stelle übertragen werden mußten. Außerdem wurden die Dimensionen der Maschine sehr groß, da für jede Zahnstange eine Verschiebung von über 80 Zähnen möglich sein mußte. Die Zehnerübertragung dieser Maschinen war ähnlich wie bei einer von *Tschebyscheff* gebauten Maschine [331] „schleichend", d. h. so wie der Minutenzeiger einer Uhr seine Bewegung auf den Stundenzeiger überträgt, im Gegensatz zu der sonst üblichen „springenden" Übertragung. Die Maschine ist nie fabrikmäßig hergestellt worden [686—688]. Die heute vielfach gebrauchten Maschinen benutzen zur Bewegung der Zahnstangen den zuerst von *Bollée* (1888) eingeführten Multiplikationskörper und vermeiden so diese Schwierigkeiten.

2. Das Äußere der Maschinen

wie sie seit 1893 gebaut wurden, gibt Abb. 42. Es zeigt eine elektrisch angetriebene Maschine. Manche dieser Maschinen haben ein ein- und ausschaltbares Speicherwerk, in das die im Resultatwerk *RW* stehenden Posten je nach Stellung eines Knopfes additiv oder subtraktiv übernommen werden können. Vor dem Tasten-

Abb. 42. Multiplikationsmaschine mit elektrischem Antrieb

einstellwerk, das durch drehbare Dreikantleisten, deren Seitenflächen verschieden gefärbt sind, in Gruppen geteilt werden kann, liegt das Kontrollwerk, daneben die Starttaste. Vorn in dem durch einen Knopf verschiebbaren Schlitten befinden sich Umdrehungszählwerk *UW* und Resultatwerk *RW*. An beiden sowie am Speicherwerk laufen Leisten mit Zeigern zur Gruppeneinteilung entlang. Neben den

Ziffernreihen liegen rechts die Löschknöpfe. Die Zifferscheiben des Speicher- und Resultatwerkes können einzeln durch Wirtel eingestellt werden. Ganz links befindet sich die Multiplikatortastatur zur Einstellung des Multiplikationskörpers.

3. Der Multiplikationskörper

Im Multiplikationskörper sind die Ziffern der Produkte des kleinen Einmaleins durch die Längen von Stäben dargestellt, und zwar liegen die Stäbe, deren Länge den Zehnern entspricht, unmittelbar über den Einerstäben desselben Produktes.

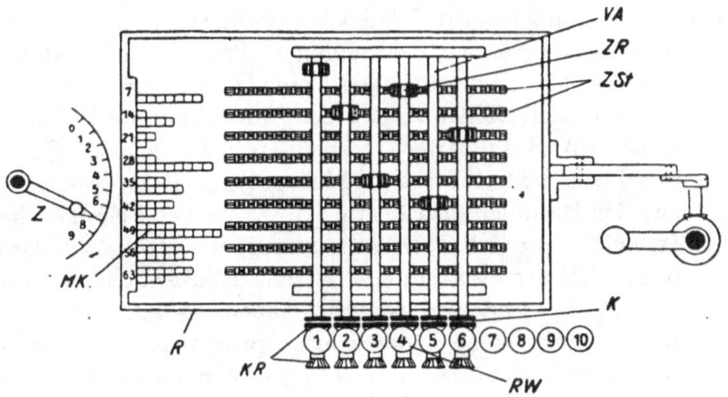

Abb. 43. Schematische Darstellung des Schaltwerkes einer Multiplikationsmaschine

In Abb. 43 ist auf der linken Seite schematisch ein Schnitt durch den Körper gezeichnet für die Produkte mit dem Faktor 7. Entsprechend sind die Produkte der anderen Ziffern von 1—9 durch Stäbe dargestellt. Übereinandergelagert bilden diese Darstellungen den Multiplikationskörper *MK*. Dieser ist in den Rahmen *R* eingebaut, der durch Kurbeldrehung mittels Kegelradgetriebes in der Stabrichtung bewegt werden kann. Ferner kann er durch Stellen des Zeigers *Z* (Abb. 43) oder Druck auf eine der Tasten der Multiplikatortastatur (Abb. 42) senkrecht zur Bodenplatte so verschoben werden, daß den Zahnstangen *ZSt* immer die der eingestellten Zahl entsprechende Einmaleinsplatte gegenübersteht. In Abb. 43 ist z. B. die 7 eingestellt.

4. Das Schaltwerk

Bei Bewegung des Multiplikationskörpers nach rechts werden die Zahnstangen *ZSt* entsprechend verschoben. Quer über ihnen liegen ähnlich wie bei den Proportionalhebelmaschinen Vierkantachsen *VA*, auf denen zehnzähnige Räder *ZR* verschiebbar sind, bei älteren Maschinen mittels Knöpfen in Schlitzen, bei neueren mittels Tastendruck. Die Vierkantachsen sind mit den Zählrädern des Resultatwerkes *RW* gekuppelt, wenn der Rahmen *R* sich nach rechts bewegt; die Kupplung *K* ist gelöst bei Bewegung des Rahmens nach links. Herstellung und Lösung der Kupplung erfolgt in einem momentanen Ruhezustand. Je nachdem, welche der

Kegelräder *KR* des Wendegetriebes in die Zahnräder der Zählscheiben des Resultatwerkes eingreifen, wird die der Umdrehung der Vierkantachsen entsprechende Zahl der im Resultatwerk stehenden additiv oder subtraktiv hinzugefügt. Die Umschaltung erfolgt durch Einstellung eines in der Mitte rechts vom Einstellwerk liegenden Knopfes auf *A* und *M* bei Addition und Multiplikation, auf *S* und *D* bei Subtraktion und Division. Die Einstellung kann in dem unter dem Knopf liegenden Fenster kontrolliert werden.

5. Der Rechenvorgang

Bei jeder Kurbeldrehung bewegt sich der Multiplikationskörper zweimal hin und her. Beim ersten Viertel der Kurbeldrehung stoßen die Zehnerstäbe gegen die Zahnstangen und verschieben diese entsprechend ihrer Länge nach rechts. Dabei werden die entsprechenden Zahlen gemäß der Einstellung der Zahnräder auf den Vierkantachsen der im Resultatwerk stehenden Zahl je nach Einstellung des Wendegetriebes additiv oder subtraktiv hinzugefügt. Beim zweiten Viertel der Umdrehung geht der Rahmen zurück, die Kupplung des Schaltwerkes mit dem Resultatwerk ist gelöst, die Zahnstangen kehren in ihre Ruhelage zurück, und es erfolgen die nötigen Zehnerübertragungen. Nach Rückkehr in die Ausgangslage wird der Rahmen *R* etwas nach hinten verschoben, so daß jetzt die Einerstäbe den Zahnstangen gegenüberstehen; gleichzeitig springt der das Umdrehungs- und Hauptzählwerk tragende Schlitten um eine Stelle nach links. Beim nächsten Viertel der Kurbeldrehung werden dann die Zahnstangen um die der Länge der Einerstäbe entsprechende Zahl von Zähnen nach rechts verschoben. Die entsprechenden Zahlen werden jetzt, da die Kupplung wieder hergestellt ist, wegen der Schlittenverschiebung den nächsten Stellen des Resultatwerkes hinzugefügt. Beim letzten Viertel der Kurbeldrehung kehren dann Rahmen und Zahnstangen in die Ausgangslage zurück, die Kupplung mit dem Resultatwerk ist gelöst, und es erfolgen die nötigen Zehnerübertragungen.

Bei Addition und Subtraktion steht die Einerreihe des Multiplikationskörpers den Zahnstangen gegenüber. Die Division erfordert einige Überlegung, da man vor Einstellung des Multiplikationskörpers erst abschätzen muß, wie oft der Divisor in der im Resultatwerk stehenden Zahl enthalten ist.

6. Zehnerübertragung

Der Zehnerübertragung [315] dienen die in Abb. 44 schematisch dargestellten Teile. Die Drehung der Vierkantachsen wird durch das hier nicht gezeichnete Wendegetriebe auf die Achsen A_1 übertragen, die oben die Zählscheiben *RW* des Resultatwerkes tragen. Geht eine solche Scheibe durch Null, drückt die an der Achse A_1 befestigte Nase *N* den Sporn *Sp* der ebenfalls um eine vertikale Achse A_2 drehbaren Fächerscheibe *FS* zur Seite. In die Einkerbungen des Fächers greifen hier nicht gezeichnete Federn ein, die die Scheiben in ihrer jeweiligen Lage halten. Der auch an der Achse A_2 befestigte Hebel *H* wird mit der Fächerscheibe gedreht. Er trägt am vorderen Ende einen nach unten gehenden Stift St_1 und am anderen Ende einen mit zwei Paar Zähnen versehenen Bogen B. Durch die beschriebene Drehung ist die Zehnerübertragung vorbereitet. Die Achsen A_2 liegen in einem Rahmen R, der mittels des in einem Schlitz der Walze W gleitenden Stiftes St_2 in einer oberen und in einer unteren Lage gehalten werden kann. Sind Vierkantachsen und Resultatwerk gekuppelt, wird der Rahmen in der oberen Lage gehalten; die Doppelzähne des Bogens B liegen dann über den Zahnrädern ZR, die auf den Achsen A_1 der nächsthöheren Stellen sitzen. Nach der Entkupplung wird der Rahmen R gesenkt, und die Doppelzähne der ausgeschwenkten

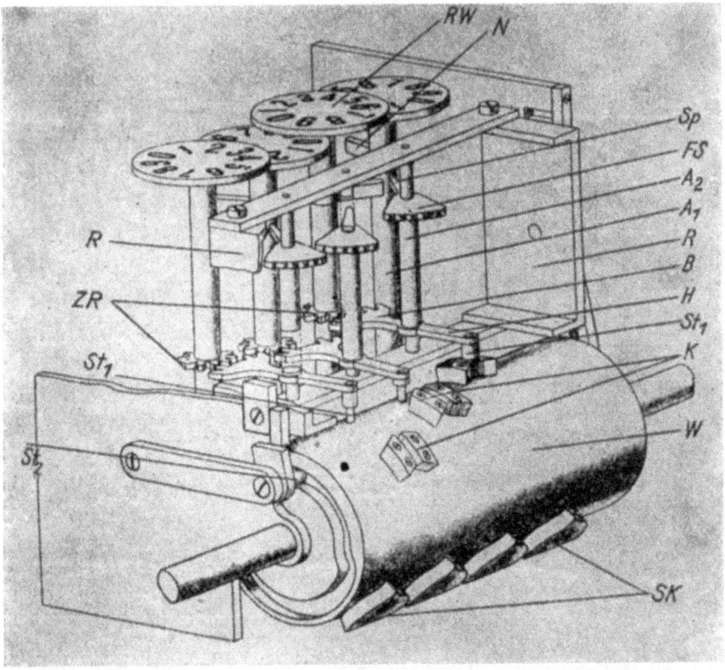

Abb. 44. Zehnerübertragung bei einer Multiplikationsmaschine

Bogen greifen in die Zahnräder ZR ein. Bei weiterer Drehung der Walze W stoßen die schrägen Gleitflächen der Klötze K gegen die vorher schon aus ihrer Ruhelage herausgedrückten Stifte St_1 und drücken diese noch weiter zur Seite. Dadurch drehen die in die Zahnräder ZR eingreifenden Doppelzähne des Bogens B diese und damit die Ziffernscheiben der nächsthöheren Stelle des Resultatwerkes um eine Einheit weiter. Damit ist die Zehnerübertragung ausgeführt. Die vorher nicht schon zur Seite gedrückten Stifte St_1 gleiten unberührt durch die Schlitze der Klötze K. Bei weiterer Drehung der Walze W wird der Rahmen R wieder gehoben und die Stifte St_1 und mit ihnen die Doppelzähne und die Fächerscheiben durch die schnabelförmigen Körper SK in die Normallage gedrückt. Die nach beiden Seiten des Bogens liegenden Doppelzähne ermöglichen Zehnerübertragung sowohl bei Multiplikation als auch bei Division.

E. Funktionsrechenmaschinen

Für die oben beschriebenen Rechenmaschinen läßt sich eine Erweiterung des Rechenbereiches über die Grundrechnungsarten hinaus dadurch erreichen, daß man sie mit einem Speicherwerk versieht, in dem für grob abgestufte Argumentwerte Funktionswerte und Interpolationsfaktoren gespeichert werden. Aus ihnen kann man dann durch maschinelle Interpolation Funktionswerte für beliebige Argumente gewinnen [599, 600]. Die Einrichtung eines derartigen mechanischen Speichers zeigt schematisch Abb. 45. In dem zugefügten Speicherwerk *SpW* sind die Werte der Funktion $f(x)$ für gewisse Grundargumente x_n, die sog. Grundwerte $a_n = f(x_n)$ und die dazugehörenden Interpolationsfaktoren $b_n = f(x_{n+1}) - f(x_n)$, gespeichert, und zwar sind sie durch einzelne Bleche mit verschieden tiefen Einschnitten dargestellt. Will man nun aus dem Speicher den Wert von $y = f(x) = f(x_n + \Delta x)$ entnehmen, so dreht man mit Hand oder automatisch den Speicher so, daß das zu $f(x_n)$ gehörende Blech *Bf* unter die Zahnstangen ZS_1, das zu dem Interpolationsfaktor *Bi* gehörende unter die Zahnstangen ZS_2 kommt. Hierauf werden z. B. durch Verschiebung mittels Federkraft die Zahnstangen aus der Nullstellung bis zum Anschlag mit den beiden Blechen gebracht. Durch die Verschiebung von ZS_1 wird über die Zahnräder ZR_1 der Wert $a_n = f(x_n)$ in das Resultatwerk *RW* und durch die Verschiebung der Zahnstangen ZS_2 der Interpolationsfaktor b_n über die Zahnräder ZR_2 in das Einstellwerk einer Rechenmaschine, z. B. einer Schaltklinkenmaschine, übertragen. Nun wird durch Verschiebung das Resultatwerk *RW* unter das Einstellwerk *EW* gebracht und mit Δx multipliziert. Im Resultatwerk steht dann der durch lineare Interpolation gewonnene gesuchte Funktionswert $f(x_n + \Delta x)$. Durch geringe weitere Zusatzeinrichtungen läßt sich auch eine Maschine für Interpolation höherer Ordnung herstellen. Dadurch wird zwar auch der Rechnungsvorgang etwas kompliziert; es hat

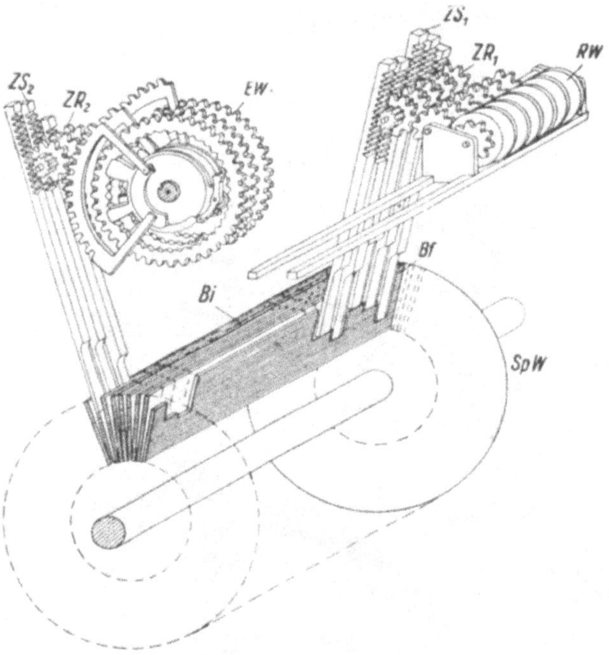

Abb. 45 Schematische Darstellung einer Funktionsrechenmaschine

aber den Vorteil, daß man wesentlich weniger Funktionswerte zu speichern hat, um die gesuchten Funktionswerte mit der gleichen Genauigkeit entnehmen zu können.

F. Zusammenstellung einiger Regeln für das Maschinenrechnen

Wie für jedes Rechnen, so ist auch für das Maschinenrechnen eine übersichtliche Anordnung der Rechnung notwendig. Am besten fertigt man sich, vor allem wenn die gleiche Rechnung, natürlich mit verschiedenen Zahlenwerten, öfter auszuführen ist, Rechenschemata an [384, 662]. Um kurz die einzelnen Operationen in einem solchen Schema angeben zu können, verwendet man wohl eine besondere Kurzschrift [359]. Hier seien nun kurz einige Regeln für das Maschinenrechnen, insbesondere für das Rechnen mit erweiterten Additionsmaschinen, zusammengestellt. Sa. [869].

1. Rechnen mit zwei Zahlen

α) *Multiplikation* $a \cdot b$

1. a ins Einstellwerk,
   b ins Umdrehungszählwerk kurbeln bzw. ins Multiplikatoreinstellwerk bringen und $\times$-Taste drücken (Schaltung $+$),
   $a \cdot b$ erscheint im Resultatwerk (Schaltung $+$), b verschwindet aus dem Multiplikatoreinstellwerk,
2. bisweilen bei Rechnung mit mehreren Zahlen erforderlich,
   a steht im Umdrehungszählwerk (Schaltung —),
   b ins Einstellwerk,
   $a \cdot b$ erscheint im Resultatwerk (Schaltung $+$), wenn man a aus dem Umdrehungszählwerk herauskurbelt, so daß dieses auf Null steht. In dieser Weise arbeiten z. B. die Schaltklinkenmaschinen bei automatischer Multiplikation.
   Löscht man nach Ausführung der ersten Multiplikation nicht, kann man bei entsprechender Schaltung des Resultatwerkes $a \cdot b \pm c \cdot d \pm e \cdot f \cdots$ bilden, allerdings ohne die Möglichkeit zu haben, die Zwischenprodukte abzulesen (vgl. II, C 2 g).
3. Reicht bei der Multiplikation die Stellenzahl der Maschine nicht aus, zerlegt man die einzelnen Faktoren in zwei oder mehrere Summanden, rechnet z. B.

$$(a + b)(c + d) = a c + b c + a d + b d .$$

Reicht für die Stellenzahl der beiden Faktoren das Einstellwerk und das Umdrehungszählwerk aus, hat aber das Produkt mehr Stellen als das Resultatwerk, kann man bei einigen Maschinen so rechnen, daß das Resultatwerk die ersten zwei oder drei Ziffern des Produktes nicht aufnimmt, daß also in die erste Stelle links im Resultatwerk die dritte oder vierte Stelle des Produktes erscheint. Die ersten zwei oder drei Ziffern des Produktes rechnet man im Kopf oder mit dem Rechenschieber.

β) Division a : b

1. a ins Resultatwerk (Schaltung —),
   b so ins Einstellwerk, daß die erste Ziffer des Divisors unter der ersten des Dividenden steht, wenn diese größer ist, unter der zweiten, wenn die erste Ziffer des Dividenden kleiner ist als die erste des Divisors,
   $\frac{a}{b}$ erscheint nach fortgesetztem Subtrahieren im Umdrehungszählwerk (Schaltung +), der Rest im Resultatwerk. Die —-Schaltung des Resultatwerkes wird bei Handsprossenradmaschinen durch entgegengesetzte Kurbeldrehung ersetzt. Die vollautomatische Division ist bei den einzelnen Maschinen beschrieben.
2. b ins Einstellwerk,
   a oder eine Zahl, die sich um weniger als $\frac{b}{2}$ von a unterscheidet, ins Resultatwerk kurbeln (Schaltung +),
   $\frac{a}{b}$ erscheint im Umdrehungszählwerk (Schaltung +).
3. Die Division einer negativen Zahl, deren dekadische Ergänzung im Resultatwerk steht (Schaltung +), erfolgt durch wiederholte Addition des ins Einstellwerk gebrachten Divisors, bis im Resultatwerk Null oder nahezu Null steht. Im Umdrehungszählwerk erscheint der Quotient (Schaltung +).
4. Reicht bei der Division exakt gegebener Zahlen die Stellenzahl des Umdrehungszählwerkes für den Quotienten nicht aus, so überträgt man den im Resultatwerk rechts stehenden Rest in die ersten Stellen links, löscht das Umdrehungszählwerk und den rechts im Resultatwerk stehenden Rest und führt die Division weiter. Häufig genügt es allerdings, statt dessen mit dem Rechenschieber noch zwei oder drei Stellen des Quotienten zu berechnen.

2. Rechnen mit mehr als zwei Zahlen

Abwechselnde Multiplikation und Division $\frac{a \cdot c \cdot e \cdots}{b \cdot d \cdot f \cdots}$

Man bildet $a \cdot c$ nach II, F 1 α, $(a \cdot c) : b$ nach II, F 1 β, $\left(\frac{a \cdot c}{b}\right) \cdot e$ nach II, F 1 α, $\left(\frac{a \cdot c \cdot e}{b}\right) : d$ nach II, F 1 β usw. Hat der Zähler zwei Faktoren mehr als der Nenner, beginnt man mit einer Multiplikation, hat er gleichviel Faktoren, mit einer Division, hat er einen Faktor mehr als der Nenner, kann man mit einer Multiplikation oder einer Division beginnen. Zu beachten ist, daß die additive oder subtraktive Hinzufügung einer Zahl zu der im Resultatwerk stehenden immer durch Einstellen dieser Zahl im Einstellwerk und Übertragung ins Resultatwerk möglich ist, so daß man z. B. Ausdrücke der Form $\left(\frac{a \cdot b}{c} \pm d\right) \cdot \frac{e}{f} + \cdots$ in dieser Weise berechnen kann.

3. Verkettung bei zusammengesetzten Rechnungen

Die Durchführung der Rechnung erfolgt durch die Maschine fehlerlos. Es können aber bei der Einstellung der in die Rechnung eingehenden Zahlen und bei der Ablesung der Ergebnisse Fehler entstehen. Die Fehlerkontrolle wird bei den mit Druckwerk versehenen Maschinen dadurch erleichtert, daß man die eingehenden Daten und die Ergebnisse nachträglich kontrollieren kann. Bei zusammengesetzten Rechnungen, bei denen mit der Maschine berechnete Zahlen wieder eingehen, aber dazu von einem Werk in ein anderes übertragen werden müssen, vermeidet man Ablesungs- und Einstellungsfehler dadurch, daß man die Übertragung nicht mit Hand vornimmt, sondern durch die Maschine ausführen läßt. Dazu dienen folgende Operationen [185, 744].

α) *Die Multiplikation einer im Resultatwerk stehenden Zahl* erfolgt bei vorhandener Rückwurfeinrichtung (Brunsviga, Mercedes usw.) durch Rückwurf aus dem Resultatwerk ins Einstellwerk, sonst dadurch, daß man die errechnete Zahl mit Hand im Einstellwerk einstellt und einmal subtrahiert. Bei richtiger Einstellung ist das Resultatwerk dann gelöscht. Man darf aber nicht vergessen, die 1 im Umdrehungszählwerk zu löschen. Die Multiplikation ist dann weiter nach F 1 α auszuführen. Die Zahl kann auch durch Division mit 1 ins Umdrehungszählwerk und dann nach II, F 1 α, 2 multipliziert werden. Es lassen sich so Produkte mehrerer Faktoren $a \cdot b \cdot c \cdot d$ auch ohne Rückwurfeinrichtung bilden.

β) *Division einer im Umdrehungszählwerk stehenden Zahl.* Man multipliziert nach II, F 1 α, 2 mit 1 und bringt die Zahl dadurch ins Resultatwerk, dann dividiert man nach II, F 1 β durch b. In dieser Weise kann man eine Zahl durch mehrere andere dividieren, $a : (b \cdot c \cdot d)$.

γ) *Division durch eine im Resultatwerk stehende Zahl.* Man bringt die Zahl durch Rückwurf ins Einstellwerk, stellt, wenn dies möglich ist, mit Hand den Dividenden im Resultatwerk ein und verfährt nach II, F 1 β, 1, oder man verfährt, wenn letzteres nicht möglich ist, nach II, F 1 β, 2.

δ) *Division durch eine im Umdrehungszählwerk stehende Zahl.* Man schaltet das Umdrehungszählwerk auf —, stellt 1 im Einstellwerk ein, kurbelt die Zahl ins Resultatwerk (Schaltung +) und verfährt weiter nach II, F 3 γ. Ein anderes Verfahren ermöglicht die Brunsviga mit 20 Stellen II, C 2 i. Eine solche Verkettung zusammengesetzter Rechnungen ist zur Vermeidung von Ablesungs- und Einstellungsfehlern sehr zu empfehlen und ist bei den elektrisch angetriebenen Maschinen in der angegebenen Art auch ohne großen Zeitverlust durchführbar [134, 135].

4. Benutzung des Speicherwerkes

Bei vorhandenem Speicherwerk muß man die Rechnung möglichst so führen, daß die Ergebnisse im Resultatwerk stehen, so daß sie von dort additiv oder subtraktiv ins Speicherwerk übertragen werden können. Ohne weiteres kann man so mit Ablesung der Zwischenprodukte bilden $a \cdot b \pm c \cdot d \pm e \cdot f \pm \cdots$. Um $\frac{a \cdot b}{c} \pm \frac{d \cdot e}{f} \pm \cdots$ zu berechnen, beginnt man mit der Division $a : c$ nach II, F 1 β, bildet $\left(\frac{a}{c}\right) \cdot b$ nach II, F 1 α, 2 und übernimmt in das Speicherwerk. Man berechnet weiter nach II, F 1 β $\frac{d}{f}$ und nach II, F 1 α, 2 $\left(\frac{d}{f}\right) \cdot e$ und übernimmt additiv oder subtraktiv ins Speicherwerk usw. Man kann bei der Multiplikation das Resultatwerk auch auf Subtraktion schalten, dann erscheint hier die dekadische Ergänzung des Produktes. Positive Hinübernahme ins Speicherwerk bedeutet dann eine Subtraktion.

5. Das Quadratwurzelziehen

α) Am mechanischsten verfährt das sog. *Töplersche Verfahren* [610], das darauf beruht, daß die Summe aufeinanderfolgender ungerader Zahlen immer ein Quadrat ist, $\sum_{x=1}^{n}(2x-1)=n^2$; doch arbeitet das Verfahren sehr langsam und man ist wenig vor Rechenfehlern geschützt. Durch eine geringe Abänderung kommt man zu einem wesentlich schnelleren und sicheren Verfahren [192]. Man teilt, wie beim Töplerschen Verfahren, vom Komma aus in Gruppen zu zwei Ziffern. Hat sich irgendwie aus den ersten m Gruppen die Quadratwurzel a ergeben, so zieht man a^2 ab. Dann steht im Resultatwerk der Rest r_m. Man bringt nun $2a$ ins Einstellwerk, verschiebt den Schlitten um eine Stelle nach links und schätzt ab, wie oft $2a+1$ in der in den zugehörigen Stellen des Restes stehenden Zahl enthalten ist. Benutzt man für diese Division einen Rechenschieber, kommt man wegen der annähernden Konstanz des Divisors mit einer Einstellung für die ganze Rechnung aus. Diese Zahl b stellt man an der $(m+1)$-ten Stelle des Einstellwerkes ein und subtrahiert b-mal. Dann wird statt b im Einstellwerk $2b$ eingestellt. Ist der im Resultatwerk stehende Rest r_{m+1} kleiner als $20a+2b+1$, kann man zur nächsten Stelle übergehen. Ist er größer, stellt man an der $(m+1)$-ten Stelle $2b+1$ ein und subtrahiert einmal. Man hat dann von der zu radizierenden Zahl $(10a+b+1)^2$ abgezogen. Nun hat man im Einstellwerk $20a+2b+2$ einzustellen. Die im Resultatwerk verbleibende Zahl ist sicher kleiner als diese Zahl, und man kann zur nächsten Stelle übergehen. Das Verfahren ist im wesentlichen mit dem vielfach in Schulen gelehrten identisch.

Neuerdings ist dieses Verfahren zur Lösung quadratischer und reduzierter kubischer Gleichungen mit der Rechenmaschine ausgebaut.

β) *Divisionsverfahren.* Man bestimmt mit dem Rechenstab die Wurzel aus der gegebenen Zahl R so genau wie möglich und dividiert R durch diesen Wert. Ist der Fehler der Ablesung auf dem Rechenstab ε, so hat der Quotient den Wert

$$\frac{R}{\sqrt{R}+\varepsilon}=R\,\frac{\sqrt{R}-\varepsilon}{R-\varepsilon^2}=(\sqrt{R}-\varepsilon)\left(1+\frac{\varepsilon^2}{R}+\frac{\varepsilon^4}{h^2}+\cdots\right)\approx\sqrt{R}-\varepsilon+\frac{\varepsilon^2}{\sqrt{R}}.$$

Das arithmetische Mittel aus den beiden Werten

$$\frac{1}{2}\left(\sqrt{R}+\varepsilon+\frac{R}{\sqrt{R}+\varepsilon}\right)\approx\sqrt{R}+\frac{\varepsilon^2}{2\sqrt{R}}$$

hat den wesentlich kleineren Fehler $\frac{\varepsilon^2}{2\sqrt{R}}$. Ist der Wurzelwert noch nicht genau genug, wiederholt man mit dem so gefundenen Wert die Rechnung. Praktisch stellt man $\frac{1}{2}(\sqrt{R}+\varepsilon)$, also die Hälfte des Näherungswertes b im Umdrehungszählwerk, R im Resultatwerk und $2b = 2(\sqrt{R} + \varepsilon)$ im Einstellwerk ein. Kurbelt man dann das Resultatwerk bei auf + gestelltem Umdrehungszählwerk möglichst auf Null, so erhält man im Umdrehungszählwerk den neuen Näherungswert [307, 308, 355, 445, 549, 629]. Stellt man aber das Umdrehungszählwerk auf —, bekommt man dort $-\varepsilon$ und kann nun, da ja ε^2/R wesentlich kleiner als $\varepsilon/\sqrt{R}$ sein wird, das Resultatwerk statt auf Null auf ε^2 bringen, was leicht durch einiges Probieren erreicht werden kann. Dadurch erhält man einen genaueren zweiten Näherungswert [724]. Das Verfahren läßt sich auf n-te Wurzeln übertragen [412, 618].

γ) *Das Verfahren von Collatz* steht in Beziehung zum Newtonschen Näherungsverfahren, zur Bestimmung der Nullstellen, angewandt auf die Gleichung $f(x) = x^2 - R = 0$ (vgl. z. B. [818] § 27, 10). Man gewinnt damit ein Verfahren, mit dem man leicht eine größere Zahl von Stellen der Quadratwurzel bestimmen kann [117].

Setzt man das Komma in R so, daß der Näherungswert b eine ganze Zahl ist, so kann man b immer so bestimmen, daß

$$|b - \sqrt{R}| = |\varepsilon| \leq \frac{1}{2}$$

ist. Durch wiederholtes Quadrieren ergibt sich daraus

$$b^2 + R - 2b\sqrt{R} = a_2 - c_2\sqrt{R} = \varepsilon^2$$

$$a_2^2 + c_2^2 R - 2c_2 a_2 \sqrt{R} = a_3 - c_3\sqrt{R} = \varepsilon^4$$

$$\cdots\cdots\cdots\cdots\cdots$$

$$a_n - c_n\sqrt{R} = \varepsilon^{2^{n-1}}.$$

Die rechte Seite nimmt sehr schnell ab. Man erhält so den Näherungswert

$$\sqrt{R} = \frac{a_n}{c_n} \text{ mit einem Fehler } \varepsilon^{2^{n-1}}/c_n.$$

Dabei kann man mit dem Quadrieren so lange fortfahren, wie sich c_n noch für die Division im Einstellwerk unterbringen läßt. Man kann so die dreifache Zahl von Stellen des Einstellwerkes für den neuen Näherungswert erhalten. Dazu muß man bei der Division den Rest immer wieder links im Resultatwerk einstellen.

δ) Ein *viertes Verfahren* benutzt die Kettenbruchentwicklung zur Berechnung der Quadratwurzel [55]

$$\sqrt{a^2 + b} = a + \cfrac{b}{2a + \cfrac{b}{2a + \cfrac{b}{2a \cdots}}}$$

6. Das Rechnen mit abgerundeten Zahlen

Beim Rechnen mit abgerundeten Zahlen führt man meistens z Schutzstellen mit. Will man z. B. das Produkt zweier Zahlen auf n Stellen genau haben, rundet man beide Faktoren auf $n + z$ Stellen ab und liest mit eventueller Aufrundung der letzten Stelle auf n Stellen ab. Im allgemeinen kommt man mit $z = 3$ Schutzstellen aus [186].

7. Weitere Arbeiten über Rechenmaschinen

Anweisungen für das Maschinenrechnen und Beschreibungen erweiterter Addiermaschinen findet man außer in den bereits erwähnten Arbeiten z. B. in den folgenden: Konstruktionsprinzipe und Beschreibungen in [133, 134, 140, 190, 254, 298, 604, 706], allgemeine Anweisungen und Formeln für das Maschinenrechnen, insbesondere im Vermessungswesen [384, 387, 432, 603, 662, 672, 674, 706, 725, 749, 827], für die algebraische Addition [178], für die Multiplikation [226] für die Division [353, 406], für die Lösung algebraischer Gleichungen [6, 68, 172] und Differentialgleichungen [526], zur Lösung linearer Gleichungssysteme [253, 794, 839], speziell für Rechnungen im Vermessungswesen [317, 356, 357, 387, 425, 708] und für optische Rechnungen [743]. In [230, 582, 605, 712] wird das logarithmische Rechnen bzw. das Kopfrechnen mit dem Maschinenrechnen verglichen, insbesondere auch was den Zeitaufwand angeht.

Viele Arbeiten beschäftigen sich mit der Doppelrechenmaschine und ihren Verwendungsmöglichkeiten. Beschreibungen und Verbesserungsvorschläge geben [59, 272, 364, 828]. Ihre Anwendung zur Koordinatenberechnung wird behandelt in [89, 309, 427, 550, 728], zur Tafelberechnung in [112, 119, 120], zur Schnittberechnung in [310, 580], beim Rückwärtseinschneiden [168, 350, 651], zur Lösung der Hansenschen Aufgabe [416], zur Berechnung der Höhen und Höhenfußpunkte [358], zur gleichzeitigen Berechnung von Höhe und Azimut eines Gestirnes [598] usw. Eine weitere Anwendung der Rechenmaschine wird in VI, C 1 b gegeben.

III. RECHENAUTOMATEN

A. Verkettung von Rechnungen

Die bisher beschriebenen Maschinen haben zwei Nachteile. Einmal verläuft der Rechengang verhältnismäßig langsam. Über 400, allenfalls 500 Umdrehungen pro Minute kann man bei mechanisch arbeitenden Maschinen wegen der Trägheit der bewegten Teile nicht hinausgehen. Will man den Rechnungsgang weiter beschleunigen, muß man zu elektrischen, mehr oder weniger trägheitslos arbeitenden Vorrichtungen, etwa Relais oder Elektronenröhren, greifen.

Ein anderer Nachteil ist der folgende: Längere Rechnungen bestehen aus einer Reihe miteinander verketteter Rechenoperationen. Dabei gehen die Ergebnisse früherer Operationen in die späteren als Daten ein. Nun führen die beschriebenen Maschinen die einzelnen Rechenoperationen nach Einstellung der Daten wohl fehlerfrei aus, aber bei der Einstellung und bei der Ablesung und Übertragung der Resultate können sich leicht Fehler einschleichen, vor allem bei letzterem, da die Einstellung ja in besonderen Kontrollwerken nachgeprüft werden kann. Vermindert wird die Fehlermöglichkeit, wenn die Maschinen mit Druckwerken versehen sind, wie das bei vielen Additionsmaschinen der Fall ist, leider weniger bei den in der Hauptsache für das wissenschaftliche Rechnen gebrauchten erweiterten Additionsmaschinen. Eine Ausnahme macht die schreibende Vierspeziesmaschine Mauser-Cordt. Am sichersten vermeidet man aber solche Ablesungs- und Übertragungsfehler, wenn man das in einer Maschine gewonnene Resultat in die die nächste Operation ausführende Maschine automatisch überträgt. Dabei wird außerdem Zeit gewonnen. Die so entstehenden Kombinationen von Maschinen bezeichnet man als programmgesteuerte Rechenautomaten. Das sind also Maschinen, die eine längere Kette von Rechenoperationen nach einem Rechenplan ohne Eingriff des Rechners vollautomatisch abwickeln können [125, 180, 280, 286, 867]. Sie enthalten als wesentliche Bestandteile: Rechenvorrichtungen, umfangreiche Speicheranlage, ein Kommandogerät und eine Eingabe- und Auslieferungsvorrichtung. Von dem Kommandogerät aus wird der Ablauf der Rechnung gesteuert. Zunächst werden die in die Rechnung eingehenden Daten, Funktionswerte und Rechenvorschriften durch das Eingabewerk in die Speicher eingetastet oder durch Lochstreifen eingebracht. Dabei haben einige Maschinen innere Speicher von nicht sehr großer Kapazität, in denen die häufig gebrauchten Zahlen aufgespeichert werden. (Z. B. Elektronenröhren- oder Schallwellenspeicher) und äußere Speicher, wofür oft Lochstreifen oder Magnetophonbänder benutzt werden. Die Daten werden dann automatisch von den äußeren in die inneren Speicher und von dort in das Rechenwerk übernommen, in denen mit ihnen die eingeschalteten Rechenoperationen ausgeführt werden. Zwischenergebnisse werden gespeichert, evtl. gelocht, weiterverarbeitet und schließlich das Endergebnis im Ergebniswerk irgendwie sichtbar gemacht.

B. Parallel- und Serienmaschinen

Alle Rechenautomaten enthalten einen Impulsgenerator, der je nach Art der Maschine mit Frequenzen bis zu einem Megahertz arbeitet. Die in die Rechnung

Abb. 46. ENIAC, zwei Addierwerke und Verbindungsleitungen

eingehenden Zahlen und bei den meisten neueren Maschinen auch die Rechenanordnungen werden in Impulsfolgen umgesetzt. Wenn die die einzelnen Ziffern einer Zahl darstellenden Impulse auf einer entsprechenden Anzahl von Leitungen weitergegeben und dann im Rechenwerk gleichzeitig verarbeitet werden, hat man Parallelmaschinen. Eine solche Maschine ist z. B. der ENIAC (Electronic Numerical Integrator and Computer), der mit zehnstelligen Dezimalzahlen arbeitet und für ihre Weiterleitung Kabel mit elf Leitungen für die zehn Ziffern und das Vorzeichen benutzt. Für die die Rechenfolge bestimmenden Befehle sind besondere Kabel vorhanden. Die Rechenoperationen wurden ursprünglich an den einzelnen Maschineneinheiten vor Beginn der Rechnung eingeschaltet. Man bezeichnet das als „Verdrahtung". Die Art der Verbindungen der einzelnen Teile mit den Zahlen- und Operationsleitungen — ähnlich wie bei den Lochkartenmaschinen — und die Schaltvorrichtung an den Einzelteilen der nach dem Baukastenprinzip konstruierten Maschine zeigt Abb. 46.

Werden dagegen die den einzelnen Ziffern entsprechenden Impulse in zeitlicher Folge auf einer Leitung weitergegeben, so spricht man von Serienmaschinen. Beide Arten von Maschinen haben ihre Vorteile und ihre Nachteile. Die Parallelmaschinen erfordern einen wesentlich größeren Materialaufwand, arbeiten aber dafür schneller. Die Serienmaschinen brauchen weniger Material, arbeiten langsamer und der Steuerungsmechanismus wird komplizierter. Viele neuere Maschinen sind Serienmaschinen.

C. Vorhandene Rechenautomaten

Als Vorläufer dieser Rechenautomaten kann man eine Maschine bezeichnen, die um 1830 herum *Babbage* [29, 212] konstruiert hat. Seine Maschine ist allerdings nur zum Teil fertig geworden.— Er entwickelte als erster den Gedanken der Programmsteuerung. — Diese Maschine arbeitete mechanisch, während die neueren Automaten elektromechanisch oder rein elektrisch arbeiten. Ein Teil dieser neueren Maschinen ist aus den Lochkartenmaschinen entwickelt worden, z. B. der ENIAC. Man hat im wesentlichen zwei Arten solcher Rechenautomaten (Relaisrechner und elektronische Rechenmaschinen) gebaut. Beide Arten von Automaten verwenden die Zahlen vielfach im Dualsystem [758] und wandeln die dezimale Schreibweise dann automatisch in die duale um und umgekehrt [388]. Einige der bekanntesten seien hier aufgeführt.

1. Zu den *Relaisrechnern* gehören:
   a) Der Rechenautomat von *Zuse* [456, 840—843, 849, 852], eine im Dualsystem arbeitende Maschine mit mechanischem Speicherwerk, Modell Z 4 arbeitet im Mathematischen Institut der ETH in Zürich.
   b) Die von den Bell-Telephon-Laboratorien entwickelten Maschinen, von denen eine Reihe in den USA arbeiten [12, 854]. Bei diesen werden die Zahlen im Dualquinquesimalsystem benutzt, d. h. jede Ziffer wird in zwei Teile geteilt, deren einer die beiden Werte 0 und 5, deren anderer die fünf Werte

Abb. 47. Mark III

0—4 annehmen kann. So sind für jede Dezimalstelle im ganzen 1 + 4 = 5 Relais nötig. Die Speicherung erfolgt mittels Relais und Lochstreifen.

c) Die IBM-Relaisrechner [175]. Aus den Lochkartenmaschinen, die auch für wissenschaftliche Rechnungen benützt werden können [35, 122, 157, 174, 294, 697, 833], wurde der IBM Pluggable Sequence Relay Calculator entwickelt, eine Parallel- und Dezimalmaschine mit Relais- und Lochkartenspeichern.

d) Hierher gehört auch der von *Aiken* zusammen mit der IBM gebaute ASCC (Automatic Sequence Controlled Calculator) Mark I [5, 289, 419], eine Parallel-Dezimalmaschine. Ein zweiter größerer Automat SSCC (Selective Sequence Controlled Calculator), Mark II, ist im Rechenlaboratorium der Harvard Universität gebaut, und ein dritter, Mark III, der aber zu den Schnellrechnern zu zählen ist, ist vor kurzem fertig geworden (Abb. 47) [638, 639]. Weitere Maschinen sind im Bau.

e) Der in London unter Patenschaft der Britischen Gummiindustrie von *Booth* und *Britten* konstruierte ARC (Automatic Relais Computer) [326], der 250mal so schnell wie der ASCC arbeiten soll. Die Speicherung erfolgt magnetisch auf rotierenden Trommeln. Eine ähnliche, ganz elektronische Maschine ist an der Universität London gebaut.

f) Die in Amsterdam stehende, im Dualsystem (30 Stellen) parallel arbeitende Relaismaschine, die nur eine Additionszeit von 15 msec hat. Sie hat Magnetspeicherung auf rotierender Trommel. Eine zweite ähnliche Maschine steht in Delft.

g) Die in der Technischen Hochschule Stockholm aufgestellte Maschine BARK (Binar Automatic Relay Kalkylator), eine parallel arbeitende Relaismaschine, die mit 32stelligen Dualzahlen mit laufendem Komma arbeitet. Sie hat 5500 Relais und Programmschaltung am Schaltbrett. Das Programm kann bis zu 840 Anordnungen umfassen [180, 859].

2. Die eigentlichen *Schnellrechner:*

a) Die erste derartige Maschine war der ENIAC (Electronic Numerical Integrator and Computer) (Abb. 48), der von der Moore-School für Elektroingenieure an der Universität von Pennsylvanien zunächst zur Durchführung von Rechnungen der Außenballistik gebaut wurde [49, 173, 224, 279—282, 419, 585, 713, 831]. Er arbeitet parallel im Dezimalsystem und ist neuerdings umgebaut, so daß die Operationsschaltungen nicht mehr an den einzelnen Einheiten zu erfolgen brauchen.

b) Ferner gehört dahin der Anfang 1948 von der IBM in New York für wissenschaftliche Rechnungen zur Verfügung gestellte SSEC (Selective Sequence Electronic Calculator) (Abb. 49), der nicht weniger als 12500 Röhren und 21400 Relais hat [180].

c) Außer diesen sind in den USA noch zahlreiche Maschinen im Bau oder bereits fertig, so der EDVAC (Electronic Discret Variable Computer), der unter Aus-

Abb. 48. Electronic Numerical Integrator and Computer

Abb. 49. Selective Sequence Electronic Calculator

nutzung der mit den ENIAC gewonnenen Erfahrungen konstruiert ist [388], der von der Eckert-Mauchly Computer Corporation gebaute BINAC (Binary Automatic Computer), der mit $4 \cdot 10^3$ Impulsen pro Sekunde arbeitet und der eigentlich aus zwei nebeneinander arbeitenden sich gegenseitig kontrollierenden Maschinen besteht, dann der für das Bureau of Census gebaute UNIVAC (Universal Automatic Computer) [698], ferner die Maschinen im Institut for Advanced Study (TAS), die zur Wettervorhersage, für die Atomphysik und die Statistik erforderliche Rechnungen durchführen sollen [462], Maschinen im Office of Naval Research, im Institut für numerische Analysis [327], der SWAC (National Bureau of Standards Western Automatic Computer) in Los Angeles, der SEAC (National Bureau of Standards Eastern Automatic Computer) [856, 858] in Washington, eine kleine Maschine, die mit Vieradressenbefehlen arbeitet, usw.

d) In England sind mehrere Maschinen fertig [326]: der EDSAC (Electronic Delay Storage Automatic Calculator) in Cambridge (Abb. 50) [281, 813, 814, 821, 853], eine mit Dualzahlen in Serie arbeitende Maschine mit Ultraschallwellenspeicher für 512 Zahlen zu 34 Stellen und einer Stelle für das Vorzeichen. Für die Eingabe und Entnahme werden 5 Ferndrucker-Lochstreifen benutzt. Eine Maschine in Manchester [78] mit etwa 1900 Röhren und Kathodenstrahlröhrenspeicher. Sie hat eine Additionszeit von 1,8 und eine Multiplikationszeit bis zu 36 Millisekunden. Aus einem Hilfsspeicher mit magnetischer Speicherung auf rotierender Trommel können durch Tastendruck Zahlengruppen in den Hochgeschwindigkeitsspeicher übernommen

Abb. 50. Electronic Delay Storage Automatic Calculator

werden. Außer der ACE (Automatic Computing Engine) in Teddington [815] projektiert man dort eine mit 32stelligen Dualzahlen arbeitende Maschine mit Überschallspeicher von 256 Zahlen Kapazität und mit Lochstreifenzuführung und Abnahme. Sie soll eine Additionszeit von 52 Mikrosekunden und eine Multiplikationszeit von 2 Millisekunden haben, ferner eine andere parallel arbeitende Maschine, die als Besonderheit Triggerkreise mit drei Lagen hat für die Eins, für die Null und eine neutrale Lage. Endlich baute *Booth* in London eine teils mit Relais teils mit Röhren unter Benutzung des Dualsystems arbeitende Maschine mit magnetischem Trommelspeicher ARC (Automatic relay computer), eine kleine parallel arbeitende Röhrenmaschine ebenfalls mit magnetischem Trommelspeicher SEC (Simple electronic computer) und eine aus der SEC entwickelte Maschine mit 800 Röhren, den APEX (All-purpose electronic X-ray computer) [76].

e) In Frankreich wird von *Couffignal* im Institut Blaise Pascal eine mit 50stelligen Dualzahlen und laufendem Komma im Parallelbetrieb arbeitende Maschine gebaut [133, 135, 244, 857]. Auch die Schweiz beabsichtigt den Bau eines großen Schnellrechners [850]. Vorläufig ist in Zürich eine von *Zuse* gebaute Relaismaschine aufgestellt [849]. In Göttingen wird im Institut für Instrumentenkunde ebenso an einer Maschine gearbeitet. In den UdSSR wie in der Deutschen Demokratischen Republik ist die Entwicklung solcher Rechenautomaten in den laufenden Fünfjahrplan aufgenommen. Ferner sind z. B. in Frankreich Spezialmaschinen konstruiert worden, die nach ähnlichem Prinzip arbeiten [146].

In letzter Zeit findet man zahlreiche Berichte über diese Maschinen und ihre Verwendung, z. B. [49, 56, 58, 76—78, 97, 104—106, 125, 126, 159, 179, 180, 273, 280—282, 361, 464, 516, 577, 613, 614, 637—639, 710, 758, 777, 778, 811—815, 830, 831, 840—843, 847, 849 – 853, 857—860, 863, 867, 870, 877], ferner Betrachtungen über ihr Konstruktionsprinzip [516, 811], die Programmierung der Rechnung usw. [283]. Die Entwicklungstendenz geht im allgemeinen dahin, kleinere Maschinen mit großer Speicherkapazität zu bauen, auch wenn das nur auf Kosten der Rechengeschwindigkeit möglich ist [710]. Doch findet man auch die entgegengesetzte Ansicht [614].

D. Dualzahlen

Ältere Maschinen wie ENIAC und UNIVAC arbeiten mit Dezimalzahlen, die neueren Rechenautomaten dagegen benutzen in verschiedenartigster Weise Dualzahlen [135, 388, 577]; das ist das gegebene z. B. bei den Relaisrechnern, zu deren Hauptbestandteilen eine große Zahl von Relais (Hebel, elektrische Schalter usw.) gehören, d. h. von Apparaten, die zwei Ruhelagen haben, etwa eine, in der ein Stromkreis geschlossen, eine andere, in der er unterbrochen ist. Damit passen sich diese Maschinen den Dualzahlen, d. h. den Zahlen, die als Potenzen von zwei dargestellt werden, besonders gut an [577], ähnlich ist das bei Maschinen, die Röhren benutzen. Im Dualsystem steht an jeder Stelle der Zahl entweder eine 0 oder eine 1, während im Dezimalsystem an jeder Stelle 10 verschiedene Ziffern stehen können [388, 758]. Z. B. ist

$$409 = 2^8 + 2^7 + 2^4 + 2^3 + 2^0 .$$

Die Zahl schreibt sich also im Dualsystem

$$110011001 .$$

Mit diesen Zahlen rechnet man wie mit Dezimalzahlen.

Bei den Operationen mit Dualzahlen tritt die der Zehnerübertragung entsprechende Operation wesentlich häufiger auf als beim Rechnen mit Dezimalzahlen. Wird die Rechnung an allen Stellen gleichzeitig durchgeführt, so kann z. B. die Addition folgendermaßen erfolgen. Zunächst geht die Hauptaddition ohne Stellenübertragung vor sich, die zu übertragenden Stellen werden in einen Hilfsspeicher gebracht. Erscheint dabei etwa an der n-Stelle eine 1, so wird gleichzeitig die Verbindung zur $(n + 1)$-Stelle hergestellt. Kommt dann von der $(n - 1)$-ten Stelle ein Übertragungsimpuls, so springt an der n-ten Stelle eine 0 ein und der Impuls wird an die nächsthöhere Stelle weitergegeben. Stand dort eine 0, so springt eine 1 ein, stand dort eine 1, so springt eine 0 ein und der Impuls wird zur nächsten Stelle weitergeleitet usw. Diese Verbindungen bestehen nur während einer kurzen Übertragungszeit nach Ausführung der Hauptaddition. Die Addition kann aber auch unter Benutzung zweier Hilfsspeicherwerke erfolgen. Ist eine 1 an einer Stelle zu addieren, an der eine 0 steht, so erscheint jetzt im Hauptspeicher eine 1, stand eine 1 im Hauptspeicher, so erscheint jetzt eine 0 und eine 1 an der entsprechenden Stelle des ersten Nebenspeichers. Beim zweiten Schritt werden die im ersten Hilfsspeicher stehenden Zahlen zu den an nächst höherer Stelle stehenden Ziffern des Hauptspeichers addiert und der zweite Hilfsspeicher zur Aufnahme der auf die nächsten Stellen zu übertragenden Ziffern benutzt. Dann wird die hier stehende Zahl wieder zu den Ziffern der nächsthöheren Stelle des Hauptspeichers addiert usw., bis die beiden Nebenspeicher leer sind [503].

Einige Maschinen, z. B. Mark III, eine mit sechzehnstelligen Dezimalzahlen bei festem Komma in Serie rechnende Maschine, ersetzt die Ziffern jeder Stelle durch eine Dualzahl. Für die Darstellung jeder Ziffer sind dann vier Dualzahlen erforderlich. Mit vier Dualziffern einer Tetrade kann man aber 16 Zahlen darstellen. Man hat nun folgende Kombinationen gewählt:

0 ————	0000	9 ————	1111
1 ————	0001	8 ————	1110
2 ————	0010	7 ————	1101
3 ————	0011	6 ————	1100
4 ————	0100	5 ————	1011

Die Summe hintereinanderstehender Dualzahlen gibt die Dualzahl für neun. Nicht alle Dualzahlsummen geben die richtige Dualzahl. Deshalb nimmt man noch folgende Pseudotetraden zur Hilfe

2′ ————	1000	7′ ————	0111
3′ ————	1001	6′ ————	0110
4′ ————	1010	5′ ————	0101

Erhält man nun eine dieser Pseudotetraden, so wird sie durch Addition von 1010 und Unterdrückung der Zehnerübertragung bei Zahlen der ersten, durch Addition von 0110 bei solchen der zweiten Spalte in die richtige Tetrade übergeführt. Mit diesen Tetraden kann man weitgehend wie mit Dualzahlen rechnen [638].

E. Einige einfache Schaltungen des Rechenwerkes

Für das Rechnen mit Dualzahlen sollen nun einige Schaltungen angegeben werden, mit denen man die erforderlichen Grundoperationen durchführen kann. Dabei soll nicht auf den technischen Aufbau eingegangen werden, sondern nur darauf, welche Funktionen die einzelnen Teile ausführen. Es hat sich als praktisch erwiesen, dazu gewisse Symbole einzuführen, wie sie ähnlich von Medizinern zur Darstellung des Funktionierens des Nervensystems benutzt werden. Eine Übersicht über das *Neumannsche* System solcher Symbole ist in Tafel I gegeben. Jedes der Elemente hat einen Ausgang und ein oder mehrere Eingänge. Die zugeführten Impulse können das Element veranlassen, entweder einen Impuls weiterzugeben oder die Weitergabe zu verhindern. Dabei wird angenommen, daß die Impulse ohne Verzögerung von den Elementen weitergegeben werden. Eine Verzögerung um ein oder mehrere Zeiteinheiten wird durch ein Dreieck oder durch ein Rechteck dargestellt mit Angabe der Zahl von Zeiteinheiten, um die es ver-

Zeichen	Erklärung
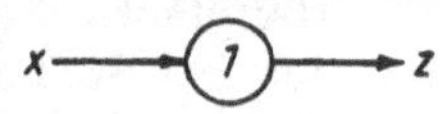	Ein Impuls wird bei z abgegeben, wenn bei x einer ankommt.
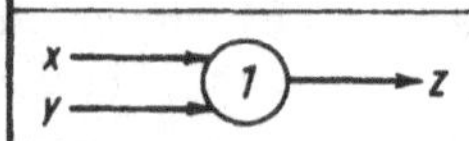	Ein Impuls wird bei z abgegeben, wenn entweder bei x oder bei y oder bei beiden einer ankommt.
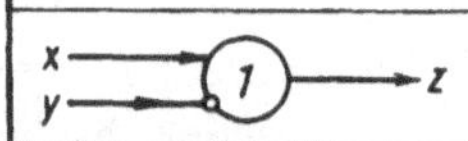	Ein Impuls wird bei z abgegeben, wenn bei x einer ankommt, sofern nicht ein bei y ankommender Impuls dies verhindert.
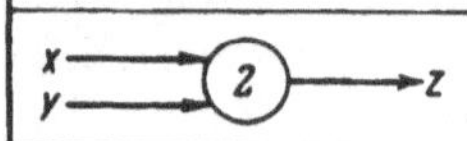	Ein Impuls wird bei z nur abgegeben, wenn bei x <u>und</u> y einer ankommt.
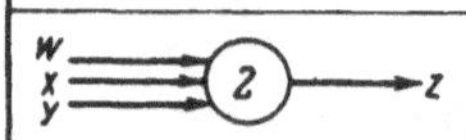	Ein Impuls wird bei z abgegeben, wenn bei zwei oder mehr Eingängen je einer ankommt.
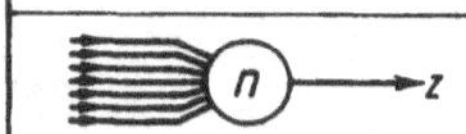	Ein Impuls wird bei z abgegeben, wenn bei n oder mehr Eingängen gleichzeitig Impulse ankommen.
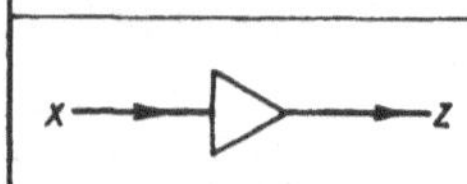	Kommt zur Zeit t bei x ein Impuls an, so wird zur Zeit t+1 bei z ein Impuls abgegeben. (Verzögerung um eine Impulsdauer).
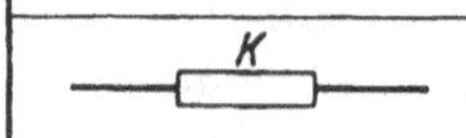	Verzögerung um die Dauer von K-Impulsen.

Tafel I Schaltsymbole, entsprechende Schaltschemata, z. B. [865, 867]

zögert. Die Elemente selbst werden durch Kreise dargestellt, in die man eine Zahl schreibt, die angibt, wieviel Impulse gleichzeitig auf verschiedenen Leitungen ankommen müssen, um die Aussendung eines Impulses zu veranlassen. Die Stelle, an der ein Impuls eintritt, der die Weitergabe eines Impulses verhindert, wird durch einen kleinen Kreis angezeigt.

1. Mit diesen Elementen kann man z. B. ein *Addiergerät* für *Serienbetrieb* in folgender Weise aufbauen. Die die Zahl darstellenden zeitlich aufeinanderfolgenden Impulse werden für den einen Summanden bei X, für den anderen bei Y zugeführt. Die Rechnung schreitet von der niedrigsten zu höheren Stellen fort. Abb. 51 zeigt eine Schaltungsmöglichkeit. Kommt ein Impuls in X an, so geht dieser über A und D zum Ausgang V und sperrt dabei B und E $(1 + 0 = 1)$. Ein in Y ankommender Impuls läuft über B und D nach V und sperrt A und E $(0 + 1 = 1)$. Durch C geht keiner dieser Impulse, da C ja zwei Impulse gleichzeitig erhalten muß, um einen weiterzugeben. Kommt nun sowohl in X als in Y ein Impuls an, so wird A und B gesperrt und C gibt einen Impuls ab. Dieser geht in das Verzögerungselement W und wird erst in der nächsten Zeiteinheit weitergegeben $(1 + 1 = 10)$. In dieser nächsten Zeiteinheit kommen die Impulse der nächsthöheren Stelle an. Steht in beiden Zahlen an dieser Stelle eine Null, kommt also weder in X noch in Y ein Impuls an, ist aber in W ein Impuls gespeichert, so geht dieser über E nach V. Kommt ein Impuls in X oder in Y an, so geht dieser bis L_1 weiter. War in W kein Impuls gespeichert, so verläuft alles wie in der vorangehenden Stelle. War in W ein Impuls gespeichert, so ist D und E gesperrt; die beiden Impulse regen F zur Aussendung eines Impulses an, der über L_3 nach W läuft und dort für die nächste Stelle gespeichert wird. Kommen gleichzeitig in X und Y Impulse an, so wird der dann von C ausgesandte Impuls in W ge-

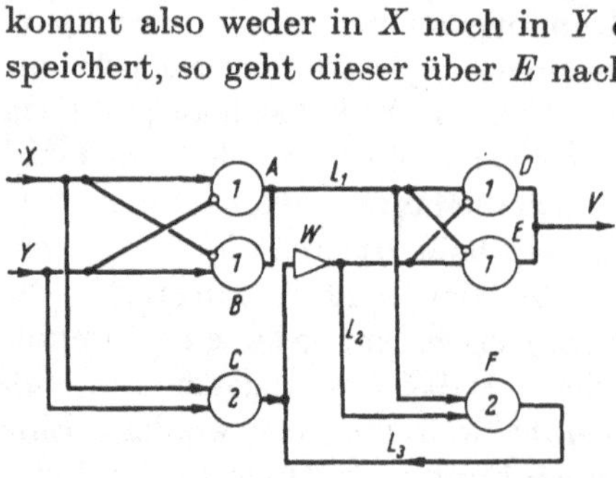

Abb. 51 Addiergerät

speichert, nachdem der vielleicht in W gespeicherte Impuls über E nach V hinausgegangen ist. Von C und von F können niemals gleichzeitig Impulse nach W gelangen.

2. Die *Subtraktion* erfolgt durch Addition des Komplementes. Für die Komplementbildung kann man eine besondere Schaltungseinheit benutzen oder auch das Rechenwerk mit einsetzen. In letzterem Fall kommt die Tatsache zur Anwendung, daß das Komplement durch Invertieren sämtlicher Dualziffern von 0 auf 1 und von 1 auf 0 entsteht, wenn man anschließend in der niedrigsten Stelle eine 1 addiert. Für diese Komplementbildung wird aber die Steuerung des Gerätes außerordentlich kompliziert. Man verwendet daher bei Rechenautomaten statt des Komplementes zweckmäßig die invertierte Zahl, bei der jede 1 in eine 0 und jede 0 in eine 1 überführt ist und rechnet mit dieser wie mit einem normalen Komplement. Der dabei entstehende Fehler wird dadurch kompensiert, daß der in der höchsten Stelle entstehende Übertrag, der die Fassungskraft der Maschine überschreitet und daher verlorengehen würde, zu der letzten Stelle des Ergebnisses hinzugeschlagen wird (end arround carry). Es sei das an einigen Beispielen in dezimaler Schreibweise erläutert. Um $0{,}5374 - 0{,}2344$ zu bilden, rechnet man $0{,}5374 + 9{,}7655 = 10{,}3029$ und schlägt die links stehende 1 zur niedrigsten Stelle hinzu, so daß man 0,3030 erhält. Soll man $0{,}2344 - 0{,}5374$ berechnen, bildet man $0{,}2344 + 9{,}4625 = 9{,}6969$. Die invertierte Zahl dazu ist 0,3030. Oder endlich statt $-0{,}2344 - 0{,}5374$ zu bilden, rechnet man $9{,}7655 + 9{,}4655 = 19{,}2280$. Die links überschießende 1 addiert man zur letzten Stelle und erhält 9,2281. Invertiert gibt das 0,7718. Schaltungsmäßig läßt sich das leicht realisieren. Bei parallel arbeitenden Maschinen wird einfach der Übertrag der höchsten Stelle nochmals bei der niedrigsten eingeführt. Bei Serienmaschinen muß die Summe unmittelbar nach der eigentlichen Addition nochmals durch das Addierwerk geschickt und dabei der Übertrag links der letzten Stelle rechts hinzugefügt werden. Die außer diesem end arround carry nötigen Invertierungen lassen sich schaltungstechnisch leicht ausführen. Man braucht z. B. nur eine Röhre mit zwei Eingängen und einem Ausgang. In der einen Zuleitung kommen regelmäßig Impulse an. In die zweite wird die zu invertierende Zahl gesandt. Kommt hier ein Impuls an, so wird der Durchgang durch die Röhre gesperrt; kommt kein Impuls an, geht der auf der ersten Zuleitung ankommende hindurch.

3. Für ein *Multipliziergerät* braucht man folgende Schaltung, deren Schema Abb. 52 gibt. Eine in X ankommende Zahl (nicht Ziffer) wird zunächst durch den Addiator gehen und wird, nachdem sie in W entsprechend ihrer Stellenzahl verzögert ist, wieder in den Addiator gegeben und zu der nächsten in X ankommenden Zahl addiert. Die Summe geht wieder durch W und wird wieder zu der dann in X ankommenden Zahl addiert usw. Kommt in X immer die gleiche Zahl an, so wird diese so oft zu sich selbst addiert, wie sie in X einläuft.

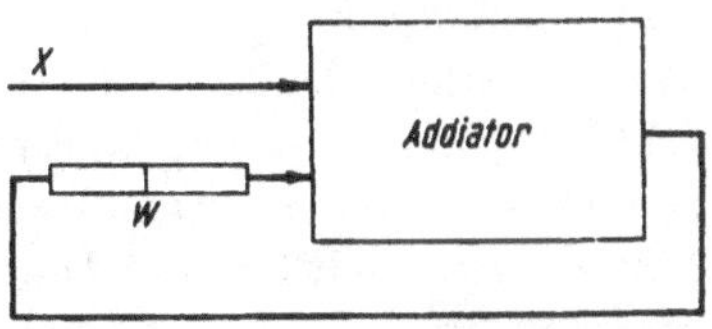

Abb. 52 Addiervorrichtung

Zur Multiplikation muß man aber erreichen, daß der Multiplikand jedesmal um eine Stelle später ankommt und daß er nur dann addiert wird, wenn im Multiplikator eine 1 steht. Das Ergebnis kann so viel Stellen haben, wie die beiden Faktoren zusammen. Daher müssen die Verzögerungsvorrichtungen in einer Multiplikationsvorrichtung die doppelte Stellenzahl der Faktoren haben. Das Arbeiten der Multiplikationsvorrichtung sei am Beispiel der Multiplikation zweier fünfstelligen Dualzahlen, des Multiplikanden $abcde$ und des Multiplikators $\alpha\beta\gamma\delta\varepsilon$ erklärt (Tafel II). Ersterer läuft in dem Kreise AB mit der zehnstelligen

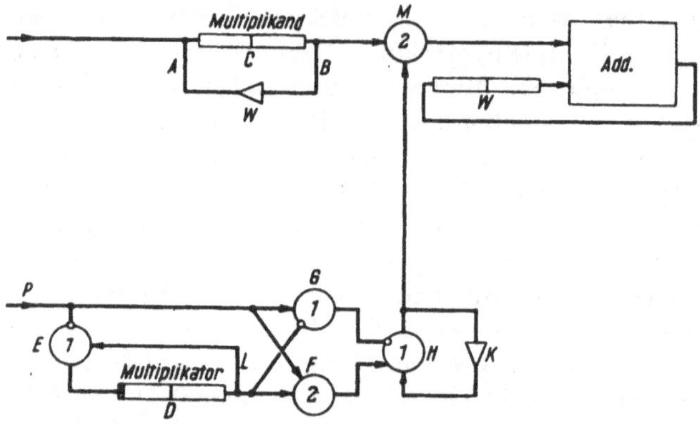

Abb. 53 Multipliziergerät

Verzögerungsstrecke C um und wird dabei bei jedem Umlauf durch W um eine Zeiteinheit verzögert, letzterer läuft durch die Verzögerungsstrecke D, die um eine Stelle weniger hat als die Verzögerungsstrecke C (Abb. 53). Der Impuls P kommt in Abständen von 10 Zeiteinheiten an, etwa in den Zeiteinheiten 1, 11, 21, 31 usw. Im Zeitmoment 1 läuft die niedrigste Stelle sowohl des Multiplikanden, als des Multiplikators gerade aus ihrer Verzögerungsstrecke D bzw. C heraus. Gleichzeitig kommt der Impuls P an, sperrt E und erreicht F und G. Ist nun die letzte Ziffer des Multiplikators eine 1, so treffen in F zwei Impulse zusammen. Der infolgedessen von F abgegebene Impuls läuft in HK um und gibt in jedem Zeitmoment einen Impuls an M ab. G bleibt durch die aus D austretende 1 gesperrt. M wird von den Impulsen des Multiplikanden getroffen, die dann durch M hindurchgehen und in der Additionsvorrichtung umlaufen. War die erste Ziffer des Multiplikators eine Null, so bleibt M gesperrt. Die erste Ziffer des Multiplikators wird sofort in E gelöscht, während die weiteren im Kreis EL umlaufen. Der in der elften Zeiteinheit ankommende Impuls P löscht den in HK umlaufenden Impuls, wenn die gleichzeitig aus dem Multiplikator laufende Stelle eine Null ist, und der Vorgang geht mit der zweiten Ziffer des Multiplikators in der gleichen Weise weiter. Dabei sind aber alle Stellen des Multiplikanden durch die eine fehlende Stelle der Verzögerungsstrecke D um eine Stelle verschoben, so daß die in den Addiator neu eintretende Zahl mit einer Stelle Verschiebung zu der alten hinzuaddiert wird usw. Die Lage der einzelnen Ziffern in den Verzögerungsstrecken und in der Addiervorrichtung zeigt in den einzelnen Zeitmomenten Tafel II.

Im Addiator sind die besetzten Stellen durch einen Strich markiert. Die Buchstaben geben die Stellung der einzelnen Ziffern in den Verzögerungsstrecken in den aufeinanderfolgenden Zeitmomenten an. Der Vorgang ist beendet, wenn der Multiplikator vollständig gelöscht ist. Das Produkt läuft im Addiergerät um und kann dort jeder Zeit entnommen werden. Die Multiplikation zweier n-stelligen

<table>
<tr><th colspan="2">Impuls</th><th colspan="3">Multiplikand</th><th colspan="2">Multiplikator</th><th colspan="2">Produkt</th></tr>
<tr><td>P_1'</td><td>1</td><td>.</td><td>. . . . .</td><td>a b c d e</td><td>. . . .</td><td>α β γ δ ε</td><td>. . . . .</td><td>. . . . .</td></tr>
<tr><td></td><td>2</td><td>e</td><td>. . . . .</td><td>. a b c d</td><td>. . . .</td><td>. α β γ δ</td><td>A . . . .</td><td>. . . . .</td></tr>
<tr><td></td><td>3</td><td>d</td><td>e . . . .</td><td>. . a b c</td><td>δ . . .</td><td>. . α β γ</td><td>| A . . .</td><td>. . . . .</td></tr>
<tr><td>P_1'</td><td>11</td><td>.</td><td>. . . . a</td><td>b c d e .</td><td>. . . .</td><td>. α β γ δ</td><td>. . . . .</td><td>| | | | A</td></tr>
<tr><td></td><td>12</td><td>.</td><td>. . . . .</td><td>a b c d e</td><td>. . . .</td><td>. . α β γ</td><td>A . . . .</td><td>. | | | |</td></tr>
<tr><td></td><td>13</td><td>e</td><td>. . . . .</td><td>. a b c d</td><td>γ . . .</td><td>. . . α β</td><td>| A . . .</td><td>. . | | |</td></tr>
<tr><td>P_1'</td><td>21</td><td>.</td><td>. . . a b</td><td>c d e . .</td><td>. . . .</td><td>. . α β γ</td><td>. . . . |</td><td>| | | | A</td></tr>
<tr><td></td><td>22</td><td>.</td><td>. . . . a</td><td>b c d e .</td><td>. . . .</td><td>. . . α β</td><td>A . . . .</td><td>| | | | |</td></tr>
<tr><td>P_1'</td><td>31</td><td>.</td><td>. . a b c</td><td>d e . . .</td><td>. . . .</td><td>. . . α β</td><td>. . . | |</td><td>| | | | A</td></tr>
<tr><td>P_1'</td><td>41</td><td>.</td><td>. a b c d</td><td>e . . . .</td><td>. . . .</td><td>. . . . α</td><td>. . | | |</td><td>| | | | A</td></tr>
<tr><td>P_1'</td><td>51</td><td>.</td><td>a b c d e</td><td>. . . . .</td><td>. . . .</td><td>. . . . .</td><td>. | | | |</td><td>| | | | A</td></tr>
</table>

Tafel II Multiplikationsvorgang

Zahlen erfordert bei dieser einfachen Anordnung $2\,n^2$ Zeiteinheiten. Neuerdings benutzt man Multiplikatoren, deren Verzögerungsstrecken gleich der Stellenzahl der Faktoren sind, die daher schneller arbeiten.

Ähnlich wie die Multiplikation durch wiederholte Addition wird die Division durch wiederholte Subtraktion ausgeführt. Sie soll hier nicht beschrieben werden.

F. Speichervorrichtungen

1. Mechanische Speicherung

Die Speicherung der Zahlen und Rechenanordnungen erfolgt im allgemeinen elektrisch oder elektromagnetisch. Nur der Rechenautomat von *Zuse* hat einen mechanischen Speicher. Eine solche mechanische Speicherung kommt nur für nicht sehr schnell arbeitende Relaismaschinen in Frage. Sie hat sich aber als sehr zuverlässig erwiesen. Abb. 54 zeigt den Speicher der Maschine Z 4. Die eigentliche Speichervorrichtung, die aus in Schlitzen verschiebbaren zylindrischen Stiften besteht, befindet sich in *Sp*. Die Organe für die Speicherung und die Ablesung gespeicherter Zahlen liegen in *Sp St*. *ZW* sind die Zellenwähler zur Auswahl der Zelle in der gespeichert oder abgelesen werden soll und *NW* ist eine Nockenwelle, die die mechanische Bewegung der einzelnen Teile bewirkt. Sie wird vom Antriebsmotor des Impulsgebers phasenrichtig angetrieben. Der jetzige Speicher hat 64 Zellen, doch kann deren Zahl auf 1024 erhöht werden.

Abb. 54. Mechanischer Speicher der Maschine Z 4 von *Zuse*

2. Der ENIAC

Die Speicheranlage des ENIAC, die 20 zehnstellige Dezimalzahlen aufnehmen kann, ist recht umfangreich. Das Grundelement dieser Speicher ist der Kippschalter (Flip-Flop), d. h. ein Triodenpaar, von dem immer nur eine Röhre Strom führt. (Genauere Beschreibung sowohl bei Benutzung von Trioden als auch Pentoden findet man z. B. bei *Peuteman* [577].) Je nachdem, welche der Röhren Strom führt, ist der Flip-Flop im normalen oder anormalen Zustand. Der abgegebene Impuls ist im ersten Zustand positiv, im zweiten negativ. Ein Impuls durch eine der Zuleitungen versetzt den Kippschalter aus dem normalen in den anormalen Zustand, in dem er bleibt, bis ein neuer Impuls ihn wieder in den Normalzustand zurückversetzt. Diese Impulse werden dem Gitter der Röhren zugeführt. Bekommt dieses eine gegen die Kathode positive Spannung, fließt in der Röhre ein Strom, bei negativer nicht. Zehn solcher Grundelemente, die den Ziffern 0 bis 9 entsprechen, sind zu einem Ring zusammengeschaltet und bilden einen Dekadenzähler. Jeder Speicher enthält 10 Dekadenzähler, für jede Stelle der zu speichernden Zahl einen. Dazu kommt noch ein elfter, der sog. *PM*-Zähler für das Vorzeichen. Er besteht nur aus zwei Röhren. Nur ein Element jeden Dekadenzählers kann angeregt sein, nämlich das, welches der an dieser Stelle gespeicherten Ziffer entspricht. Die Schaltung ist so, daß ein einzelner Impuls bewirkt, daß dieses Element wieder in den Normalzustand zurückkehrt und das der nächsthöheren Ziffer entsprechende angeregt wird. Springt die Erregung von 9 zu 0 über, wird ein Impuls zum nächsten Dekadenzähler links gesandt. So wird eine Zehnerübertragung ausgeführt. In diesem Dekadenzähler springt dann also die Erregung um eine Einheit weiter. Auch der letzte Ring links sendet solche Impulse dem *PM*-Zähler zu. Dadurch kann jede Addition und Subtraktion, diese durch Addition des Komplementes ausgeführt werden. Jeder Flip-Flop ist mit einer Neonlampe verbunden, die aufleuchtet, wenn er nicht im Normalzustand ist. Dieses Aufflackern geschieht allerdings während des Rechenvorganges so schnell, daß man es nicht mit dem Auge verfolgen kann, ermöglicht aber bei Abstoppen der Maschine, die Speichereinstellungen zu kontrollieren. Nach dem Druck auf einen Knopf wird vom Impulsgenerator nur noch eine eine Additionszeit wirkende Impulsgruppe ausgesandt. Die gespeicherten Zahlen können dann an der Vorderseite des Rahmens abgelesen werden. So kann der Rechenprozeß jederzeit kontrolliert, und etwa vorhandene Fehler können aufgesucht werden.

Normalerweise bewahrt jeder Speicher die Zahl, die bei der letzten Rechenoperation, an der er beteiligt war, von ihm aufgenommen wurde oder die von Beginn der Rechnung an in ihm gespeichert war. Sobald in anderen Einheiten eine neue Operation beginnt, in die diese Zahl eingeht, kann er durch einen von einer Leitung eines Operationskabels ausgehende Impuls zur Abgabe dieser Zahl oder ihres Komplementes oder beider mit oder ohne Löschung bereit gemacht werden und dann weiter auf einen von der cycling unit ausgesandten Impuls zur Abgabe an die Leitungen eines Zahlenkabels zur entsprechenden Zeit veranlaßt werden. Jeder Speicher hat 5 Zuleitungen und 2 Ableitungen; die eine für die Zahl selbst, die andere für ihr Komplement. Bei der Übertragung kann ein sog. „shifter" eingeschaltet werden, der bewirkt, daß das 10-fache der Zahl übertragen wird, wo r eine positive oder negative kleine ganze Zahl ist. Besondere Vorrichtungen ermöglichen, daß die Zahl bis zu neunmal hintereinander abgegeben wird. So kann man Multiplikationen mit einer einziffrigen Zahl ausführen. Die Speicher dienen hier gleichzeitig der Durchführung der Rechnung.

3. Selectron

Die einzelnen Speicher der ENIAC sind recht umfangreich. Sie würden zwar etwas weniger groß sein, wenn man die Zahlen im Dualsystem verwendete. Um aber wesentlich an Raum zu sparen, hat man andere Speichervorrichtungen entwickelt, die auch mit einer Geschwindigkeit arbeiten, die der Rechengeschwindigkeit der Maschine entspricht und nicht wie die Lochung wesentlich längere Zeit erfordern. Man benutzt dafür z. B. Elektronenröhren wie das „Selectron“, eine etwa 20 cm lange Röhre von 12 cm Durchmesser, die etwa 50 Zuleitungen hat [597]. Sie eignet sich für Parallelbetrieb, kann einige tausend Signale speichern und braucht für die Aufnahme oder Abgabe eines solchen Signales etwa 30 Mikrosekunden. Man verwendet hier die Zahlen im Dualsystem. Die Röhre zeichnet die Signale in Form elektrostatischer Ladungen auf kleine Stellen der Oberfläche eines Isolators auf. Die Kathode wird von der als koachsialer Hohlzylinder geformten Isolatorfläche so umgeben, daß diese überall gleichmäßig mit Elektronen bombardiert werden kann. Zwischen Elektrode und Speicherfläche liegen zwei zueinander orthogonale Systeme von gegeneinander isolierten, parallelen Metallstäben, die einzeln positiv oder negativ aufgeladen werden können und so den Durchfluß der Elektronen zulassen oder hemmen. Durchgelassen werden die Elektronen nur in einem einzigen der von diesen Stäben gebildeten Fensterchen und zwar nur in einem solchen, dessen sämtliche vier einrahmenden Stäbe positive Spannungen haben. Die Steuerung der Spannungen geschieht in den zu Gruppen zusammengeschalteten Stäben mittels der oben erwähnten 50 Zuleitungen so, daß das jeweils nur bei einem Fensterchen der Fall ist. Zwischen dem Stabsystem und dem Isolator liegt noch ein netzförmiger Kollektor. Weiter befindet sich an der Rückseite der Isolierschicht eine Metallplatte, die Kapazitätsplatte. Diese Einrichtung bewirkt nun, daß jeder ankommende Impuls auf einem kleinen Stückchen des Isolators durch elektrostatische Aufladung dieser Stelle aufgezeichnet wird. Diese Aufladung geschieht durch das Elektronenbündel, das durch das von dem betreffenden Impuls bestimmte Fensterchen des Gitterwerkes hindurchgeht, und zwar wird die Stelle entweder auf das Potential der Kathode oder auf das des Gitters aufgeladen. Das wird dadurch erreicht, daß gleichzeitig mit dem Elektronenstrahl ein positiver oder negativer Stromstoß in die Kapazitätsplatte gesandt wird. In ähnlicher Weise kann das durch die Aufladung bestimmte Signal später wieder von der betreffenden Stelle entnommen werden. Diese Entnahme beeinflußt die Speicherung nicht, so daß beliebig oft abgelesen werden kann. Am besten wird für die Speicher eine Reihe von Selectronen in Parallelschaltung benutzt. Es ist von *v. Neumann* geplant, sie bei dem im Bau befindlichen Princeton electronic computer [76] zu verwenden. Allerdings hat sich herausgestellt, daß die einzelne Röhre, um brauchbar zu sein, nur 256 Ziffern speichern kann.

4. Kathodenstrahlröhren als Speicher

Um einen Begriff davon zu geben, wie derartige Speicherungen von Zahlen oder Rechenanweisungen durch Ladungsverteilung auf der Oberfläche eines Isolators möglich sind, wie ihre Eintragung, Ablesung, Erneuerung oder Löschung erfolgt, sei hier kurz auf die Versuche von *Williams* und *Kilburn* [820, 821] eingegangen, die diese mit einer normalen Fernseh-Kathodenstrahlröhre gemacht haben. Abnahme oder Eintragung der Speicheraufzeichnungen erfolgt so, daß die einzelnen Stellen einer Zahl hintereinander auf einer einzigen Leitung weitergegeben werden, daß man also in Serie arbeitet. Bei den erwähnten Versuchen hatte jede Dualzahl 32 Stellen, ebenso wie jede Rechenanweisung. Sie wurde in einer Zeile auf dem Schirm der Röhre aufgezeichnet. Jede Stelle erforderte etwa den Raum von 6 mm², so daß 32 Zahlen auf einen Raum von 10 · 6,4 cm² bzw. 64 auf 11 · 14 cm² gespeichert werden konnten. Auf das Äußere der Röhre, dem Schirm gegenüber, war eine Abnahmeplatte gebracht, die aus einer auf das Glas aufgebrachten Metallfolie bestand. Jedes Flächenstückchen des Schirmes war so kapazitiv in einen Stromkreis mit Verstärker eingeschaltet, daß Änderungen der Ladung jedes Stückchens der Schirmfläche durch Stromstöße in diesem Kreis festgestellt werden konnten. Der Verstärker gab ein Volt Spannung für einen Strom von ein Hundertstel Mikroampere. Bei der ganzen Anordnung kommt es nicht auf absolute, sondern auf relative Änderungen der Ladung der einzelnen Schirmstellen an. Um eine Null zu speichern wird der Elektronenstrahl kurze Zeit auf einen Punkt des Schirmes gerichtet. Dadurch entsteht auf dem Schirm durch Emission von Sekundärelektronen eine positive Ladung mit negativem Wall. Um eine Eins zu speichern, verfährt man zunächst wie oben, richtet aber kurz danach den Strahl auf einen benachbarten Punkt. Dadurch wird die durch die erste Bestrahlung hervorgerufene positive teilweise Ladung abgebaut.

Eine besondere Schaltvorrichtung sorgt dafür, daß der Kathodenstrahl nacheinander in schneller Folge die einzelnen Zeilen überstreicht. Die Überstreichung einer Zeile dauert 272 μsec, die Rückwanderung, bei der der Elektronenstrahl ausgeschaltet ist, 34 μsec. Dieses Überstreichen dient dem Ablesen und gleichzeitig der Regeneration der Aufzeichnung. Dabei entstehen positive oder negative Stromstöße im äußeren Stromkreis, je nachdem eine gespeicherte Null oder Eins überstrichen wird. Die Anordnung ist so, daß die einzelnen Zeilen nacheinander von oben nach unten abgetastet werden, daß aber jedesmal zwischen zwei Zeilen die Zeile bestrichen wird, in der eine Ablesung erfolgt. Da die Speicherkapazität einer Röhre nicht ausreicht, können mehrere Röhren nebeneinander betrieben werden, die synchron abgetastet werden. Aber nur in der Röhre, in der eine Aufzeichnung abgelesen werden soll, erfolgt die erwähnte Abtastung der betreffenden Zeile jedesmal zwischen der Bestreichung zweier aufeinanderfolgender. Die Arbeitsweise anderer solcher Röhren, wie z. B. der Memory Tube von *Haeff*, ist ähnlich [246]. Diese Art der Speicherung wird in der in Manchester gebauten Maschine verwendet. Eine ähnliche Art der Speicherung hat *Forrester* an einer der v. Neumannschen gleichartigen Maschine am Massachusetts Inst. of Technology vorgesehen [76. 867].

5. Magnetostatischer Speicher

In diesem Speicher wird der remanente Magnetismus eines Spulenkernes K zur Speicherung ausgenutzt. Über eine Aufsprechspule H_1 (Abb. 54a links) wird der Kern bis zur Sättigung in einer Richtung magnetisiert. Da für ihn ein Eisen mit fast rechteckiger Hysteresisschleife gewählt wird, sind Sättigungswert und Remanenz fast gleich groß. Um die gespeicherte Magnetisierungsrichtung festzustellen, d. h. die gespeicherte Zahl abzulesen, wird über die Spule H_2 ein Abfrageimpuls zugeleitet. Ist das zu diesem gehörende Magnetfeld dem remanenten

Magnetismus entgegengerichtet, kommt es zu einer vollständigen Ummagnetisierung und es entsteht an der Abhörspule H_3 ein starker Impulsstoß. Stimmen dagegen die Magnetisierungseinrichtungen überein, wird in H_3 eine geringe Spannung induziert. Durch dieses Abfragen geht im ersten Fall der gespeicherte

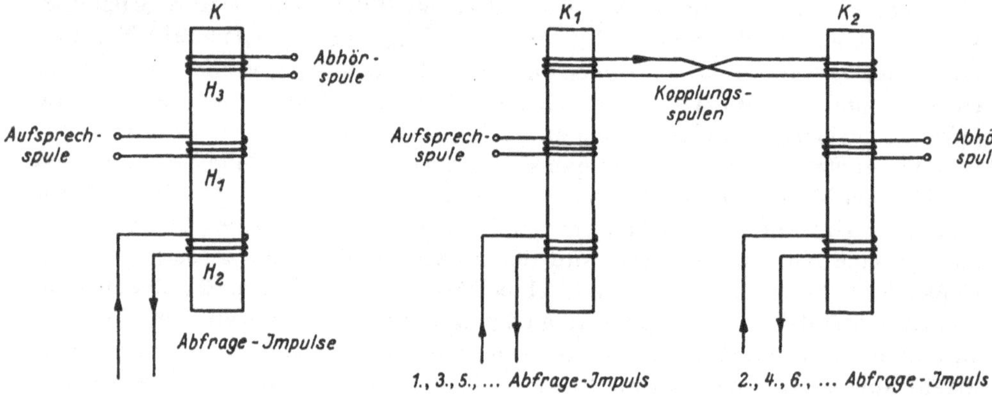

Abb. 54a Magnetostatische Speicherung

Magnetismus, d. h. die Zahl verloren. Man arbeitet daher zweckmäßig mit einer Gegentaktschaltung (Abb. 54a rechts), bei der links die 1., 3., 5., . . ., rechts die 2., 4., 6., . . . Abfrage erfolgt. Wechselt beim Abfragen die Magnetisierung in einem der Kerne von 1 auf 0, läuft in dem anderen infolge des in den Kopplungsspulen entstehenden Stromstoßes die Magnetisierung automatisch von 0 auf 1 und kann beim nächsten Mal dort abgefragt werden. Diese Art der Speicherung ist bis zu etwa 40 Kilohertz anwendbar. Sie bewährt sich besonders bei schnell arbeitenden Zwischenspeichern. Der Aufwand ist relativ klein. Der Durchmesser der dabei benutzten Ringspulen ist kleiner als 20 mm [861, 862].

6. Glimmlampenspeicher

Im Institut Blaise Pascal in Paris wurden erfolgreiche Versuche mit einem Glimmlampenspeicher gemacht. Jede der zu speichernden Ziffern wird einer Neon-Gasdiode zugeordnet, die an einem Potential etwas unter der Zündspannung liegt. Ein geeigneter Impuls kann die Diode zünden und damit eine Ziffer speichern. Die Lämpchen sind in Zeilen, die jeweils einer Zahl entsprechen, untereinander angeordnet. Jede Diode ist dabei mit zwei Steuerröhren gekoppelt. Die erste besorgt die Auswahl (Anruf) eines der Zahlenspeicher und bedient daher eine Glimmlampenzeile, die andere ist den jeweils gleichen Ziffernstellen von etwa 20 Zahlen zugeordnet und bewirkt die eigentliche Ziffereingabe. Dieser Glimmlampenspeicher soll ähnlich wie der vorher beschriebene magnetostatische Speicher als Schnell- und Zwischenspeicher eingesetzt werden.

7. Der Ultraschallwellenspeicher

Ein anderes Prinzip als die oben beschriebenen statischen Speichervorrichtungen benutzen die dynamischen Speicher, die die Zahl in ihrer Dualform als eine Reihe aufeinanderfolgender Impulse darstellen. Zu diesen gehört z. B. der in England entwickelte *Ultraschallwellenspeicher* [280]. Z. B. kann der EDSAC 1024 sechzehnstellige Dualzahlen so speichern. Zur Durchführung dieser Art der Speicherung zerlegt man die Zeit in kurze Abschnitte der Länge Δt. Wird in einem solchen Abschnitt ein Impuls gegeben, so hat man die Ziffer eins, kein Impuls entspricht der Null. Dem Nebeneinander der Ziffern entspricht hier die zeitliche Aufeinanderfolge der Impulse ebenso wie bei der ersten Art der elektrischen Speicherung. Die Zahl wird also zunächst in eine Folge elektrischer Impulse verwandelt, die über die Weiche W auf einen Schwingquarz Q_1 übertragen werden (Abb. 55), der die Impulse in einen Schallwellenzug umwandelt. Dieser läuft mit Schallwellengeschwindigkeit durch eine mit Quecksilber gefüllte Röhre R, an derem einen Ende sich der Schwingkristall Q_1 als Geber befindet. Am anderen Ende der Röhre befindet sich ein zweiter Quarz, der die ankommenden Schallwellen wieder in elektrische Impulse umwandelt, die dann über einen Verstärker V wieder an den Geber zurückgehen bzw. über die Weiche W abgegeben werden. Die Zahl läuft so als Impulsfolge dauernd in diesem Kreis herum. In einem solchen Kreis können je nach Länge der Röhre 1 bis 32 dreißigstellige Dualzahlen gespeichert werden, und zwar fordern 500 Impulse etwa eine Röhrenlänge von 70 cm. Eine besondere Vorrichtung verhindert die Deformation der einzelnen Impulse [65].

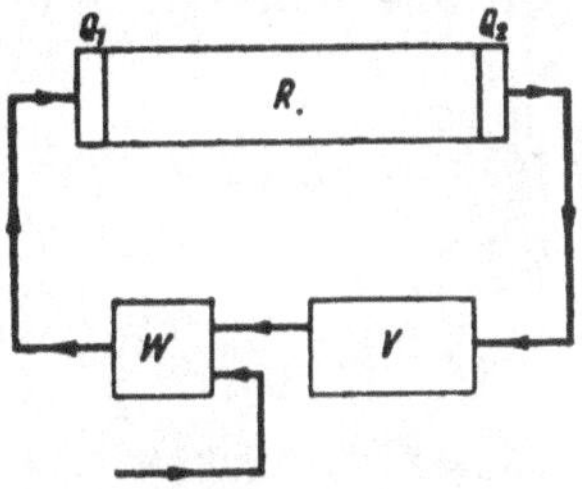

Abb. 55
Ultraschallwellenspeicher

Der Nachteil einer solchen dynamischen Speicherung besteht darin, daß die Zahlen nicht wie bei der statischen Speicherung jederzeit zur Verfügung stehen und daß die Speicherung erlischt, wenn der Strom unterbrochen wird. In dem englischen Schallwellenspeicher läuft die Zahl in etwa 10^{-3} sek einmal herum und kann also alle tausendstel Sekunde entnommen werden.

8. Magnetophonspeicher

Nach ähnlichem Prinzip arbeitet ein im Ausland, oft als Außenspeicher, und auch in Deutschland entwickelter *Magnetophonspeicher* [65, 116], bei dem die Zahl als Folge magnetischer Störungen mittels Elektromagneten in auf die Außenseite eines Aluminiumzylinders aufgestreutes Magnetpulver fixiert wird. Statt dessen wird der Zylinder vielfach galvanisch mit einer Nickelschicht versehen. Bei der ersten Göttinger Versuchsanlage rotierte dieser Zylinder von etwa 15 cm Durchmesser mit etwa 100 Umdrehungen in der Sekunde. Von jedem der Speichermagneten, von denen 16 in 1 cm Abstand nebeneinander längs der Walze angeordnet waren, konnten auf dem Trommelumfang 12 zwanzigstellige Dualzahlen aufgezeichnet werden (Abb. 56). Die einzelnen Ziffernimpulse waren also um $1^1/_2{}^\circ$ Trommelumfang voneinander entfernt. Die Abnahme erfolgte mit dem gleichen Speichermagneten. Im ganzen konnten so bei dieser Versuchsausführung 192 zwanzigstellige Dualzahlen gespeichert werden. Zur Zeit werden pro Zentimeter Trommel-

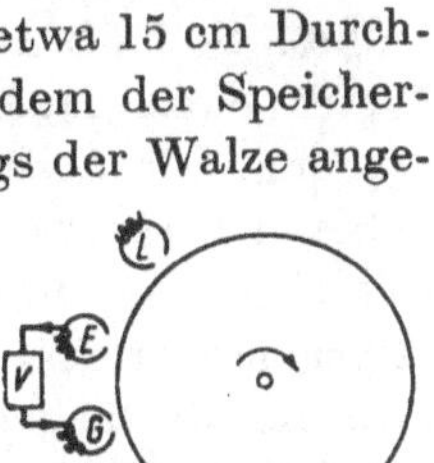

Abb. 56
Magnetophonspeicher

umfang 30 Signale gespeichert. Jede Zahl steht infolge der Umdrehungszeit der Trommel alle hundertstel Sekunde zur Verfügung. Falls zwei dieser gespeicherten Zahlen für eine Rechnung, z. B. eine Addition, gebraucht werden, so können sie im allgemeinen nicht gleichzeitig aus dem Speicherwerk entnommen werden, da sie meist an verschiedenen Stellen des Walzenumfanges stehen werden. Sie werden daher für die Rechnung auf ein besonderes Werk, hier das Summandenwerk, gegeben. Dieses besteht aus einem Gebemagneten G (Abb. 56), der ebenso wie der Speichermagnet die Zahl in das Magnetpulver auf einer Umfangslinie der Speichertrommel einträgt. Auf dem gleichen Umfang im Abstand von 30° in Umlaufs-

Abb. 57. Magnetophonspeicher von Mark III

richtung, also der Speicherlänge einer Zahl, befindet sich ein als Empfänger wirkender Magnet E, der die Einzeichnung abnimmt, in Impulse umsetzt und über einen Verstärker V und einen Impulsformer dem ersten Magneten wieder zuführt. So läuft die Zahl in dem durch Geber, Empfänger und Verstärker gebildeten Kreis dauernd um und steht bei Beginn jeder gespeicherten Zahl zur Verfügung. Ein Löschmagnet L, der sich in einigem Abstand in der Umlaufsrichtung über der Walze befindet, beseitigt dann die Einzeichnung wieder, so daß die Trommel von dort ab wieder frei ist. Umfangreiche Versuche mit dieser Art der Speicherung sind neuerdings in den USA gemacht, und zwar für Parallelbetrieb, wo die 30 Dualziffern auf 30 nebeneinanderliegenden Umfangskreisen gespeichert sind. Über jedem Kreis im Abstand von etwa $^1/_{200}$ mm liegt ein Magnetkopf, der gleichzeitig zum Einzeichnen und zum Ablesen dient. Die Ziffern bleiben stehen, bis, wenn nötig, in einer Speicherstelle über die zu beseitigende eine neue

Ziffer geschrieben wird. Eine vorherige Löschung ist unnötig, wenn positive und negative Impulse verwandt werden. Die einzelnen Kreisumfänge haben etwa 3 mm Abstand. In Richtung des Umfanges werden für die Aufzeichnung einer Ziffer 0,3 mm gebraucht. Dabei können bis zu 9000 Ziffern auf einen Kreis aufgezeichnet werden. Die Art der Schaltung wird im einzelnen z. B. [116] beschrieben. Die Magnetophonspeicher von Mark III zeigt Abb. 57; nur in der Mitte links sind die Magnetophonköpfe aufgesetzt.

Die Entwicklung eines geeigneten Speichers ist keineswegs abgeschlossen. Sämtliche beschriebenen Anordnungen lassen noch Wünsche über, sei es bezüglich der Betriebssicherheit, der Ansprechzeit oder des Aufwandes. Daher findet man in der Literatur laufend neue Vorschläge. Hier sei nur auf den elektrochemischen Speicher von *Bowman* [639] und auf das Trochotron, eine mit einem Magnetfeld zur Bündelung der Elektronen arbeitende Spezialröhre von *Alfven* [180], hingewiesen. Wichtig ist bei allen Speicheranlagen, daß die Zeit, die erforderlich ist, eine Zahl oder Rechenanordnung aus dem Speicher zu entnehmen und in den Rechenmechanismus zu überführen, möglichst kurz ist. Denn diese Suchzeit bestimmt wesentlich die Rechengeschwindigkeit der Maschine.

G. Kontrollen

Die Schnellrechner sind nicht unbedingt gegen Rechenfehler gesichert. So gibt z. B. *Hofleit* an, daß sich bei normalen Rechnungen mit dem ENIAC 10% fehlerhafte Resultate [316] bei komplizierteren Rechnungen sogar beträchtlich mehr ergeben hätten. *v. Neumann* gibt an, daß die heutigen Maschinen im Mittel auf etwa 10^{12} Elementaroperationen einen Fehler machen [614]. Zur Sicherung gegen derartige Fehler der Maschine könnte man z. B. die Rechnung nach einer anderen Methode nochmals durchführen, oder man könnte besondere Maschinenteile einbauen, die Kontrollrechnungen während der Durchführung der eigentlichen Rechnung ausführen. Das erste macht sehr viel Mehrarbeit; bei letzterem erhöht sich die Zahl der Fehlermöglichkeiten infolge der größeren Zahl der jetzt beteiligten Einzelmechanismen.

Ein sehr interessantes Kontrollverfahren, dem ein ähnlicher Gedanke wie der Neunerprobe zugrunde liegt, benutzt der Raytheon-Rechenautomat [69]. Dieser speichert die Zahlen im Dualsystem, und zwar mit festem Dualpunkt bei Durchführung der Rechnung mit einer Genauigkeit von 35 Dualstellen, und zwar von 2^{-35} bis 2^{-1}. Zur Kontrolle werden die einzelnen Stellen mit Gewichten w_m multipliziert, die Potenzen von 2 sind, und zwar von links beginnend mit 1, 2, 4, 8, 16, 1, 2, 4, 8, 16, . . . Die Gewichte wiederholen sich also in Gruppen zu fünf, und in jeder Gruppe treten nacheinander die aufeinanderfolgenden Potenzen von 2 auf. Bildet man die Quersumme der Zahl mit gewogenen Ziffern, so erhält man die gleiche Zahl, die man erhalten würde, wenn man die Quersumme der ursprünglichen Zahl bilden würde, falls diese mit der Grundzahl 32 aufgezeichnet wäre. Wäre also die Summe der Ziffern jeder Gruppe der gewogenen Zahl y_m, so erhielte man für die Quersumme multipliziert mit 2^{-35}

$$x_i = \sum_{m=0}^{6} y_m \, 2^{-35} = \sum_{n=0}^{34} x_n \, w_n \, 2^{-35} .$$

Zieht man dies von der in Dualform aufgezeichneten Zahl

$$x = \sum_{x=0}^{34} x_n \, 2^{n-35} = \sum_{m=0}^{6} y_m \, 32^{m-7}$$

ab, so erhält man $x - x_i = 31 \cdot K \cdot 2^{-35}$, wo K eine ganze Zahl ist. Daraus folgt, daß die gewogenen Quersummen der berechneten Summen, Differenzen oder Produkte zweier Zahlen, gleich der Summe, dem Produkt usw. der gewogenen Quersumme modulo 31 ist. Die Maschine bildet von allen in die Rechnung eingehenden Zahlen die gewogenen Quersummen, und mit diesen werden die gleichen Rechnungen ausgeführt wie mit den Zahlen selbst.

Die Feststellung, daß die richtigen Ziffern dem Speicher entnommen sind, erfolgt bei dieser Maschine folgendermaßen: Jeder Zahl ist ein Kennzeichen (*tag*) zugeordnet. Ist eine Zahl aus dem Speicher ausgewählt, so sendet diese ihr Identifikationszeichen zurück. Von der Maschine wird nun dieses Zeichen mit dem Teil der Rechenanweisung verglichen, die den ursprünglichen Ausleseprozeß regelt. Bei Nichtübereinstimmung wird die falsche Wahl angezeigt. Andere Kontrollverfahren findet man z. B. in [639].

H. Programmgestaltung und Verschlüsselung [282]

Um eine Rechnung auf einem Rechenautomaten durchführen zu können, muß man diese zunächst in eine Folge von Grundoperationen zerlegen (Addition, Multiplikation, Übertragung, Auswahl der nächsten Operation usw.), die der Automat ausführen kann. Diese Aufbereitung kann bei jedem Automaten ungefähr in der gleichen Weise erfolgen, hängt natürlich in den Einzelheiten von den Operationen ab, die die benutzte Maschine ausführen kann. Sie wird z. B. eine andere sein bei Maschinen, die Vorrichtung zur Durchführung der Divisionen haben, wie bei solchen, die eine derartige Einrichtung nicht haben. Bei letzteren muß an der betreffenden Stelle in den allgemeinen Rechenplan ein Unterplan für die Division eingefügt werden. Bei älteren Maschinen, wie z. B. beim ENIAC, findet sich eine verschiedene Art der Speicherung für Zahlen und Rechenanordnungen. In den neueren Maschinen werden die Rechenanweisungen in derselben Art verschlüsselt und gespeichert wie die Zahlen. Nur ist ihre Verwendung natürlich verschieden. Die Rechenvorschriften gehen zwischen Befehlsspeicher und Kommandowerk, die Zahlen zwischen Zahlenspeicher und Rechenwerk hin und her. Die Einzelspeicher des Speicherwerkes haben Nummern n, die man als ,,Adresse" bezeichnet. Der Inhalt des betreffenden Speichers sei mit $C(n)$ bezeichnet. Die Befehlsspeicher werden normalerweise der Reihe nach abgearbeitet, doch kann auch ein Sprungbefehl gegeben werden, d. h. daß eine Reihe von Befehlen übersprungen bzw.

nochmal abgearbeitet werden soll. Auch bedingte Sprungbefehle gibt es, daß nämlich ein Rechnungsgang so oft wiederholt wird, bis eine bestimmte Genauigkeit erreicht ist, wie das im folgenden Abschnitt für das Radizieren geschildert wird. Durch diese vielseitigen Möglichkeiten ist die große Anpassungsfähigkeit der Maschine bedingt.

Nach der Aufbereitung der Rechnung ist die Verschlüsselung erforderlich, d. h. es müssen die Befehle in die Form gebracht werden, in der sie die Maschine aufnehmen kann. Man muß sie also in bestimmter Reihenfolge, z. B. in Form von

Abb. 58. Kommandogerät der Harvard Mark I Maschine

Lochanordnungen, in die in das Eingabewerk einzuführenden Lochstreifen einstanzen. Die Eingabe mittels Lochstreifen bei der Maschine Mark I zeigt Abb. 58. Einige Maschinen haben besondere Hilfsvorrichtungen für diese Verschlüsselung, z. B. zeigt Abb. 59 eine solche Hilfsvorrichtung für Mark III. Die Art der Verschlüsselung hängt von der Eigenart der Maschine ab, vor allem auch von der Art, wie bei der betreffenden Maschine der jeweils nachfolgende Befehl ausgewählt wird. Man unterscheidet dabei den „Einadressenbefehl" und den „Mehrmeist Vieradressenbefehl". Im letzten Fall muß der einzelne Befehl z. B. folgende Angaben enthalten:

1. Es ist $C(n_1)$ in das Rechenwerk zu übertragen, mit oder ohne Löschung von n_1.
2. Es ist $C(n_2)$ in das Rechenwerk zu übertragen und zu $C(n_1)$ zu addieren.

Abb. 59. Hilfsvorrichtung zur Verschlüsselung bei Mark III

3. Die Summe ist in den Speicher n_3 mit oder ohne Löschung des Rechenwerks zu übertragen und die dort stehende Zahl vorher zu löschen.
4. Die nächste Rechenoperation wird durch die in n_4 gespeicherte Vorschrift bestimmt.

Beim „Einadressenbefehl" muß ein Sammelwerk vorhanden sein. In diesem Fall entsprechen obigem „Vieradressenbefehl" eine Anzahl Einzelbefehle [282].

J. Rechenverfahren

Will man die Leistungsfähigkeit der Rechenautomaten voll ausnutzen, so muß man nicht nur einseitig die Arbeitsweise der Maschinen dem üblichen Rechnungsgang anpassen, sondern auch umgekehrt den Rechnungsgang der Arbeitsweise der Maschinen. Die bisherigen Methoden der praktischen Analysis sind auf die bis jetzt üblichen Rechenhilfsmittel, wie den Rechenschieber, die Rechenmaschine usw., zugeschnitten. Die Rechenautomaten werden eine Weiterentwicklung oder Umbildung der hierfür geschaffenen Rechenverfahren veranlassen. Da sich die Automaten, insbesondere die Schnellrechner, besonders zur Durchführung von Iterationsverfahren eignen, werden diese Methoden in der rechnenden Mathematik künftig eine noch größere Rolle spielen, als sie bisher schon spielten.

Man wird z. B. eine Quadratwurzel nicht nach der Töplerschen Methode, sondern durch Iteration berechnen. Für die Bestimmung der Quadratwurzel aus a

geht man von einem Näherungswert x_n aus; die daran anzubringende Korrektur sei Δ. Dann ist also

$$a = x_n^2 + 2\,x_n\,\Delta + \Delta^2 \sim x_n^2 + 2\,x_n\,\Delta\,,$$

da man Δ^2 als klein gegen die anderen Glieder vernachlässigen kann. Somit wird

$$\Delta \approx \frac{1}{2}\left(\frac{a}{x_n} - x_n\right) \quad \text{und damit} \quad x_{n+1} = \frac{1}{2}\left(x_n + \frac{a}{x_n}\right).$$

Man könnte mit a selbst als Näherung anfangen und so lange die Iteration durchführen, bis $x_{n+1} = x_n + \varepsilon$ wird, wo ε eine gegebene kleine Zahl ist. Dann müßte automatisch durch die Maschine die weitere Rechnung abgebrochen werden. Dieser Rechnungsgang wird etwa folgendermaßen verlaufen. Bezeichnet man die einzelnen Zahlenspeicher mit S_i, die Speicher für die Rechenanweisungen mit X_i, so hat man folgende Rechnungsfolge

	S_1	S_2	S_3	S_4	S_5	S_6
1. Schritt	a	$a = x_1$	a/x_1	$(a/x_1) + x_1$	$\frac{1}{2}\left(\frac{a}{x_1} + x_1\right) = x_2$	$x_1 - \frac{1}{2}\left(\frac{a}{x_1} + x_1\right)$
2. Schritt		x_2	a/x_2	$(a/x_2) + x_2$	$\frac{1}{2}\left(\frac{a}{x_2} + x_2\right) = x_3$	$x_2 - \frac{1}{2}\left(\frac{a}{2} + x_2\right)$

Ebenso wird man die Rechenanweisungen, die natürlich so verschlüsselt sind, daß sie in gleicher Weise wie die Zahlen aufgezeichnet werden können, in eine Reihe von Speichern X_i bringen

X_1	X_2	X_3	X_4	X_5
$S_1/S_2 \to S_3$	$S_3 + S_2 \to S_4$	$\frac{1}{2} S_4 \to S_5$	$S_2 - S_5 \to S_6$	$S_5 \to S_2$

Die Anweisung von X_1 veranlaßt z. B., daß die Zahl im Speicher S_1 durch die Zahl im Speicher S_2 dividiert wird und daß das Resultat in S_3 gespeichert wird usw. Ehe nun die Anweisung erfolgt, daß mit dem neuen Wert $x_2 = \frac{1}{2}\left(\frac{a}{x_1} + x_1\right)$ der Rechnungsgang wiederholt werden soll, muß die erreichte Näherung kontrolliert werden. Es folgt also die Anweisung X_4, weiter X_5, und nun greift der Diskriminator ein. Es folgt

X_6: Ist die Zahl des Speichers S_6 größer als ε, so wird die Anweisung $X_6 \to X_1$ gegeben, sonst $X_6 \to X_7$.

X_7: Schluß der Iteration oder Übergang zu einer neuen Rechnung. Ähnlich verlaufen komplizierte Rechnungen.

Die Entwicklung der Rechenautomaten ist bereits so weit fortgeschritten, daß man daran denken kann, den alten Leibnizschen Plan mehr oder weniger zu verwirklichen, eine Maschine zu bauen, die über das Zahlenrechnen hinaus der automatischen Lösung schematisch-kombinativer Probleme dient [840].

IV. ZEICHNUNG VON KURVEN UND MESSUNGEN AN KURVEN

In diesem Abschnitt sollen einige Instrumente besprochen werden, die zum Auftragen von Kurven dienen und mit denen man Messungen an vorliegenden Kurven ausführen kann.

A. Koordinatographen

Zum punktweisen Auftragen von Kurven wie zum Ausmessen der Koordinaten einzelner Punkte gezeichnet vorliegender Kurven dienen Koordinatographen. Es gibt sehr verschiedene Konstruktionen solcher Apparate sowohl für kartesische als auch für Polarkoordinaten. Sie werden insbesondere in der Katastervermessung benutzt, können aber unter anderem auch z. B. bei der Herstellung von Nomogrammen gute Dienste leisten. Von den verschiedenen Konstruktionen, die durchgehend befriedigend arbeiten, wenn man die Verzerrung des Zeichenpapieres infolge der Aufnahme von Feuchtigkeit berücksichtigt, sollen hier nur einige kurz behandelt werden. Sie benutzen alle in der einen oder anderen Form Kartiermaßstäbe.

1. Kartiermaßstäbe

sind Maßstäbe, die zum genauen Auftragen von Strecken dienen bzw. von Längen in vorgeschriebenem Maßstab. Die meisten dieser Maßstäbe bestehen aus einem Anlegelineal, an dem der eigentliche Maßstab verschoben wird. Abb. 60 zeigt

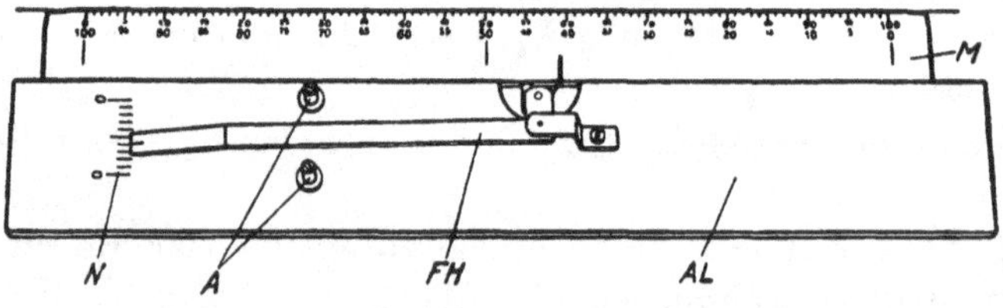

Abb. 60. Kartiermaßstab „Lasco“

einen solchen Maßstab „Lasco“, der einen besonderen Fühlhebel *FH* für die Feineinstellung hat [658, 796]. Soll z. B. die Auftragung oder Messung von links nach rechts geschehen, so wird der Fühlhebel an den unteren Anschlag *A* gelegt und der Teilungsnullpunkt mit dem Ausgangspunkt, die Linealkante mit der Auftragsrichtung zur Deckung gebracht. Dann werden die Bruchteile der Millimeter mit dem Fühlhebel eingestellt, wodurch der Maßstab an dem Anlegelineal entsprechend verschoben wird (Einstellungsgenauigkeit $^1/_{20}$ mm), und die Nadel in die der Zahl der ganzen Millimeter entsprechende Strichkerbe eingesetzt. Bei anderen Kartiermaßstäben, z. B. „Heico", wird die Verschiebung des Maßstabes gegen das Anlegelineal um die Millimeterbruchteile mit einem Nonius ausgemessen. Von einer anderen Feineinstellung wird bei dem Koordinatographen von *Coradi* zu reden sein (IV, A 2 c). Von Nutzen kann bei der Zeichnung gleichmäßiger Skalen ein kleines von *Hopfield* [319] beschriebenes Gerät sein. Es besteht aus einem Lineal mit Rasten in gleichem Abstand; an ihm gleitet ein Winkel einstellbarer Größe, dessen einer Schenkel eine Nase trägt, die sich in die Rasten legt, an dem anderen gleitet ein Lineal. Der Teilstrichabstand ändert sich mit der Neigung des zweiten Schenkels.

2. Koordinatographen für kartesische Koordinaten

a) Kartiergeräte

Für kartesische Koordinaten verwendet man zwei Kartiermaßstäbe, von denen der eine senkrecht zum anderen verschiebbar ist. Ein kleines Gerät dieser Art, „Purco", zeigt Abb. 61 [796, 806]. Es besteht aus einem Abszissenlineal mit Schieber und einem mit diesem festverbundenen Ordinatenlineal mit einem zweiten Schieber, der Punktiernadel oder Ableselupe trägt. Der Arbeitsbereich beträgt bei der kleineren Ausführung in Abszissenrichtung 12 cm, in Ordinatenrichtung $\pm$ 4 cm, bei der größeren 40 cm und $\pm$ 9 cm. Grob- und Feineinstellung der Schieber erfolgen mittels gerauhter Rolle. Die zur Einstellung dienende

Abb. 61. Kartiergerät von *Ott*

Plexi-Glasscheibe (rechts oben) ist mit einem Längs- und zwei Querstrichen in 20 cm Abstand versehen. Ein ähnliches Gerät, bei dem die Maßstäbe aus Aristophan hergestellt sind, baut die Firma *Dennert und Pape* [237].

b) Der Koordinatograph von Ott

Von einem größeren Koordinatographen „Frico“ zeigt Abb. 62 eine Teilaufnahme [796]. Dieses Gerät, mit dem man einen Bereich von 70×100 cm² bearbeiten kann, hat einen auf der Zeichenunterlage festklemmbaren eisernen Rahmen, der auf der Längsseite im Abstand von 20 cm Stahlstifte trägt, an die mittels Federn das Abszissenlineal angeklemmt werden kann, das quer über dem Rahmen liegt. Das Bild zeigt eine Rahmenecke und den linken Teil des Abszissenlineals.

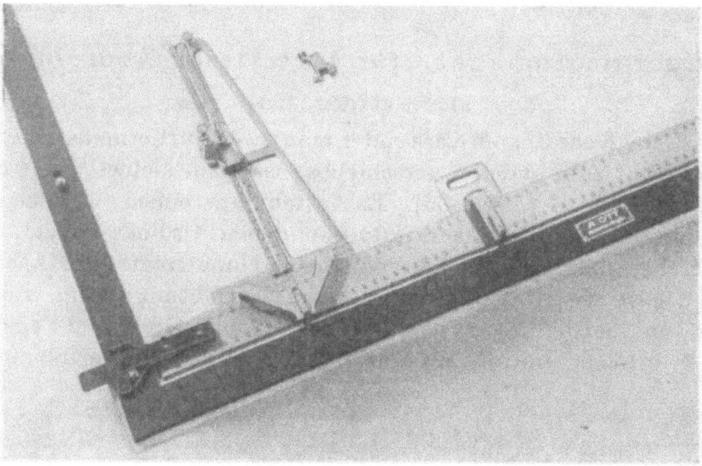

Abb. 62. Koordinatograph von *Ott*

Dieses liegt direkt auf dem Papier auf und trägt zwei Maßstäbe, die in entgegengesetzter Richtung beziffert sind. An ihm verschiebt sich das 200 mm lange Ordinatenlineal, das mittels zweier Nonien auf die richtige Abszisse eingestellt wird. Am Ordinatenlineal befindet sich ein ebenfalls mittels Nonius einstellbarer Läufer, der eine Punktiernadel mit für die gewünschte Stichtiefe einstellbarem Anschlag trägt. Sie dient zum Eintragen der Punkte und kann durch eine Lupe mit Kreismarke zum Ablesen der Koordinaten einzelner Punkte ersetzt werden. Um das Gerät auf ein vorhandenes Koordinatensystem einstellen zu können, ist ihm ein besonderer Ordinatenschieber beigegeben (Abb. 62 rechts). Dieser Apparat hat vor allem den Vorteil, daß der zu stechende Punkt und die Teilungen nahe beieinanderliegen.

c) Die Koordinatographen von Coradi

Bei den Koordinatographen von *Coradi* ruht auf zwei festen Schienen ein als Gitterträger ausgebildeter Ordinatenwagen. Er stützt sich auf zwei Führungsräder, die in einer Nut der einen Schiene laufen, und auf eine Rolle, die sich auf der anderen bewegt. Seine Bewegung erfolgt so, daß er stets senkrecht zur Verschiebungsrichtung ist. Seine genaue Lage kann durch Mikrometerwerk eingestellt werden. Die Führungsschiene trägt eine sehr feine Zahneinteilung, in die genau die Zähne eines kleinen Zahnrades passen, das sich mit dem Wagen bewegt. Dieses Zahnrädchen ist mit einer großen Meßtrommel verbunden, an der mit Lupe die Verschiebung des Wagens in $7^1/_2$facher Vergrößerung abgelesen werden kann. Auf dem Ordinatenwagen bewegt sich ein kleiner Abszissenwagen, der die gleiche Einstell- und Ablesevorrichtung hat. Er trägt drei Punktiernadeln im Abstand von 20 cm, in deren Hülsen auch Reißfedern zum Ziehen von Netzlinien eingesetzt werden können. Es werden Instrumente sehr verschiedener Größe gebaut. Der Arbeitsbereich der größten beträgt 150×135 cm. Nach *Spaeth* [701] ist selbst bei längerem Arbeiten und ungünstigen Feuchtigkeitsverhältnissen der Fehler des Punktauftrages innerhalb der Grenzen von 0,02 bis 0,03 mm zu halten. Ähnliche Apparate bauen *Dennert und Pape*. Der größte derselben hat einen Arbeitsbereich von 200×150 cm^2. Ferner sind kleine Geräte gebaut, bei denen statt der gleichmäßigen Skala logarithmische oder andere Funktionsskalen angebracht werden können.

Von sonstigen kartesischen Koordinatographen seien noch die von *Haag-Streit* [404], *Goos* [225] und *Zeiß* [385] erwähnt.

d) Das Reduzierkartiergerät

Wichtig ist es, bei derartig genauen Auftragungen wie auch bei Messungen an Kurven, insbesondere der Bestimmung von Flächeninhalten, die Änderung des Zeichenpapieres infolge der aus der Luft aufgenommenen Feuchtigkeit zu beachten [86, 87, 208, 259, 405, 661, 735, 770]. Je mehr Feuchtigkeit aufgenommen wird, desto stärker dehnt sich das Papier, und zwar kann diese Längenänderung in verschiedenen Richtungen verschieden sein. In diesem Falle muß man beachten, daß nur die Hauptdehnungsrichtungen aufeinander senkrecht bleiben, während sich die Winkel zwischen in anderen Richtungen verlaufenden Geraden ändern. Insbesondere muß auf die hygroskopischen Eigenschaften des Papieres Rücksicht genommen werden, wenn es sich etwa darum handelt, in vorhandene Zeichnungen oder Pläne neu ausgemessene Punkte einzutragen. Die gemessenen Koordinatenwerte müssen dann entsprechend der Papierdehnung vor der Eintragung reduziert werden. Um diese Umrechnung zu vermeiden, hat man Reduziergeräte mit drehbaren Maßstäben gebaut. Abb. 63 zeigt ein solches Gerät, „Barot", das einen Meßbereich von 20 cm für die Abszisse und $\pm$ 6 cm für die Ordinate hat [796]. Der linksliegende feste Rahmen trägt einen um den Zapfen oben drehbaren Maßstab, auf dem sich ein Kreuzschieber mit Nonius bewegt. Der Kreuzschieber bewirkt, daß die Verschiebung in eine ordinatenparallele Verschiebung des zweiten Rahmens verwandelt wird. Dieser zweite Rahmen gleitet mit zwei Rädern in einer y-parallelen Nut des ersten und stützt sich rechts auf eine Rolle. Er trägt ebenfalls einen um den Zapfen links drehbaren Maßstab mit einem Kreuzschieber, der eine Punktiervorrichtung oder eine Ableselupe in x-Richtung bewegt.

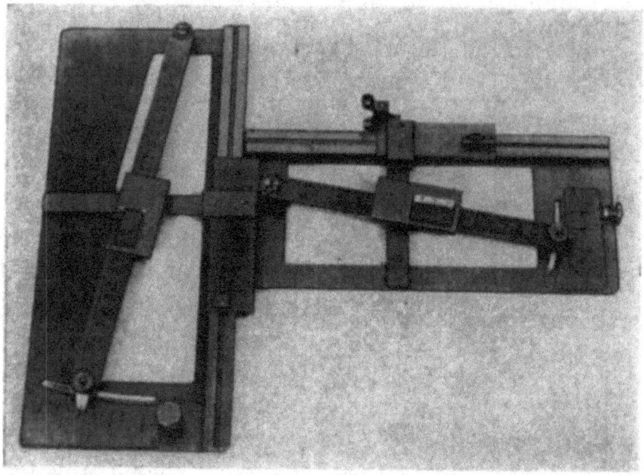

Abb. 63. Reduzierkartiergerät von *Ott*

Die Neigungen der Maßstäbe können entsprechend einer Papierdehnung von $-2\,\%$ bis $+1{,}5\,\%$ an einer Skala eingestellt werden, an der sich die Enden der Maßstäbe verschieben. Je stärker die Neigung ist, um so geringer ist die Abszissen- bzw. Ordinatenänderung bei gleicher Noniusverschiebung. Stehen die Maßstäbe auf $0\,\%$, ist die Verschiebung des Wagens bzw. der Lupe gleich der am Nonius abgelesenen Differenz in Millimeter. Sind die Dehnungen in verschiedenen Richtungen verschieden, so kann das Gerät allerdings nur zum Eintragen von Punkten benutzt werden, wenn die Hauptdehnungsrichtungen mit den Richtungen des vorliegenden Koordinatennetzes zusammenfallen.

3. Polarkoordinatographen

a) Polarkoordinatographen mit Teilkreis

Die meisten Polarkoordinatographen benutzen einen Teilkreis [60]. Bei der einfachsten Form, wie z. B. bei dem Tachygraphen *Fennel* [596], hat man nur einen nach Alt- oder Neugraden geteilten Halbkreis, um dessen Nullpunkt sich ein Schwenkarm mit Maßstab dreht. An diesem wird mittels Nonius der Radius eingestellt. Ähnlich sind andere Auftragskreise für tachymetrische Messung gebaut, z. B. der von *Hildebrand* mit 285 mm Teilungsdurchmesser [452]; für ihn beträgt der mittlere Lagefehler eines aufgetragenen Punktes etwa 0,065 mm. Eine größere Ausführung, den Polarkoordinatographen *Haag-Streit*, zeigt Abb. 64 [404, 774, 795]. Ähnlich ist der Apparat von *Coradi* gebaut [704]. Bei ihm dient der Teilkreis zunächst der provisorischen Einstellung. Die Feineinstellung des Winkels und der Distanz erfolgt mit dem oben (IV, A 2 c) beschriebenen Coradischen Meßrädchen, mit dem man Auftragungen mit einem mittleren Richtungsfehler von 1,4′ machen kann, während die Distanzmessung die oben angegebene Genauigkeit von 0,02 bis 0,03 mm hat. Der Apparat wird in verschiedenen Größen hergestellt. Bei dem größten können die Radien eine Länge bis zu 21 cm haben.

b) Der Polarkoordinatograph von Ott

Der Polarkoordinatograph von *Ott* mißt den Winkel mittels einer Meßrolle. Er besteht aus einem um einen festen Pol drehbaren Lineal von 30 cm oder bei der größeren Ausführung von 100 cm Länge, auf dem sich die Teilungen befinden, und dem einen festen Winkel mit dem Lineal bildenden Meßrollenarm. Dieser

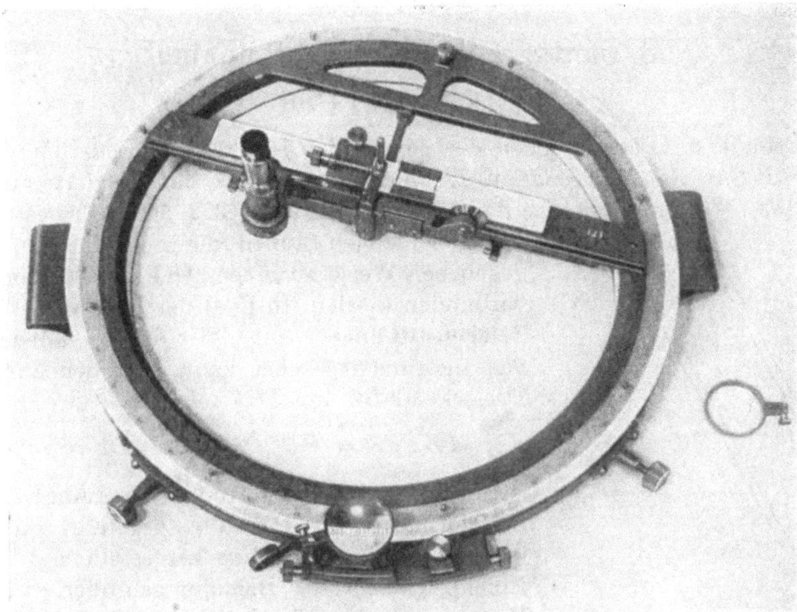

Abb. 64. Polarkoordinatograph *Haag-Streit*

trägt die nach Alt- oder Neugraden geteilte Meßrolle mit Nonius und Zählscheibe. Die Noniuseinheit beträgt 2′ bzw. 1′. Die Rolle hat eine besondere Einrichtung zur Einstellung auf die Ablesung Null. Die Entfernungen werden mit einem Schieber, der eine Einstellrolle und einen Nonius hat, eingestellt. Zur Übertragung der Punkte trägt der Schieber eine Punktiervorrichtung bzw. zum Ausmessen eine Lupe, die bis zu 4 mm an den Pol herangebracht werden kann. Der mittlere Fehler der Winkeleinstellung betrug nach *Werkmeister* [792], z. B. bei einmaliger Zentrierung, falls die Noniuseinheit 2′ war, etwa 1,5′. *Ott* gibt als durchschnittliche Abweichung 0,04 bis 0,07 mm an.

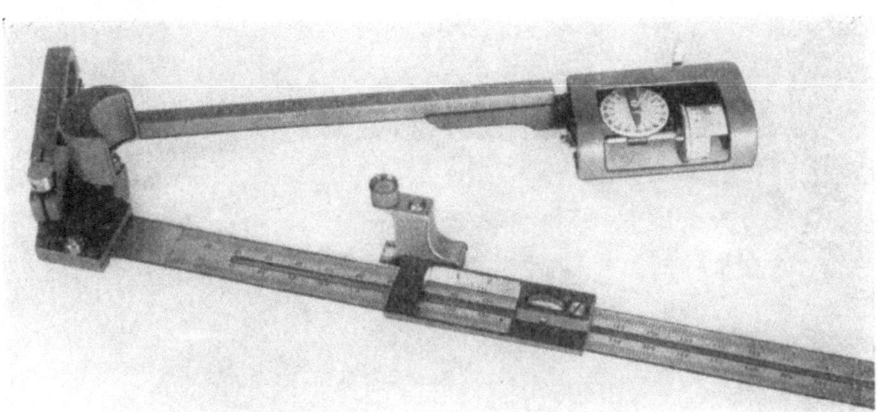

Abb. 65. Polarkoordinatograph von *Ott*

B. Pantographen (Storchschnabel)

1. Konstruktion

Als Erfinder des Pantographen wird gewöhnlich der Professor an der Universität Ingolstadt *Chr. Scheiner* genannt, der ihn Anfang des 17. Jahrhunderts erfunden haben soll. Wahrscheinlich ist der Apparat aber älter [222, 569]. Er besteht aus vier gleichlangen Stäben, die in der in Abb. 66 angegebenen Weise zu einem Gelenkparallelogramm verbunden werden. In F ist der Fahrstift, in Z der Zeichenstift angebracht. P ist der Pol, um den sich das Instrument drehen kann. Aus den ähnlichen Dreiecken PBZ und PCF folgt, daß

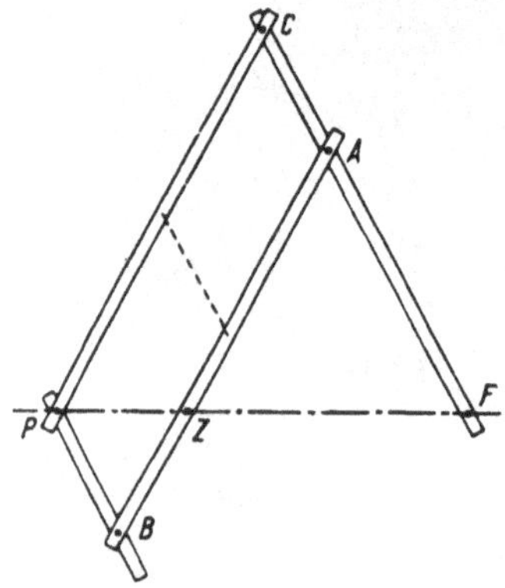

Abb. 66 Pantograph

$$PZ : PF = PB : CF = CA : CF = r : R$$

ist, daß also durch den Apparat eine Ähnlichkeitstransformation mit P als Pol ausgeführt wird. Das Gerät war aus Holzstäben hergestellt und lief auf Rollen. Trotz vieler Bemühungen blieb es bis zur Mitte des vorigen Jahrhunderts ziemlich primitiv. Nach vergeblichen Versuchen von *Goldschmidt* in Zürich (1864) gelang es dann um 1880 herum *Coradi* und *Ott* in Kempten, das Gerät wesentlich zu verbessern (Abb. 67). Sie hängten die Enden der vom Pol P ausgehenden Stäbe mittels gespannter Drähte an der Spitze eines vom Pol senkrecht aufstrebenden Gestelles so auf, daß diese Stäbe sich freischwebend über der Unterlage bewegten. Der den Fahrstift tragende Stab wurde in der Nähe dieses Stiftes noch durch eine Rolle mit Gleitstift gestützt, auf die durch eine regulierbare Federung des Gleitstiftes die Last so verteilt wird, daß sie in der Hauptsache von der Rolle getragen wird. Dadurch erhält das Instrument einen sehr leichten Gang. Die Stablängen betragen heute meist 100 cm (gegenüber 60, 72, 84, 96 cm früher).

Abb. 67 Freischwebender Pantograph

2. Anwendung

Die Stäbe bestehen aus vernickelten vierkantigen Messingrohren, die eine durchlaufende Millimetereinteilung tragen und auf denen sich außerdem Marken für die üblichen Verkleinerungsverhältnisse finden. Auf ihnen verschieben sich die Stabhülsen mit den Gelenken und Einstellmarken, die meist auf scharfkantigen, auf der Teilung laufenden Facetten angebracht sind, und ohne, gelegentlich auch mit Nonius eingestellt werden. Der Pol wird durch einen konischen Zapfen oder einen Kugelstift dargestellt, der in der Pfanne eines Gestelles ruht, das entweder durch sein Gewicht oder durch Festklemmen auf dem Zeichentisch festgelegt ist. Bei Verkleinerungen von $^1/_{20}$ bis $^2/_3$ liegt der Pol am Ende in P, wie das die Figur zeigt. Bei Umzeichnungen im Verhältnis $^2/_3$ bis $^3/_2$ wird die Rolle von P und Z vertauscht, der Pol in Z, der Zeichenstift in P angebracht. Bei Bestimmung des Verkleinerungsverhältnisses muß man unter Umständen die Veränderung des Papiers durch hygroskopische Verhältnisse berücksichtigen. Bei sehr starker Verkleinerung, die bis zu etwa $^1/_{50}$ gehen kann, muß man sich des Klemmfußes bedienen. Zum Befahren der Kurven dient der mit ganzer Hand zu fassende Handgriff. Der Fahrstift F kann durch eine Lupe ersetzt werden.

Im allgemeinen empfiehlt es sich, die Übertragung punktweise vorzunehmen. Zur Festhaltung eines Punktes kann der Fahrstift fest auf die Unterlage niedergedrückt werden, in das sich seine Spitze dann einsticht. Durch Betätigung einer neben dem Fahrstift liegenden Auslösungsvorrichtung fällt der mit Gewichten belastete Zeichenstift auf das Papier und markiert den Punkt. Durch Zurücklegen der Auslösevorrichtung wird er wieder gehoben. Bei manchen Pantographen erfolgt die Auslösung schon durch Niederdrücken des Fahrstiftes [252].

Wichtig ist für genaues Arbeiten, daß die Zeichenfläche genau horizontal eingestellt ist und daß sich die Stäbe stets in gleicher Höhe über ihr bewegen [30].

Für kleinere Pläne genügen kleinere Pantographen, die aus Leichtmetallstäben gebaut sind und die kranartige Aufhängung nicht haben [221, 793].

3. Der Stereopantograph (Abb. 68)

Ott hat am Pantographen den Fahrstift durch einen in vertikaler Richtung verschiebbaren, mit Mikrometerwerk einstellbaren Spitzentaster oder Stechhebel ersetzt, mit dessen Spitze man die Niveaulinien einer Fläche abtasten kann. Der Zeichenstift stellt dann diese Niveaulinien in entsprechender Verkleinerung dar und man erhält, wenn man das für verschiedene Niveaulinien macht, eine bezifferte Projektion der Fläche. Die räumliche Parallelführung dieses langen Fahrstiftes geschieht durch einen oder zwei sehr steife, durch Drahtverspannung verwindungsfrei gemachte Rahmen aus Leichtmetallstäben. Einzelheiten entnehme man dem Bilde.

Dieser Apparat dient vor allem als Höhenschichtenzeichner zur Festlegung der Ergebnisse von Modellversuchen im Wasserbau. Er kann auf einem Schlitten parallel verschoben werden und hat so ein Bestreichungsfeld von 2,5 m Breite und reichlich 1 m Länge [166].

Abb. 68. Stereopantograph

Pantographen werden auch für räumliche Verkleinerungen, so von Bildhauern benutzt, ferner finden sie bei Profilschleifmaschinen zum Schleifen von Linsen Verwendung, wo das Profil z. B. in fünfzigfacher Vergrößerung gezeichnet wird; mit Mikroskop und Fadenkreuz anstatt des Zeichenstiftes wird dann der Grad des Abschleifens kontrolliert.

C. Affinpantographen

1. Der Affinzeichner von Ott (Abb. 69, 70)

Affinzeichner sind Apparate, die die Umzeichnung einer Figur in der Art vornehmen, daß die Längen in einer Richtung ungeändert, in einer anderen proportional ihrer Länge verkürzt oder verlängert werden. Derartige Umzeichner sind z. B. nötig, um in verschiedenen Maßstäben aufgezeichnete Registrierkurven auf einen einheitlichen Ordinatenmaßstab zu bringen. Sie dienen auch zur Schaffung von Raumbildern in isometrischer Axonometrie aus einfachen Gruben-, Strecken- oder Lagerstättenrissen, wie sie in der Markscheidekunde üblich sind [501].

Ott hat durch Umformung des Pantographen einen solchen Affinzeichner gewonnen. Er benutzt eine Schiene in deren Nut der Polzapfen P gleitet, verlängert den Fahrstiftarm CF über C hinaus um sich selbst bis zu einem Zapfen Q, der ebenfalls in der Nut der Führungsschiene gleitet. Die Mittellinie dieser Nut ist die Affinitätsachse der Umformung. Die Verbindungslinie der Punkte PZF steht so stets senkrecht zu dieser Nut. Es verhält sich

$$y_1 : y_2 = FC : DB = R : r .$$

Der Zeichenstift Z beschreibt daher bei Führung des Fahrstiftes F auf einer Kurve $y_1 = f(x)$ eine Kurve $y_2 = \frac{r}{R} f(x)$, deren Ordinaten im Verhältnis $r : R$ verkleinert sind, und zwar erfahren alle Strecken senkrecht zur Affinitätsachse diese Verkleinerung, auch wenn sie nicht bis zu dieser Achse herunterreichen. Das Verkleinerungsverhältnis kann, wenn man die in Abb. 70 angegebene Form wählt, von $^1/_{20}$ bis $^1/_1$ eingestellt werden, ohne daß sich die beiden Kurven überdecken. Das

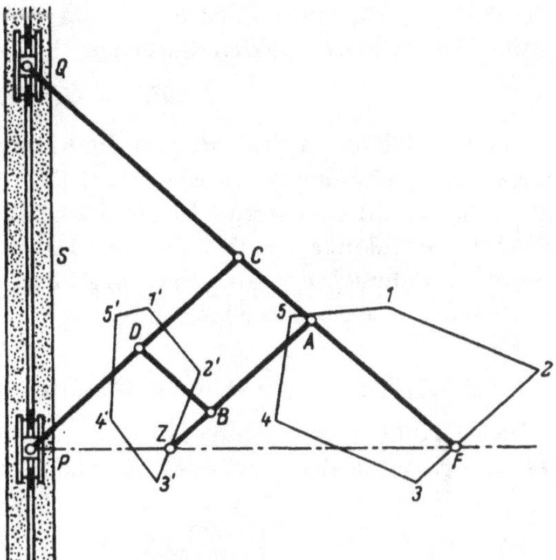

Abb. 69. Affinzeichner von *Ott*

Gelenkparallelogramm $PABD$ dient dazu, die vom Zeichenstift Z aufgezeichnete Kurve, die der von Z' beschriebenen gleich ist, auf die andere Seite der Schiene zu übertragen. Der Stab PA dieses Parallelogrammes wird immer senkrecht zur Schiene S geführt. Auf der Schiene AB ist der Zeichenstift Z verschiebbar, ebenso wie F auf QC. Beide müssen aber immer so eingestellt werden, daß die Verbindungslinie FZ senkrecht zu S steht. Das Ver-

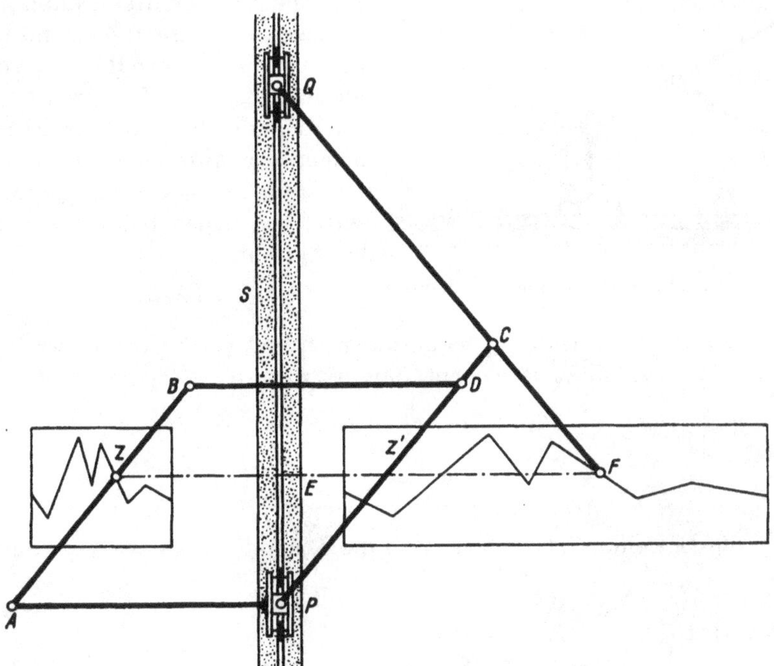

Abb. 70. Affinzeichner von *Ott*

kleinerungsverhältnis von Strecken, die senkrecht zur Affinitätsachse stehen, bestimmt sich aus den beiden ähnlichen Dreiecken $QEF \sim PEZ'$ zu

$$QF : PZ' = QF : AZ = R : r .$$

Bei der üblichen Ausführung ist die Arbeitsbreite quer zur Führungsschiene bei einem Umzeichnungsverhältnis 1 : 1 45 cm und nimmt bei Verkleinerungen bis zu 1 : 20 bis auf 85 cm zu. In der Längsrichtung nimmt der Arbeitsbereich bei einer Schienenlänge von 150 cm von 110 cm in der äußersten auf 35 cm in der innersten Fahrstiftlage ab. Bei Vergrößerungen wird der Fahrstift nach Z, der Zeichenstift nach F gebracht.

2. Affinzeichner von Green und Maurer [228] (Abb. 71)

Dieser Affinograph beruht auf dem gleichen Prinzip wie der Affinzeichner von *Ott*. Hier gleiten drei Schieber, die Stifte tragen, die den drei Punkten P, Z, F des Pantographen bzw. des Ottschen Apparates entsprechen, längs einer Schiene S_2, die durch den Wagen W immer senkrecht zur Hauptschiene S_1 geführt wird. Die Führung längs der Schiene ersetzt also die durch das Gelenkparallelogramm. Für die affine Abbildung wird einer der Punkte, z. B. P, festgelegt; er beschreibt dann die Affinitätsachse, während Z das im Verhältnis $r : R$ verkleinerte Bild der von F befahrenen Kurve aufzeichnet.

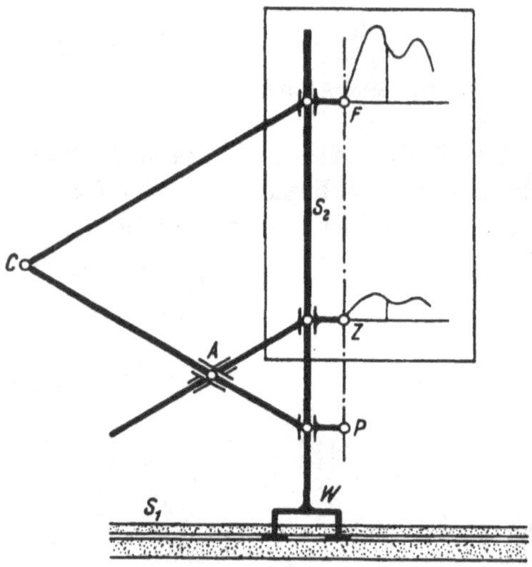

Abb. 71. Affinzeichner von *Green* und *Maurer*

Man kann den Apparat aber allgemeiner zur Aufzeichnung einer Kurve benutzen, deren Ordinate y_3 zu denen zweier gegebenen Kurven y_1 und y_2 in der Beziehung

$$y_3 = m\, y_2 + n\, y_1 \tag{1}$$

steht. Die Maßeinheit, in der y_2 aufgetragen ist, sei e_2, die von y_1 sei e_1, und es sei $e_1 y_1$ mit $\overline{y}_1$, $e_2 y_2$ mit $\overline{y}_2$ bezeichnet, dann ist:

$$(\overline{y}_1 - \overline{y}_3) : (\overline{y}_2 - \overline{y}_3) = R : r;$$

also

$$y_3 = \frac{R}{R-r}\,\overline{y}_2 - \frac{r}{R-r}\,\overline{y}_1 . \tag{2}$$

Will man die Beziehung (1) haben, muß die Einstellung so erfolgen, daß

$$R\, e_2 : -r\, e_1 = m : n$$

ist. Dann wird

$$\overline{y}_3 = \frac{m\, e_1}{m\, e_1 + n\, e_2}\,\overline{y}_2 + \frac{n\, e_2}{m\, e_1 + n\, e_2}\,\overline{y}_1 . \tag{3}$$

Die Maßeinheit, in der $\bar{y}_3$ zu messen ist, ist daher

$$e_3 = \frac{e_1 e_2}{m e_1 + n e_2}. \tag{4}$$

Durch Koppelung zweier senkrecht zueinander arbeitender Affinographen der Konstruktion *Green* und *Maurer* oder der Bauart *Ott*, kann man Abszissen und Ordinaten einer Kurve in beliebigen Verhältnissen verkleinern oder vergrößern.

3. Der Affinograph von Coradi [817] (Abb. 72)

Dieser Affinzeichner besteht aus einem Rahmen, der auf drei Rollen R sich in Richtung der Abszissenachse bewegt. Er trägt ein Gelenkparallelogramm $ABCD$, dessen eine Seite AD mit der zur Bewegungsrichtung senkrechten Rahmenkante zusammenfällt. Auf jeder der beiden anstoßenden Parallelogrammseiten AB und DC kann ein Gleitschieber S_1 bzw. S_2 so eingestellt werden, daß das Verhältnis der Abstände der beiden Schieber von den festen Drehpunkten A und D der Parallelogrammseiten in den x-parallelen Nuten gleich dem Umzeichnungsverhältnis ist. Diese Schieber tragen zwei Stifte, die zwei Wagen W_1 und W_2 in y-Richtung verschieben. Die Wagen gleiten mit Rädern in einer Nut der zweiten Kante des Rahmens, die senkrecht zu seiner Verschiebungsrichtung ist, und gleiten auf der anderen Seite auf einer Schiene des Rahmens. Der eine dieser Wagen trägt den Fahrstift F, der andere den Zeichenstift Z. Mit dem Apparat kann man Umzeichnungen im Verhältnis 1 : 1 bis 1 : 16 ausführen. Der Arbeitsbereich in x-Richtung ist beliebig, der in y-Richtung beträgt 33 cm.

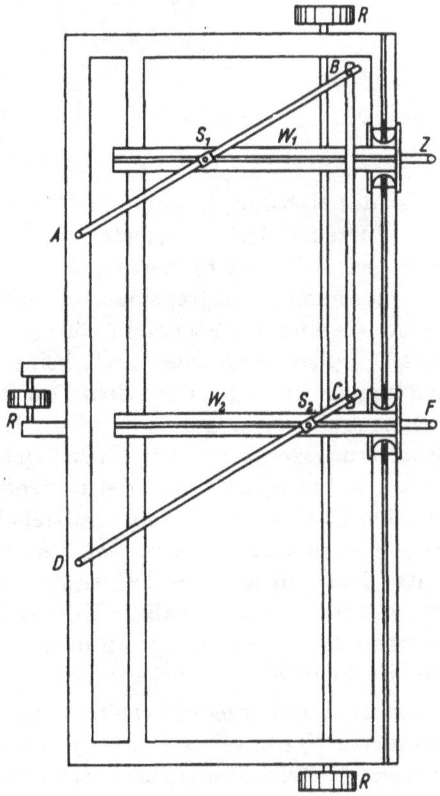

Abb. 72. Affinograph von *Coradi*

4. Andere Affinzeichner

Es sind noch eine Reihe anderer Affinzeichner konstruiert bzw. angegeben worden, so der Koordinatentransformator des Elektrizitätszweckverbandes Mitteldeutschland [523]. Dieser zeichnet Registrierkurven mittels eines Proportionalgetriebes auf gleichen Ordinatenmaßstab um. Gleichheit der Abszisseneinheit wird dadurch erreicht, daß man den Originalregistrierstreifen und den, auf den die neue Kurve gezeichnet werden soll, unter dem in fester Ebene bewegten Fahr-

und Zeichenstift mit verschiedenen Geschwindigkeiten durchlaufen läßt. Ferner ist von *Fox* ein komplizierterer Affinzeichner angegeben worden [199, 204, 501].

5. Perspektographen

Erwähnt seien hier noch Apparate, die dazu dienen, aus dem Grund- und Aufriß eines Gegenstandes sein perspektives Bild zu zeichnen. Solche Apparate sind z. B. von *Hauck* und *Brauer* [169, 817], von *Ritter* [615] und von *Mack* [460] konstruiert worden. Neuerdings werden Apparate, die das Umgekehrte leisten, aus perspektiven Lichtbildern das Kartenbild herzustellen, viel benutzt. Näheres über diese Entzerrungsgeräte findet man in den Büchern über Photogrammetrie.

D. Umwandler

1. Der Aperiodograph von Coradi

Ist der Maßstab, in dem eine Kurve aufgezeichnet ist, nicht linear, sind etwa die Wurzeln oder die Quadrate der zu messenden Größen als Ordinaten aufgetragen, so ist zur Entzerrung ein besonderes Gerät nötig, in dem eine durch den zu entzerrenden Auftragsmaßstab bestimmte Kurvenscheibe einzufügen ist. Die Quadrate der zu messenden Größe sind z. B. beim Karlikschen Geschwindigkeitsmesser aufgetragen oder auch beim Venturimesser, wo die minutliche Durchflußmenge der Wurzel aus dem Druckunterschied proportional ist und wo dieser meistens direkt aufgetragen wird. Ein solches, als Aperiodograph bezeichnetes Entzerrungsgerät ist von *Coradi* gebaut worden. Bei diesem Gerät sind auf einem Rahmen, der über zwei Rollentrieben liegt, über die der Originalregistrierstreifen bzw. der Bildstreifen mittels Handrad oder Elektromotorantrieb laufen, zwei Wagen verschiebbar. Der erste trägt den Fahrstift, der zweite den Zeichenstift. Die Führung des Fahrstiftes erfolgt mittels eines am Rahmen sitzenden Handrades, das die erwähnte Kurvenscheibe trägt, durch die der Wagen mit dem Zeichenstift gesteuert wird. Sind die Ordinaten der Originalkurve $\eta = f(y)$, so ist der Drehwinkel der Kurvenscheibe proportional η etwa $\varphi = k\,\eta$. Die Gleichung der Randkurve dieser Scheibe muß dann $r = \bar{f}(\varphi) = \bar{f}(k\,\eta)$ sein, wo $\bar{f}$ die zu f inverse Funktion ist. Für jedes Transformationsgesetz muß also eine besondere Kurvenscheibe eingesetzt werden. Allgemein kann man mit diesem Gerät zu einer Kurve $y = f(x)$ mit einer Kurvenscheibe $r = g(y)$ eine Kurve $z = g(f(x))$ zeichnen. Dem Aperiodographen ist ein Scheibenplanimeter angebaut, so daß gleichzeitig der durch die entzerrte Kurve bestimmte Flächeninhalt gemessen werden kann [485].

2. Das Gerät von Haberl

Um Photogramme in Intensitätskurven umzuzeichnen, hat *Haberl* ein Gerät gebaut, das zu einer registrierten Kurve $y = f(x)$ mittels einer bekannten Kurve $y = \varphi(z)$ eine Kurve zeichnet, die z als Funktion von x gibt. Das Gerät löst also die gleiche Aufgabe wie der Aperiodograph, wie man sofort sieht, wenn man die zu φ inverse Funktion $\bar{\varphi}$ einführt [245].

3. Das Gerät von Sinden

Erwähnt sei schließlich noch ein Gerät von *Sinden*, das, durch Projektion von einer punktförmigen Lichtquelle aus, eine auf einer mit sechs Freiheitsgraden beweglichen Platte gezeichnete Kurve so auf eine andere projiziert, daß sie sich dieser, die in entsprechender Form gegeben sein möge, möglichst anpaßt [694].

E. Inversoren

1. Der Inversor von Peaucellier (Abb. 73)

Inversoren sind Apparate, die mechanisch die Spiegelung an einem Grundkreis ausführen. Dieser Kreis habe den Radius a. Benutzt man Polarkoordinaten, so wird also eine Kurve $r(\varphi)$ in eine Kurve

$$r^*(\varphi) = \frac{a^2}{r(\varphi)}$$

übergeführt. Oder, wenn man die Abbildung in der komplexen Ebene

$$z^* = \frac{a^2}{z}$$

betrachtet, so wird eine Kurve mit den Koordinaten z in eine andere mit den Koordinaten $\bar{z}^*$ übergeführt, wo der Strich andeutet, daß es sich um die zu z^* konjugierte Kurve handelt. Der bekannteste dieser Inversoren ist der 1874 von *Peaucellier* angegebene, der aus sechs Stäben besteht [568]. Vier dieser Stäbe haben die gleiche Länge m und bilden ein Gelenkparallelogramm $ABCD$. Zwei gegenüberliegende Ecken BD desselben, sind durch zwei Stäbe der Länge l mit dem Mittelpunkt O des Grundkreises verbunden. Aus Abb. 73 liest man ab

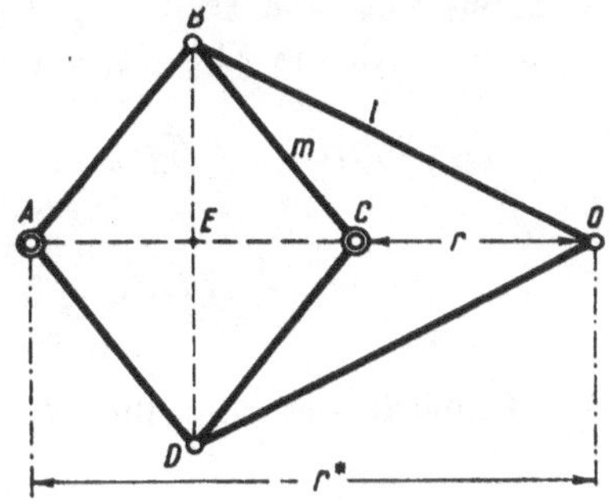

Abb. 73. Inversor von *Peaucellier*

$$DE^2 = m^2 - \left(\frac{r^* - r}{2}\right)^2 = l^2 - \left(\frac{r^* + r}{2}\right)^2.$$

Also ist

$$l^2 - m^2 = r \cdot r^* = a^2$$

oder

$$r^* = \frac{l^2 - m^2}{r} = \frac{a^2}{r}.$$

Ist $m > l$, so ist die Potenz a^2 des Grundkreises negativ. Die Spiegelung erfolgt also an einem imaginären Kreis mit dem Radius $a\,i$. Aus diesem Inversor hat *Hessenberg* [313] eine Reihe von anderen Gelenkmechanismen entwickelt.

2. Der Inversor von Hart [274] (Abb. 74)

Dieser Inversor wurde im gleichen Jahre bekannt wie der oben beschriebene von *Peaucellier*. Er besteht nur aus vier Stäben, die ein überschlagenes Viereck bilden. Je zwei dieser Stäbe sind gleich lang. Zieht man irgendeine zu den Diagonalen BD bzw. AC parallele Gerade, die die Stäbe in den Punkten $PROQ$ im Verhältnis $1 : \lambda$ teilt, und bezeichnet OP mit r und OQ mit r^*, so besteht die Gleichung

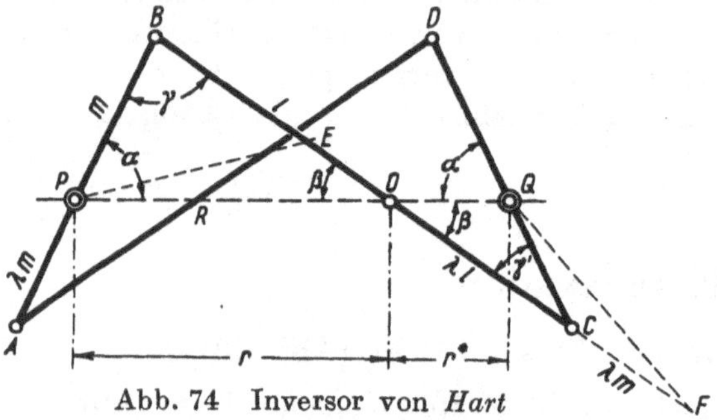

Abb. 74 Inversor von *Hart*

$$r^* = \frac{a^2}{r}.$$

Zum Beweise trägt man $BE = m$ von B aus auf $BO = l$ ab, so daß OE gleich $l - m$ ist. Ferner trägt man auf der Verlängerung von $OC = \lambda\, l$, $CQ = \lambda\, m$ ab, so daß $OF = \lambda\,(l + m)$ ist. Unter Benutzung der in Abb. 74 eingetragenen Winkelbezeichnungen findet man dann

$$\triangle POE: \quad \sphericalangle OPE = \frac{\alpha - \beta}{2}, \qquad \sphericalangle OEP = \frac{\pi}{2} + \frac{\gamma}{2},$$

$$\triangle OFQ: \quad \sphericalangle OFQ = \frac{\gamma'}{2} = \frac{\alpha - \beta}{2}, \qquad \sphericalangle OQF = \pi - \frac{\alpha + \beta}{2} = \frac{\pi}{2} + \frac{\gamma}{2}.$$

Die Dreiecke sind also ähnlich, somit gilt:

$$\frac{l - m}{r} = \frac{r^*}{\lambda(l + m)}$$

oder

$$r \cdot r^* = \lambda(l^2 - m^2),$$

d. h.

$$r^* = \frac{\lambda(l^2 - m^2)}{r} = \frac{a^2}{r}.$$

Hier hat man also die Möglichkeit, die Potenz a^2 zu variieren, wenn man die Punkte OPQ verschiebt. Doch muß natürlich OPQ immer parallel zu den beiden Diagonalen bleiben.

3. Mechanische Konstruktion der Abbildung $z^* = z + \frac{a^2}{z}$.

Man betrachte z und z^* als die Koordinaten zweier Punkte der gleichen Ebene, so daß man eine konforme Abbildung der z-Ebene auf sich selbst hat. Allerdings wird man dabei für z^* diese Ebene als doppelt überdeckt ansehen müssen. Die Abbildung

$$z^* = z + \frac{a^2}{z}.$$

die Kreise bestimmter Lage in Joukowski-Profile überführt, kann durch einen Mechanismus ausgeführt werden, der durch die Verbindung zweier Inversoren entsteht, wie *Bereis* gezeigt hat [50, 51].

Man koppelt dazu zwei Inversoren mit entgegengesetzt gleichen Potenzen und mit gleichen Stablängen miteinander, so wie Abb. 75 zeigt. Der Führungsstift befindet sich in Z, der Zeichenstift in Z^*. Die Koordinatenachsen werden als Gleitschienen ausgebildet, auf denen die Knotenpunkte Z_1 und Z_2 gleiten. Die vier Punkte Z_2, Z, Z^*, Z_1 liegen immer auf einer Geraden, und zwar ist $Z_2 Z = Z Z_1$, also ist wegen Benutzung der Inversoren

$$|Z^* - Z| \cdot |Z| = a^2 .$$

Da aber das Dreieck OZ_1Z gleichschenklig ist, gilt diese Gleichung auch ohne die Absolutstriche. Also

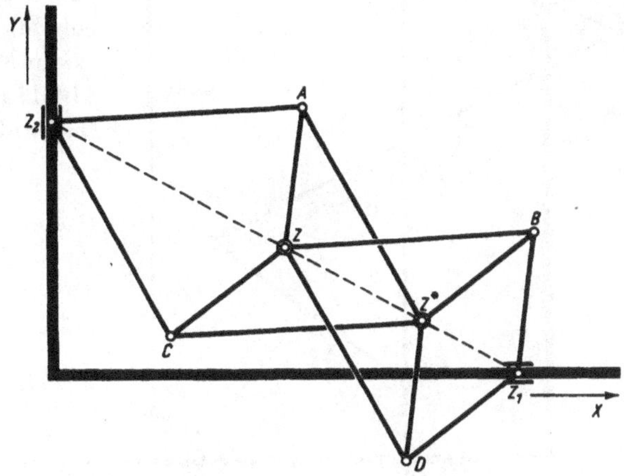

Abb. 75. Konstruktion der Abbildung $z = z + a^2/z$

$$z^* = z + \frac{a^2}{z} .$$

Die Bewegungsgrenzen des Mechanismus sind entsprechend den beiden gestreckten Lagen durch die Kreise mit den Radien $l + m$ und $l - m$ bestimmt, die zum Grundkreis invers sind.

Die Anzahl der Stäbe kann wesentlich vermindert werden, wenn man die linke untere Hälfte des Mechanismus fortläßt und dafür die Stäbe Z_2A und Z_1B um sich selbst verlängert und an ihren Enden durch ein Gelenk E verbindet, wie Abb. 76 zeigt. Auch sonst gibt es noch eine Reihe von Variationsmöglichkeiten.

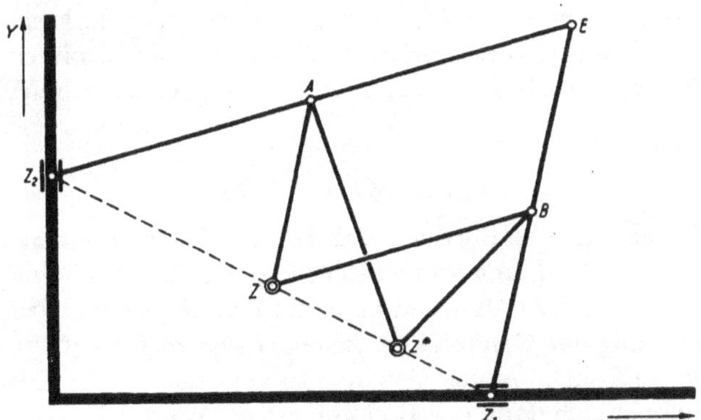

Abb. 76. Konstruktion der Abbildung $z = z + a^2/z$

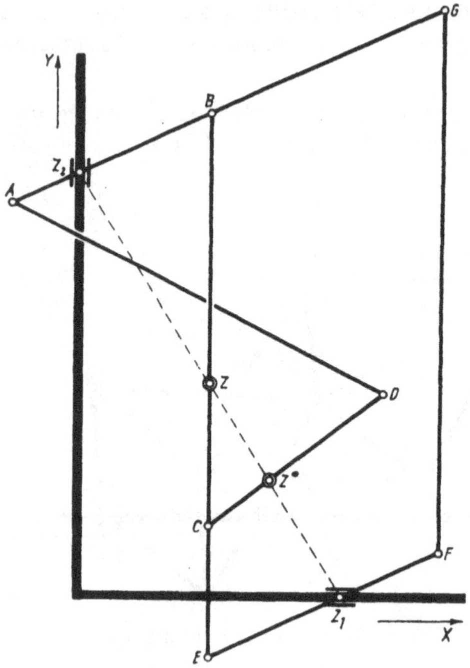

Abb 77. Konstruktion der Abbildung $z = z + a^2/z$

Mit dem Inversor von *Hart* läßt sich das gleiche erreichen, wenn man ihn noch mit einem Gelenkparallelogramm verbindet, wie das die Abb. 77 zeigt. Dabei kann die Länge des Gegenseitenpaares *BG* und *EF* des Parallelogramms beliebig gewählt werden.

Ein Mechanismus, der die konforme Abbildung $z = z^a$ leistet, ist von *Heinhold* und *Bereis* angegeben worden [297].

F. Kurvenmesser

1. Benutzung des Zirkels

Zur Bestimmung der Bogenlänge kann man den Stechzirkel verwenden. Man gibt ihm eine genügend kleine Öffnung und trägt den Spitzenabstand hintereinander als Sehne ein. Das Produkt aus Anzahl der Abtragungen und Spitzenabstand gibt dann einen angenäherten Wert für die Bogenlänge. Da der Bogen immer länger als die Sehne sein wird, erhält man so einen zu kleinen Wert. Man kann den Fehler dadurch verkleinern, daß man die Zirkelspitzen nicht auf der Kurve selbst einsetzt, sondern in einiger Entfernung von der Kurve auf der konvexen Seite.

2. Das Meßrädchen

Eine andere Möglichkeit ist die der Befahrung der Kurve mit einem Meßrädchen, wie man es bei der Bestimmung von Entfernungen, z. B. auf einem Meßtischblatt, benutzt. Bei nicht zu kurzen Kurven kann man damit brauchbare Ergebnisse erzielen. Zur Erhöhung der Genauigkeit schlägt *Schwerdtfeger* [679] vor, die Achse des Meßrädchens mit einem feinen Gewinde zu versehen. Beim Entlangfahren auf der Kurve verschiebt sich dann das Rad von einem Anschlag aus auf seiner Achse. Fährt man dann rückwärts auf einem geraden Maßstab entlang, bis das Rad wieder an dem Anschlag liegt, kann man auf dem Maßstab die Kurvenlänge ablesen. Der Nachteil des Meßrädchens, daß es die gerade in Betracht kommende Stelle der Kurve verdeckt, wird von anderen Kurvenmessern vermieden.

3. Das Kurvimeter von Coradi

Dieser Kurvenmesser benutzt zwei Rollen, R_1 und R_2, deren Achsen in die Richtung eines Lineales fallen, auf dem der Führungspunkt F so liegt, daß die Auflagepunkte der Rollen von dem zwischen ihnen liegenden F gleichen Abstand haben. Das Lineal muß die Richtung der Kurvennormalen haben, während F auf der Kurve entlang geführt wird; dabei machen kleine Abweichungen von der Normalrichtung wenig aus. Mit den Bezeichnungen der Abb. 78 findet man

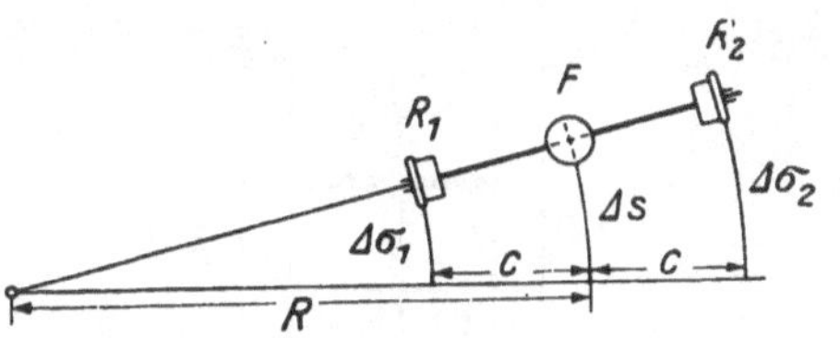

Abb. 78. Schematische Darstellung des Kurvenmessers von *Coradi.*

$$\Delta\sigma_1 = \Delta s \frac{R-c}{R}, \quad \Delta\sigma_2 = \Delta s \frac{R+c}{R},$$

Also ist $s = \frac{1}{2}(\sigma_1 + \sigma_2) = \varrho\,\pi\,(U_1 + U_2)$, wenn U_1 und U_2 die Ablesungen an den beiden Meßrollen und ϱ deren Radius sind. Die Genauigkeit des üblichen Apparates wird von *Coradi* auf etwa 0,5⁰/₀ angegeben. Außerdem baut *Coradi* nach dem gleichen Prinzip ein Kurvimeter mit Lupe, das in der Hauptsache zur Messung kompliziert verlaufender Kurven mit kleinen Ordinatenschwankungen dient. Es besteht aus einem Wagen, der sich auf Rollen, die in der Nut einer Schiene laufen, in Richtung der x-Achse bewegt. Auf diesem gleitet ein zweiter Wagen, der die eigentliche Meßvorrichtung trägt, ebenfalls auf Schienen in y-Richtung. Die Meßrädchen rollen nicht direkt auf dem Diagramm ab, sondern auf einer besonderen Platte. Die Ausrichtung der Rollenachsen in die Kurvennormale erfolgt durch Drehen der Lupe mittels eines kleinen Hebels. Mit diesem Instrument können in einem Zuge Kurven bis zu 550 mm Ausdehnung in der x-Richtung und 200 mm in der y-Richtung ausgemessen werden. Ein ebenfalls zweirädriges Instrument hat *Kleritj* konstruiert [366].

4. Der Kurvenmesser von Ott

Dieses Kurvimeter hat nur eine Meßrolle von 60 mm Umfang, deren Ebene in der Tangente der zu messenden Kurve liegen muß. Man sieht leicht aus Abb. 79, daß die Verschiebung des Auflagepunktes der Rolle R in der Richtung der Rollenebene gleich dem Bogenelement der Kurve ist, während die Verschiebung senkrecht dazu von der Meßrolle nicht aufgezeichnet wird. Die Rolle ist so in einem Rahmen gelagert, daß ihre Ebene senkrecht zu einer Geraden g auf der Unterseite der der Beobachtung dienenden Visolettlupe ist. Diese Gerade ist durch zwei parallele in kleinem Abstand liegende Geradenstücke unterbrochen, die senkrecht zu ihrer Richtung sind und als Fahrmarke dienen. Ihre Mittelparallele ist durch die Rollenebene bestimmt. Der Rahmen wird so geführt, daß diese beiden Geraden möglichst parallel zur Tangente, die Gerade g möglichst normal zu der Kurve verläuft. In Abb. 80 sieht man links neben der Rolle das übliche Zählwerk, dessen volle Umdrehungen durch Schneckentrieb auf die Zählscheibe rechts

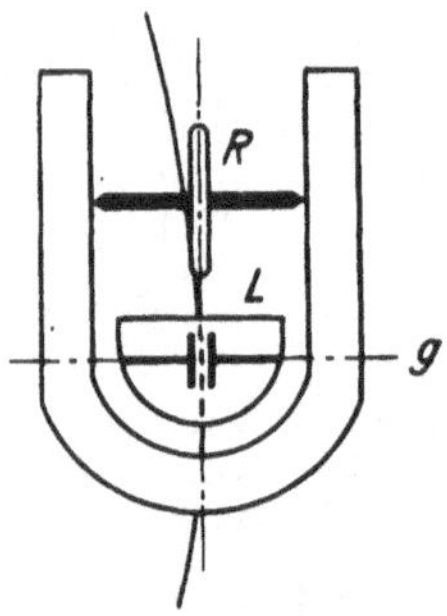

Abb. 79. Schematische Darstellung des Kurvenmessers von *Ott*

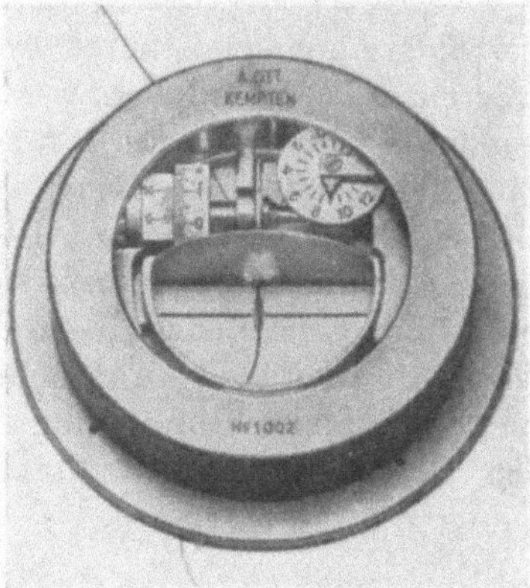

Abb. 80. Kurvimeter von *Ott*

übertragen werden. Für gewöhnlich berührt die Rolle die Unterlage nicht; erst durch leichtes Niederdrücken der Dose, in der die Meßvorrichtung angebracht ist, kommt sie mit der Zeichenunterlage in Berührung. Am besten befährt man die Kurve bei der in Abb. 80 angegebenen Lage des Instrumentes in Richtung auf den Beobachter zu. Messungen, die *Werkmeister* an Kreis- und Dreiecksumfängen ausgeführt hat, haben für eine Befahrung einen mittleren Fehler von 0,1 mm ergeben [802].

5. Der Kurvenmesser von Pressel-Riefler

Ähnlich gebaut ist der Kurvenmesser von *Pressel-Riefler* (Abb. 81). Hier ist die in der Richtung der Kurvennormalen zu führende Gerade g durch einen senkrecht auf der Zeichenebene stehenden Spiegel S realisiert, der die Fahrmarke F trägt. Das Normalstehen wird hier dadurch kontrolliert, daß die Kurve stets knicklos in ihr Spiegelbild übergeht. Der Ring Ri, in dem der Spiegel S liegt und mit dem die Meßrolle R fest verbunden ist, wird mit Hand geführt. Er ist außen geriffelt, fällt nach innen konisch ab und ist dort poliert, so daß das reflektierte Licht die Kurve beleuchtet. Damit er möglichst wenig Schatten wirft, ist der Spiegel dreieckig. Die Ebene der Meßrolle R steht senkrecht zu g und geht durch F. Eingehend hat *Pressel* die möglichen Instrumentenfehler und ihre Vermeidung untersucht, ebenso den Einfluß möglicher Meßfehler [590, 591]. Wie bei allen diesen Apparaten sind drei Meßfehler möglich:

a) Der Einstellfehler, der daher rührt, daß man die Marke F nicht genau auf Anfangs- und Endpunkt der Kurve bringt. Die Summe dieser beiden Fehler wird von *Pressel* auf etwa 0,2 mm geschätzt, dürfte aber bei Anwendung einer Lupe zu verkleinern sein.

b) Der Seitenfehler, der seine Ursache darin hat, daß F nicht auf der Kurve, sondern daneben geführt wird. Er ist bei einiger Übung unter 0,1 mm zu bringen.

c) Der Richtungsfehler, der durch die Abweichung der Geraden g von der Kurvennormalen hervorgerufen wird. Besonders bei dem Rieflerschen Kurvenmesser wird dieser Fehler klein sein, da der Winkel zwischen Kurve und Spiegelbild doppelt so groß ist wie zwischen Normale und Spiegelebene. Hier dürften Abweichungen von über 3° kaum vorkommen, 3° entspricht einem Fehler von $^1/_8$%; bei 5° beträgt der Fehler 0,5%. Dieser Fehler ist immer positiv, so daß sich nicht wie bei den anderen Fehlern positive und negative wenigstens teilweise kompensieren können.

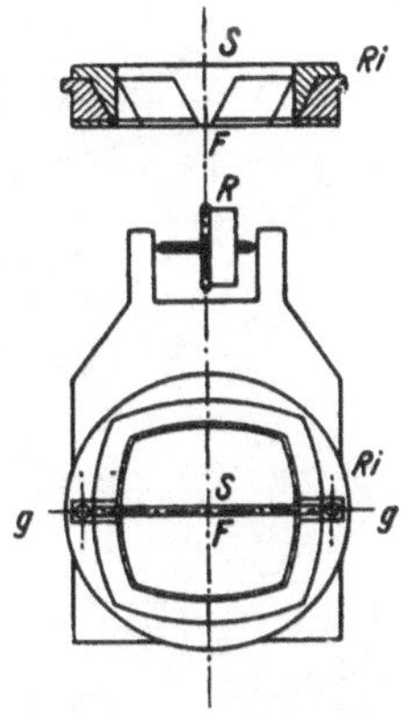

Abb. 81. Schematische Darstellung des Kurvenmessers von *Pressel-Riefler*. Oben Schnitt gg

6. Der Kurvenmesser von Amsler

Ein Kurvimeter, das sich besonders zur Ausmessung kurzer Kurvenstücke eignet, ist von *Amsler* unter Benutzung eines Pantographen gebaut. Im Sehfeld einer Lupe L, die sich an der Stelle des Fahrstiftes des Pantographen befindet, sieht man die beiden aufeinander senkrechten Geradenstücke t und n (Abb. 82). Ihr Schnittpunkt wird so auf der Kurve entlanggeführt, daß t immer tangential, n normal zur Kurve ist. Die Drehung der Lupe wird mittels dreier von Drähten D umspannten Scheiben S auf die am Vergrößerungsarm des Pantographen befindliche Meßrolle R übertragen, die senkrecht zur Zeichenunterlage auf dieser so abrollt, daß ihre Ebene immer parallel zu t ist, ihr Auflagepunkt beschreibt also eine zur gegebenen ähnliche und in bezug auf den Pol P ähnlich gelegene Kurve, deren Bogenlänge von der Meßrolle ausgemessen wird. Meist wählt man eine fünffache Vergrößerung. Die Ablesegenauigkeit mittels Nonius beträgt dann 0,02 mm Kurvenlänge [751].

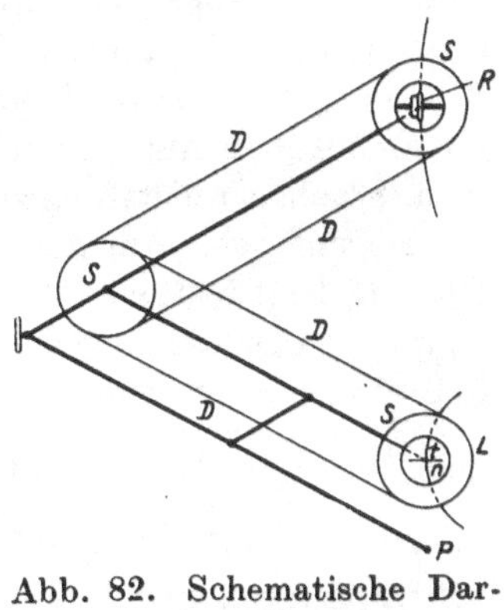

Abb. 82. Schematische Darstellung des Kurvenmessers von *Amsler* für kleine Kurvenstücke

7. Das Momentenkurvimeter von Ott

Um außer der Bogenlänge $\int ds$ auch statisches Moment $\int y\,ds$ und Trägheitsmoment $\int y^2\,ds$ eines Kurvenstückes bestimmen zu können, hat *Ott* ein Integrimeter (vgl. V, L 1) konstruiert, das den Wert dieser drei Integrale an drei Meßrollen abzulesen gestattet (Abb. 83). Auf einer Laufschiene läuft in x-Richtung ein Wagen W, an dem mittels des Doppellenkers L_1L_2 das Integriergerät an-

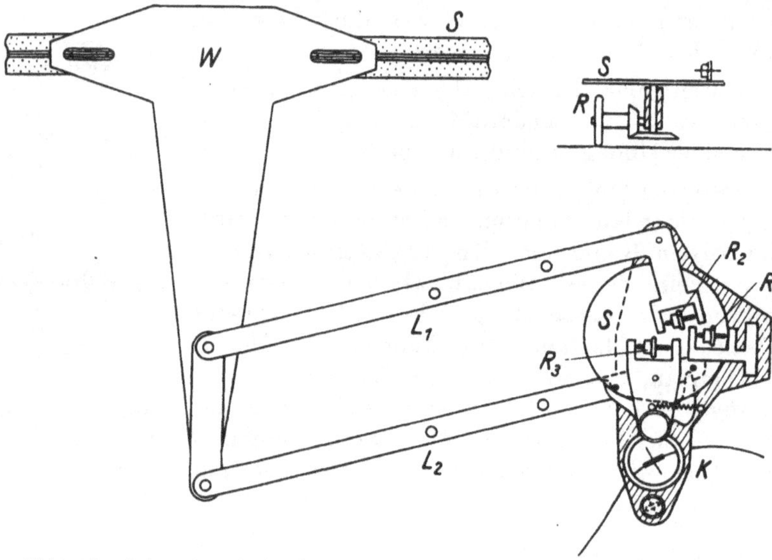

Abb. 83. Schematische Darstellung des Momentenkurvimeters von *Ott*
Oben rechts Vorrichtung für die Drehung der Meßscheibe S

gebracht ist. Es trägt einen Ottschen Kurvenmesser K, dessen Strichmarke immer parallel zur Tangentenrichtung auf der Kurve entlanggeführt wird. Durch Radtrieb wird die Ebene des Meßrades, das in Abb. 83 nicht gezeichnet unter der Scheibe S liegt, parallel zur Tangente geführt; seine Drehung wird mittels Kegelradtriebes auf die Scheibe S eines Gonella-Mechanismus übertragen, wie in Abb. 83 oben rechts angedeutet ist; der Drehwinkel von S ist also proportional der Bogenlänge. Auf der Integrierscheibe laufen drei Meßrollen: Die Ebene der Rolle R_1 liegt fest, sie ist senkrecht zum Scheibenradius nach dem Auflagepunkt; R_1 mißt daher die Bogenlänge. R_2 ist mit dem Lenker L_1 verbunden; ihre Ebene hat infolgedessen vom Drehpunkt der Scheibe einen Abstand, der proportional zu y ist; sie mißt also das statische Moment $\int\limits_{s_0}^{s} y\,ds$. Die Rolle R_3 wird mittels Gleitkurventriebes durch den Lenker L_2 so geführt, daß ihre Ebene vom Mittelpunkt der Integrierscheibe S einen Abstand proportional y^2 hat. Sie mißt also das Trägheitsmoment $\int\limits_{s_0}^{s} y^2\,ds$.

Die Bewegung des Integrators geschieht mittels eines kleinen in Abb. 83 nicht gezeichneten Elektromotors, der über die Scheibe S und die Kegelräder das Meßrad mit geringer Geschwindigkeit treibt. Diese ist mittels Reibscheibe leicht regulierbar. Bei der Messung braucht also nur die Fahrmarke der Lupe entsprechend der Kurventangente gedreht zu werden.

Die Lenkarme können in drei verschiedenen Längen 500, 250 und 125 mm mit dem Wagen W verkoppelt werden, so daß auch für kleine Kurvenstücke die Ablesegenauigkeit genügend groß wird. Die Ordinaten dürfen nach der positiven

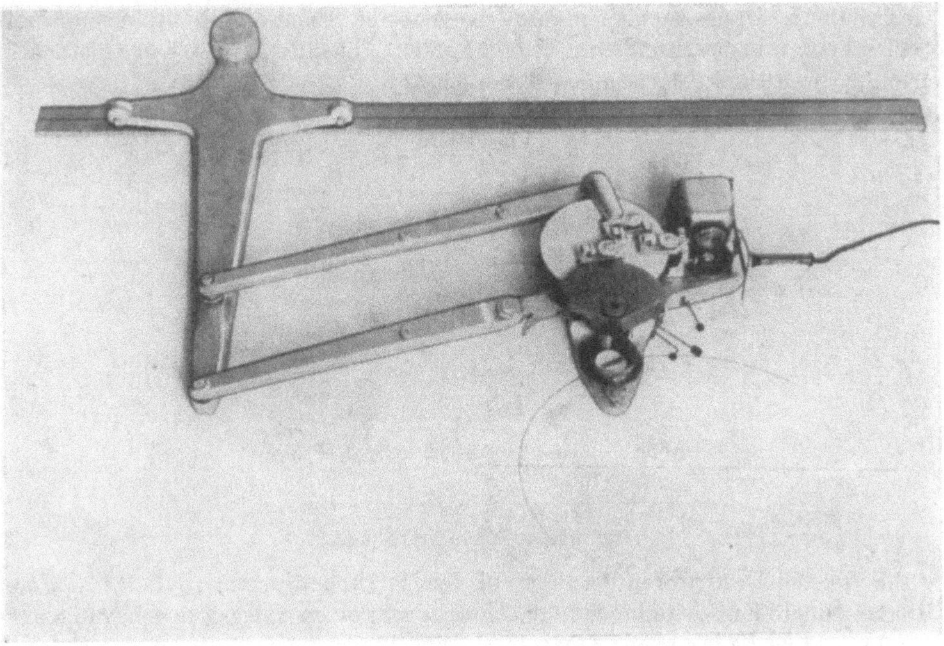

Abb. 84. Momentenkurvimeter von *Ott*

und negativen Seite in den drei Fällen einen Wert von 34, 17 bzw. 8,5 cm nicht überschreiten. Die Meßwerte sind für die Bogenlänge in allen drei Fällen 0,015 mm, für das statische Moment 1,25, 2,5 bzw. 5 mm^2 und für das Trägheitsmoment 125, 500 bzw. 2000 mm^3. Abb. 84 zeigt den ausgeführten Apparat.

G. Differentiatoren

1. Der Tangentenzeichner von Pflüger

Differentiatoren, Derivatoren oder Derivimeter sind Apparate zur Bestimmung der Tangente in einem Punkt einer gezeichnet vorliegenden Kurve. Dem Wesen dieser Aufgabe entspricht es, daß die Tangente nur dann mit ausreichender Genauigkeit bestimmt werden kann, wenn die Kurve durch eine scharfbegrenzte, nicht zu breite Linie dargestellt ist [783]. Ein sehr einfaches Instrument zur Tangentenkonstruktion ist der Tangentenzeichner von *Pflüger* [578] (Abb. 85). Er besteht aus einem durchsichtigen Kurvenlineal, dessen Randkurve die Schleppkurve zahlreicher sämtlich mit der gleichen Schlepplänge l auf dem Lineal verzeichneter Kurven ist (in Abb. 85 durch eine Reihe von Doppelpfeilen angedeutet). Um die Tangente in einem Punkt P einer vorliegenden Kurve zu konstruieren, legt man den Tangentenzeichner so auf die Kurve, daß ein Stück von einer der auf ihm verzeichneten Kurven die vorliegende in der Umgebung von P möglichst gut annähert. Dann zeichnet man das zugehörige Stück der Randkurve auf das Zeichenblatt und beschreibt um P mit l einen Kreis, der dieses Kurvenstück in einem zweiten Punkt der Tangente schneidet.

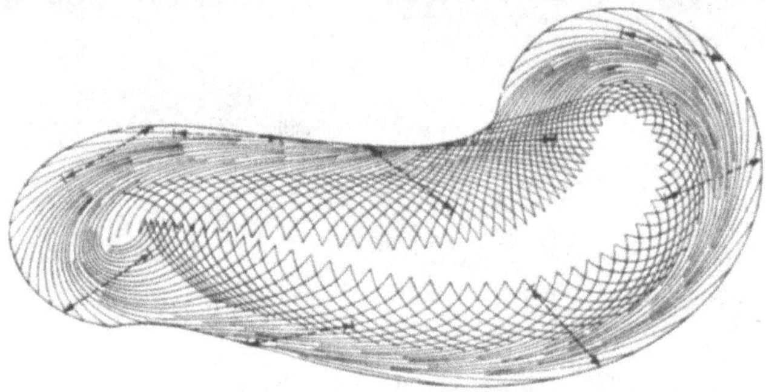

Abb. 85. Tangentenzeichner von *Pflüger*

2. Das Spiegellineal

Die meisten Derivatoren beruhen auf dem Spiegelungsprinzip. Setzt man auf die gezeichnete Kurve senkrecht zur Zeichenebene einen Spiegel, so geht die Kurve nur dann ohne Knick in ihr Spiegelbild über, wenn die Spurgerade des Spiegels in die Kurvennormale fällt. Man benutzt meist dreiseitige massive Prismen aus schwarzem Glas mit rechtwinklig gleichschenkligem Querschnitt, von denen die eine Kathetenfläche zur Spiegelfläche geschliffen ist. Abb. 86 zeigt ein Spiegellineal, das aus einem polierten Metallspiegel S besteht. Der abgebildete Apparat (s. *Brion*, Die elektrische Meßtechnik, Leipzig-Berlin, 1929, 15) hat oben noch einen kleinen Spiegel S', der dazu dienen soll, das Auge ungefähr in die Richtung der Kurventangente zu bringen, da man dann die Kurve und ihr Spiegelbild am besten beobachten kann. Man bringt das Auge dazu in eine Lage, in der es sein Bild in dem oberen kleinen Spiegel sieht. Es kann sich empfehlen, schwach versilberte, also halb durchsichtige Glasspiegel zu nehmen, so daß man gleichzeitig die Fortsetzung der Kurve hinter dem Spiegel und ihr Spiegelbild beobachten kann. Das erleichtert die knickfreie Einstellung sehr. Dem gleichen Zweck dienen Aussparungen in der Fußplatte des Spiegellineales von *Blaeß*, das aus einem Metallwinkel besteht, dessen senkrecht stehende Platte poliert ist. Mit richtiger Einstellung des Spiegels ist die Normale bestimmt und damit natürlich auch die Tangente. In Abb. 86 geht die Kurve b ohne Knick in ihr Spiegelbild über

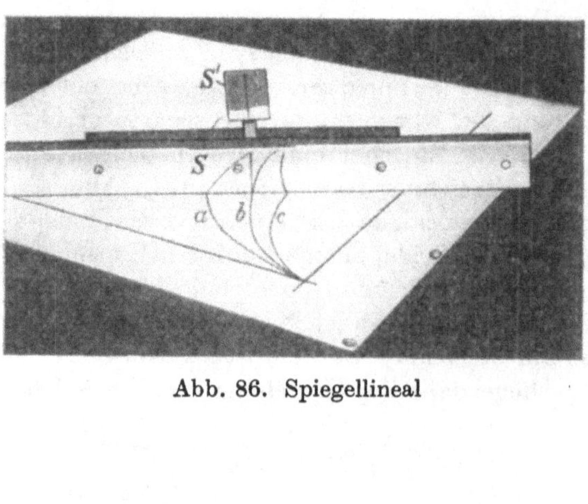

Abb. 86. Spiegellineal

[461], und damit ist die Normale dieser Kurve in dem betreffenden Punkte bestimmt. *Wagener* hat das Spiegellineal zur Konstruktion eines Derivators benutzt, der zur Messung der Steigungswinkel der Kurventangenten dient [772]. Ähnlich erlaubt das Spiegeltangentometer von *Reiter*, an einem Teilkreis sofort den Neigungswinkel abzulesen [606]. *Cranz* und *Härlen* haben unter Benutzung des Spiegelungsprinzips einen Apparat zur punktweisen Konstruktion der Differentialkurve gebaut [139].

3. Das Derivimeter von Ott

Auf dem Spiegelungsprinzip beruht auch das Derivimeter von *Ott* [804] (Abb. 87). Die Spiegelung erfolgt hier im Innern einer durch einen Meridianschnitt geteilten Kugellupe. Über dieser Lupe befindet sich ein Spiegel, in dem man gleichzeitig das rückwärts liegende Stück der Kurve und sein Spiegelbild beobachten kann, wodurch man größere Schärfe der knickfreien Einstellung erreicht. Die Kugellupe befindet sich im Mittelpunkt eines Winkelmessers und läßt sich mittels eines in Richtung der Spiegelebene liegenden Armes drehen, der einen an der Kreisteilung gleitenden Nonius trägt; dieser erlaubt eine Ablesung auf 0,1°. Der Winkelmesser kann entweder mit einer geraden Kante an einer Reißschiene verschoben werden, oder er wird an einer Zeichenmaschine befestigt und so mit sich selbst parallel über das Zeichenblatt bewegt, daß die Nullrichtung des Winkelmessers stets in eine feste Richtung fällt. Den Winkel liest man ab, den Wert der Ableitung muß man dann aus einer Tangenstafel entnehmen. *Werkmeister* hat durch Messungen an Kreisen mit verschiedenen Halbmessern festgestellt, daß man etwa mit einem mittleren Fehler von 0,2° rechnen kann.

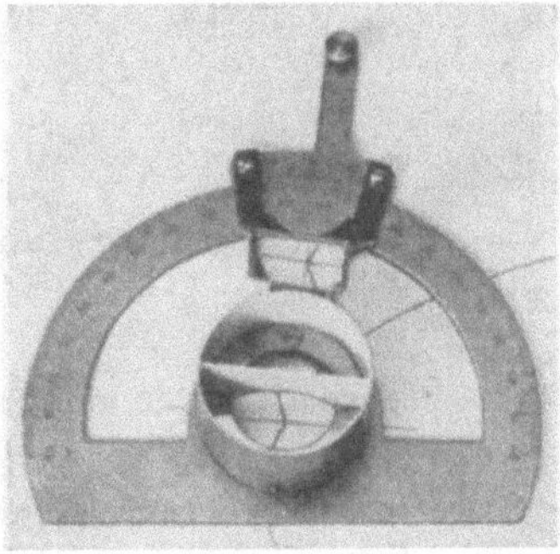

Abb. 87. Derivimeter von *Ott*

Benutzt man als spiegelnde Fläche die Stirnfläche einer Zylinderlupe, so erreicht man gleichzeitig, daß die Krümmung der Kurve verstärkt erscheint, so daß die Einstellung der Spur der spiegelnden Fläche in die Normalenrichtung dadurch verschärft wird (DRGM. Nr. 1305444). Bei Verwendung solcher Zylinderlupen muß man aber besonders auf gute Beleuchtung achten [181—183].

4. Der Prismenderivator von v. Harbou

Imhoff [329] und *v. Harbou* [270] gingen von dem Gedanken aus, daß eine Unstetigkeitsstelle der Kurvenordinate leichter zu erkennen ist als eine Unstetigkeit der Tangentenrichtung. Ihre Derivatoren bestehen im wesentlichen aus einem kleinen Prisma, das auf den Punkt P der Kurve gesetzt wird, in dem man die Tangente bestimmen will. Infolge der Strahlenbrechung sieht man dann ein kleines zu beiden Seiten der oberen Kante liegendes Kurvenstück zweimal. In dem vom Auge wahrgenommenen Bilde fallen die beiden Kurvenpunkte A und B

(Abb. 88) zusammen, während der durch eine Marke festgelegte Punkt P zweimal erscheint. Die Bilder von A und B werden natürlich zunächst an verschiedenen Stellen dieser Kante gesehen (Abb. 88 rechts). Dreht man nun das Prisma, bis die beiden Bilder zusammenfallen, so steht diese Kante senkrecht auf der kleinen Sehne AB und damit, wenn man die Krümmung in dem Bogenstück AB konstant setzen kann, senkrecht zur Tangente, in dem unter der oberen Kante liegenden Kurvenpunkt. Die Beobachtung erfolgt durch eine Lupe (Abb. 89). Der Steigungswinkel wird an einem Teilkreis, der fest mit dem Prisma verbunden ist, abgelesen. Die Nullrichtung der Teilung ist die der Kurvennormalen. Zum Zeichnen der Tangente und der Normalen kann man mittels einer feinen Nadel durch Löcher der Teilkreisscheibe zwei Punkte auf dem Zeichenpapier markieren [270].

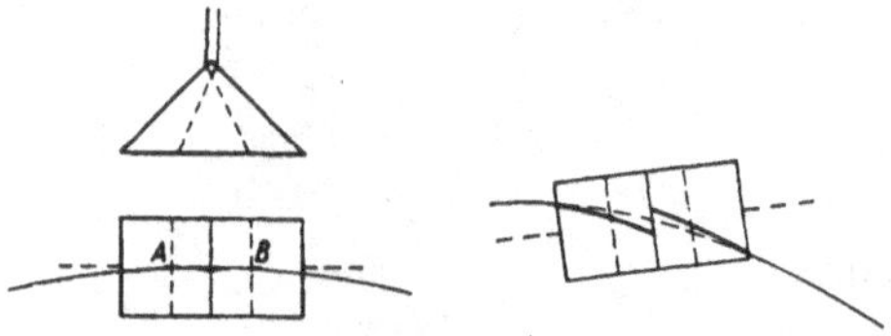

Abb. 88. Tangentialbestimmung mit Prisma

Abb. 89. Prismenderivator von *v. Harbou*

Den Unstetigkeitseffekt und die Bildknickung hat man in einem Gerät vereinigt, wenn man einen nicht durch einen Äquator begrenzten Kugelabschnitt einer Glaskugel durch einen durch den Kugelmittelpunkt gehenden Schnitt teilt und die beiden Hälften mit ihren Grundflächen zusammensetzt. Setzt man diesen Glaskörper auf die Kurve, spiegelt die gemeinsame Fläche, während bei senkrechter Betrachtung von oben eine gegenseitige Verschiebung der beiden Kurvenäste eintritt, wenn die Spur dieser gemeinsamen Fläche nicht mit der Kurvennormalen zusammenfällt (DRGM. Nr. 1305212).

Ein Apparat, der zu einer gegebenen Kurve die Differentialkurve zeichnet, ein sog. Differentiograph, ist der Apparat von *Hürthle* [324], der ein drehbares Mikroskop mit Fadenkreuz benutzt, das so auf der Kurve entlanggeführt wird, daß der eine Faden dieses Kreuzes die Kurve stets tangiert [485, 783]. Andere Differentiographen werden im Abschnitt VII, A besprochen werden.

5. Krümmungsmessung

Die Bestimmung höherer Ableitungen aus gezeichnet vorliegenden Kurven ist nur sehr wenig genau durchführbar. Bei der zweiten Ableitung kann diese Messung durch die Bestimmung der Krümmung ersetzt werden. Man kann die Krümmung durch Anpassen eines starren Kurvenlineales bekannter Krümmung bestimmen. Kurvenlineale mit einer entsprechenden Skala am Rand sind von *Bennecke* aus Stücken von logarithmischen Spiralen als Linealprofil zusammengesetzt worden, bei denen bekanntlich der Krümmungsradius proportional der Bogenlänge wächst, und von *Emde* [187] unter Benutzung von Stücken der Spinnlinie (Klothoide) und von Kurven, die er als Sici-Spiralen bezeichnet, weil ihre Koordinaten proportional dem Integralkosinus und dem Integralsinus von $\frac{100\,K}{p}$ sind, wo mit p die Änderung der Krümmung K in Prozent je mm Bogenlänge bezeichnet ist. Bei ihnen ändert sich die relative Krümmung proportional der Bogenlänge. Am Rande gibt *Emde* außer dem Krümmungsradius in cm die Krümmungsänderung p in Prozenten an. Einen einfachen Apparat, der im wesentlichen aus zwei Spiegellinealen besteht, hat *Closterhalfen* konstruiert [115].

Eine Vorrichtung zur elastisch-mechanischen Bestimmung der Krümmung hatte schon *Tschebyscheff* angegeben. Neuerdings sind solche Apparate von *Katterbach* [352] und von *Teofilato* [730] konstruiert worden. Sie bestimmen die Krümmung K einer Kurve durch Messung des Biegemomentes M einer Blattfeder, die sich der Kurve in der Umgebung des betreffenden Punktes möglichst anschmiegt. Die Krümmung wird dann nach der Formel $K = M/EI$ berechnet (EI Biegesteifigkeit des Balkens). Das Biegemoment wird dabei aus den Druckkräften zwischen der Feder und einer Reihe gleichabständiger Stellschrauben bestimmt, die der Feder die erforderliche Form geben.

Katterbach hat auch einen Apparat zur elasto-optischen Krümmungsmessung, insbesondere schwach gekrümmter Kurven, konstruiert [352]. Eine elastische Feder, die an einer Seite verspiegelt ist, wird mittels einer Anzahl von Schrauben der Kurve möglichst gut angepaßt. Die Krümmung dieser Feder wird dann nach einem aus der praktischen Optik bekannten Krümmungsverfahren für spiegelnde Flächen bestimmt. Bringt man unter Benutzung einer Zylinderlinse L Gegenstand O und Bild O' nach Reflexion an der spiegelnden Fläche S zur Deckung, so gilt mit den Bezeichnungen von Abb. 90, wenn man die Brennweite der Linse mit f bezeichnet,

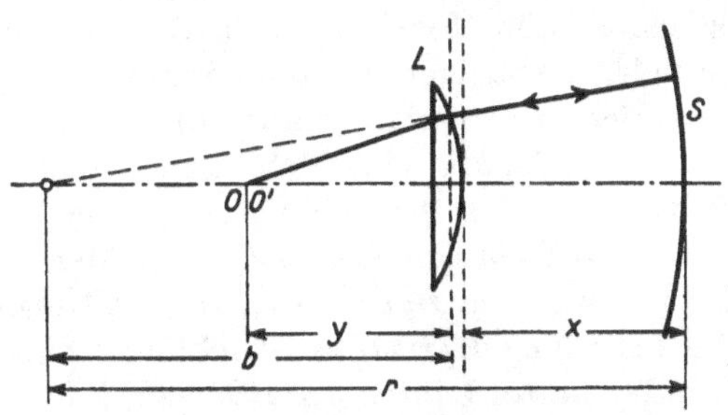

Abb. 90. Optische Messung der Krümmung einer spiegelnden Fläche

$$r = x + b\,, \quad \frac{1}{y} - \frac{1}{b} = \frac{1}{f}\,. \tag{1}$$

Also ist

$$r = x + \frac{f\,y}{f - y}\,. \tag{2}$$

Da f bekannt ist, hat man nur x und y zu messen. Bei den vorgenommenen Messungen betrugen die Abweichungen im Mittel etwa 2%. Für konvexe Krümmung erhält die rechte Seite von (2) das entgegengesetzte Vorzeichen. Wie *Lindinger* [423] gezeigt hat, kann man eine größere Meßgenauigkeit erzielen, wenn man unter Benutzung geodätischer Instrumente die halbe Sehne und den zugehörigen Zentriwinkel mißt.

V. PLANIMETER

A. Geschichtliches

Planimeter nennt man heute meist Apparate, mit denen Flächeninhalt oder irgendein Moment eines Ebenenstückes dadurch bestimmt wird, daß man seine Umrandung mit einem Fahrstift umfährt. Älter sind Vorrichtungen, die den Inhalt krummlinig begrenzter Ebenenstücke durch Auszählen von Quadraten oder durch Ausmessen von Parallelstreifen ermitteln. Auch diese werden wohl als Planimeter bezeichnet; z. B. ist das Planimeter von *Zobel* und *Müller* aus dem Jahre 1815, das sich im Deutschen Museum in München befindet, ein solcher Apparat [838]. Das erste Umfahrungsplanimeter wurde im Herbst 1814 von *Hermann* erfunden. Ein Modell wurde 1817 von dem Mechaniker *Sammet* in München hergestellt. Messungen mit diesem Modell ergaben eine Genauigkeit von $^1/_4{}^0/_0$. Als Integriermechanismus wurde ein sich in x-Richtung abrollender Kegel benutzt, auf dessen Mantel eine Meßrolle so verschoben wurde, daß ihr Abstand von der Spitze immer proportional y war. Die Erfindung geriet in Vergessenheit. Erst nach dem Tode von *Sammet* 1848 fanden sich in dessen Nachlaß Aufzeichnungen, auf Grund deren *Bauernfeind* 1855 in Dinglers Polytechnischem Journal [42] über die Erfindung *Hermanns* berichtete. Nach dem gleichen Prinzip, das *Hermann* benutzt hatte, bauten 1824 *Gonella* [191] und 1827, wahrscheinlich unabhängig von *Gonella*, *Oppikofer* Planimeter. Einen ähnlichen Integrationsmechanismus schlug auch *Sang* 1852 vor. *Gonella* ging 1825 vom Kegel zur Scheibe über und erfand damit den Integrationsmechanismus, der nach ihm genannt wird und der neuerdings vielfach unter der Bezeichnung „Reibradgetriebe“ Verwendung findet. Der Apparat von *Oppikofer* wurde von *Ernst*, General *Morin* und *Wetli* umkonstruiert, *Wetli* verwendet ebenfalls die Meßrolle auf einer Scheibe. Diese *Wetli*-Planimeter wurden mit einigen Verbesserungen seit 1849 von *Starke*, später *Starke* und *Kammerer* in Wien [705] und ebenfalls mit einigen Änderungen seit 1850 von *Hansen* in Gotha gebaut. 1854 beschrieb *Sarubin* ein Planimeter mit Integrierrolle auf beweglicher Unterlage, die die Form eines Sektors hat. Auf einem anderen Prinzip beruht das Hyperbelplanimeter von *Stadler* (1855), das zum Integrieren einen Umdrehungskörper benutzt, der durch Rotation einer gleichseitigen Hyperbel um eine Asymptote entsteht [169, 212, 754].

1854 erfand dann *Amsler* das heute am meisten benutzte Polarplanimeter, mit der sich auf der Zeichenebene verschiebenden Integrierrolle [14, 165]. Es wurde zunächst von der Firma Amsler in Schaffhausen hergestellt. Ein Jahr später erhielt *Miller-Hauenfels* (Leoben) ein Patent auf ein nach dem gleichen Prinzip arbeitendes Planimeter. Der Bau dieses Apparates wurde ebenfalls *Starke* und *Kammerer* übergeben, die das Planimeter mit einigen Verbesserungen von *Stampfer* herstellten [151, 705]. Die Planimeter *Miller-Stampfer* waren Kompensationsplanimeter [650]. *Ott* und *Coradi* lernten diese Apparate in Wien kennen und bauten von 1874 ab in einer gemeinsam gegründeten Firma in Kempten unter Verzicht auf die Kompensation und unter Aufnahme Amslerscher Konstruktionsideen derartige Planimeter. Das Kompensationsprinzip geriet in Vergessenheit und wurde erst 1894 von dem Landmesser *Lang* [402] wiedergefunden. *Coradi* schied 1880 in Kempten aus und gründete in Zürich eine neue Firma. Noch heute sind es insbesondere die drei Firmen *Amsler, Coradi* und *Ott,* die außer Planimetern einen großen Teil der weiterhin zu besprechenden mathematischen Instrumente konstruiert haben und bauen (s. a. [150, 303]).

B. Flächenmessung durch Umwandlung, Streifenmessung und Abgleichen

1. Bestimmung der Größe geradlinig begrenzter Flächenstücke

a) Aufteilung in Dreiecke

Der Inhalt geradlinig begrenzter Flächenstücke wird durch Zerlegen in Dreiecke, Rechtecke und Trapeze und deren Ausmessung bestimmt. Zur Inhaltsbestimmung der Dreiecke kann man diese z. B. mittels des *Waue-Flächenmessers* in Dreiecke gleicher Höhe verwandeln und dann ihren Inhalt an einer mit der neuen Grundlinie zusammenfallenden Skala des Apparates ablesen. Man kann dazu auch ein *Parallelenlineal* benutzen, dessen eine Schiene einen Maßstab zum Messen einer Seite trägt, während man mit einem senkrecht dazu stehenden Maßstab den Abstand der Parallelen, den man gleich der Dreieckshöhe macht, bestimmt [41, 390] oder auch den Flächenmesser von *Becker* [148].

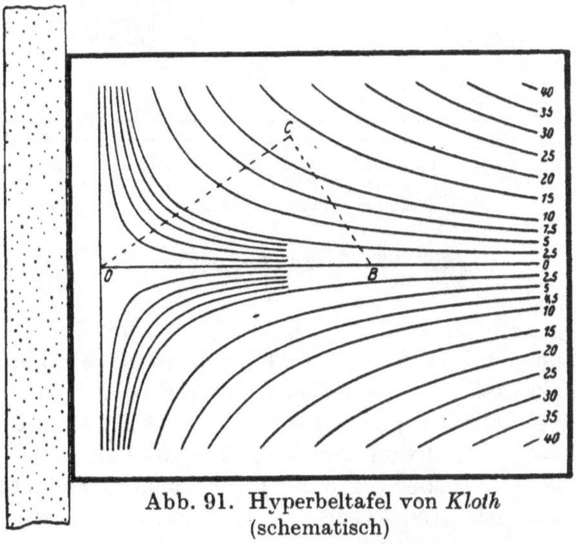

Abb. 91. Hyperbeltafel von *Kloth* (schematisch)

b) Die Klothsche Hyperbeltafel

Häufig wird zur Bestimmung der Dreiecksinhalte die *Klothsche Hyperbeltafel* benutzt. Diese besteht nach Abb. 91 aus einer längs einer Schiene verschiebbaren durchsichtigen Platte, die ein Netz bezifferter gleichseitiger Hyperbeln trägt, deren eine Asymptote in der Verschiebungsrichtung, deren andere senkrecht dazu verläuft. Letztere bringt man mit einer Dreiecksseite OB so zur Deckung, daß O in den Schnittpunkt der Asymptoten fällt. Verschiebt man dann die Tafel so, daß die dritte Ecke C auf der Asymptote liegt, so liest man an der Hyperbel, auf der jetzt B liegt, den Dreiecksinhalt ab [299, 369—371, 400, 654, 663, 823]. Schon 1848 war über eine solche Vorrichtung von *Ermakow* in der Ausgabe der Bibliothek des russischen Generalstabes berichtet.

c) Verwandlungsplanimeter

Ein anderer sehr brauchbarer kleiner Apparat ist das Verwandlungsplanimeter [31, 153, 502]. Es besteht, vgl. Abb. 92, aus einer mit einem Maßstab versehenen Schiene S_1, die fest auf die Zeichenunterlage gelegt wird und in der eine zweite Schiene S_2 gleitet. Die Stellung der Schiene S_2 kann mit dem Nonius N abgelesen werden. Sie trägt einen Seitenarm C mit einer Achse D, um die sich eine dritte Schiene S_3 drehen kann. Die Achse D besitzt eine Öffnung, die unten durch eine Glasplatte mit einem kleinen Kreis geschlossen ist; sein Mittelpunkt fällt mit dem Drehpunkt von S_3 zusammen. Er bewegt sich auf einer Geraden s. S_3 kann durch die Sperrschraube Sp blockiert und durch die Schraube Sch_1 in ihrer Richtung etwas verstellt werden. Diese Schiene trägt in einer Aussparung eine Glasplatte mit einem Maßstab M, dessen Nullpunkt im Drehpunkt von S_3 liegt, und eine Indexgerade I, die durch diesen Drehpunkt geht. I kann man mittels der Marke m senkrecht zu S_1 stellen. Das geschieht zunächst, und man verschiebt S_2 so, daß I durch A geht (Abb. 92 links oben). Man notiert den Abstand des Punktes A von s und stellt den Maßstab von S_1 mittels der Schraube Sch_2 so ein, daß der Nonius etwa auf Null steht. Dann bringt man S_3 in die Lage $A'B$, verschiebt sie parallel mit sich nach links so, daß I durch A geht. Jetzt ist $\triangle A'BN_1 = \triangle A'BA$ und damit das Trapez $A'ABB' = \triangle N_1B'B$. Unter Festhalten von N_1 dreht man S_3 so, daß I durch C geht, verschiebt wieder parallel, bis B auf I liegt. Nun ist $\triangle N_1CN_2 = \triangle N_1CB$ und das Flächenstück $A'C'CBA = \triangle N_2C'C$. In

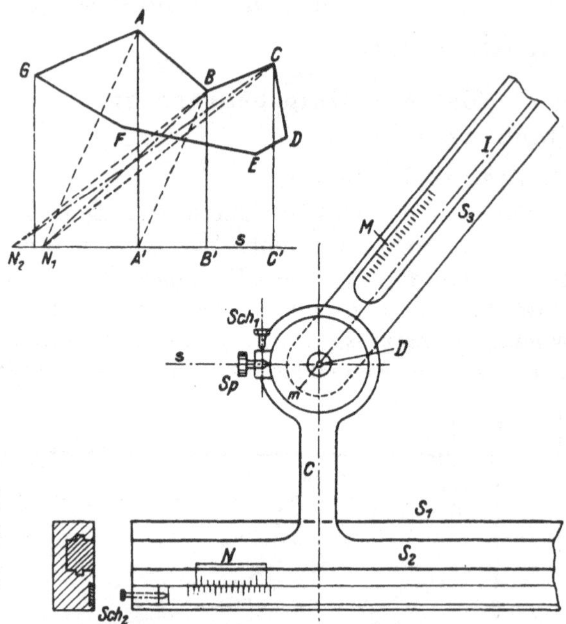

Abb. 92. Verwandlungsplanimeter

der gleichen Weise geht man weiter. Hat man so das ganze zu messende Flächenstück umfahren, ist sein Inhalt gleich dem rechtwinkligen Dreieck, dessen eine Kathete gleich dem Abstand der Anfangs- und Endeinstellung des Nonius auf der Hauptschiene S_1 ist, während die andere gleich dem senkrecht zu dieser Schiene gemessenen Abstand des Drehpunktes der Schiene S_3 vom letzten Punkt A der Umrandung, der mit dem Anfangspunkt zusammenfällt, ist. Diese Größe wurde bei Beginn gemessen. Einen ähnlichen Apparat hat *Ciurileanu* angegeben [113].

Bei allen diesen Verfahren hat man auf die mögliche Änderung der Papiergröße und die Verzerrung durch wechselnde Aufnahme von Luftfeuchtigkeit zu achten [86, 87, 208, 214, 259, 392, 405, 661, 735, 770].

2. Bestimmung der Größe krummlinig begrenzter Figuren

a) Quadratmillimetertafel

Den Inhalt krummlinig begrenzter Flächenstücke kann man so bestimmen, daß man auf das Flächenstück ein auf eine Glastafel geritztes Quadratnetz legt und zunächst die ins Innere fallenden Quadrate auszählt. Weiter ist der ins Innere fallende Teil der von der Randkurve geschnittenen Quadrate abzuschätzen [354, 448, 449]. Benutzt man statt des gleichmäßigen Netzes ein Funktionsnetz, kann man auf diese Art auch den Wert von Integralen über eine Funktion der Ordinate, also

$$\int f(y)\, dx$$

berechnen. Z. B. kann man so die Momente $\int y^n\, dx$ eines Ebenenstückes bezogen auf eine Achse bestimmen, indem man ein Netz benutzt, das aus den Linien $\sqrt[n]{y}$ für gleichabständige y und äquidistanten y-Parallelen besteht [627, 789]. Auch für Polarkoordinaten sind derartige Netze verwendet worden. So werden bei der sog. „Spinne" durch die Gaußsche Häufigkeitsverteilung bestimmte Netze benutzt, um die Treffwahrscheinlichkeit flächenhafter Ziele zu ermitteln [211, 626, 789].

b) Schiebeplanimeter

Um das Auszählen zu sparen, kann man statt des Quadratnetzes eine Tafel mit gleichabständigen Parallelen benutzen (Harfenplanimeter) [382] und die Länge der ausgeschnittenen Streifen mit einem Meßrädchen oder einem Additionszirkel ausmessen und addieren. Multipliziert man die bis zur Gebietsgrenze ausgemessenen Strecken einfach mit der Streifenbreite, wie das z. B. bei Ledermeßmaschinen geschieht, so bekommt man Werte, deren Fehler *G. Obalski* [535] untersucht hat. Besser tut man, die krummlinigen Grenzen abzugleichen, d. h. der Streifen ist durch eine senkrecht zu seiner Länge verlaufende Gerade so zu begrenzen, daß die beiden von ihr, den beiden Grenzparallelen und der Kurve begrenzten Dreiecke inhaltgleich sind. Das Produkt aus der Summe der Streifenlängen und der Streifenbreite gibt den Inhalt. Meistens erfolgt eine Einteilung in Streifen gleicher Breite durch eine längs eines Rahmens oder Lineales verschiebbare Glasplatte, die gleichabständige, parallele Gerade in der Verschiebungsrichtung trägt. Diese werden von einer Indexgeraden senkrecht geschnitten, die zur Abgleichung der Streifen am unteren und oberen Ende dient. Die Größe der Verschiebung des Indexstriches von dem unteren zum oberen Rande wird mittels einer Rolle abgelesen, wie bei dem Planimeter von *Beuvière* [331] und dem von *Mönkemöller* [325, 495], bei denen diese Rolle auch gleich die Aufsummierung vornimmt. Die Genauigkeit des letzteren wird von *J. Hamann* [257] der eines Präzisionsplanimeters gleichgesetzt. Ähnlich arbeitet auch das Planimeter von *Müller* und *Zobel* [838]. Bei diesem kann durch Hebeldruck ein auf einem Rahmen laufender Wagen stets um das gleiche Stück in x-Richtung verschoben werden. Auf dem Wagen läuft in y-Richtung eine große Meßrolle mit Zählrad für die ganzen Umdrehungen. An einem kleinen Rahmen, der sich mit der Meßrolle in y-Richtung verschiebt, befindet sich auf einer Glasplatte ein Indexstrich zum Einstellen der Ordinaten. Bei Bewegung in der einen Richtung liegt die Meßrolle auf der Unterlage auf, bei der in der anderen wird sie gehoben und festgehalten. Andere Planimeter nehmen die Messung und Addition mittels eines besonderen Rechenstabes vor, wie das beim Planimeter von *de Wal* [773] geschieht, oder man kann, wie beim Planimeter von *Wilda* [810], wenn die Tafel genügend lang ist und eine genügende Zahl engliegender Querlinien hat, die Addition durch Verschiebung der Tafel selbst vornehmen. Auch *Wolodin* berichtet in den Schriften der landwirtschaftlichen Lebedewskij-Gesellschaft 1854 Nr. 1 über ein ähnliches Planimeter. Einen einfachen Apparat zum Abgleichen gleichbreiter Abschnitte von Registrierkurven haben *Messerschmidt* und *Lutz* angegeben [477].

Zum Ausmessen schmaler Streifen veränderlicher Breite hat man Meßrollen mit veränderlicher Achsenrichtung benutzt [243].

c) Schiebeplanimeter für Stieltjes-Integrale

Neuerdings werden in der Spektrophotometrie Schiebeplanimeter zur Berechnung von Stieltjes-Integralen benutzt. Es liege ein Integral der Form

$$J = \int_a^b x(\lambda)\,\tau(\lambda)\,d\lambda = \int_{X(a)}^{X(b)} \tau(\lambda)\,dX(\lambda)$$

vor, wo

$$X(\lambda) = \int_a^\lambda x(\mu)\,d\mu$$

ist. Man denkt sich nun die Umzeichnung der Kurve $\tau(\lambda)$ auf die Abszisse $X(\lambda)$ ausgeführt und denkt sich dort die Integration durch Ausmessung gleichabständiger Ordinaten durchgeführt. Die den äquidistanten Werten $X(\lambda)$ entsprechenden λ-Werte markiert man auf der Abszissenachse der Kurve $\tau(\lambda)$ und summiert die zu diesen Werten gehörenden Ordinaten von $\tau(\lambda)$. Die Summe ergibt multipliziert mit $\Delta X(\lambda)$ einen Näherungswert für das Integral J [271].

Für die Ausführung dieser Summation sind verschiedene Apparate konstruiert worden. Bei dem von *Swank* und *Mellon* [726] wird die Kurve $\tau(\lambda)$ auf ein Tischchen gespannt, das sich mittels Ketten und Rädertriebes senkrecht zu einem Messingbalken in Ordinatenrichtung verschieben läßt. Auf diesem sind die λ-Werte markiert, für die die Ordinaten der Kurve $\tau(\lambda)$ auszumessen sind. Die Größe der Verschiebung wird durch ein Umdrehungszählwerk UZ gemessen. Bei der Ausführung der Messungen wird zunächst die Nullinie $\tau = 0$ unter den Balken gebracht. Dann wird mittels einer Handkurbel das Tischchen unter dem Balken so weit verschoben, daß die erste λ-Marke auf der Kurve liegt. Das Zählwerk mißt diese Verschiebung. Nun wird der Tisch zurückgekurbelt, bis die Nullinie wieder unter dem Balken liegt. Bei dieser Bewegung ist das Zählwerk automatisch ausgeschaltet. Genau so verfährt man dann mit dem zweiten und den weiteren Ab-

Abb. 93. Schiebeplanimeter für Stieltjes-Integrale

szissenpunkten. Am Schluß zeigt das Zählwerk die Summe der in Frage kommenden Ordinaten an, und nach Multiplikation mit $\Delta X(\lambda)$ hat man den gesuchten Näherungswert.

Der Apparat wurde von *Sears* [685] dahingehend abgeändert, daß er das Tischchen durch eine Trommel T ersetzte, den Messingstab durch ein Dreikant. Auf jeder Fläche dieses Dreikantes ist eine den drei Grundfarben entsprechende Skala angebracht. Durch Drehen um die Stabachse kann man eine dieser Skalen einstellen. Der Antrieb der Trommel erfolgt entweder durch Hand oder durch einen Elektromotor. Mit diesem Apparat lassen sich 30 Ordinaten in 1 bis 2 Minuten ausmessen. Abb. 93 zeigt einen etwas vereinfachten Apparat dieser Art, wie er im Institut für wissenschaftliche Photographie an der Technischen Hochschule Dresden gebraucht wird.

Das Dreikant ist hier durch einen Zylinder ersetzt, der vier verschiedene Skalen trägt und auswechselbar ist. Durch Drehung dieses Zylinders kann die entsprechende Skala auf die Sichtseite gebracht und dort durch Einrasten festgehalten werden. Das Zählwerk rechts zählt die ganzen Umdrehungen; an der links davon liegenden Trommel kann man Tausendstel Umdrehungen ablesen. Die nach vorn herausstehende Schraube dient dazu, einen Anschlag für die Trommeldrehung auf die Linie $\tau = 0$ zu bringen. Ferner sieht man den auf der Skala verschiebbaren kleinen Wagen, der auf einer Glasplatte das über der Trommel liegende Ablesekreuz trägt.

d) Die Planimeter von Günther und Schnöckel

benutzen das gleiche Prinzip, nur daß sie die Fläche nicht in Streifen, sondern in Kreisringe, wie es früher schon *Westfeld* getan hatte, zerlegen. Diese Kreisringe haben bei dem ersten Planimeter alle die gleiche Breite. Ihre Länge wird mit einer Meßrolle ausgemessen, deren Abstand vom Drehpunkt immer gleich dem mittleren Streifenradius ist [241, 242]. Beim zweiten [666, 667] sind die Grenzkreise nicht gleichabständig, sind vielmehr wie in Abb. 94 so gewählt, daß alle Vollringe den gleichen Flächeninhalt von 4000 mm^2 haben. Stücke der Grenzkreise sind auf einen langen durchsichtigen Streifen gezeichnet, der um die Achse A drehbar ist, die mit einer Spitze auf das Papier gesetzt wird. Um die gleiche Achse dreht sich eine Scheibe MS, deren Umfang in 400 gleiche Teile geteilt ist.

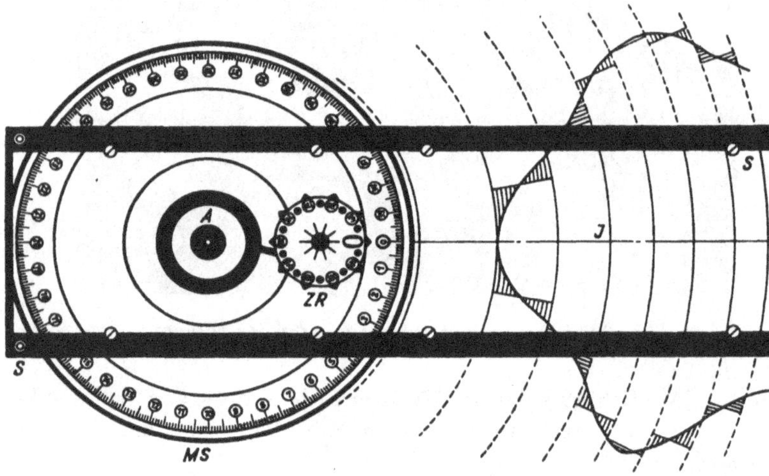

Abb. 94. Planimeter von *Schnöckel*

Sie wird bei Drehung des Streifens S durch Reibung mitgenommen, kann aber auch festgehalten werden, so daß sich dann der Streifen allein dreht. Auf der Mitte des Streifens verläuft der Indexstrich J. Die Anwendung des Instrumentes ist die folgende. Man setzt den Apparat so auf die zu planimetrierende Fläche, daß diese links von einem Grenzkreis berührt wird, und stellt den Streifen so, daß der Indexstrich das von dem ersten Kreisring abgeschnittene Flächenstück oben abgleicht. Dann dreht man den Streifen unter Festhalten der Scheibe so weit nach unten, daß der Indexstrich dieses Kreisringstück am unteren Rande abgleicht. Jetzt wird die Scheibe losgelassen und Streifen und Scheibe so weit nach oben gedreht, daß J den zweiten Streifen am oberen Rande abgleicht. Die Zählscheibe wird festgehalten und der Streifen nach unten gedreht, bis der Index den zweiten Kreisringstreifen unten abgleicht usw. Nachdem die ganze Fläche so ausgemessen ist, multipliziert man die vollen Umdrehungen der Zählscheibe, die durch ein besonderes Zählrad ZR gezählt werden, mit 4000 mm^2, während man die Bruchteile an der Scheibe abliest. Ein Zehntel ihrer Teilung entspricht einem Quadratmillimeter Fläche.

e) Flächenmessung durch Wägung

Eine andere Möglichkeit zur Bestimmung des Flächeninhaltes ist die, daß man das Gewicht der Flächeneinheit des Papiers bestimmt, auf dem die Figur gezeichnet ist, und dann das Gewicht des ausgeschnittenen Flächenstückes feststellt; der Quotient aus beiden Gewichten gibt die Flächengröße. Bei Benutzung genauer Waagen erhält man so recht gute Werte.

C. Theorie der Umfahrungsplanimeter[1)]

Die heute verwendeten Planimeter haben fast alle einen *Fahrarm*; das ist ein Stab von im allgemeinen konstanter Länge l. Dieser trägt an seinem einen Ende den *Fahrstift* F, der auf der Randkurve des zu planimetrierenden Flächenstückes herumgeführt wird, während das andere Ende, der *Leitpunkt* L, sich mechanisch auf einer Kurve, der *Leitkurve*, bewegt. Ferner ist an dem Fahrarm irgendeine Meßvorrichtung angebracht, deren Einstellung man vor und nach der Umfahrung bestimmt. Die Differenz der Ablesungen gibt dann ein Maß für die Größe der vom Fahrstift umfahrenen Fläche, und zwar erhält man diesen Inhalt im allgemeinen positiv, wenn die Fläche im Zeigersinn umfahren wurde.

Um die Theorie dieser Planimeter [33, 70, 118, 234, 345, 362, 528, 650, 753, 757, 817, 818] zu erhalten, bringen wir die vom Fahrstrahl vom Anfangspunkt O nach dem Fahrstift F überstrichene Fläche in Beziehung zu einem Linienintegral. Dabei wird die Fläche positiv gerechnet, wenn derFahrstrahl sie im Gegenzeigersinne, negativ, wenn er sie im Zeigersinne überstreicht. Sind ξ, η die Koordinaten des Leitpunktes L, x, y die des Fahrstiftes F und bezeichnet man den Neigungswinkel des Fahrarmes gegen die x-Achse mit ϑ, so bestehen die Beziehungen

$$x = \xi + l \cdot \cos\vartheta, \qquad y = \eta + l \sin\vartheta. \tag{1}$$

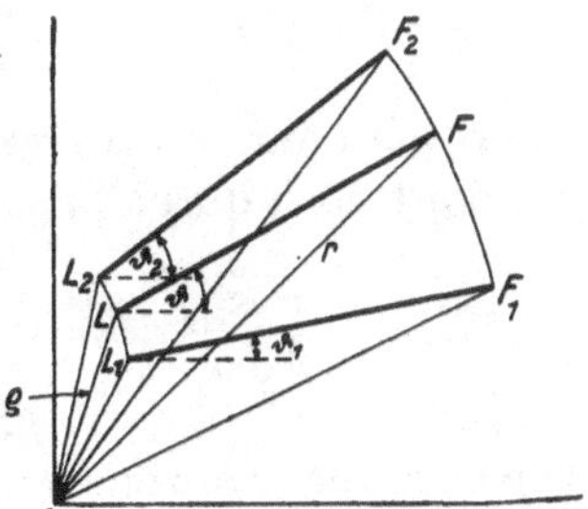

Abb. 95
Fahrarmverschiebung

Da es auch einige wenige Planimeter gibt, deren Fahrarmlänge l eine Funktion der Lage des Fahrarmes ist, z. B. könnte man den Planimeterstab von *Schnöckel* dahin rechnen [664, 665], wollen wir alle in diesen Formeln auftretenden Größen als veränderlich ansehen, und zwar wollen wir annehmen, daß man sie alle als Funktion einer Variablen t, die man etwa als Zeit deuten mag, ansehen kann. Der Fahrarm bewege sich nun in Abb. 95 aus einer Anfangslage 1 in eine Endlage 2. Bei dieser Bewegung überstreicht der Fahrstrahl r vom Anfangspunkt O zum Fahrstift F den Sektor $S = OF_1F_2$, der Leit-

[1)] Für die Leser, denen die hier gegebene Ableitung zu abstrakt sein sollte, werden in Anmerkungen bei den wichtigsten Planimetern kurze Ableitungen der betreffenden Planimeterformeln gegeben.

strahl ϱ von O nach dem Leitpunkt L den Sektor $\bar{S} = OL_1L_2$, deren Größe sich nach der bekannten Sektorformel aus

$$2\,S = \int_1^2 (x\,y' - y\,x')\,dt; \qquad 2\,\bar{S} = \int_1^2 (\xi\,\eta' - \eta\,\xi')\,dt \tag{2}$$

berechnet, in denen die Striche die Ableitungen nach t bezeichnen sollen. S und $\bar{S}$ ergeben sich aus den beiden Formeln positiv, wenn OF_1F_2 und OL_1L_2 im Gegenzeigersinne aufeinanderfolgen. Aus den Gl. (1) erhält man nun durch Differentiation:

$$\left.\begin{aligned} x' &= \xi' - l\sin\vartheta\cdot\vartheta' + l'\cos\vartheta \\ y' &= \eta' + l\cos\vartheta\cdot\vartheta' + l'\sin\vartheta \end{aligned}\right\} \tag{3}$$

und daraus durch Multiplikation mit der entsprechenden Gl. (1) und Subtraktion den Integranden von S

$$\begin{aligned} x\,y' - y\,x' = \xi\,\eta' - \eta\,\xi' &+ l\,(\eta'\cos\vartheta - \xi'\sin\vartheta) + l'\,(\xi\sin\vartheta - \eta\cos\vartheta) \\ &+ l^2\,(\cos^2\vartheta + \sin^2\vartheta)\,\vartheta' + l\,(\eta\sin\vartheta + \xi\cos\vartheta)\,\vartheta', \end{aligned} \tag{4}$$

wo das positiv und negativ auftretende Glied $ll'\sin\vartheta\cdot\cos\vartheta$ fortgelassen ist. Nun ist

$$\begin{aligned} -\frac{d}{dt}\{l(\eta\cos\vartheta - \xi\sin\vartheta)\} = &- l(\eta'\cos\vartheta - \xi'\sin\vartheta) \\ &+ l\,(\eta\sin\vartheta + \xi\cos\vartheta)\,\vartheta' \\ &- l'\,(\eta\cos\vartheta - \xi\sin\vartheta)\,. \end{aligned} \tag{5}$$

Unter Benutzung dieser Formel kann man den dritten und letzten Summanden auf der rechten Seite von (4) durch

$$+\,l(\eta'\cos\vartheta - \xi'\sin\vartheta) - \frac{d}{dt}\{l(\eta\cos\vartheta - \xi\sin\vartheta)\}$$

ersetzen und erhält, wenn man noch beachtet, daß $\cos^2\vartheta + \sin^2\vartheta = 1$ ist,

$$\begin{aligned} x\,y' - y\,x' = \xi\,\eta' - \eta\,\xi' + l^2\,\vartheta' & \\ - \frac{d}{dt}[l(\eta\cos\vartheta - \xi\sin\vartheta)] &+ 2\,l(\eta'\cos\vartheta - \xi'\sin\vartheta) \end{aligned} \tag{6}$$

Führt man nun die Integration von der Anfangslage 1 bis zur Endlage 2 aus und dividiert noch durch 2, so erhält man:

$$S = \bar{S} + \frac{1}{2}\int_{\vartheta_1}^{\vartheta_2} l^2\,d\vartheta - \frac{1}{2}[l(\eta\cos\vartheta - \xi\sin\vartheta)]_1^2 + \int_1^2 l(\eta'\cos\vartheta - \xi'\sin\vartheta)\,dt\,. \tag{7}$$

Um zu sehen, worum es sich bei den beiden letzten Summanden handelt, bedürfen diese noch einer Umformung. Bildet der Leitstrahl $OL = \varrho$ mit der x-Achse den Winkel φ, so sind die Koordinaten des Leitpunktes $\xi = \varrho\cos\varphi$ und $\eta = \varrho\sin\varphi$; also ist, wie man im einzelnen aus Abb. 96 abliest:

$$\begin{aligned} [l\,(\eta\cos\vartheta - \xi\sin\vartheta)]_1^2 &= [l\,\varrho\,(\sin\varphi\cos\vartheta - \cos\varphi\sin\vartheta)]_1^2 \\ &= [-\,l\,\varrho\sin\,(\vartheta - \varphi)]_1^2 = -\,[l\,q]_1^2 = l_1\,q_1 - l_2\,q_2, \end{aligned} \tag{8}$$

wenn man mit q die Stützgerade bezeichnet, d. h. den Abstand des Nullpunktes O von der Geraden durch die betreffende Fahrarmlage. Der vorletzte Summand ist also gleich dem Unterschied der Inhalte der beiden Dreiecke OLF, deren Grundlinie der Fahrarm in der Anfangs- bzw. Endlage, deren Spitze der Punkt O ist.

Im letzten Gliede tritt das Differential dh auf, das die Verschiebung des Leitpunktes L senkrecht zum Fahrarm mißt. Bildet nämlich die Verschiebung ds des Leitpunktes L mit der x-Achse den Winkel ω, so liest man für die Komponente von ds senkrecht zum Fahrarm aus Abb. 96 ab:

$$dh = ds \sin(\omega - \vartheta) = ds \sin\omega \cos\vartheta - ds \cos\omega \sin\vartheta = d\eta \cos\vartheta - d\xi \sin\vartheta,$$

und dafür kann man, da ja alle Veränderlichen nur von t abhängen, setzen

$$dh = (\eta' \cos\vartheta - \xi' \sin\vartheta)\, dt\,. \tag{9}$$

Die Meßvorrichtungen der Planimeter sind nun im allgemeinen so gebaut, daß eine Verschiebung des Fahrarmes, die von L aus gesehen nach rechts erfolgt, positiv gezählt wird; in diesem Fall ergibt die Fläche bei Umfahren im Zeigersinne einen positiven Inhalt. Wir haben hier dh positiv angesetzt, wenn von L gesehen die Verschiebung nach links erfolgt, um einheitlich alle Flächeninhalte positiv zu bekommen, wenn die Flächenstücke im Gegenzeigersinne umlaufen werden, wie das allgemein in der Mathematik üblich ist. Später werden wir gelegentlich das Vorzeichen anders wählen. Setzt man nun die Werte aus den Formeln (8) und (9) in die Gl. (7) ein, wird

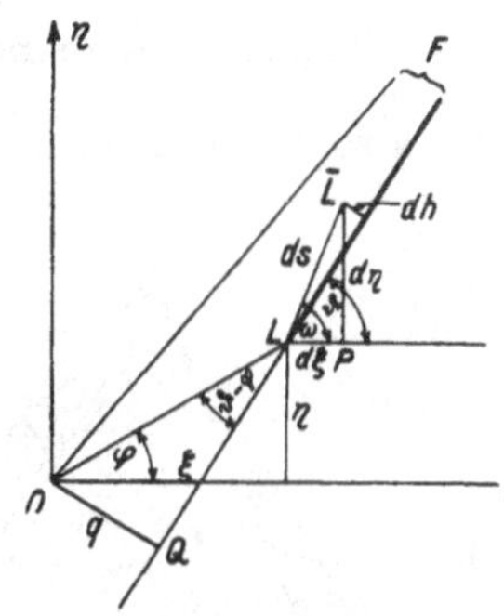

Abb. 96. Zur Umformung der beiden letzten Glieder der Planimetergleichung

$$S = \bar{S} + \frac{1}{2}\int_{\vartheta_1}^{\vartheta_2} l^2\, d\vartheta + \frac{1}{2}(l_2 q_2 - l_1 q_1) + \int_{P_1}^{P_2} l\, dh\,. \tag{10}$$

Das ist die *allgemeine Planimetergleichung*[1]). In ihr sind ϑ_1 und ϑ_2 die Winkel des Fahrarmes in der Anfangs- und Endlage gegen die x-Achse und P_1 und P_2 Anfangs- und Endpunkt der vom Leitpunkt L befahrenen Kurve. Ist l konstant, erhält man die allgemeine *Planimetergleichung für Planimeter mit einem Fahrarm unveränderlicher Länge*:

$$S = \bar{S} + \frac{1}{2} l^2 (\vartheta_2 - \vartheta_1) + \frac{1}{2} l (q_2 - q_1) + l \int_{P_1}^{P_2} dh\,. \tag{11}$$

Durch Spezialisierung gewinnt man aus dieser Formel für den größten Teil aller Planimeterkonstruktionen die in jedem Einzelfall geltende Formel. Mit der Formel (10) bzw. (11) hat man also einen Zusammenhang zwischen einem zu bestimmenden Flächeninhalt und dem mittels Meßrolle oder einer anderen Vorrichtung zu bestimmenden Wert eines Linienintegrales gewonnen.

[1]) Unter Benutzung der Vektorschreibweise läßt sich diese Gleichung in wenigen Zeilen herleiten.

Ein anschauliches Bild der in der Formel (11) auftretenden Summanden gibt Abb. 97. Bringt man alle Glieder bis auf $l\int\limits_{P_1}^{P_2} dh$ auf die linke Seite, so treten hier die drei positiven Summanden

$$S+\frac{1}{2}l\,q_1+\frac{1}{2}l^2\,\vartheta_1=OF_1F_2+OL_1F_1+L_1AF_1$$

auf. Das gibt zusammen das Flächenstück $OL_1AF_1F_2O$. Ferner stehen dort die drei negativen Glieder

$$\bar{S}+\frac{1}{2}l\,q_2+\frac{l}{2}l^2\,\vartheta_2=OL_1L_2+OL_2F_2+L_1AB\,.$$

Diese Flächenstücke sind in Abb. 97 schraffiert. Das restliche Stück $L_1BF_1F_2L_2$ wird also durch das Integral $l\int\limits_{P_1}^{P_2} dh$ gemessen.

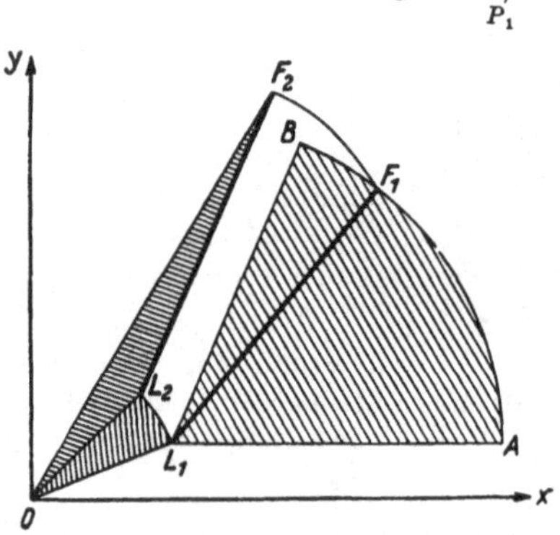

Abb. 97. Darstellung der einzelnen Glieder der allgemeinen Planimetergleichung

Die verschiedenen Planimeter unterscheiden sich einmal durch die Form der Leitkurve; ist diese ein Kreis, hat man ein *Polarplanimeter*, ist sie eine Gerade, heißt der Apparat *Linearplanimeter*; erlaubt eine scharfkantige Rolle oder Schneide dem Leitpunkt L nur, sich in der augenblicklichen Fahrarmrichtung zu bewegen, so daß in Gl. (10) stets $\int l\,dh$ Null ist, spricht man von einem *Schneidenplanimeter*, das wohl auch als *Beilplanimeter* bezeichnet wird. Läßt man den Fahrarm durch einen festen Punkt gleiten, hat man ein *Radialplanimeter*.

Ferner unterscheiden sich die verschiedenen Konstruktionen durch die Art, in der $\int dh$ gemessen wird. Die meisten Planimeter benutzen dazu eine *Meßrolle*. Es kann dies Integral aber auch mittels einer *scharfkantigen Rolle* gemessen werden, die sich auf einem zum Fahrarm senkrechten Arm verschieben kann. Ferner benutzt man dazu *Reibradgetriebe*, die aus einem Meßrad oder Meßzylinder bestehen, die durch eine sich drehende Scheibe, einen Kegel oder eine Kugel mitgenommen werden. Diese letzten Meßvorrichtungen werden meist bei Präzisionsapparaten benutzt, deren Genauigkeit etwa das Fünffache der der üblichen Planimeter beträgt.

D. Integriervorrichtungen

Im vorigen Abschnitt wurde gezeigt, wie man die Flächenmessung auf die Bestimmung eines Linienintegrales $\int dh$ zurückführen kann. Zur Messung dieses in der allgemeinen Planimetergleichung für Umfahrungsplanimeter V, C (11) auftretenden Linienintegrales benutzt man verschiedene Vorrichtungen.

1. Die Integrierrolle

a) Konstruktion der Rolle und des Fahrwerkes

Am häufigsten benutzt man dazu Integrierrollen, das sind Rollen mit balligem Rand, die auf ihrer Unterlage je nach Art der Verschiebung teils gleiten, teils abrollen. Ein mit einer solchen Rolle ausgestattetes Meßwerk zeigt Abb. 98. Ihr wesentlicher Teil ist eine Stahlscheibe von rd. 20 mm Durchmesser und 2 mm Dicke mit gewölbtem Laufrand, dessen die Unterlage berührende Mittelzone durch Querschliff mit einer Verzahnung von mikroskopischer Feinheit bei einer Breite von 0,3 bis 0,6 mm, der sog. *Riffelung*, versehen ist. Diese Scheibe sitzt auf einer in fein geschliffene Kegelspitzen auslaufenden Achse von rd. 40 mm Länge und ist mit einer hundertteiligen Meßtrommel verbunden, an der mit einem Nonius N die Tausendstel einer Rollenumdrehung U abgelesen werden können. Das Vielfache von U wird von einer durch Schneckentrieb St von der Achse bewegten Zählscheibe Z angezeigt.

Abb. 98. Meßwerk eines Planimeters mit Integrierrolle R und Zählscheibe Z. Schutzhaube H hochgeklappt

Die Achse läuft in Körnerstiften (Zylindern mit einer Bohrung von etwa 0,3 mm), deren gegenseitige Entfernung durch die Schrauben S reguliert werden kann. Die Rolle sitzt in einem außer von ihr auch von einer Stützrolle StR getragenen Rahmen, der entweder auf dem Fahrarm festsitzt oder auf ihm verschoben werden kann. Seine Lage, die die Länge des Fahrarmes bestimmt, kann durch Mikrometerwerk M mittels Nonius eingestellt werden. Der dritte Stützpunkt des ganzen Fahrwerkes ist der Fahrstift oder eine neben ihm angebrachte Stütze, die so eingestellt werden kann, daß der Fahrstift eben gerade über der Zeichenfläche hingleitet.

Gelegentlich ist das Meßwerk durch eine leicht abnehmbare Staubkappe H mit Zellophanfenster (in Abb. 98 hochgeklappt) [803] geschützt, wenn es nicht ganz in einen Kasten eingebaut ist, aus dem nur der Rollenrand herausragt [269]. Weitere gelegentliche Sonderheiten sind eine Ableselupe über dem Nonius der Rolle und eine Fahrlupe statt des Fahrstiftes.

Da bei der Ablesung der ganzen Umdrehungen mittels Zählscheibe leicht Irrtümer vorkommen, benutzt neuerdings die Firma *Amsler* für die Ablesung der ganzen Umdrehungen eine zu R koaxiale Trommel Z, die mittels eines Zahnradgetriebes von der hundertteiligen Meßrolle aus gedreht wird. Zählrad Z und Meß-

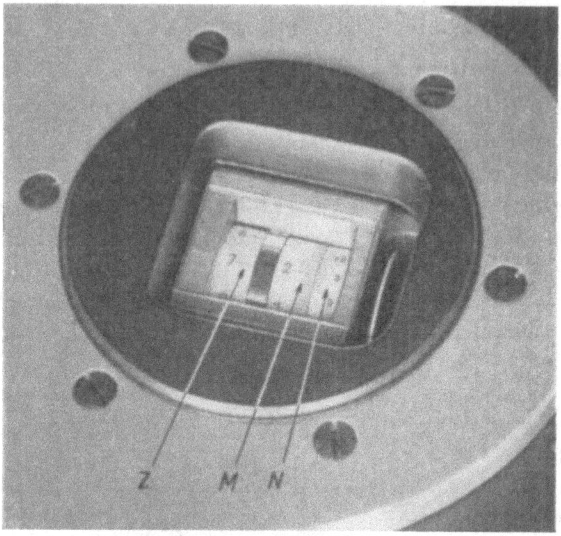

Abb. 98a. Meßwerk der Planimeter der Firma Amsler

rolle R lassen sich dann wie eine mehrstellige Zahl ablesen. Die Tausendstel der Umdrehungen von R müssen allerdings auch jetzt mit dem Nonius bestimmt werden. Abb. 98a zeigt ein solches in ein Potenzplanimeter eingebautes Ablesegerät.

b) Theorie

Verschiebt sich der Auflagepunkt der Rolle R (Abb. 99) in Richtung ihrer Achse, gleitet die Rolle, ohne sich zu drehen; bei Verschiebung senkrecht zur Achse rollt sie ab, ohne zu gleiten, bei Drehung der Rolle um eine Achse durch den Auflagepunkt tritt weder ein Gleiten noch ein Abrollen ein. Jede Verschiebung in irgendeiner Richtung kann man sich zerlegt denken in eine Verschiebung dv_2 in Achsenrichtung und eine dv_1 senkrecht dazu. Nur bei der zweiten Verschiebungskomponente wickelt sich der Rollenumfang um das Stück $dv_1 = ds \cdot \sin\gamma$ ab. Dieser Abwicklung entspricht eine Drehung der Rolle um dU, wo die unbenannte Zahl dU den Bruchteil der vollen Rollenumdrehung angibt. Ist ϱ der Radius der Integrierrolle, so hat man also die Gleichung

$$dv_1 = ds \sin\gamma = 2\pi\varrho \cdot dU\,. \tag{1}$$

Haben nun zwei Punkte P_1 und P_2 einer Kurve von einem beliebigen Anfangspunkt gemessen die Bogenlängen s_1 und s_2 und ist der variable Winkel zwischen Rollenachse und Kurventangente γ, so gilt beim Entlangführen des Auflagepunktes längs der Kurve von P_1 nach P_2 für die Rollendrehung

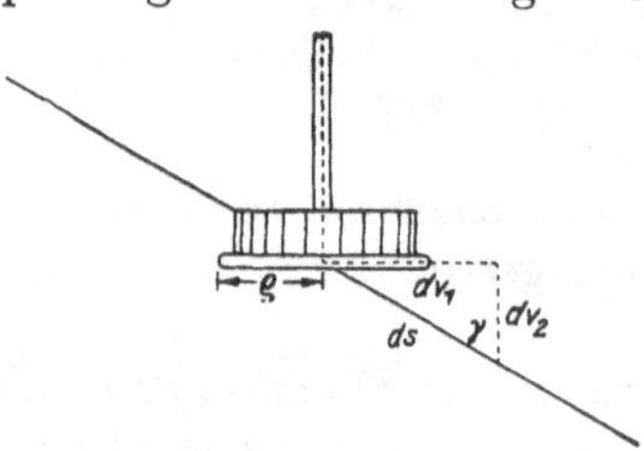

Abb. 99. Elementarverschiebung einer Integrierrolle

$$2\pi\varrho U = \int_{P_1}^{P_2} dv_1 = \int_{s_1}^{s_2} \sin\gamma\, ds\,. \tag{2}$$

Die Teilung der Rolle ist meist so beziffert, daß bei Verschiebung des Fahrarmes nach rechts, vom Leitpunkt aus gesehen, die Ablesung U anwächst. Bei Umfahren eines Ebenenstückes im Zeigersinne ist daher die Endablesung U_2 größer als die Anfangsablesung U_1. Bei Umfahrung im Gegenzeigersinne, die hier als positiv angesetzt wurde, hat man also $U = U_1 - U_2$ zu setzen. Liegt der Auflagepunkt der Integrierrolle unter dem Leitpunkt L des Fahrarmes, ist $dv_1 = dh$, so daß $2\pi\varrho \cdot U$ der Wert des in der Planimetergleichung V, C (11) auftretenden Integrales $\int dh$ ist.

Bei den meisten Planimetern ist nun aus technischen Gründen die Integrierrolle seitlich an irgendeiner Stelle des Fahrarmes angebracht. Wir bezeichnen den Winkel zwischen der Projektion der Verbindungslinie vom Leitpunkt L zum Auflagepunkt R der Rolle und der Fahrarmrichtung auf die Zeichenebene mit α; ferner möge die Rollenebene den Fahrarm im Abstand c vom Leitpunkt L schneiden. Wie in Abb. 100 angedeutet, läßt sich nun jede Bewegung des Fahrarmes aus den folgenden drei Teilbewegungen zusammensetzen:

α) Verschiebung in Richtung des Fahrarmes, so daß LA nach $L'A'$ kommt; dabei tritt keine Drehung der Rolle ein.

β) Verschiebung senkrecht zum Fahrarm um dh, so daß $L'A'$ nach $L''A''$ wandert. Die Integrierrolle wickelt sich dabei um $2\pi\varrho \cdot dU_1 = dh$ ab.

γ) Schwenkung des Fahrarmes bei festgehaltenem L'' um den Winkel $d\vartheta$, so daß sich der Auflagepunkt der Rolle auf einem Kreisbogen mit dem Radius $\frac{c}{\cos\alpha}$ von R'' nach R''' bewegt. Er verschiebt sich dabei um eine Strecke der Länge $\frac{c}{\cos\alpha}\, d\vartheta$. Da aber die Rollenachse mit der Bewegungsrichtung den Winkel $90° + \alpha$ bildet, findet eine Abwicklung der Rolle um

$$2\pi\varrho \cdot dU_2 = \frac{c}{\cos\alpha}\, d\vartheta \sin(90° + \alpha) = c\, d\vartheta \quad (3)$$

statt. Die Endformeln enthalten α nicht; die Drehung der Meßrolle ist daher unabhängig von dem Abstand der Rollenachse vom Fahrarm. Die gesamte Rollenabwälzung bei Entlangfahren längs eines Kurvenbogens P_1P_2 ist somit:

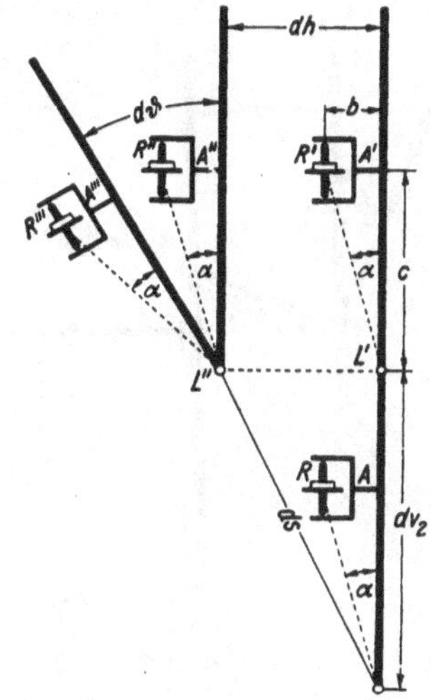

Abb. 100. Zerlegung der Elementarverschiebung einer seitlich am Fahrarm angebrachten Integrierrolle

$$2\pi\varrho \cdot U = 2\pi\varrho \int_{P_1}^{P_2} (dU_1 + dU_2) = \int_{P_1}^{P_2} dh + c(\vartheta_2 - \vartheta_1). \quad (4)$$

Setzt man hier den sich aus V, C (11) ergebenden Wert für $\int dh$ ein, so erhält man die allgemeine *Gleichung für Umfahrungsplanimeter mit Integrierrolle auf ruhender Unterlage*

$$2\pi\varrho U = \frac{S}{l} - \frac{\bar{S}}{l} - \left(\frac{l}{2} - c\right)(\vartheta_2 - \vartheta_1) - \frac{1}{2}(q_2 - q_1). \quad (5)$$

Tritt an die Stelle der Integrierrolle eine andere Meßvorrichtung, wie z. B. beim Planimeter von *Petersen* (V, E 9), so ist für $2\pi\varrho U$ zu setzen $\int dv_1$ [331]. Gelegentlich hat man die Achse der Meßrolle auch mit einem Gewinde versehen [527].

2. Das verschiebbare Schneidenrad

Die längs ihrer Achse verschiebbare scharfkantige Rolle ist eine andere Vorrichtung zur Bestimmung des Integrales $\int dh$ in der Planimetergleichung V, C (11).

Sie wurde schon von *Amsler* [10] angegeben. Eine solche Rolle hat die Eigenschaft, daß sie sich nur auf der Schnittgeraden ihrer Ebene mit der Unterlage abrollen, daß sie sich also nicht senkrecht zu ihrer Ebene verschieben kann. Sie kann sich aber um eine senkrecht zur Zeichenebene stehende Achse durch ihren Auflagepunkt drehen. Sie ist auf einem Hilfsarm verschiebbar, der meistens im Leitpunkt senkrecht zum Fahrarm steht. Wie oben zerlegen wir, um ihre Wirkungsweise kennenzulernen, eine beliebige kleine Bewegung des Fahrarmes in drei Teilbewegungen (vgl. Abb. 101):

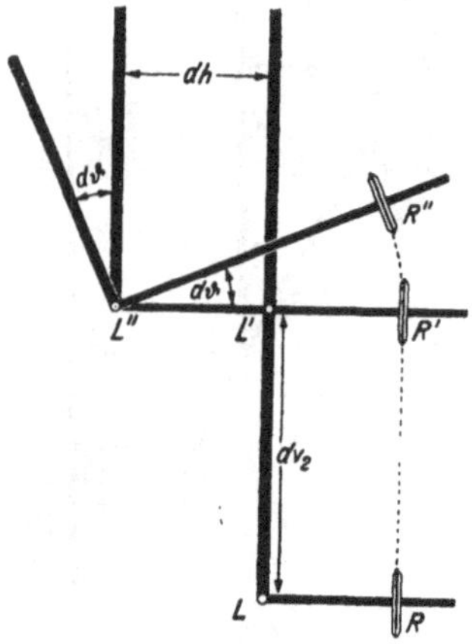

Abb. 101. Zerlegung der Elementarbewegung einer scharfkantigen Rolle, die längs ihrer zum Fahrarm senkrecht stehenden Achse verschiebbar ist

α) Bei Bewegung des Fahrarmes in seiner Richtung um dv_2 rollt die Rolle ab, verschiebt sich aber nicht auf dem Hilfsarm.

β) Verschiebt man den Fahrarm senkrecht zu seiner Richtung um dh, behält die Rolle ihre Lage relativ zum Zeichenblatt bei, verschiebt sich aber auf dem Hilfsarm um die Strecke dh.

γ) Bei Schwenkung des Fahrarmes um den Winkel $d\vartheta$ rollt die Rolle auf einem Kreisbogen von R' nach R'' ab, ohne sich auf dem Hilfsarm zu verschieben.

Die Gesamtverschiebung, die die Rolle auf dem Hilfsarm erfährt, wenn sich der Leitpunkt L auf einer Kurve von P_1 nach P_2 bewegt, ist also $\int_{P_1}^{P_2} dh$. Diese auf dem mit einer Einteilung versehenen Hilfsarm, bei einigen Planimetern mit Nonius, abzulesende Verschiebung ist also gleich dem in der Planimetergleichung V, C (11) auftretenden Integral. Geht die Verlängerung des Meßarmes nicht durch L, sondern steht er an irgendeiner anderen Stelle senkrecht zum Fahrarm, treten in der Planimetergleichung dieselben Zusatzglieder auf, wie sie bei der Meßrolle in V, D 1 b abgeleitet sind. Den Einfluß von Fehlern kann man ähnlich wie bei der Integrierrolle abschätzen (vgl. V, M). Gelegentlich wird die scharfkantige Rolle auch durch zwei schwere Walzen ersetzt, die durch eine Achse verbunden sind, auf der das eine Ende des Fahrarmes mit einer Hülse gleitet.

3. Die Schneide

In anderer Weise wird das Schneidenrad oder eine beilartige Schneide bei den Schneidenplanimetern und bei Integraphen verwendet. Bei ersteren ist die Rolle fest mit dem Fahrarm verbunden, so daß ihr Auflagepunkt unter dem Leitpunkt L liegt und daß ihre Ebene parallel zum Fahrarm senkrecht auf der Unterlage steht. Sie bewirkt, daß sich der Leitpunkt L in jedem Bewegungsmoment nur in Richtung des Fahrarmes bewegen kann, so daß stets dh gleich Null ist. In der Planimetergleichung V, C (11) tritt also das Integral $\int dh$ dann nicht mehr auf.

4. Der Gonellasche Integriermechanismus (Reibradgetriebe)

Der neuerdings, insbesondere auch bei den Integriermaschinen (VIII, D), wieder vielfach verwendete Gonellasche Integriermechanismus, z. B. [520, 659], besteht aus einer Scheibe S (Abb. 102), die sich proportional einer Größe v dreht, etwa der Abszisse der zu integrierenden Kurve. Auf dieser läuft eine Meßrolle R_1, deren Ebene senkrecht zu dem Radius der Scheibe steht, der durch ihren Auflagepunkt geht. Die Führung dieser Rolle ist so, daß sie sich nur in Richtung dieses Radius, d. h. senkrecht zu ihrer Ebene verschieben kann und daß ihr Abstand vom Scheibenmittelpunkt proportional einer Größe w, etwa der Ordinate der gegebenen Kurve, ist. Bei Drehung der Scheibe entsprechend dv wird also die Abwicklung der Integrierrolle proportional $w \cdot dv$ sein. Ist ϱ der Rollenradius, so ist die Drehung der Rolle bei Bewegung des Fahrstiftes auf einer Kurve von P_1 nach P_2

$$U = \frac{k}{2\pi\varrho} \int_1^2 w\, dv. \tag{6}$$

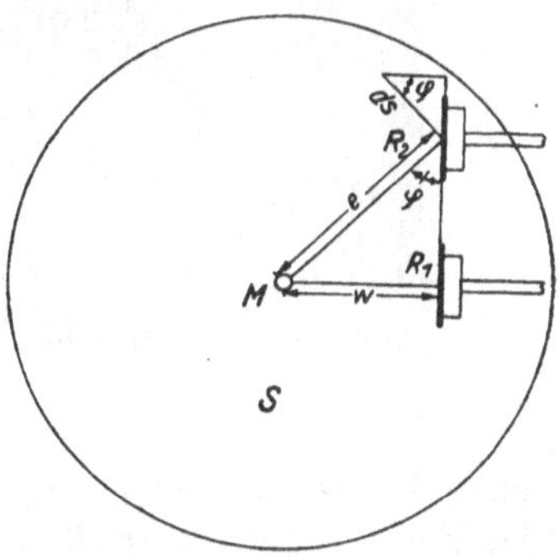

Abb. 102. Schematische Darstellung des Gonellaschen Integriermechanismus (Scheibe-Rolle)

Dieser Mechanismus wird vielfach in Meßvorrichtungen eingebaut, um direkt das Integral einer gemessenen Größe anzuzeigen. Man findet ihn z. B. bei integrierenden Thermometern [194], bei den integrierenden Dampfmaschinenindikatoren [165], bei integrierenden Pegeln [19], in den elektrischen Meßwagen der Reichsbahn (Arch. techn. Messen V 8291—1 (1940)); in den beiden letzteren Fällen ist er mit einer Vorrichtung zur elektrischen Fernmeldung der Ergebnisse versehen [570].

Abb. 103 zeigt die im letzten Fall benutzte Gonellasche Integriervorrichtung. Die Drehung der Scheibe S ist dem Wege, der Abstand der Integrierrolle vom Drehpunkt der Scheibe der Zugkraft der Maschine proportional, so daß die Drehung der Rolle die geleistete Arbeit mißt. Die ganzen Umdrehungen der Integrierrolle R werden vom Zählrad Z, die ganzen Umdrehungen dieses Rades von der Trommel T gezählt. Integrierrolle und Zählwerk sind mit der Schiene *Sch* verbunden, die sich auf Führungsrollen F parallel zum Scheibenradius nach dem Auflagepunkt der Integrierrolle R verschiebt.

Ist $w = y$ und $dv = dx$ und ist die Führung des Fahrstiftes so, daß bei Verschiebung parallel zur y-Achse keine Drehung der Scheibe eintritt, so kann man bei Befahrung einer Kurve $y = f(x)$ mit dem Fahrstift in jedem Moment

$$\int_{x_0}^{x} y\, dx = \frac{2\pi\varrho}{k} U(x) \tag{7}$$

ablesen. Instrumente dieser Art bezeichnete man früher als Koordinaten-, gelegentlich auch als Linearplanimeter. Heute nennt man sie Integrimeter. Viele ältere Planimeter, wie das von *Gonella* (1825), das von *Wetli* (1849), sind so ge-

Abb. 103. Gonellasche Integriervorrichtung, wie sie in den Meßwagen der Reichsbahn verwendet wird

baut. Heute verwendet man derartige Mechanismen bei den sog. Präzisionsplanimetern meist so, daß der Radius vom Drehpunkt M der Scheibe zum Auflagepunkt R_2 der Rolle auf der Meßrollenebene nicht senkrecht steht. Die in Richtung der Rollenebene fallende Komponente der Verschiebung des Auflagepunktes ist dann, wie man aus Abb. 102 abliest, $ds \cdot \sin\varphi = e \cdot k\,dv \sin\varphi = w \cdot k dv$, also die gleiche, wie wenn die Rolle im Abstande w senkrecht zum Berührungsradius stände. Bei einer neueren Abart des Gonellamechanismus wird die Scheibe durch eine Kugelkalotte ersetzt. Die Meßrolle wird dabei unverschiebbar eingebaut und dafür die Drehachse der Kugelkalotte um den Kugelmittelpunkt um den entsprechenden Winkel geschwenkt. Bei diesen Konstruktionen wird der Durchstoßpunkt der Drehachse mit der Scheibe bzw. der Kugelkalotte vor allem, wenn die Meßrolle mit großem Druck aufliegt und die Kalotte sich viel und schnell dreht, besonders beansprucht, da hier eine rein schleifende Bewegung der Meßrolle auf der Kugeloberfläche stattfindet. Während man daher die übrigen Teile der Kugelschale aus irgendeinem Metall machen kann, pflegt man für diese Stelle besonders gehärteten Stahl zu nehmen. Aus dem Weltiplanimeter hat man auch ein Momentenplanimeter entwickelt [660]. Auch Rotationskörper, z. B. solche, die durch Rotation einer gleichseitigen Hyperbel um eine ihrer Asymptoten entstehen, hat man in Verbindung mit Meßrädern als Integriermechanismen verwendet, z. B. tat das *Stadler* (1855) [212, 754].

5. Der Thomsonsche Integriermechanismus

Um Gleitbewegungen möglichst zu vermeiden, hat *J. Thomson* die Integrierrolle durch eine Kugel ersetzt, die mittels einer sie umfassenden Gabel G so verschoben werden kann, daß ihr Berührungspunkt von der Achse der jetzt schräg gestellten Scheibe immer einen Abstand $k \cdot w$ hat (Abb. 104) [738]. Diese Kugel ruht außer auf der Scheibe noch auf dem Zylinder Z, dessen Achse parallel dem Scheibenradius zum Berührungspunkt der Kugel mit der Scheibe ist. Beide Berührungspunkte der Kugel bewegen sich bei Drehung der Scheibe um $K \cdot dv$ um das gleiche Stück $k \cdot K \cdot w \cdot dv$, so daß die von einer Zählscheibe abzulesende Drehung des Zylinders, dessen Radius ϱ sein möge, bei Befahrung des Kurvenstückes $P_1 P_2$

$$U = \frac{kK}{2\pi\varrho} \int_1^2 w\, dv \tag{8}$$

ist. Bei diesem Abrollen dreht sich die Kugel um eine zur Zylinderachse und zur Scheibe parallele Achse. Beim Verschieben längs des Scheibenradius führt sie Drehungen um eine Achse aus, die parallel zu der Verbindungslinie der beiden Berührungspunkte ist, also um eine Achse senkrecht zur Zylinderachse, so daß keine Drehung des Zylinders eintritt. Bei Annahme punktförmiger Berührung findet bei diesem Mechanismus überhaupt keine Gleitbewegung statt. Anders ist das, wenn man annimmt, daß infolge der elastischen Eigenschaften des Materials kleine Deformationen auftreten, so daß sich die einzelnen Teile in kleinen Flächen berühren. Das ist insbesondere bei dem von *Ford* aus dem Thomsonschen Mechanismus entwickelten Antrieb für variable Geschwindigkeiten der Fall, wie ihn Abb. 105 skizziert. Hier liegen Scheibe S und zwei Kugeln K_1 und K_2, die mittels eines Käfigs in Richtung des Scheibenradius bewegt werden können, und Zylinder so übereinander, daß sich sämtliche Berührungspunkte auf einer Senkrechten zur Scheibe befinden. Sie werden mit ziemlichem Druck aufeinandergepreßt. Die beiden Kugeln bewirken, daß bei Bewegung längs des Scheibenradius noch reines Abrollen stattfindet; aber infolge der kleinen Fläche, in der die Kugel K_1 die Scheibe S berührt, treten Drehungen der Kugel um eine zur Scheibe senkrechte Achse und damit Gleitbewegungen auf. Dieser Effekt muß wohl beachtet werden [503]. Diese Integriervorrichtung ist früher praktisch wenig benutzt worden, weil

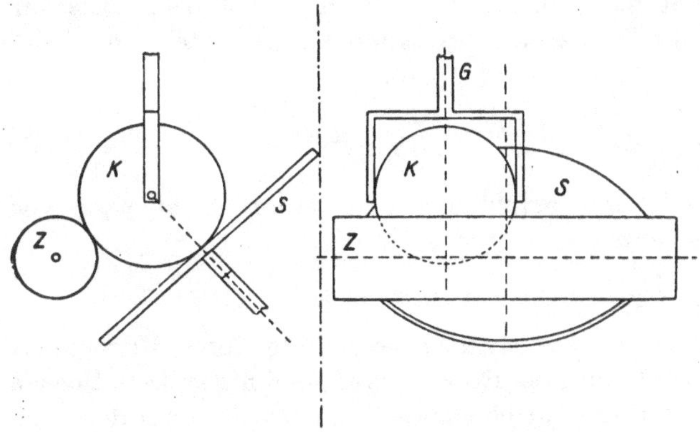

Abb. 104. Thomsonscher Integriermechanismus

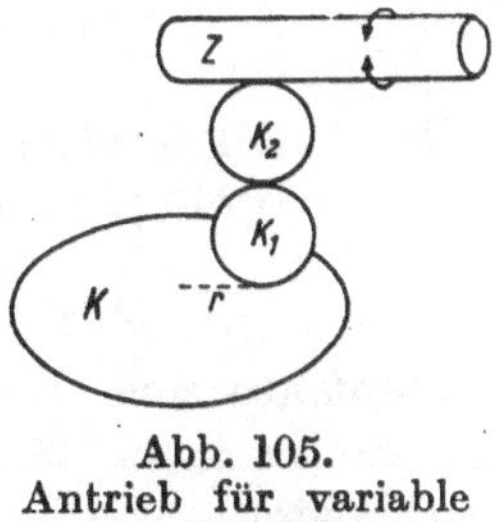

Abb. 105.
Antrieb für variable Geschwindigkeit nach Ford

die geringen Reibungskräfte zwischen Kugel und Scheibe und Kugel und Zylinder es nicht erlauben, durch den Zylinder andere Mechanismen bewegen zu lassen. Beim Gonellaschen Integriermechanismus ist das eher der Fall, vor allem beim Einbau von Drehmomentenverstärkern (torque amplifier) [518, 519], wie sie bei den später zu besprechenden Differentialanalysatoren benutzt werden (VIII, D).

6. Der Kugelzylindermechanismus

Eine andere Vorrichtung zur Bestimmung von $\int dh$, die ohne Gleiten arbeitet und die schon 1856 von *Amsler* [16] vorgeschlagen wurde, wird heute bei den Kugelrollplanimetern angewendet. Sie besteht aus einer Kugelkalotte, die sich proportional der Größe v dreht, und einem sich darauf abwälzenden Zylinder (Abb. 106). Der Zylinder mit dem Radius ϱ_1 wird federnd gegen die Kugelkalotte,

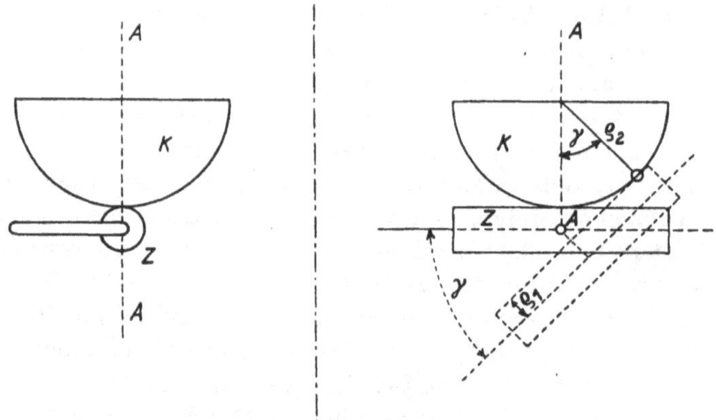

Abb. 106. Kugelzylindermechanismus

die den Radius ϱ_2 hat, gedrückt, so daß er in der Nullage diese im Durchstoßpunkt der Drehachse AA berührt. Bildet die Zylinderachse mit der Senkrechten zur Drehachse der Kugel den Winkel γ, so ist bei einer Drehung der Kugel um den Winkel dv die Drehung des Zylinders bestimmt durch die Gleichung $\varrho_2 \sin\gamma\, dv = 2\pi\varrho_1\, dU$. Macht man nun $\varrho_2 \sin\gamma = k \cdot w$, so ist beim Befahren einer Kurve von P_1 nach P_2 die Umdrehung des Zylinders, die mittels einer Zählscheibe gemessen wird,

$$U = \frac{1}{2\pi\varrho_1}\int_1^2 \varrho_2 \sin\gamma\, dv = \frac{k}{2\pi\varrho_1}\int_1^2 w\, dv\,. \tag{9}$$

Dieser Integriermechanismus ist sehr empfindlich und verliert leicht etwas von seiner ursprünglichen Genauigkeit.

7. Der Integriermechanismus von Hele Shaw

besteht aus einer Kugel, die so gelagert ist, daß sie sich um ihren Mittelpunkt frei drehen kann [298]. Sie wird von zwei Rollenpaaren, deren vertikale Ebenen zueinander senkrecht stehen und die mit einem gewissen Druck gegen den horizontalen größten Kugelkreis liegen, gestützt. Oben im Pol dieses Kreises setzt ein Schneidenrad auf die Kugel auf, oder sie ist auf einem Zylinder gelagert, dessen Achse mit der des ersten Rollenpaares den Winkel γ bilden möge. Die Kugel kann sich dann nur um einen Durchmesser drehen, der der Achse des Schneidenrades bzw. des Zylinders parallel ist. Dreht sich nun eine der Stützrollen des ersten Paares, die den Radius ϱ_1 haben soll, um den Winkel dx, so dreht sich die Kugel um $d\varphi = \frac{\varrho_1 \cdot dx}{R \cdot \cos\gamma}$ und infolgedessen eine Rolle des zweiten Paares mit dem Radius ϱ_2 um $dY = \frac{R \cdot \sin\gamma}{\varrho_2} \cdot d\varphi = \frac{\varrho_1}{\varrho_2} \operatorname{tg}\gamma \cdot dx$. Wird das Schneidenrad nun so geführt, daß stets $\operatorname{tg}\gamma$ proportional $f(x)$ ist, und ist der Drehwinkel des ersten Rades proportional x, so ist der des zweiten proportional $\int f(x)\, dx$ [296]. Dreht sich dagegen der Zylinder, auf dem die Kugel gelagert ist, um einen Winkel, der proportional dx ist, so dreht sich das zweite Rad um $dz = \frac{R}{\varrho_1} \sin\gamma\, dx$. Jetzt muß man also $\sin\gamma$ proportional zu $f(x)$ machen, um $\int f(x)\, dx$ zu messen (Abb. 107). Bei diesem Integriermechanismus erfolgt der Übergang zu anderen Funktionswerten nicht, wie z. B. beim Reibradgetriebe, durch Verschiebung senkrecht oder quer zur Ebene des Reibrades oder durch Abwicklung auf Parallelkreisen, die durch den Berührungspunkt senkrecht zur momentanen Drehachse gehen, also in Spirallinien auf der Kugeloberfläche wie beim Thomsonschen Mechanismus. Das ermöglicht einen stärkeren Druck der Integrierrollen gegen die Kugelfläche, so daß sie durch ein bedeutend stärkeres Drehmoment beansprucht werden können, als bei den erwähnten Mechanismen. Vielfach wurden diese Integratoren von der Firma *Amsler* in Eisenbahndynamometerwagen zur Bestimmung der Arbeit am Zughaken usw. verwendet [71, 142, 165].

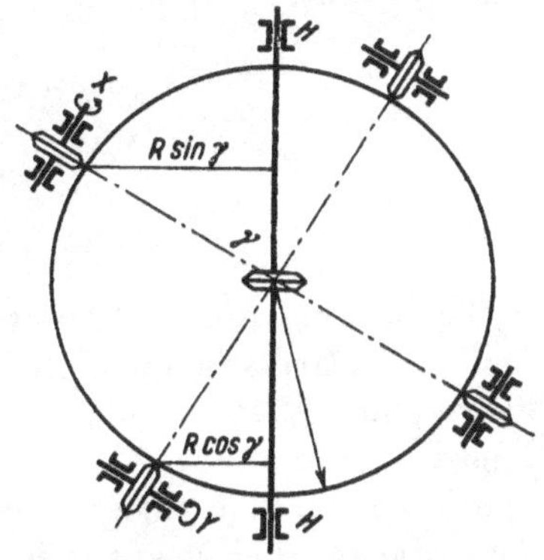

Abb. 107. Kugelintegrator
In Abb. 107 sind x und y zu vertauschen

8. Integriergetriebe als Differentiatoren

Zusammen mit einem Hilfsmotor können diese Integriervorrichtungen auch zum Differentiieren benutzt werden. Im Prinzip kann man dazu etwa folgendermaßen vorgehen (Abb. 108): Der Drehwinkel einer Welle I sei gleich der zu differentiierenden Funktion $f(t)$. Diese Welle wird dann mit der einen Achse eines Differentialgetriebes (s. VIII, D, 11) gekoppelt, während die andere Achse II z. B. mit dem Zylinder eines Thomsonschen Integriermechanismus entsprechend verbunden wird, dessen Drehwinkel gleich $g(t)$ sei. Der Drehwinkel der dritten Achse des Differentialgetriebes ist dann $f(t) - g(t) = \Delta$. Diese Achse betätigt nun einen Hilfskontakt H, der einen Stromkreis so schließt, daß der Strom in der einen oder anderen Richtung fließt,

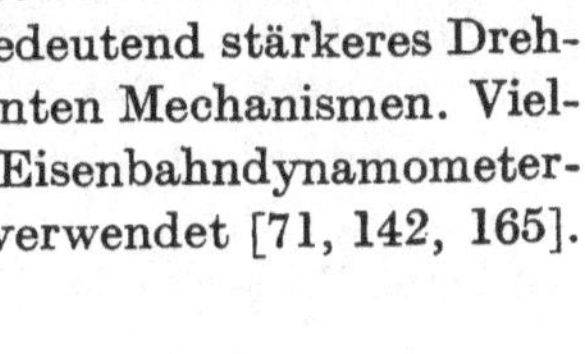

Abb. 108. Anwendung der Integriervorrichtung zum Differentiieren

je nachdem $\Delta > 0$ oder $\Delta < 0$ ist; entsprechend dreht sich der Hilfsmotor *HM* und verschiebt die Kugeln auf der Scheibe so, daß $\Delta = 0$ wird. Dann ist $g(t) = f(t)$ und für den Abstand r des Berührungspunktes der ersten Kugel vom Scheibenmittelpunkt gilt

$$r(t) = g'(t) = f'(t) .$$

Bei so einfacher Schaltung würde allerdings $r(t)$ um $f'(t)$ pendeln, und es muß eine kompliziertere Anordnung getroffen werden, um diese Pendlung möglichst zu verhindern [504].

E. Polarplanimeter

1. Konstruktion

Die am weitesten verbreitete Form der Planimeter ist das 1854 von *Amsler* erfundene Polarplanimeter mit Integrierrolle auf ruhender Unterlage, das als Leitkurve einen Kreis benutzt. Die Führung des Leitpunktes geschieht durch einen Lenkarm, den Polarm, der um einen festen Punkt, den Pol P, geschwenkt werden kann. Der Pol wird entweder durch eine mit einem Gewicht belastete Nadel realisiert, die in die Unterlage leicht eingestochen wird (*Nadelpol*, Abb. 109), oder durch ein Gewicht mit einem Kugelzapfen, der in die Pfanne einer schweren Polplatte greift, die durch Reibung auf dem Zeichenpapier festgehalten wird (*Gewichts- oder Kugelpol*, Abb. 110). Gelegentlich wird die Polplatte auch durch einen Zylinder mit Dreipunktauflage ersetzt, um den sich ein mit dem Polarm verbundener Hohlzylinder dreht. Polarm und Fahrarm sind im Leitpunkt durch ein Scharniergelenk oder bei neueren Konstruktionen durch ein auseinandernehmbares Kugelgelenk verbunden, dessen Kugel sich am Ende des Polarmes befindet, während die Pfanne im Fahrarm liegt (P in Abb. 98). Durch diese Konstruktion wird eine Fehlerquelle, die Scharnierschiefe, vermieden, die dadurch entsteht, daß das Scharnier nicht senkrecht zur Zeichenebene steht. Untersuchungen haben allerdings ergeben, daß der durch die Scharnierschiefe verursachte Fehler nicht groß ist [127, 607, 822]. Gleichzeitig besteht so die Möglichkeit, Polarm und Fahrarm im Leitpunkt auseinanderzunehmen und unter Festhalten der Lage des Poles und des Fahrstiftes durchzuschlagen (Abb. 111). Man kann so von zwei symmetrischen Stellungen des Planimeters ausgehend

Abb. 109. Polarplanimeter mit Nadelpol und Fahrarm unverstellbarer Länge

Abb. 110. Polarplanimeter mit Gewichtspol, Fahrarm verstellbarer Länge, Schutzhaube für das Meßwerk und Ersatz des Fahrstiftes durch Lupe

die Fläche zweimal umfahren. Setzt man das Mittel aus den beiden Messungen in die Planimeterformel ein, vermeidet man den durch die Achsenschiefe entstehenden Fehler, d. h. einen Fehler, der dadurch entsteht, daß die Projektion der Achse der Meßrolle auf die Zeichenebene nicht zu der des Fahrarmes parallel ist (vgl. V, M 1). Derartige Apparate bezeichnet man als *Kompensationsplanimeter* [402, 650]. Die Länge des Fahrarmes kann bei vielen Planimetern verstellt werden. Der Fahrarm ist dann mit einer durchlaufenden Einteilung versehen, und Meßwerk, Stützrad und Polgelenk sind, in einem Schlitten vereinigt, verschiebbar. Durch eine Klemmschraube kann ein Teil dieses Schlittens festgeklemmt werden und dann der Hauptteil mittels Mikrometerschraube und Nonius auf eine bestimmte Fahrarmlänge eingestellt werden (Abb. 110 und 98). Man benutzt das, um bei Messungen auf Plänen zu erreichen, daß eine Rollenumdrehung gleich einer Fläche in der Wirklichkeit ist, die eine runde Maßzahl hat (vgl. V, G 1) [141, 197].

Der Fahrarm ist außer durch Meß- und Stützrolle durch einen neben dem Fahrstift liegenden, in seiner Höhe verstellbaren Führungsstift gestützt, an dem sich ein um eine vertikale Achse drehbarer Flügel befindet, den man mit zwei Fingern faßt, um den Fahrstift auf der Kurve entlangzuführen. Bei neueren Planimetern ist dieser Führungsgriff außerdem oft noch um eine horizontale Achse drehbar [803]. Der Führungsstift verhindert, daß die Spitze des Fahrstiftes das Papier ritzt. Meistens ist letzterer gefedert, so daß durch Niederdrücken die Ausgangslage der Umfahrung auf dem Papier markiert werden kann. Gelegentlich wird der Fahrstift durch ein Ablesekreuz oder einen kleineren Kreis von etwa 0,5 mm Radius auf einer in einem Ring liegenden Glas- oder Zellophanplatte ersetzt [262, 269, 332] oder durch eine kreisförmige Marke auf der Unterseite einer Lupe. Diese vergrößert nicht nur die betreffende Stelle der Umrißkurve, sondern hat auch den Vorteil, die Aufsicht von oben zu gestatten, während man beim Fahrstift von der Seite auf die Kurve sieht. So wird jede Parallaxe vermieden, die leicht zu Fehlern führt, wenn die Fahrstiftspitze nicht unmittelbar über dem Papier steht. Versuche von *Werkmeister* haben ergeben, daß durch eine solche Lupe die Umfahrungsgenauigkeit wesentlich erhöht wird [803].

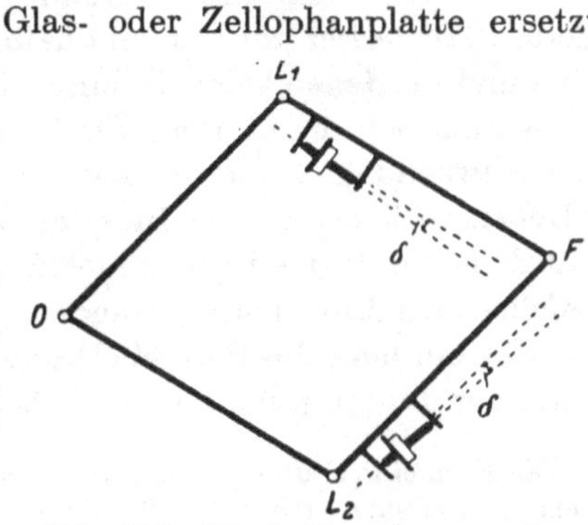

Abb. 111. Die beiden Ausgangslagen bei Umfahrung mit einem Kompensationsplanimeter

2. Messung mit Pol außerhalb oder Pol innerhalb

Bei Benutzung eines Planimeters wird im allgemeinen das ganze Ebenenstück umfahren, so daß der Fahrarm in seine Ausgangslage zurückkehrt. Der Sektor S der Gl. V, D 1 (5) wird dann gleich dem Inhalt F des umfahrenen Flächenstückes (Abb. 112). Ferner wird wegen der gleichen Anfangs- und Endlage des Fahrarmes $q_1 = q_2$. Betreffs des Gliedes $\frac{1}{2}\, l\, (\vartheta_2 - \vartheta_1)$ sind zwei Fälle zu unterscheiden.

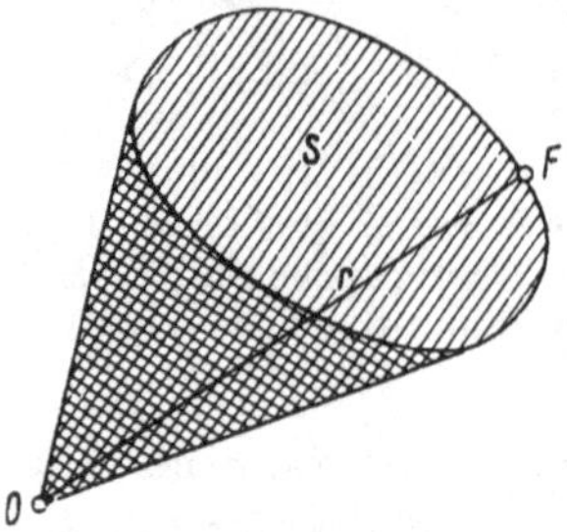

Abb. 112. Der vom Fahrstrahl überstrichene Sektor

Kleine Flächenstücke umfährt man, wie Abb. 112 zeigt, so, daß der Pol außerhalb des umfahrenen Ebenenstückes liegt. In diesem Fall wird $\vartheta_1 = \vartheta_2$; außerdem wird $\bar{S} = 0$, da der Leitstrahl denselben Sektor in positivem und negativem Sinne überstreicht. Somit ergibt sich für die Fläche F der zu planimetrierenden Figur bei *Pol außerhalb*

$$F = S = l \cdot 2\pi\varrho U = k_1 \cdot U. \tag{1}$$

Da c in dieser Gleichung nicht vorkommt, ist die Lage der Integrierrolle am Fahrarm hier gleichgültig.

Große Flächenstücke planimetriert man so, daß man den Pol in das Innere des Flächenstückes legt. Wie oben, möge der Anfangspunkt O mit dem Pol zusammenfallen. Der Leitstrahl, d. h. in diesem Falle der Polarm, der die Länge p haben möge, überstreicht dann bei der Umfahrung einen vollen Kreis, so daß der Sektor $\bar{S} = p^2\pi$ wird. Ferner wächst der Winkel ϑ um 2π. Aus der Gleichung ergibt sich, wenn man das einsetzt, für *Umfahrung mit Pol innerhalb*

$$F = S = \pi(p^2 + l^2 - 2lc) + 2\pi\varrho l \cdot U. \tag{2}$$

Den Kreis mit dem Radius $y = \sqrt{p^2 + l^2 - 2lc}$, den der Fahrstift beschreibt, wenn die Verbindungsgerade vom Pol zum Auflagepunkt der Rolle senkrecht auf dem Fahrarm steht, bezeichnet man als Grundkreis[1]).

Nach Versuchen von *Werkmeister* [798] arbeitet man bei größeren Ebenenstücken, bei denen eine Aufteilung in sechs und mehr Teile bei Pol außerhalb nötig wäre, besser mit Pol innerhalb. Ebenenstücke, die kleiner als der Grundkreis sind und bei denen keine Teilung oder eine Teilung in etwa zwei Teile nötig wäre, mißt man besser mit Pol außerhalb. Will man auch bei großen Flächenstücken die Anwendung der Formel (2) vermeiden, kann man um den Pol herum ein Flächenstück bekannten Inhaltes (Kreis, Quadrate) legen und seine Randkurve mit dem Rande des zu planimetrierenden Flächenstückes durch einen doppelt zu befahrenden Linienzug verbinden. Umfährt man dann die Restfläche in einem Zuge, kann man die Formel (1) anwenden. Zu dem sich so ergebenden Inhalt ist dann der des ausgeschlossenen Flächenstückes zu addieren (Abb. 113).

[1]) Die Formeln (1) und (2) kann man aus Abb. 114 einfach folgendermaßen ableiten. Nach dem Kosinussatz ist mit den Bezeichnungen dieses Bildes

$$r^2 = p^2 + l^2 + 2l\,(w - c)\,,$$

also

$$2lw = r^2 - (p^2 + l^2 - 2lc) = r^2 - g^2\,,$$

Früher hat man Planimeter mit einstellbarer Länge des Polarmes gebaut, um durch passende Wahl von p zu erreichen, daß der erste Summand in Formel (2) eine runde Zahl wird [403]. Doch ist man heute davon zurückgekommen. Ist die Länge des Polarmes gleich der des Fahrarmes, also $p = l$, und ist außerdem $c = l$, befindet sich also z. B. die Integrierrolle neben dem Fahrstift, so daß ihre Ebene den Fahrarm in der Höhe des Fahrstiftes schneidet, so fällt in Formel (2) der erste Summand heraus und man hat die gleiche Formel wie für Umfahrung mit Pol außerhalb. Diese Konstruktion findet sich beim Universalplanimeter von *Ott* [177, 266, 799] und in etwas anderer Form bei einem von *Hamann* angegebenen Planimeter [260], wo Fahrstift und Integrierrolle sich an den Enden einer kurzen Schiene befinden, deren Mittelsenkrechte durch eine Hülse über dem Pol gleitet. Fahrstift und Auflagepunkt der Rolle beschreiben so kongruente, um einen kleinen Winkel gegeneinander gedrehte Kurven. Auf ganz anderem Prinzip beruhende Planimeter beschreibt *Salomon* [641].

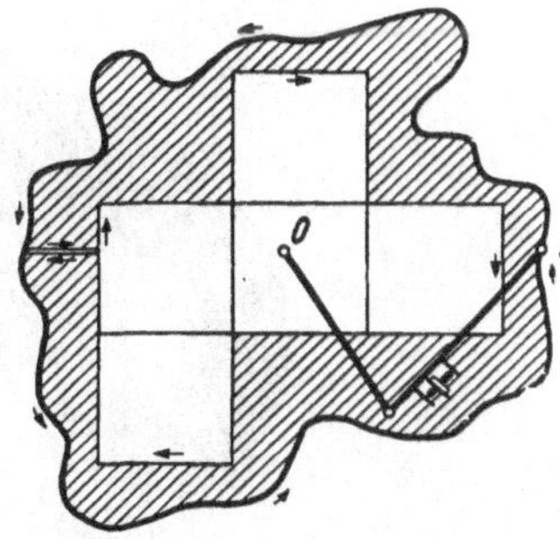

Abb. 113. Ausschließen der Umgebung des Poles durch eine Fläche bekannter Größe, so daß auf die Restfläche die Formel (1) angewendet werden kann

3. Das Kreisring-Planimeter

ist eine Form des Polarplanimeters, die mit Pol innerhalb arbeitet (Abb. 115). Es dient zur Querschnittsbestimmung massiver Körper. Bei ihm fällt der Polarm fort und der Leitpunkt, realisiert durch einen Zapfen, gleitet in einer Kreisrille. Beim Umfahren wird der Fahrstift gegen den Körper gedrückt, dessen Quer-

wo g der Radius des Grundkreises ist. Ändert nun a seine Richtung um $d\psi$, so wird die Abwicklung der Meßrolle

$$2\pi\varrho \cdot dU = w \cdot d\psi = \frac{1}{l}\left(\frac{r^2}{2} \cdot d\psi - \frac{g^2}{2} \cdot d\psi\right). \tag{1'}$$

Wird eine Figur mit Pol außerhalb umfahren, kehrt a so in seine Ausgangslage zurück, daß die Gesamtänderung von ψ Null ist (Abb. 112); infolgedessen wird $\oint \frac{r^2}{2} \cdot d\psi = F$ und $\oint \frac{g^2}{2} \cdot d\psi = 0$. Man erhält so die Formel (1). Liegt dagegen der Pol innerhalb, so kehrt a so in die Ausgangslage zurück, daß ψ um 2π gewachsen ist, wenn man die Figur umfahren hat. Infolgedessen ergibt sich dann die Formel (2). Eine andere Theorie des Planimeters entwickelt *Nyström* [528], die von *Liustich* auf Potenzplanimeter übertragen wird [429].

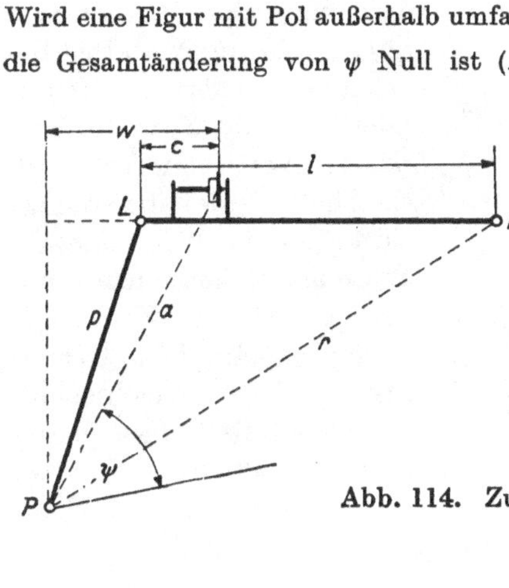

Abb. 114. Zur Ableitung der Formel für das Polarplanimeter

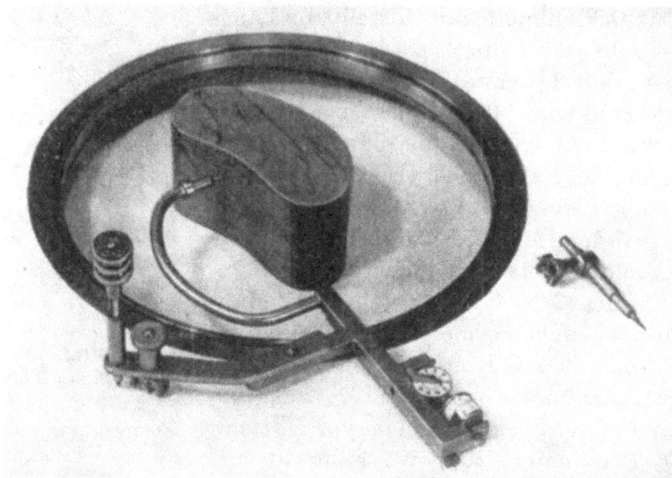

Abb. 115. Kreisring-Planimeter

schnitt zu bestimmen ist. Der Fahrarm wird dabei entgegen dem Uhrzeigersinn ganz im Kreise herumgeführt. Der in Abb. 115 im Vordergrund liegende Zeichenstift zeichnet dabei eine Kurve auf. Ersetzt man nach Umfahrung den zum Abtasten dienenden Stift durch einen zweiten Zeichenstift und befährt mit dem ersten die gezeichnete Kurve, zeichnet der zweite den Umriß des gemessenen Körpers auf.

4. Gleitkurven

Die Meßrolle wird sich bei einer Bewegung des Fahrstiftes auf dem *Grundkreis* mit dem Radius $\sqrt{p^2 + l^2 - 2lc}$ nicht drehen, da dann die Ebene der Rolle senkrecht zur Bewegungsrichtung steht. In Abb. 114 ist dann $w = 0$. Kurven, bei deren Befahrung die Integrierrolle sich nicht dreht, bezeichnet man als Gleitkurven. Der *Grundkreis*, auch wohl als Nullkreis bezeichnet, gehört zu diesen Gleitkurven. Zwei andere Gleitkurven zeigt Abb. 116. Sie haben die strichpunktierte Gerade als Symmetrieachse und nähern sich in unendlich vielen Windungen asymptotisch dem Grundkreis G. Man bezeichnet sie auch wohl als Langsche Spiralen. Durch Drehung dieser Kurven um den Pol P er-

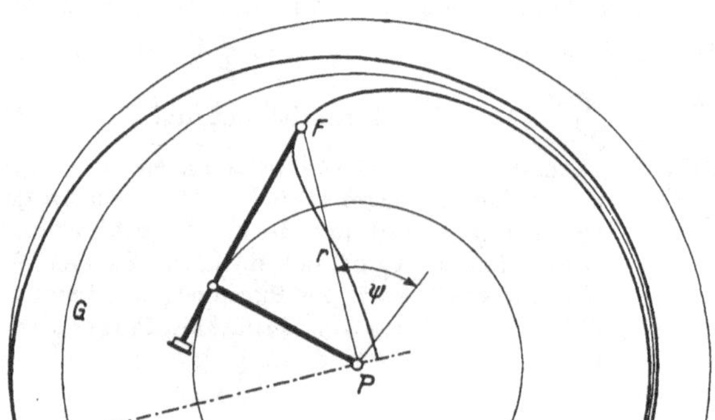

Abb. 116. Gleitkurven

hält man die beiden Scharen der Gleitkurven. Ihre Gleichung wird z. B. von *Nyström* [528] angegeben [s. a. 10, 700, 747]. Sie lautet mit den hier gewählten Bezeichnungen

$$\psi - \psi_0 = \int_{r_0}^{r} \frac{(p^2 + l^2 - r^2)(r^2 - p^2 + l^2) + 2\,l\,c\,(r^2 + p^2 - l^2)}{r\,(p^2 + l^2 - r^2 - 2\,l\,c)\sqrt{4\,p^2 l^2 - (p^2 + l^2 - r^2)^2}}\,d\,r\,.$$

In Abb. 116 ist c negativ gewählt. Das Integral läßt sich in geschlossener Form auswerten. Flächenstücke, die in der einen Richtung beträchtlich mehr ausgedehnt sind als in der anderen, legt man zum Ausplanimetrieren möglichst quer zu den Gleitlinien; Schwankungen des Fahrstiftes quer zur Randkurve beeinflussen so das Resultat wenig [362]. Bewegungen in der Nähe der Gleitkurven, annähernd parallel zu ihnen sind möglichst zu vermeiden, da dabei die Abwicklung der Meßrolle ungleichmäßig wird [36]. Die Gleitkurven können dann von Wichtigkeit sein, wenn man den Inhalt eines Flächenstückes bestimmen will, ohne dieses ganz zu umfahren, wenn man also das Planimeter als Integrimeter benutzen will [234, 236]. Praktisch zeichnet man dazu die Kurven in ein besonders beziffertes Polarkoordinatennetz mit dem Grundkreis als Nullinie [528].

5. Planimeterkonstanten

Als Planimeterkonstanten bezeichnet man wohl die Fahrarmlänge l und den Radius ϱ der Integrierrolle [247, 433], die meistens in eine Konstante $k = 2\pi\varrho \cdot l$ zusammengefaßt werden, und weiter den Inhalt $(p^2 + l^2 - 2l\,c)\,\pi$ des Grundkreises G. Die beste Bestimmung dieser Konstanten wird in zahlreichen Arbeiten erörtert [649, 798]. Man kann sie entweder aus der Messung von Ebenenstücken bekannter Größe bestimmen oder aus den bei allen Planimetern angegebenen Werten von l, ϱ usw. Zur Bestimmung der ersten Konstanten dient ein Kontrollineal; das ist eine Metallschiene, die auf der einen Seite eine Spitze hat, die in die Unterlage eingedrückt wird, auf der anderen in 2, 4, 6 und 8 cm Entfernung von dieser Nadel kleine Bohrungen aufweist, in die man den Fahrstift nach Abschrauben des Gleitstiftes einsetzen kann. Die Abstände dieser Punkte werden auch so gewählt, daß der Inhalt des von ihnen beschriebenen Kreises eine runde Zahl ist [262]. Am Ende hat das Kontrollineal einen Strich als Marke. Führt man das Lineal nach Einsetzen des Fahrstiftes einmal herum, bis die Marke wieder an der alten Stelle ist, hat der Fahrstift einen Kreis bekannten Inhaltes F_k beschrieben. Ist die Differenz der zugehörigen Ablesungen an der Integrierrolle U_k, so ist $k = F_k/U_k$. Die übliche Einstellung der Fahrarmlänge ist so, daß eine Einheit der Noniusablesung der Integrierrolle, die man gewöhnlich als *Meßeinheit* bezeichnet, 10 mm² entspricht. Bei Verkürzung des Fahrarmes wird diese Meßeinheit kleiner. Für die Ermittlung der Differenzen zwischen Rechts- und Linksumfahrung kann man Kontrollineale wegen der bei ihrem Gebrauch eintretenden Durchbiegung des Fahrstiftes nicht verwenden [36]. Bei Planimetern mit Lupe hat das Kontrollineal eine besondere Form [803]. Über die Bestimmung der zweiten Konstanten sei z. B. auf die Arbeiten von *Hammer* [262] und *Werkmeister* [798] verwiesen. Man umfährt am besten zwei Flächen bekannter Größe F_1 und F_2, von denen die eine etwas kleiner, die andere etwas größer als der Grundkreis ist. Man erhält dann

$$F_1 = G - k U_1 \qquad F_2 = G + k U_2$$

und kann daraus G und k bestimmen. Die beste Ausführung der Messungen ist in den den Instrumenten beigegebenen Gebrauchsanweisungen beschrieben und braucht daher hier nicht erörtert zu werden.

6. Genauigkeitsuntersuchungen

Über Genauigkeitsuntersuchungen an Polarplanimetern ist häufig berichtet worden [36, 154, 155, 436, 437, 450, 745]. Meistens werden sämtliche Ungenauigkeiten durch Formeln der Form

$$\Delta F = \alpha f + \beta \sqrt{F \cdot f} \tag{3}$$
$$\Delta F = a f \cdot F + b \sqrt{F f} + c \cdot f$$

dargestellt, wo F der ermittelte Flächenwert und f der einer Rollenumdrehung entsprechende Flächenwert ist. Aus einem sehr großen Material (40000 doppelt ausgeführten freihändigen Umfahrungen) bestimmt z. B. *Montigel* [496] bei Messung der Flächen in cm^2 die Werte

$$\alpha = 0{,}0025; \qquad \beta = 0{,}000722.$$
$$a = 0{,}0000720; \quad b = 0{,}00169; \quad c = 0{,}000986.$$

Den Einzelursachen der Fehler ist *Baer* [36] nachgegangen. Unter anderem hat er auch den Umfahrungsfehler untersucht, der seinen Grund in dem mangelhaften freihändigen Nachfahren des gegebenen Umrisses hat und zu dessen Vermeidung man bei geradliniger Begrenzung gelegentlich die Benutzung von Schablonen empfohlen hat. Während *Lorber* [436] angibt, daß man diesem Fehler durch Verdoppelung von β Rechnung tragen könne, daß er also proportional der Wurzel aus F ist, findet *Baer* [36], daß er der Wurzel aus dem Umfang u der umfahrenen Fläche proportional ist, und zwar gibt er an, daß der Fehler

$$m = 0{,}1 \sqrt{u} \tag{4}$$

ist, wenn man ihn in Noniuseinheiten und u in cm mißt.

7. Das Pantographen-Planimeter

Um eine größere Abwicklung der Meßrolle und damit eine größere Meßgenauigkeit zu erzielen, hat man nach dem Vorschlag von *Amsler* und von *Stampfer* das Polarplanimeter mit einem Pantographen verbunden, wie das Abb. 117 zeigt [152, 176, 367]. In umgekehrtem Sinn benutzt man die Verbindung mit einem Pantographen, um mit dem Fahrstift größere Flächenstücke umfahren zu können. Bei dem *Auszugsplanimeter*, das zum Ausmessen ganz großer Flächenstücke, z. B. von Häuten und Fellen dient, setzt man an den Pantographen noch eine Nürnberger Schere an, an deren Ende sich der Fahrstift befindet. Die geringere Genauigkeit solcher Planimeter ist für derartige Messungen ausreichend.

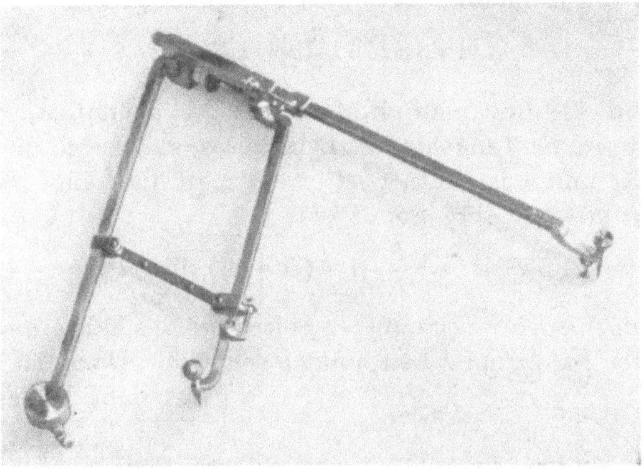

Abb. 117. Pantographenplanimeter. Es arbeitet bei Benutzung des rechten Fahrstiftes wie ein gewöhnliches Polarplanimeter; bei Umfahrung mit dem mittleren Fahrstift wird in der abgebildeten Anordnung der Weg der Integrierrolle auf das Vierfache vergrößert

8. Präzisions-Scheiben-Planimeter

Ein anderer Weg, wesentlich genauere Messungen zu erhalten, ist der, daß man die Integrierrolle auf einer beweglichen Unterlage abrollen läßt, wie das beim Präzisions-Scheiben-Polarplanimeter der Fall ist [128, 438, 608, 746]. Ein solches Planimeter ist wohl zuerst von *Stampfer* gebaut worden [151]. Eine heute

Abb. 118. Präzisions-Scheiben-Polarplanimeter

gebaute Form zeigt Abb. 118. Bei diesem ist die Achse einer mit Papier überzogenen Scheibe S, die als Unterlage für die Meßrolle dient, in einem Lager des Polarmes drehbar gelagert und trägt unten eine gezähnte Rolle vom Radius r. Diese rollt bei Schwenkung des Polarmes auf dem ebenfalls gezähnten Rande einer schweren kreisförmigen Polplatte P mit dem Pol als Mittelpunkt ab. Dreht sich der Polarm um den Winkel $d\chi$, dreht sich die Scheibe relativ zum Polarm um $d\psi = \frac{R}{r} \cdot d\chi$ (s. Abb. 119). Der Auflagepunkt der Meßrolle, der vom Scheibenmittelpunkt den Abstand e haben möge, bewegt sich dabei um die Strecke

$e \cdot d\psi = \frac{e \cdot R}{r} \cdot d\chi$. Bezeichnet man den Winkel zwischen Rollenebene und Scheibenradius nach dem Auflagepunkt der Rolle mit φ, so wird nach V, D 4 bei dieser Bewegung die Rolle um

$$2\pi\varrho\, dU = \frac{R}{r}\, d\chi \cdot e \sin\varphi$$

abrollen. Aus Abb. 119 liest man ab, daß $e \sin\varphi = a \sin\gamma$ ist, wo γ der Winkel des Fahrarmes gegen die Tangente des Leitkreises, also gegen die Verschiebungsrichtung des Leitpunktes ist; ferner ist, wenn man die Länge des Polarmes mit p bezeichnet, $a = p - (R + r)$. Somit ist

$$2\pi\varrho\, dU = \frac{R}{r}\,(p - (R + r)) \sin\gamma\, d\chi\,.$$

Die Meßrolle ist an einem hochklappbaren Seitenarm des Fahrarmes so angebracht, daß ihre Ebene den Fahrarm im Leitpunkt L schneidet. Daher ist, wie man wieder aus dem Bilde abliest,

$$p \cdot d\chi \cdot \sin\gamma = dh.$$

Setzt man auch das in obige Gleichung ein, wird

$$2\pi\varrho\, dU = \frac{R(p - (R + r))}{r \cdot p}\, dh\,.$$

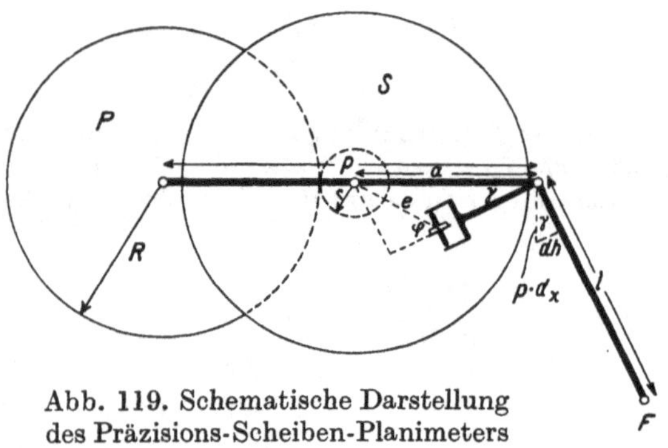

Abb. 119. Schematische Darstellung des Präzisions-Scheiben-Planimeters

Wird nun mit dem Fahrstift ein Ebenenstück ganz umfahren, so wird bei Pol außerhalb $\bar{S} = 0$, $\vartheta_1 = \vartheta_2$ und $q_1 = q_2$, und man erhält aus der Planimetergleichung V, C (11)

$$F = \frac{2 \cdot r \cdot p \cdot l \cdot \varrho \cdot \pi}{R \cdot (p - (R + r))} \cdot U\,. \tag{5}$$

Bei Umfahrung mit Pol innerhalb würde noch die Fläche des Grundkreises $(p^2 + l^2)\,\pi$ hinzukommen. Die hier auftretenden Konstanten werden, wie oben beschrieben, bestimmt.

Der durchlaufend geteilte Fahrarm ist, wie beim gewöhnlichen Polarplanimeter, mittels Mikrometerwerk einstellbar und meist mit besonderen Marken für runde Meßeinheiten zwischen 0,4 und 2 mm² versehen. Bei gleichem Umfahrungsbereich ist die Rollenablesung dieses Scheibenplanimeters etwa das Zehnfache und die wirkliche Meßgenauigkeit etwa das Fünffache derjenigen des gewöhnlichen Polarplanimeters [434, 435].

9. Planimeter mit längs der Achse verschiebbarem Schneidenrad

Polarplanimeter sind auch mit anderen Meßvorrichtungen gebaut worden. So verwenden z. B. die Planimeter von *Fieguth* [264] statt der Integrierrolle die in V, D 2 beschriebene scharfkantige Rolle, die senkrecht zu ihrer Ebene auf einem senkrecht zum Fahrarm im Leitpunkt angebrachten Hilfsarm verschiebbar ist.

Schon von *Amsler* wurde eine solche Meßvorrichtung vorgeschlagen [16, 164]. Wie in V, D 2 gezeigt, mißt ihre Verschiebung $\int dh$. Ganz ähnlich ist das Planimeter von *Lippinkott* gebaut [229], dessen Hilfsarm aus Glas ist. Auch das Planimeter von *Petersen* [331] arbeitet nach dem gleichen Prinzip. Hier sind zwei breitrandige schwere Walzen durch eine Achse verbunden, auf der eine Hülse gleitet, die am Ende des Fahrarmes, meist allerdings nicht im Leitpunkt, angebracht ist.

Die Achse wird bei der Bewegung so geschwenkt, daß sie immer senkrecht zum Fahrarm steht. Nach Umfahrung des Ebenenstückes mit dem Fahrstift hat sich die Hülse um $\int dv$ auf dieser Achse verschoben (V, D 2). Die Achse ist mit einer Teilung versehen, so daß man den Wert von $\int dv$ ablesen kann.

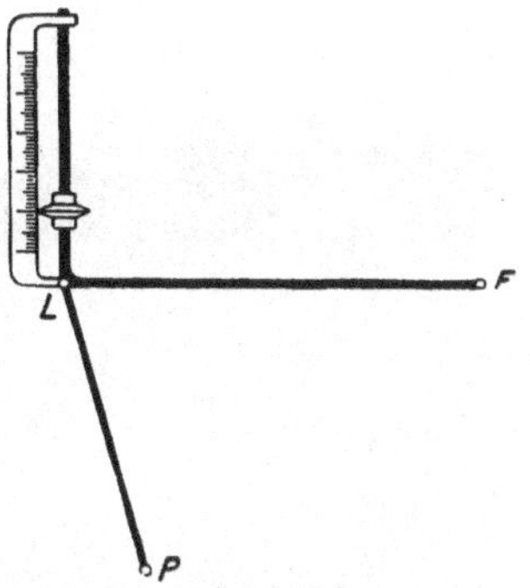

Abb. 120. Schematische Darstellung eines Polarplanimeters mit längs der Achse verschiebbarem Schneidenrad

F. Linearplanimeter

1. Gewöhnliche Linearplanimeter

a) Verschiedene Geradführungen

Wird der Leitpunkt des Fahrarmes eines Planimeters auf einer Geraden geführt, spricht man von einem Linearplanimeter. Diese Konstruktionen eignen sich besonders zum Ausmessen langgestreckter Figuren. Die Geradführung kann entweder verwirklicht werden durch die Nut einer Schiene, in der sich ein Stift oder eine Führungsrolle bewegt, wie in Abb. 121, oder sie kann auch durch einen Spur-

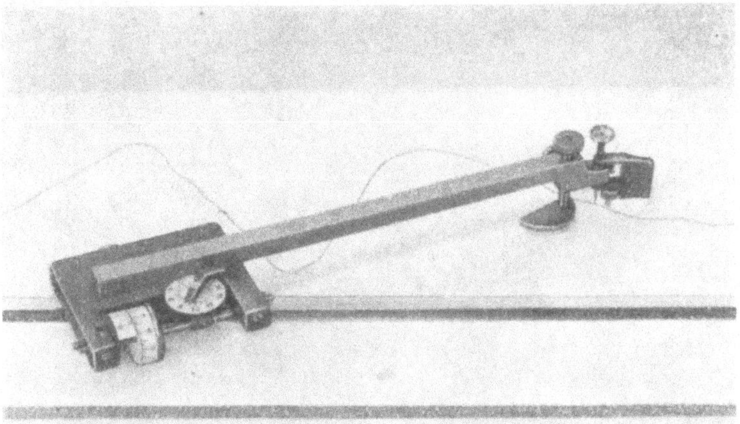

Abb. 121. Linearplanimeter mit Schienenlenker

Abb. 122. Linearplanimeter mit Spurwagenlenker

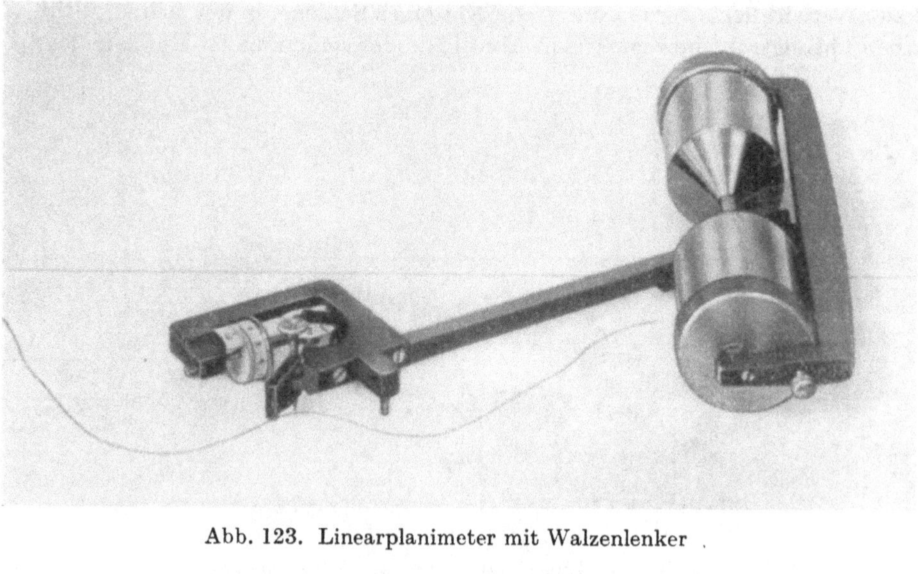

Abb. 123. Linearplanimeter mit Walzenlenker

wagen erreicht werden, der, wie es Abb. 122 zeigt, auf zwei Rollen in einer Nut läuft und an dessen Ausleger der Fahrarm mit einem Gelenk ansetzt, oder endlich, wie in Abb. 123, durch einen Wagen auf zwei schweren Walzen, der nur in der Richtung senkrecht zu der gemeinsamen Achse der beiden Walzen rollen kann und in den der Fahrarm mit einem Kugelzapfen eingelenkt ist [266]. Der Führung entsprechend bezeichnet man die Apparate als Planimeter mit Schienenlenker, mit Spurwagen- oder mit Walzenlenker. Hat man eine Reihe von Kurvenscharen mit parallelen Nullinien zu integrieren, kann es praktisch sein, an die Führungsschiene ein Dreieck anzubringen, um diese in jedem Fall parallel mit sich so ver-

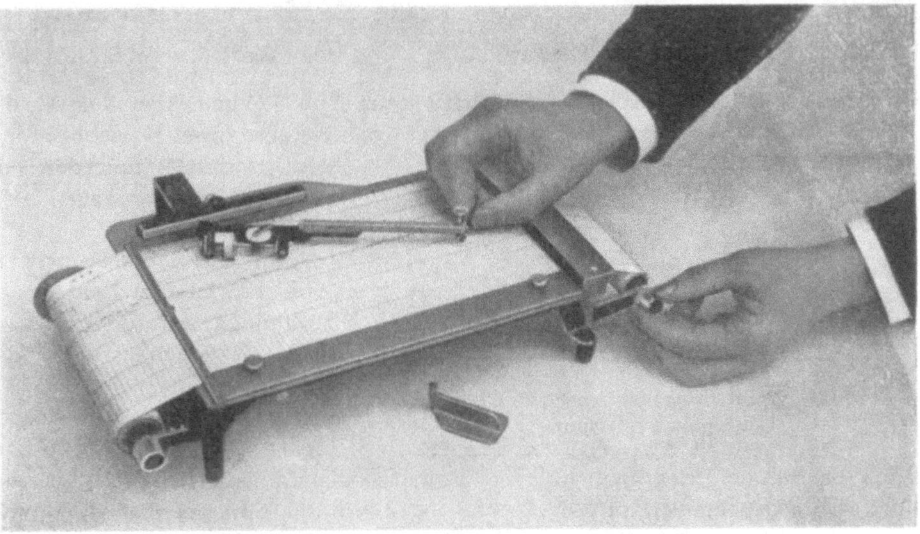

Abb. 124. Linearplanimeter auf Rollbandtisch

schieben zu können, daß der Fahrstift in seiner tiefsten, durch einen Anschlag begrenzten Lage die Nullinien befährt [66]. Für Rollbanddiagramme benutzt man ein Linearplanimeter in Verbindung mit einem Rollbandtisch, wie es Abb. 124 zeigt. Hier ist der Leitpunkt L unbeweglich, und das Diagramm wird unter ihm so hergezogen, daß sich L relativ zum Diagramm auf einer Geraden bewegt. Im allgemeinen ist die Tischbreite für verschiedene Streifenbreiten verstellbar, und auch der Leitpunkt läßt sich in verschiedene Abstände vom Papierrand und damit jeweils genau über die Nullinie des Diagrammes bringen.

b) Die Planimetergleichung

Die Formel für die Messung mit diesen Linearplanimetern ergibt sich aus der allgemeinen Planimetergleichung V, C (11). Legt man den bei der Ableitung dieser Gleichung benutzten Anfangspunkt 0 in die Anfangslage L_1 des Leitpunktes, so wird, da sich der Leitpunkt auf einer Geraden durch 0 bewegt, $\bar{S}$ stets Null, ferner wird q_1 Null. Kehrt man nun hier einmal das Vorzeichen des Integrales in der Planimetergleichung um, so daß also die Verschiebung des Leitpunktes positiv genommen wird, wenn sich L nach rechts zur Richtung Leitpunkt-Fahrstift bewegt, so lautet diese Gleichung

$$S = \frac{1}{2} l^2 \vartheta_2 + \frac{1}{2} l q_2 - \frac{1}{2} l^2 \vartheta_1 - l \int_1^2 dh . \qquad (1)$$

In Abb. 125 sind die entsprechenden Flächenstücke eingezeichnet, dabei ist der Winkel ϑ von der Richtung der Schiene aus gerechnet, die mit der der x-Achse zusammenfallen möge. In der obigen Reihenfolge ist also

$$L_1F_1F_2 = L_2F_2B + L_1L_2F_2 - L_1AF_1 - ABF_2F_1 .$$

Durch das Produkt aus der Fahrarmlänge l und dem Wert des Integrales $\int_1^2 dh$ wird somit das nichtschraffierte Flächenstück der Abb. 125 gemessen, das von der x-Achse, zwei Kreisbogen mit dem Radius l und dem gegebenen Kurvenbogen begrenzt wird.

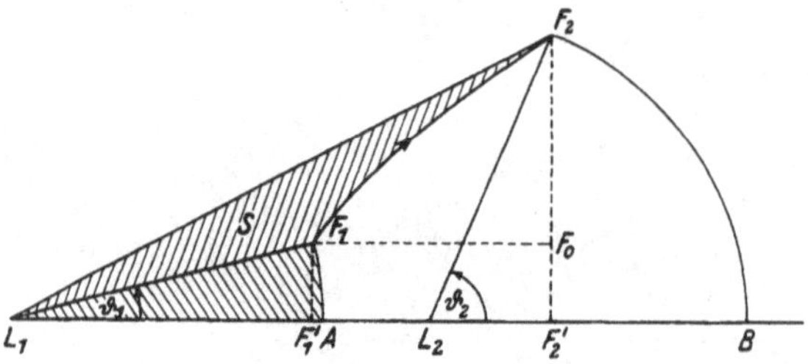

Abb. 125. Darstellung der einzelnen Glieder der Planimetergleichung

Fällt die x-Achse wie in Abb. 125 mit der Leitgeraden zusammen, kann man den Inhalt eines Flächenstückes, das von einem Kurvenbogen F_1F_2, zwei Ordinaten und der x-Achse begrenzt ist, auch dadurch bestimmen, daß man mit dem Fahrstift den Linienzug $F_1'F_1F_2F_2'$ durchfährt. Ein Zurückgehen auf der x-Achse ist überflüssig. Das erspart Arbeit vor allem beim Planimeter mit Rollbandtisch. Es würde auch genügen, wenn man das Stück $F_1F_2F_0$ mit dem Fahrstift beführe, wo F_0 in gleichem Abstand von der x-Achse liegt wie F_1. In dieser Art wird man derartige Messungen mit Planimetern mit Schienenlenker machen müssen, wo ja die x-Achse, die hier in die Nut der Schiene fällt, dem Fahrstift nicht zugänglich ist.

c) Linearplanimeter mit Integrierrolle auf fester Unterlage

Die meisten Apparate, wie die in den Abb. 121 bis 124 abgebildeten, gehören zu dieser Gruppe. Einige dieser Apparate, wie z. B. der in Abb. 121, haben den Vorzug, daß die Meßrolle auf der Gleitbahn des Lineales, also stets auf einer Fläche gleicher Rauhigkeit abrollt. Die Planimetergleichung für diese Instrumente erhält man am einfachsten aus der Gl. V, D 1 (5). Bei voller Umfahrung eines Flächenstückes wird hierin $q_1 = q_2$, $\vartheta_1 = \vartheta_2$ und $S = 0$. Also hat man[1])

$$F = 2\pi \varrho l U . \qquad (2)$$

[1]) Eine andere Ableitung der Formel (2) gewinnt man aus Abb. 127. Die Verschiebung des Fahrarmes von F_1L_1 nach F_2L_2 führt man in drei Schritten aus. Zunächst wird durch eine Parallelverschiebung F_1L_1 nach $F'L'$ überführt, von da durch eine Drehung nach $F''L'$ und

Wie beim Polarplanimeter ist auch beim Linearplanimeter bei voller Umfahrung die Lage der Meßrolle am Fahrarm gleichgültig für das Meßresultat. Bei manchen Instrumenten liegt die Meßrolle unmittelbar neben dem Fahrstift; das hat den Vorteil, daß man die Rolle bequem beobachten kann, so daß man Unregelmäßigkeiten leicht bemerkt; es hat bei Planimetern mit schweren Walzenlenkern den Nachteil, daß sich die Rolle beim Umfahren der Figur leicht von der Unterlage abhebt, so daß man ungenaue Messungen erhält [266]. Große Linearplanimeter mit bis zu 3 m langer Lenkschiene und entsprechend langem Fahrarm werden für Fell- und Ledermessung gebraucht.

d) Das Planimeter von Weber-Kern

Das Planimeter von *Weber-Kern* benutzt einen anderen Integriermechanismus; es mißt $\int dh$ durch die Verschiebung einer scharfkantigen Rolle auf einem mit Teilung versehenen Hilfsarm, der im Leitpunkt senkrecht auf dem Fahrarm steht (V, D 2). Die Verschiebung der Rolle mißt also multipliziert mit der Fahrarmlänge die in Abb. 125 nicht schraffierte Fläche. Bei vollständiger Umfahrung wird $\vartheta_2 = \vartheta_1$ und bei der gewählten Lage des Nullpunktes auch $q_2 = 0$. Somit erhält man bei voller Umfahrung aus Gl. (1)

$$F = l \cdot h, \qquad (3)$$

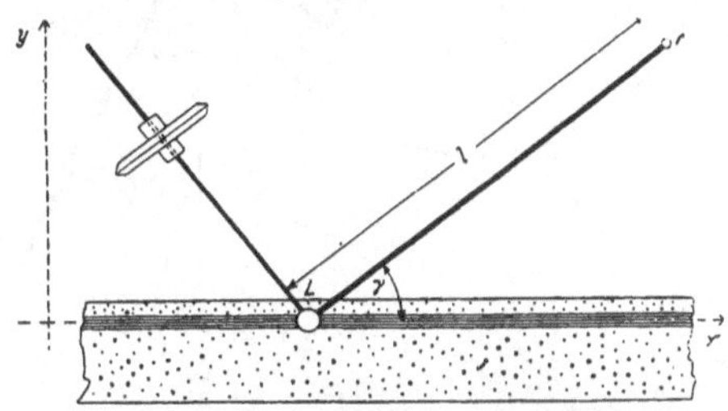

Abb. 126. Schematische Darstellung des Planimeters von *Weber-Kern*

wo h die Verschiebung der Rolle auf dem Hilfsarm ist [239, 668]. Die Messungen mit dem Planimeter von *Weber-Kern* sind im allgemeinen etwas weniger genau als die, welche man mit den oben beschriebenen Planimetern erzielen kann.

schließlich wieder durch eine Parallelverschiebung nach F_2L_2. Die Drehungen der Meßrolle werden dabei

$$2\pi\varrho \cdot dU = dx \sin\vartheta - c \cdot d\vartheta + \bar{dx} \sin(\vartheta + d\vartheta)$$

oder mit Vernachlässigung der Größen, die von zweiter Ordnung klein sind,

$$2\pi\varrho \cdot dU = \frac{y}{l} dx - c \cdot d\vartheta + \bar{dx} \sin\vartheta .$$

Beachtet man, daß man $\bar{dx} = l \cdot d\vartheta \cdot \sin\vartheta$ setzen kann, wie sich aus Dreieck $F'F''F_2$ ergibt, wird

$$2\pi\varrho \cdot dU = \frac{y}{l} dx - (c - l \sin^2\vartheta)\, d\vartheta . \qquad (2')$$

Bei vollständiger Umfahrung einer geschlossenen Figur fällt, da die Gesamtänderung von ϑ Null ist, das Integral über der Klammer fort, und es bleibt (2).

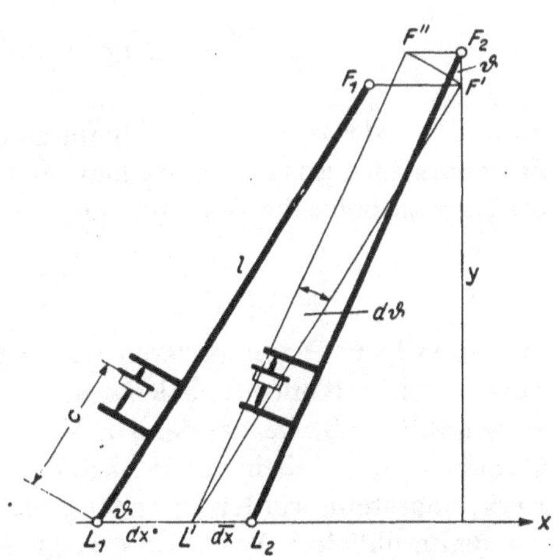

Abb. 127. Zur Ableitung der Gleichung des Linearplanimeters

2. Präzisionsplanimeter

a) Das Scheibenrollplanimeter

Die Linearplanimeter sind als Präzisionsplanimeter mit verschiedenen Integriermechanismen gebaut worden. Am verbreitetsten ist das Scheibenrollplanimeter in der Form, die ihm *Homann* und *Coradi* gegeben haben [193, 318, 439, 609]. Es ist ein Walzenlenker, der den gleichen Integriermechanismus benutzt wie das Scheibenpolarplanimeter V, E 8, nur greift die unter der Scheibe liegende Rolle mit dem Radius r hier nicht in eine Polplatte, sondern in einen Zahnkranz der einen Walze des Lenkers ein. Nimmt man wie in Abb.128 die gemeinsame Achse der beiden Lenkwalzen als y-Richtung, so bewegt sich der Leitpunkt L auf der x-Achse bzw. auf einer Parallelen zu dieser Achse. Verschiebt man den Wagen um ein Stück dx, so wälzt sich der Umfang der kleinen Rolle ebenfalls um das Stück dx ab, so daß diese sich um den Winkel $d\psi = \frac{dx}{r}$ dreht. Um den gleichen Winkel dreht sich die Scheibe. Bezeichnet man auch hier den Abstand zwischen Scheibenmittelpunkt und Leitpunkt mit a, so wird mit den Bezeichnungen der Abb. 128

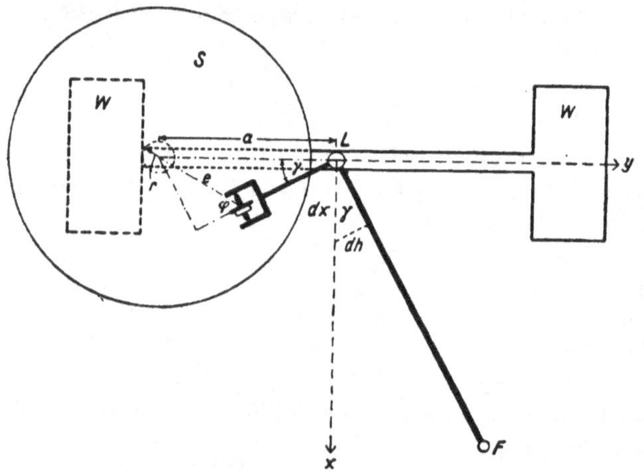

Abb. 128. Schematische Darstellung des Scheibenrollplanimeters

$$2\pi\varrho\, dU = \frac{dx}{r}\, a \sin\gamma = \frac{a}{r} dh,$$

da ja $dh = dx \sin\gamma$ die Verschiebung des Leitpunktes senkrecht zu der Richtung des Fahrarmes ist. Integriert man und setzt in die Planimetergleichung (1) ein, so erhält man bei voller Umfahrung

$$F = 2\pi\varrho \frac{r}{a} lU\,. \tag{4}$$

Wie stets beim Planimetrieren wird natürlich auch hier die Konstante unter Benutzung eines Kontrollineales bestimmt. Die Maße der meisten Instrumente sind so gewählt, daß wie bei dem in V, E 8 besprochenen Präzisions-Scheiben-Polarplanimeter die Meßeinheit je nach der Länge des Fahrarmes, die mit Mikrometerwerk eingestellt werden kann, 0,4 bis 2 mm² ist. Ein Scheibenrollplanimeter in der heute üblichen Ausführung zeigt Abb. 129. Die Justierung derartiger Planimeter erfolgt so, daß man den Winkel zwischen Fahrarm und Meßrollenachse so einstellt, daß bei Umfahrung eines zur x-Achse (Weg des Leitpunktes) symmetrischen Ebenenstückes die Ablesung ein Maximum wird [32].

Abb. 129. Scheibenrollplanimeter.

b) Abarten

dieses Planimeters werden verschiedentlich gebaut, z. B. wird die Meßrolle von einem Schlitten so geführt, daß ihre Ebene stets senkrecht zu dem Scheibenradius nach ihrem Auflagepunkt steht, so daß man also den ursprünglichen Gonellaschen Integriermechanismus hat, bei dem sich die Scheibe im Auflagepunkt immer senkrecht zur Meßrollenachse bewegt. Der Schlitten wird dabei durch eine Kugel geführt, die sich an einem Parallelarm zum Fahrarm befindet und die in einer Querrinne des Schlittens gleitet.

Bei einigen dieser Instrumente ist eine Umstellung derart möglich, daß der Abstand der Integrierrolle vom Drehpunkt der Scheibe, der normalerweise dem Abstand des Fahrstiftes von der Leitgeraden proportional ist, proportional dem Ausschlagswinkel γ des Fahrarmes wird. In dieser Form kann das Instrument zum Ausplanimetrieren von Registrierstreifen mit Kreisbogenordinate benutzt werden, wie man sie z. B. bei Barographen hat.

Eine andere Abart ist als Planimeter mit Spurwagenlenker gebaut. Das mit der Scheibe verbundene gezähnte Rädchen rollt dann an einer über der Leitschiene liegenden gezähnten Längsschiene ab, während die Führung des Wagens, der durch ein Gegengewicht ausbalanciert ist, durch zwei in der Nut der Leitschiene laufende Räder erfolgt (Abb. 129a).

Betreffs der verschiedenen älteren Linearplanimeter mit Integrierrolle, die auf einer bewegten Scheibe, einem Kegel oder auf einem anderen Rotationskörper ab-

Abb. 129a. Scheibenlinearplanimeter mit Spurwagenlenker

rollt, sei auf die zusammenfassenden Berichte insbesondere von *Dyck* [169] und *Galle* [212] verwiesen.

c) Genauigkeitsuntersuchungen

Genauigkeitsuntersuchungen mit derartigen Planimetern sind z. B. von *Ulbrich* [756] gemacht worden. Er gibt den Fehler sowohl in der Form

$$m = \alpha_1 F + \beta_1 \sqrt{F}$$

als auch in der Form

$$m = \sqrt{\alpha_2 F + \beta_2 F^2}$$

an, wo F die Größe des umfahrenen Flächenstückes in mm² ist, und findet

$$\alpha_1 = 0{,}00037 \pm 0{,}00008; \qquad \beta_1 = 0{,}089 \pm 0{,}020;$$
$$\alpha_2 = 0{,}0093 \pm 0{,}0026; \qquad \beta_2 = 0{,}00000034 \pm 0{,}000000006.$$

Ferner sind Fehleruntersuchungen im einzelnen an einem derartigen Instrument von *Idler* gemacht worden [328]. Dieser faßt das Resultat seiner Prüfung dahin zusammen, daß die Genauigkeit des Apparates für alle Arbeiten des Ingenieurs und für Flächenmessungen in der Katasterpraxis ausreicht, mit Ausnahme der Berechnungen der Grundstücksinhalte in Städten mit hohem Bodenwert.

d) Das Kugelrollplanimeter

Integriervorrichtungen, die eine Meßrolle benutzen, haben theoretisch den Nachteil, daß diese teils abrollt, teils gleitet, was, wie erwähnt, bei Bewegung der Meßrolle in der Nähe der Gleitkurven leicht zu Ungenauigkeiten führt. Von Anfang an ging daher das Bestreben dahin, ein Präzisionsplanimeter zu schaffen, dessen Integriermechanismus keine Gleitbewegung ausführt. Schon *J. Amsler* hat 1856 dafür den auf einer Kugel sich abwälzenden Zylinder vorgeschlagen [16, 165] (V, D 6). Ein solches Planimeter wurde von *Coradi* zunächst als Polarplanimeter

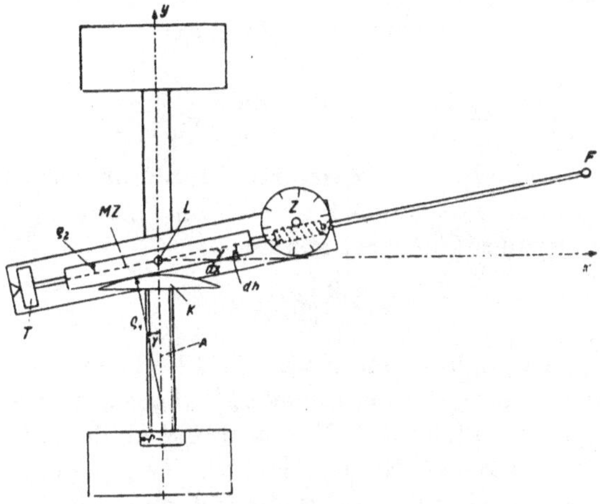

Abb. 130. Schematische Darstellung des Kugelrollplanimeters

Abb. 131. Kugelrollplanimeter mit Walzenlenker

gebaut und wird heute meist als Linearplanimeter mit Walzenlenker in der Form, wie es Abb. 130 und 131 zeigen, benutzt [129, 130, 440]. Bei diesem Apparat wird die Scheibe durch eine Kugelkalotte K, die sich um eine waagerechte Achse A dreht, ersetzt. Ihr Radius sei ϱ_1. An ihrem anderen Ende trägt diese Achse eine kleine Rolle vom Radius r, deren Zähnung in einen Zahnkranz am Umfange der einen Lenkwalze eingreift, so daß sich die Kugelkalotte K bei Verschiebung des

Instrumentes in der Richtung der x-Achse um dx um den Winkel $dv = d\psi = \frac{dx}{r}$ dreht.

Bei Fortbewegung des Planimeters um das Stück dx ist nach V, D 6 die Drehung des Meßzylinders durch

$$\varrho_1 \sin\gamma \, d\psi = 2\pi\,\varrho_2\, dU$$

bestimmt. Also ist

$$dU = \frac{\varrho_1 \sin\gamma \, d\psi}{2\pi\,\varrho_2} = \frac{\varrho_1\, dx \sin\gamma}{r\cdot 2\pi\,\varrho_2} = \frac{\varrho_1}{r\cdot 2\pi\,\varrho_2}\, dh\,,$$

da die Verschiebung des Leitpunktes L senkrecht zur Fahrarmrichtung $dh = dx \sin\gamma$ ist. Integriert man und setzt in die Planimetergleichung V, C (11) ein, so wird bei voller Umfahrung eines Flächenstückes

$$F = \frac{2\pi\,\varrho_2\, r\, l}{\varrho_1}\, U\,. \tag{5}$$

Bei all diesen Präzisionsplanimetern werden die vollen Umdrehungen an einer durch Schneckentrieb bewegten Zählscheibe Z abgelesen, die Bruchteile bis zu Tausendstel einer Umdrehung mittels Nonius direkt an der Integrierrolle oder der mit dem Zylinder verbundenen Meßtrommel T. Die Meßeinheit ist beim Kugelrollplanimeter die gleiche wie beim Scheibenrollplanimeter, nämlich 0,4 bis 2 mm^2.

G. Einige Anwendungen der Planimeter

1. Wahl der Fahrarmlänge

Nächst Rechenschieber und Rechenmaschinen sind die Polarplanimeter die heute am meisten gebrauchten mathematischen Instrumente. Überall, wo Inhalte krummlinig begrenzter Ebenenstücke zu bestimmen sind (Indikatordiagramme, Grundstücke in der Katastervermessung usw.), werden sie verwendet [823]. Im letzteren Fall und überhaupt bei Ausmessung von Flächen in maßstäblicher Zeichnung, empfiehlt es sich, die Fahrarmlänge l so einzustellen, daß eine volle Umdrehung der Meßrolle einer dargestellten Größe mit einer runden Maßzahl entspricht. Auf den Fahrarmen der neueren Planimeter ist eine Skala von 30 bis 220 angebracht. Bei dem üblichen Meßrollenumfang von 60 mm entspricht bei Einstellung des Meßwerkes auf 200 eine Rollenumdrehung einer umfahrenen Fläche von 10000 mm^2. Bezeichnet man die Einstellung auf dem Fahrarm mit λ, so ist also z. B. nach V, E (1)

$$F = 50\,\lambda\, U\ \text{mm}^2.$$

Soll nun z. B. eine Fläche auf einem Meßtischblatt (Maßstab 1 : 25000) ausgemessen werden, so ist das dem ausgemessenen in der Natur entsprechende Stück

$$F = 50\,\frac{25000^2}{10^{12}}\,\lambda\, U\ \text{km}^2 = 0{,}03125\,\lambda\, U\ \text{km}^2\,.$$

Praktisch wählt man als Fahrarmeinstellung hier z. B. $\lambda = 160$, da so einer Rollenumdrehung 5 km^2 im Gelände entsprechen. Andere Beispiele findet man bei *Cuny* [141].

2. Momentenbestimmung mittels Umzeichnens

Weiter soll nun die Bestimmung mehrfacher Integrale

$$\iint \varphi(x, y)\, dx\, dy$$

mittels Planimeter besprochen werden. Drei Wege kann man hierbei gehen:

a) Man zeichnet die Funktion $z = \varphi(x, y)$ für gleichabständige Werte von z auf, stellt also $z = \varphi(x, y)$ durch Höhenlinien dar, planimetriert die einzelnen Höhenlinien aus, zeichnet die Meßergebnisse als Funktion der Höhe auf und planimetriert die sich ergebende Kurve wieder. Überall, wo schon die Darstellung in Schichtlinien vorliegt, wird man diese Methode verwenden, z. B. bei der Orometrie.

b) Man geht von parallelen, senkrecht zur xy-Ebene gelegten, gleichabständigen Schnitten aus und verfährt im übrigen wie im Falle a).

c) Man zeichnet die Grenzkurve um und hat dann nur einmal zu planimetrieren. Hat man z. B. ein Integral der Form

$$\int_{x_1}^{x_2}\int_{y_u(x)}^{y_0(x)} y^n x^m\, dx\, dy = \frac{1}{(n+1)(m+1)} \oint y^{n+1}\, d(x^{m+1}) = \frac{1}{(n+1)(m+1)} \oint x^{m+1}\, d(y^{n+1}),$$

so zeichnet man die Grenzkurve in ein Funktionsnetz um, dessen x-Achse nach einer Skala x^{m+1}, dessen y-Achse nach einer Skala y^{n+1} geteilt ist, und planimetriert einfach die sich hier ergebende Kurve [511]. Solche Funktionspapiere kann man ein für allemal vorbereiten, wie das z. B. *Ott* für n bzw. $m = \frac{1}{2}$, 1, 2 und 3 getan hat. Angewendet wird die Methode vor allem zur Bestimmung von statischen Momenten und damit Schwerpunkten, Trägheits- und Deviationsmomenten usw. Für *Ebenenstücke* hat man da die Formeln:

a) Statisches Moment:

$$M_x = \iint y\, dx\, dy = \frac{1}{2} \oint x\, d(y^2) \qquad (m = 0\,,\; n = 1)$$

$$M_y = \iint x\, dx\, dy = \frac{1}{2} \oint y\, d(x^2) \qquad (m = 1\,,\; n = 0)$$

und daraus, wenn die Fläche mit F bezeichnet wird, die Koordinaten des Schwerpunktes

$$x_s = M_y/F\,; \qquad y_s = M_x/F\,.$$

b) Axiales Trägheitsmoment:

$$J_x = \iint y^2\, dx\, dy = \frac{1}{3} \oint x\, d(y^3) \qquad (m = 0\,,\; n = 2)\,,$$

$$J_y = \iint x^2\, dx\, dy = \frac{1}{3} \oint y\, d(x^3) \qquad (m = 2\,,\; n = 0)\,.$$

c) Zentrifugalmoment:

$$J_{xy} = \iint x \cdot y\, dx\, dy = \frac{1}{4} \oint y^2\, d(x^2) \qquad (m = 1\,,\; n = 1)\,.$$

d) Polare Trägheitsmomente:

$$J_p = \iint r^2 \cdot r\,dr\,d\varphi = \frac{1}{4} \oint r^4\,d\varphi \qquad (m = 0\,,\; n = 3)\,.$$

Weiter für *Rotationskörper* (Rotationsachse sei die x-Achse):

a) Volumen:

$$V = 2\pi \iint y\,dx\,dy = \pi \oint y^2\,dx \qquad (m = 0\,,\; n = 1)$$

b) Statisches Moment gegen eine Ebene senkrecht zur Rotationsachse, z. B. zur yz-Ebene:

$$M_{yz} = \iiint x\,dv = 2\pi \iint x \cdot y\,dx\,dy = \frac{\pi}{2} \oint y^2\,d(x^2) \qquad (m = 1\,,\; n = 1)\,.$$

c) Statisches Moment der Hälfte eines Umdrehungskörpers, die eine Ebene durch die Rotationsachse, z. B. die xz-Ebene abschneidet, gegen diese Schnittebene:

$$M_{xz} = 2 \int_{x_l}^{x_r} \int_0^y \sqrt{y^2 - \eta^2}\,\eta\,dx\,d\eta = \frac{2}{3} \oint y^3\,dx \qquad (m = 0\,,\; n = 2)$$

d) Trägheitsmoment eines Umdrehungskörpers um die Rotationsachse:

$$J_p = \iiint y^2\,dv = 2\pi \iint y^2 \cdot y\,dy\,dx = \frac{\pi}{2} \oint y^4\,dx \qquad (m = 0\,,\; n = 3)\,.$$

e) Trägheitsmoment eines Rotationskörpers um eine zur Umdrehungsachse senkrechte Achse, z. B. die z-Achse:

$$J_z = \int_{x_1}^{x_2} \int_0^y (x^2 + \eta^2)\, 4 \sqrt{y^2 - \eta^2}\,dx\,d\eta$$

$$= \frac{\pi}{3} \oint y^2\,d(x^3) + \frac{\pi}{4} \oint y^4\,dx \qquad (m = 2\,,\; n = 1 \;\text{ bzw. }\; m = 0\,,\; n = 3)\,.$$

Der Fall $m = 0$ und $n = 1$ kommt außerdem z. B. bei Bestimmung der effektiven Stromstärke und Spannung eines Wechselstromes, bei Berechnung der Streuung um einen Mittelwert usw. vor.

Eine andere Methode zur Momentenbestimmung [627] benutzt einen Hilfsraster, der z. B. zur Bestimmung des Trägheitsmomentes um eine x-Parallele Geraden parallel zu dieser im Abstand $h = \sqrt[3]{J/b}$ hat und y-Parallele im Abstande b. Der Raster wird auf die ursprüngliche Figur gelegt, und dann werden die die Figur bedeckenden Rechtecke ausgezählt [703].

3. Andere Anwendungen der Methode des Umzeichnens

Unter Benutzung von Sinuspapier kann man diese Methode auch zur Bestimmung der Fourier-Koeffizienten mit dem Planimeter verwenden [114, 195, 571, 572]. Ein Verfahren, das es erlaubt, diese Koeffizienten mit dem Planimeter ohne Umzeichnen zu bestimmen, ist VI, A 3 gegeben. Ferner wurde diese Methode zur Bestimmung der Treffwahrscheinlichkeit bestimmter Scheibenstücke angewendet [626, 788], zur Bestimmung der sphärischen Lichtstärke von Lichtquellen [625], zur Bestimmung der Selbstinduktivität eines geraden zylindrischen Leiters beliebiger Querschnittsform und zur Integration partieller Differentialgleichungen wie der der Asymptotenlinien der Pseudosphäre und der der Telegraphengleichung [788]. Auch sei hier noch auf die Arbeiten von *Groeneveld* [234 bis 236] verwiesen.

Eine Möglichkeit zur Umzeichnung unter Benutzung eines Schiebeblattes hat *Gröttrup* [238] angegeben. Hat man das Integral

$$\int_{x_1}^{x_2} \int_{0}^{y(x)} \varphi(x, y)\, dx\, dy$$

über das stark umrandete Flächenstück der Abb. 132 zu nehmen, so bildet man zunächst

$$\int_0^y \varphi(x, y)\, dy = f(x, y) = u$$

und hat dann nur noch

$$\int_{x_1}^{x_2} f(x, y)\, dx = \int_{x_1}^{x_2} u \cdot dx$$

zu integrieren. Um $f(x, y)$ als Funktion von x darzustellen, zeichnet man auf ein Schiebeblatt, das eine Schar von gleichabständigen x-Parallelen trägt (Abb. 132), Kurven $u = f(x, y_i)$ für feste äquidistante Werte von y in ein Koordinatensystem ein, dessen u-Achse am rechten Rande liegt und nach oben zeigt, dessen x-Achse nach links gerichtet ist. Dieses Blatt wird so auf die gegebene Kurve gelegt, daß sich die x-Achsen decken, aber entgegengesetzt gerichtet sind. An der rechten Kante des Schiebeblattes, d. h. bei einer willkürlich auswählbaren Abszisse x_i im unteren Blatt, mißt man dann die Ordinate y_i ab, geht in dieser Höhe zur zugehörigen Kurve $f(x, y_i)$, verfolgt diese bis zu ihrem Schnitt mit der y-Achse, also bis zur Abszisse x_i des Schiebeblattes, und überträgt die so gefundene transformierte Ordinate $u_i = f(x_i, y_i)$ auf das ursprüngliche Blatt so, daß sie die Abszisse x_i hat (stark gestrichelter Linienzug). Praktisch trägt man auf dem Schiebeblatt noch die Kurve $y = f(x, y)$ ein (gestrichelt), um die Auffindung der entsprechenden u-Kurve zu erleichtern.

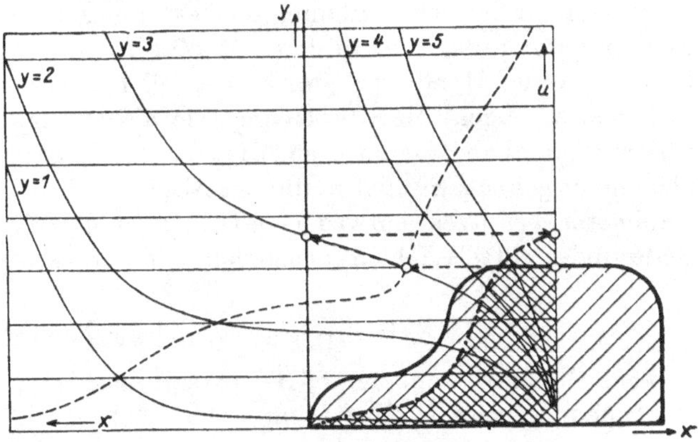

Abb. 132. Schiebeblatt zur Umzeichnung von Kurven

4. Inhaltsbestimmung gekrümmter Flächenstücke

Nyström [534] hat gezeigt, wie man mit einem gewöhnlichen Planimeter den Inhalt von Stücken beliebig gekrümmter Flächen bestimmen kann. Ein besonderes Planimeter, das dieses leistet, hat *Myard* konstruiert [505, 506]. Zur Bestimmung von Teilen einer Kugeloberfläche kann man ein gewöhnliches Polarplanimeter benutzen, bei dem durch Gelenke in Pol- und Fahrarm dafür gesorgt ist, daß man Polachse, Scharnier und Fahrstift senkrecht zur Kugelfläche stellen kann [21a]. Schon *Amsler* hat ein Stereographometer konstruiert, das den Inhalt eines Stückes der Kugeloberfläche angibt, wenn man seine stereographische Projektion mit dem Fahrstift des Apparates umfährt [169]. Bei flächentreuen Abbildungen genügt natürlich die Umfahrung mit einem gewöhnlichen Planimeter. Eine Beschreibung dieser Apparate und weitere Literatur findet man im ATM-Blatt V 1132—1 und 2. Weitere Anwendungen des Planimeters findet man z. B. in [530, 784].

H. Linear-Potenzplanimeter

In dem vorhergehenden Abschnitt ist gezeigt worden, wie man durch Umzeichnen Flächenintegrale der Form

$$\int y^n \, dF = \frac{1}{n+1} \oint y^{n+1} \, dx \, ; \qquad \int r^n \, dF = \frac{1}{n+2} \oint r^{n+2} \, d\varphi$$

mit einem gewöhnlichen Planimeter bestimmen kann. Dort ist auch angegeben, wo man auf derartige Integrale stößt. Man hat nun Apparate konstruiert, die bei Umfahrung der Randkurve des ursprünglichen Flächenstückes den Wert dieser Integrale anzeigen. Man bezeichnet sie als Potenz- oder Momentenplanimeter oder auch wohl als Integratoren. Die erste Gruppe dieser Apparate ist als Linearplanimeter gebaut. Sie soll in diesem Abschnitt behandelt werden. Diese Potenzplanimeter benutzen entweder das Prinzip der Winkelvervielfachung mittels Räder- oder mittels Schleifkurbeltrieb, oder sie verwenden Gleitkurven.

1. Prinzip der Winkelvervielfachung

Beim Quadratplanimeter z. B., das zur Bestimmung der statischen Momente dient, benutzt man die Beziehung (Abb. 133):

$$\begin{aligned} M_x = \int y \, dF = \frac{1}{2} \oint y^2 \, dx = \frac{1}{2} l^2 \oint \sin^2 \alpha \, dx \\ = \frac{1}{4} l^2 \left(\oint dx - \oint \cos 2\alpha \, dx \right). \end{aligned}$$

Das erste Integral verschwindet bei Integration längs einer geschlossenen Kurve, und man erhält:

$$M_x = -\frac{1}{4} l^2 \oint \cos 2\alpha \, dx = -\frac{1}{4} l^2 \oint \sin(90^\circ \pm 2\alpha) \, dx \, . \tag{1}$$

Will man das Integral mit einem Planimeter auswerten, muß die Achse der Integrierrolle, deren Auflagepunkt sich ja in Richtung der x-Achse bewegt, mit dieser einen Winkel von $90° - 2\alpha$ oder $90° + 2\alpha$ bilden. Das wird, wie Abb. 133 zeigt, mittels zweier Zahnräder R_1 und R_2 erreicht, deren Radien sich wie 2 : 1 verhalten. Das Minuszeichen vor dem Integral zeigt an, daß sich die Meßrolle in entgegengesetztem Sinne wie gewöhnlich dreht.

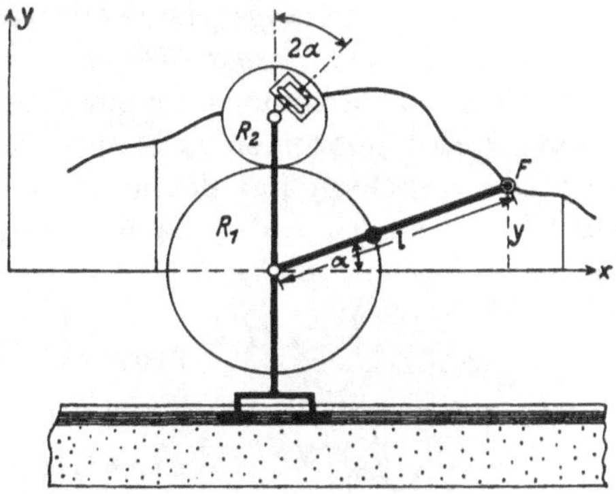

Abb. 133. Schematische Darstellung eines Quadratplanimeters mit Winkelverdoppelung durch Zahnradtrieb

Hat man außer einem gewöhnlichen Planimeter auch ein solches Quadratplanimeter zur Verfügung, kann man sich, wie man sich leicht überlegen kann, einen Teil der in vorigem Abschnitt beschriebenen Umzeichnungen zur Auswertung der Integrale $\iint x^n y^m \, dx\, dy$ ersparen.

Ähnlich erhält man beim Kubikplanimeter zur Bestimmung der Momente zweiter Ordnung

$$J_x = \int y^2 \, dF = \frac{1}{3} \oint y^3 \, dx = \frac{1}{3} l^3 \oint \sin^3 \alpha \, dx$$
$$= \frac{1}{4} l^3 \oint \sin \alpha \, dx - \frac{1}{12} l^3 \oint \sin 3\alpha \, dx$$

und daraus bei voller Umfahrung

$$J_x = \frac{1}{4} l^2 F - \frac{1}{12} l^3 \oint \sin 3\alpha \, dx, \tag{2}$$

wo F den Flächeninhalt bezeichnet. Um das zweite Integral zu liefern, muß also die Meßrolle den Winkel 3α mit der x-Achse bilden. Der Nachteil dieser Momentenbestimmung ist, daß sich J_x als Differenz zweier Ablesungen ergibt, wodurch unter Umständen die relative Genauigkeit des so bestimmten Wertes von J_x wesentlich herabgesetzt wird. Dasselbe gilt auch, wenn das Planimeter noch eine weitere Meßrolle hat zur Bestimmung des Momentes dritter Ordnung. Dieses ergibt sich aus

$$P_x = \int y^3 \, dF = -\frac{1}{8} l^4 \oint \cos 2\alpha \, dx + \frac{1}{32} l^4 \oint \cos 4\alpha \, dx$$
$$= \frac{l^2}{2} M_x + \frac{1}{32} l^4 \oint \sin (90° \pm 4\alpha) \, dx. \tag{3}$$

In diesen Fällen muß man daher ganz besonders darauf achten, daß mit der kleinstmöglichen Fahrarmlänge gearbeitet wird, um einen möglichst großen Differenzbetrag zu erhalten.

Um das Deviationsmoment $\int yx \, dF = \frac{1}{2} \oint y^2 x \, dx$ oder das bei der Berechnung der Trägheitsmomente von Rotationskörpern um eine zur Achse senkrechte Gerade vorkommende Integral $\int x^2 y \, dF = \frac{1}{2} \oint x^2 y^2 \, dx$ auszurechnen, kann man entweder die V, G 1 angegebene Umzeichnung benutzen [17, 18], oder man kann nach *Ott* [544] und *Berger* [52] mehrere Umfahrungen des Flächenstückes mit einem Potenzplanimeter vornehmen, bei denen zwei bzw. drei verschiedene Aufstellungen des Instrumentes benutzt werden. Diese sind so zu wählen, daß die neuen Bezugsachsen mit der ursprünglichen, der x-Achse, die Winkel $+\beta$ und $-\beta$ bilden. Sind u und v die Koordinaten für diese neuen Achsen, so bestehen die Gleichungen:

$$\left.\begin{aligned} \int x\,y\,dF &= \frac{1}{2\sin 2\beta}\Big[\frac{1}{3}\oint\limits_{\text{Achse: }-\beta} v^3\,du - \frac{1}{3}\oint\limits_{\text{Achse: }+\beta} v^3\,du\Big] \\ \int x^2\,y\,dF &= \frac{1}{6\sin^2\beta\cos\beta}\Big[\frac{1}{4}\oint\limits_{\text{Achse: }-\beta} v^4\,du + \frac{1}{4}\oint\limits_{\text{Achse: }+\beta} v^4\,du\Big] \\ &\qquad - \frac{\operatorname{ctg}^2\beta}{12}\oint\limits_{\text{Achse: }x} y^4\,dx \end{aligned}\right\} \qquad (4)$$

Verdoppelt man bei einem Polarplanimeter den Winkel ψ zwischen Polarm und Fahrarm, so daß die Achse der Integrierrolle mit dem Polarm den Winkel 2ψ bildet, so erhält man beim Umfahren eines Flächenstückes F mit Pol außerhalb das polare Trägheitsmoment dieses Flächenstückes bezogen auf den Pol

$$J_p = (p^2 + l^2)\,F - \frac{p^2\,l^2}{2}\oint \cos 2\,\psi\,d\varphi\,,$$

wo φ bei Umfahren im Zeigersinn negativ zu nehmen ist. Hier ist φ der Winkel, der die Lage des Fahrarmes bestimmt und $F = -p\,l\int \cos\psi\,d\varphi$. Bei Pol innerhalb ist noch $-\frac{\pi}{2}(p^4 + l^4)$ hinzuzufügen [393].

2. Potenzplanimeter mit Zahnradgetriebe

Als Beispiel eines solchen Potenzplanimeters zeigt Abb. 134 den *Integrator von Amsler* mit 4 Meßrollen [21]. Das Übersetzungsverhältnis der Zahnradübertragungen ist 2 : 1, 3 : 1 und 4 : 1. Man kann also nach der Umfahrung an der am

Abb. 134. Integrator von *Amsler* mit vier Meßrollen

Fahrarm liegenden Integrierrolle $F = \oint y\,dx$ und an den anderen $M_x = \oint y^2\,dx$ und zu $\oint \sin 3\alpha\,dx$ und $\oint \sin(90° - 4\alpha)\,dx$ proportionale Größe ablesen. Abarten dieser Momentenplanimeter, bei denen als Integriermechanismus der Kugelroll- oder der Scheibenrollmechanismus verwendet werden, baut *Amsler* [165].

Ähnliche Konstruktionen benutzt man bei Quadratwurzelplanimetern und bei semikubischen Planimetern, die für die Bestimmung der Geschwindigkeiten und damit der Durchflußmengen bei Düsen oder Staurohren bzw. zur Bestimmung der Geschwindigkeiten und Durchflußmengen bei Überfallwehren gebraucht werden. Hier verhalten sich die Radien wie 3 : 2 : 6. Aus der Abb. 135 entnimmt man:

$$\oint y^{\frac{3}{2}}\,dx = l^{\frac{3}{2}} \oint (1-\cos\alpha)^{\frac{3}{2}}\,dx = l^{\frac{3}{2}}\, 2^{\frac{3}{2}} \oint \sin^3\frac{\alpha}{2}\,dx$$

$$= l^{\frac{3}{2}} \frac{1}{\sqrt{2}}\left(-\oint \sin 3\frac{\alpha}{2}\,dx + 3\oint \sin\frac{\alpha}{2}\,dx\right). \qquad (5)$$

Die Werte der beiden Integrale liest man nach der Umfahrung an den beiden Meßrollen M_1 und M_2 ab [163, 268].

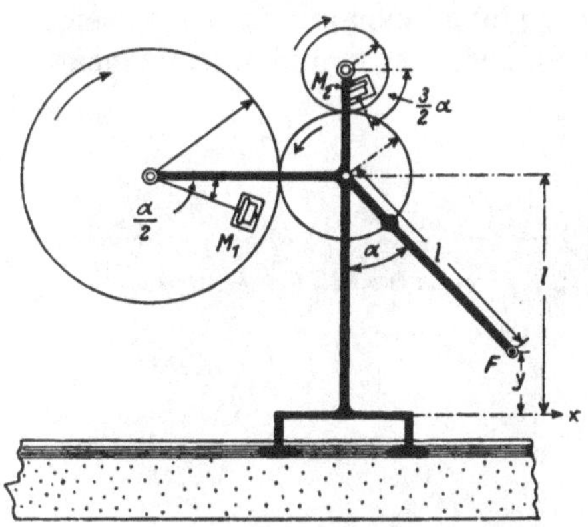

Abb. 135. Schematische Darstellung des Drei-Zweitel-Planimeters von *Amsler*

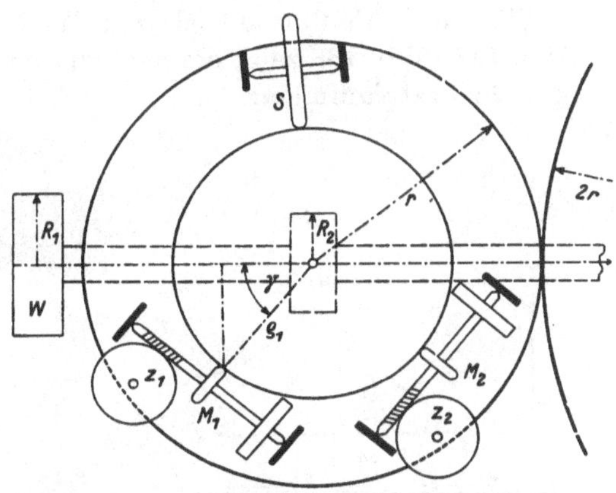

Abb. 136. Schematische Darstellung des Integriermechanismus am Momentenplanimeter von *Hele-Shaw*

Nach dem gleichen Prinzip arbeitet der *Integrator von Hele-Shaw* (Abb. 136), nur ist hier die Meßrolle durch den in V, D 7 beschriebenen Mechanismus ersetzt [298]. Auf einem Wagen, der sich auf zwei fest verbundenen Walzen W vom Radius R_1 in Richtung der x-Achse bewegt, befinden sich im Rahmen drei mattgeschliffene Glaskugeln vom Radius ϱ_1, die durch drei auf der Achse des Wagens sitzende Zylinder vom Radius R_2, auf denen sie ruhen, um eine zur y-Achse parallele Achse gedreht werden. Bewegt sich der Wagen um dx weiter, drehen sich die Walzen und damit die Zylinder um den Winkel $d\psi = dx : R_1$, die Kugeln somit um

$$d\varphi = \frac{R_2}{\varrho_1}\,d\psi = \frac{R_2}{\varrho_1 R_1}\,dx.$$

Diese Drehung wird auf Meßrollen vom Radius ϱ übertragen, die in dem die Kugel haltenden Rahmen so liegen, daß ihre Achsen die Drehachse der Kugel schneiden und daß sie die Kugel in einem zur Zeichenebene parallelen größten Kreis berühren. Bildet ihre Ebene mit der y-Achse den Winkel γ, drehen sie sich also bei der Verschiebung um dx um

$$dU = \frac{1}{2\pi\varrho}\,\varrho_1 \sin\gamma \cdot \frac{R_2}{R_1\varrho_1}\,dx = \frac{1}{2\pi\varrho}\,\frac{R_2}{R_1}\sin\gamma\,dx\,. \tag{6}$$

Eine Zahnradübertragung bewirkt nun, daß für die drei Kugeln $\gamma = \alpha$, $\gamma = 90° - 2\alpha$ bzw. $\gamma = 3\alpha$ ist. Der Vorteil dieses Instrumentes ist der, daß sich die Integrierrollen stets auf Flächen gleicher Rauhigkeit bewegen. Eine Fehlermöglichkeit liegt darin, daß die Drehachsen der Kugeln und Meßrollen windschief sein können. Die zweite Meßrolle M_2 ist hier ohne Bedeutung; sie hält zusammen mit M_1 und der Stützrolle S die Kugel im Rahmen; sie wird beim harmonischen Analysator von *Henrici-Coradi* benutzt, der die gleiche Integriervorrichtung hat (VI, B 3).

3. Potenzplanimeter mit Schleifkurbeltrieb

Wie ein Schleifkurbeltrieb zur Winkelverdopplung anzuordnen wäre, zeigt Abb. 137. Abb. 138 zeigt ein nach diesem Prinzip gebautes kombiniertes Linear- und Quadratplanimeter.

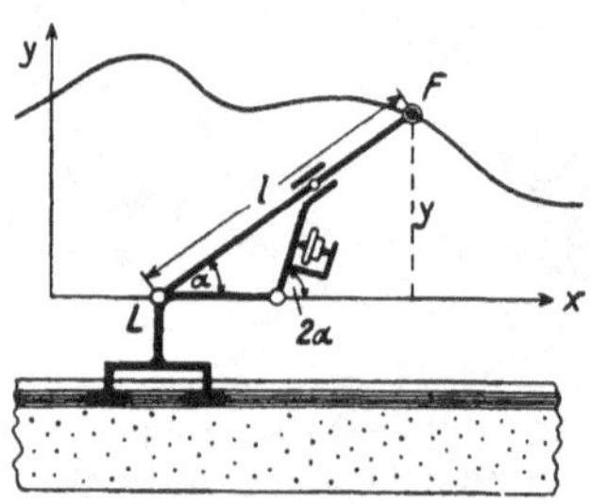

Abb. 137. Schematische Darstellung eines Quadratplanimeters mit Schleifkurbeltrieb

Abb. 138. Kombiniertes Linear- und Quadratplanimeter *Adler-Ott*

Aus diesem Planimeter wurde von *Ott* und *Werkmeister* ein Drei-Rollen-Momentenplanimeter entwickelt. Abb. 139 zeigt schematisch die Anlage eines solchen Instrumentes. Man sieht daraus, daß die drei Rollenachsen mit der x-Achse Winkel der Größe α, $90° + 2\alpha$ und 3α bilden. Aus den Umfahrungsergebnissen werden nach den Formeln (1) und (2) M_x und J_x berechnet. Das ausgeführte Instrument zeigt Abb. 140 [801]. Besonders geschickt ist dabei die Anordnung der drei Rollen, die arbeiten können, ohne sich gegenseitig zu hemmen.

Während das hier abgebildete Instrument 4 feste Fahrstifte hat, haben neuere nur einen festen Fahrstift am Ende des Fahrarmes und einen auf dem mit durchlaufender Teilung versehenen Fahrarm verschiebbaren Fahrstift.

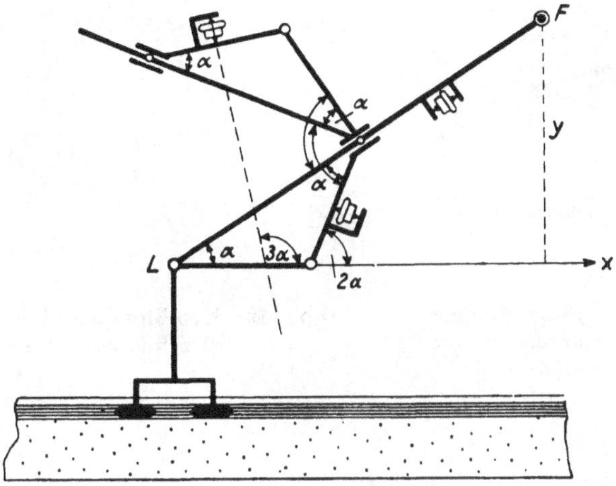

Abb. 139. Schematische Darstellung eines Drei-Rollen-Planimeters mit Schleifkurbeltrieb

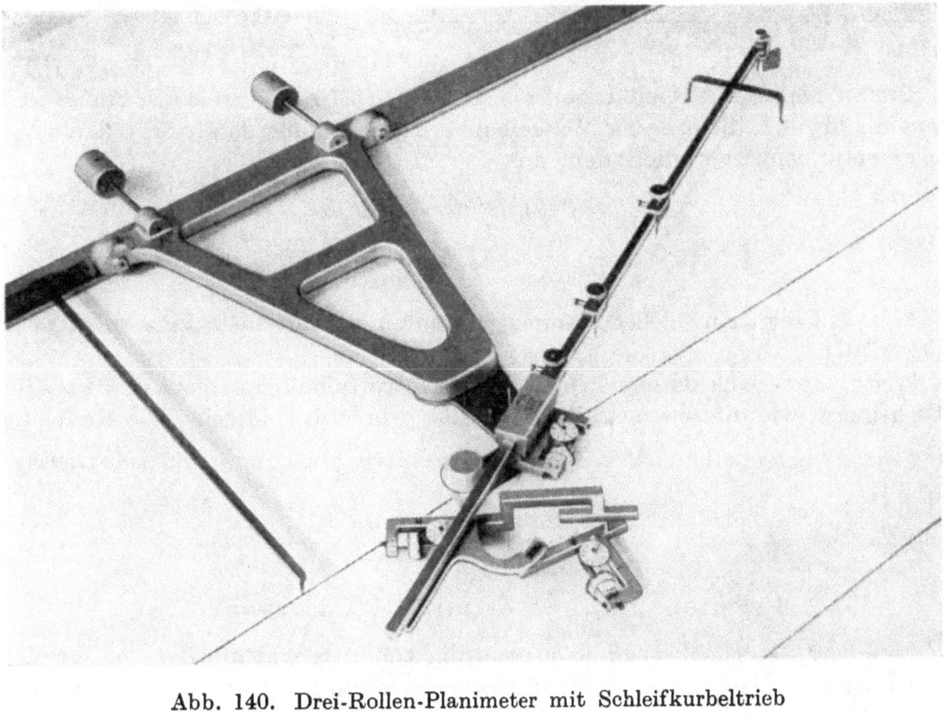

Abb. 140. Drei-Rollen-Planimeter mit Schleifkurbeltrieb

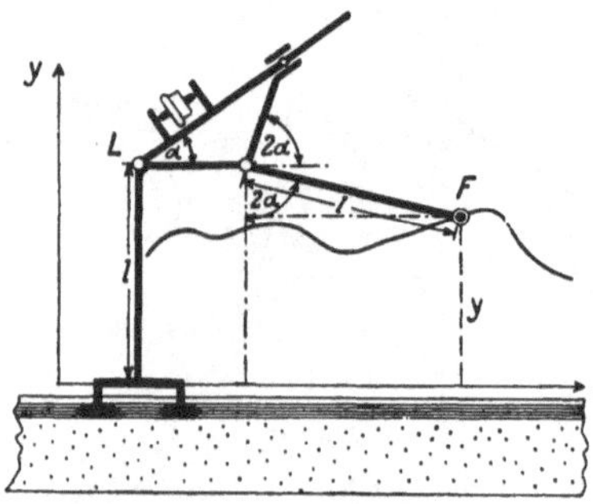

Abb. 141. Schematische Darstellung eines Quadratwurzelplanimeters mit Schleifkurbeltrieb

Abb. 142. Kombiniertes Linear- und Quadratwurzelplanimeter *Adler-Ott*

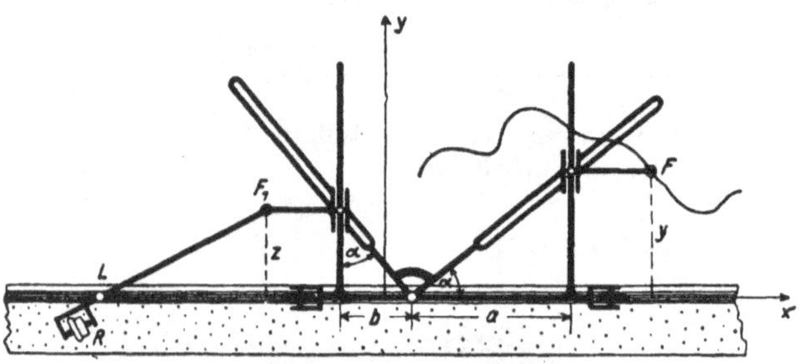

Abb. 143. Schematische Darstellung des Kehrwertplanimeters von *Ott*

Nimmt man den Schleifkurbeltrieb der Abb. 137 in umgekehrter Anordnung wie in Abb. 141, dient er zur Winkelhalbierung und kann damit für ein Wurzelplanimeter benutzt werden; denn aus

$$y = l - l \cos 2\alpha = 2l \sin^2 \alpha$$

folgt

$$\oint \sqrt{y}\, dx = \sqrt{2l} \oint \sin\alpha\, dx\,. \tag{7}$$

Abb. 142 zeigt ein solches Planimeter kombiniert mit einem Linearplanimeter [3, 4, 797].

Weiter wird nach diesem Prinzip ein Kehrwertplanimeter gebaut [545, 546]. Es benutzt, wie die schematische Darstellung in Abb. 143 zeigt, die Beziehung $\operatorname{ctg} \alpha = 1 : \operatorname{tg} \alpha$; da nämlich $z = b \operatorname{ctg} \alpha = \frac{b}{\operatorname{tg} \alpha} = \frac{a \cdot b}{y}$ ist, mißt die Integrierrolle

$$\oint z\, dx = a \cdot b \oint \frac{1}{y}\, dx\,. \tag{8}$$

4. Potenzplanimeter mit Gleitkurventrieb

Eine dritte Möglichkeit zur Konstruktion von Potenzplanimetern ist die Verwendung von Gleitkurven oder von Nockensteuerung. Gleitkurven werden z. B. in den *Momentenplanimetern von Lorenz* benutzt [441]. Bei diesen dreht sich um einen auf der x-Achse verschiebbaren Zapfen eine gekrümmte Schiene mit der Gleitkurve. Diese wird durch einen zweiten mit dem Fahrstift F verbundenen Zapfen gesteuert. F gleitet außerdem in einer Schiene parallel zur y-Achse. Die Gleichung der Gleitkurve ist

$$y = b\sqrt[n]{\cos\varphi},$$

wo φ der Winkel zwischen Meßrollenachse und y-Richtung ist. Das Differential der Rollenabwicklung wird bei einer Verschiebung des Fahrstiftes auf der gegebenen Kurve um dx und dy bestimmt durch:

$$2\pi\varrho \cdot dU = c \cdot d\varphi + \cos\varphi \cdot dx$$
$$= c \cdot d\varphi + \left(\frac{y}{b}\right)^n \cdot dx.$$

Umfährt man ein Ebenenstück vollständig, fällt das Integral des ersten Summanden fort, und es bleibt:

$$\oint y^n\,dx = 2\pi\varrho\, b^n\, U. \qquad (9)$$

Der Apparat wurde auch so gebaut, daß er nur eine Umzeichnung der Kurve ausführt, die dann mit einem gewöhnlichen Planimeter integriert wird [442, 443]. Im Prinzip kann natürlich an die Stelle von $\sqrt[n]{\cos\varphi}$ jede Funktion von φ treten, so daß man nach dem Gleitkurvenprinzip auch andere Funktionen von y als nur Potenzen integrieren kann.

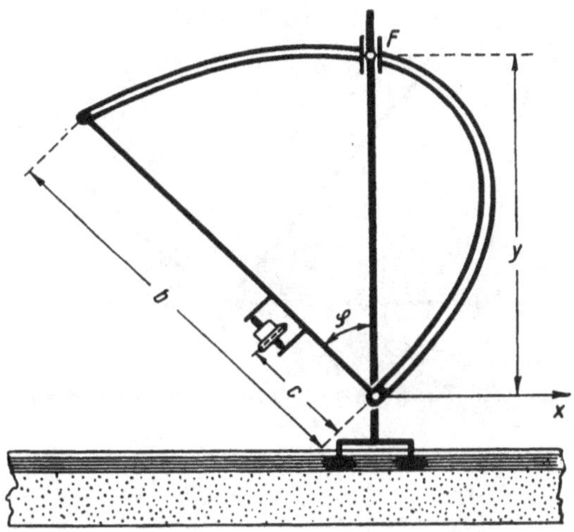

Abb. 144. Schematische Darstellung des Momentenplanimeters von *Lorenz*

5. Potenzplanimeter mit Nockensteuerung

In anderer Weise verwendet *Ott* die Gleitkurven in seinen *Potenzplanimetern mit Nockensteuerung* [547, 548]. Das Prinzip der Konstruktion zeigt Abb. 145. Ein Fahrarm der Länge l trägt an einem Seitenarm der Länge d einen Zapfen Z, der sich in der Gleitkurve einer Nockenscheibe N bewegt. Mit dieser ist die Integrierrolle verbunden. Zur Berechnung von $\oint y^n\,dx$ wird die Gleitkurve so gewählt, daß die Achse der Meßrolle mit ihrer Verschiebungsrichtung einen Winkel γ bildet, der durch die Beziehung

$$\sin\gamma = \sin^n\alpha = \left(\frac{y}{l}\right)^n \quad (10)$$

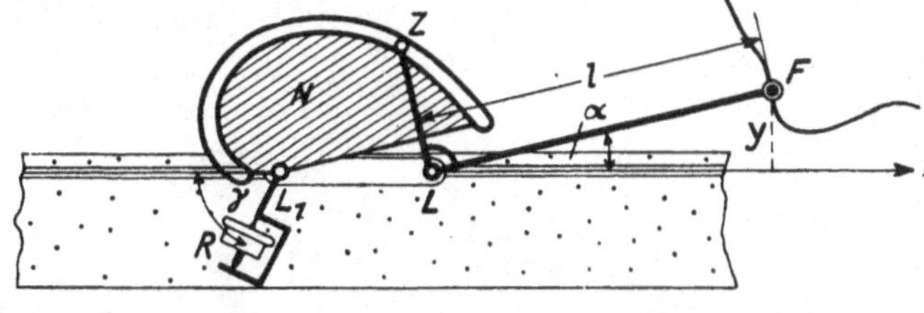

Abb. 145. Schematische Darstellung eines Potenzplanimeters mit Nockensteuerung

mit α verbunden ist, so daß bei Umfahrung des Ebenenstückes

$$\oint y^n\,dx = 2\varrho\pi l^n U \tag{11}$$

wird.

Wählt man ein mit der Nockenscheibe festverbundenes ξ, η-Koordinatensystem, dessen η-Achse (Abb. 146) in der Richtung der Meßrollenachse liegt, während die ξ-Achse senkrecht dazu durch den Drehpunkt L_1 der Nockenscheibe geht, so liest man leicht aus diesem Bilde ab, daß

$$\left.\begin{aligned}\xi &= +\,b\sin\gamma - d\cos(\gamma-\alpha) = (b - d\sin\alpha)\sin\gamma - d\cos\alpha\cos\gamma\\ \eta &= +\,b\cos\gamma + d\sin(\gamma-\alpha) = (b - d\sin\alpha)\cos\gamma + d\cos\alpha\sin\gamma\end{aligned}\right\} \tag{12}$$

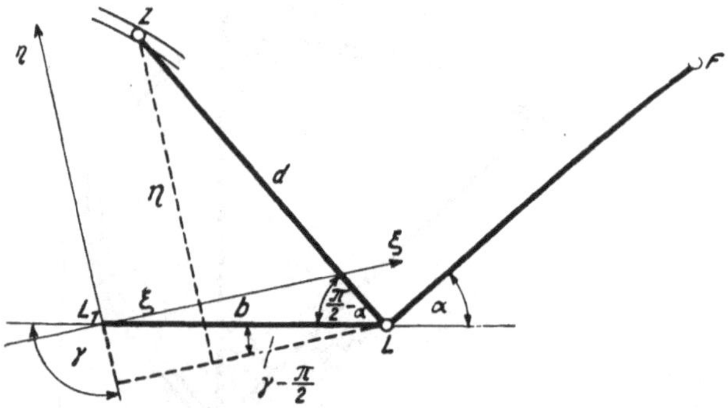

Abb. 146. Zur Ableitung der Gleichung der Steuerkurven

ist, wo $LL_1 = b$ und $LZ = d$ gesetzt ist. Ist z. B. $n = 1$, also $\gamma = \alpha$, so wirkt das Planimeter als gewöhnliches Linearplanimeter, und es wird

$$\xi = b\sin\alpha - d; \quad \eta = b\cos\alpha.$$

Die Gleitkurve wird also ein Kreis

$$(\xi + d)^2 + \eta^2 = b^2.$$

In anderen Fällen ergeben

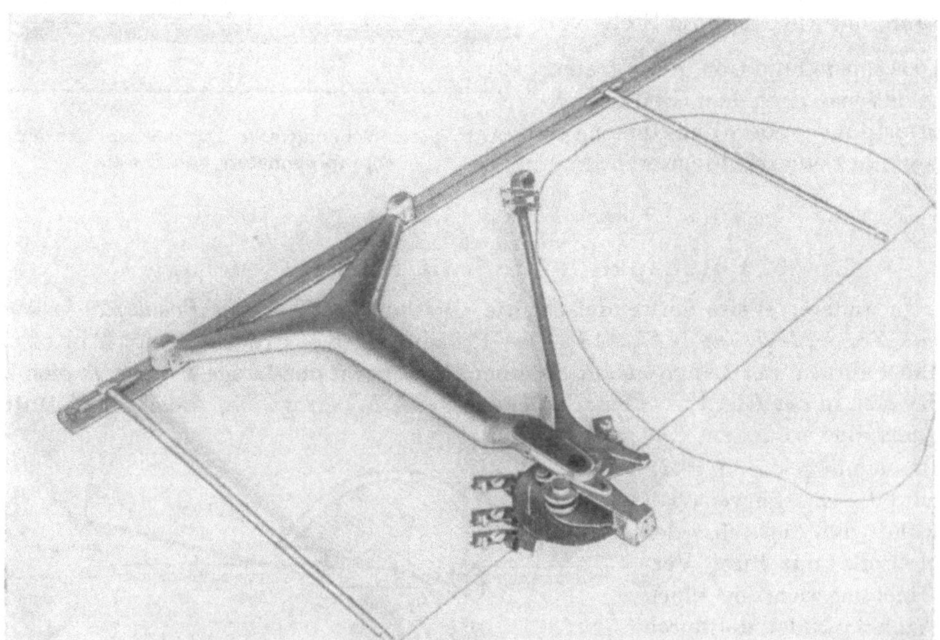

Abb. 147. Vier-Rollen-Planimeter mit Nockensteuerung

Abb. 148. Nockenscheiben des Vier-Rollen-Planimeters

sich algebraische Kurven ziemlich hoher Ordnung. Doch lassen sich diese Kurven immer punktweise aus den Gl. (12) berechnen, wenn man darin (10) einsetzt.

Abb. 147 zeigt ein solches Vier-Rollen-Planimeter mit einstellbarer Fahrarmlänge. An der Rolle rechts liest man $\oint y\,dx$, an den Rollen links von oben nach unten $\oint y^2\,dx$, $\oint y^4\,dx$ und $\oint y^3\,dx$ ab. Abb. 148 zeigt den wichtigsten Teil eines solchen Planimeters nach Abnahme des Fahrarmes von unten. Man erkennt links die beiden Zapfen, gegen die durch Federn die einzelnen Segmente der Gleitkurven gedrückt werden. Das oberste Segment ist das der Gleitkurve für $\oint y^4\,dx$. Eine sehr schöne Anwendung des Potenzplanimeters zur Bestimmung des Kippmomentes eines Konverters hat *H. König* gegeben [386], eine andere Anwendung beschreibt *Amsler-Laffon* [21].

J. Radial- und Radial-Potenzplanimeter

1. Das Grundradialplanimeter

besteht aus einem geraden Fahrarm, der sich um einen festen Punkt O drehen und durch oder über ihn hingleiten kann, je nachdem, ob der Apparat Ösen- oder Schlitzführung hat (Abb. 149). Er trägt an dem einen Ende den Fahrstift und seitlich davon, so daß ihre Ebene den Fahrarm in Höhe des Fahrstiftes schneidet, die Meßrolle, deren Achse in der normalen Lage dem Fahrarm parallel ist, die aber unter einem festen Winkel gegen den Fahrarm eingestellt werden kann [15, 74, 75, 111, 267, 547, 548, 636]. Jede Verschiebung des Fahrstiftes kann zerlegt werden in eine Bewegung dr in Richtung des Fahrstrahles, bei der sich die Meßrolle nicht dreht, und eine Schwenkung um $d\varphi$, bei der sich die Meßrolle um $r \cdot d\varphi$ abwickelt. Ihre Drehung dU bestimmt sich dabei aus

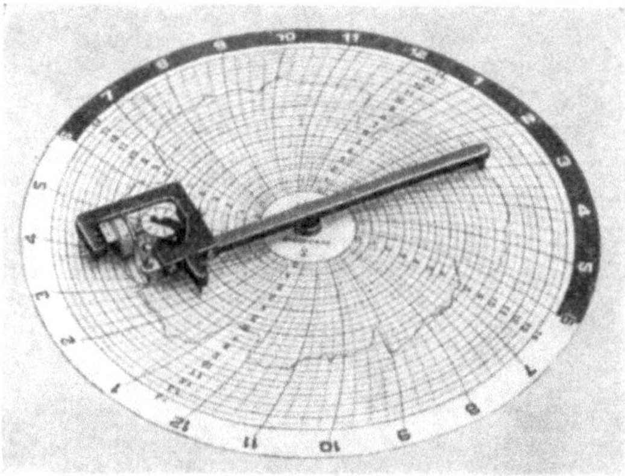

Abb. 149. Radialplanimeter mit festem Pol

$$r \cdot d\varphi = 2\pi\varrho \cdot dU .$$

Beim Entlangfahren auf einer in Polarkoordinaten aufgetragenen Kurve $r = f(\varphi)$ ist also die Drehung

$$U = \frac{1}{2\pi\varrho} \int_{\varphi_1}^{\varphi_2} r \cdot d\varphi . \qquad (1)$$

Dividiert man durch $\varphi_2 - \varphi_1$, erhält man den Mittelwert von r in diesem Winkelbereich.

Der Apparat ist also in dieser Form kein eigentliches Planimeter, da er keine Fläche mißt. Er ist ein Integrimeter (vgl. V, L), das den Wert $\int f(\varphi) \cdot d\varphi$ in jedem Moment abzulesen erlaubt, falls $f(\varphi)$ in Polarkoordinaten aufgezeichnet ist, falls man also ein sog. Scheibendiagramm hat [111]. Liegt ein Diagramm in kartesischen Koordinaten vor, kann man dieses mittels eines Apparates von *Pers* ohne Umzeichnen mit einem Radialplanimeter integrieren [573, 574]. Bei geschlossenen Figuren, oder wenn die Ordinaten nicht vom Pol, sondern von einem Nullkreis aus abgetragen sind, muß man, wie bei anderen Planimetern, die ganze Figur umfahren. Die Radialplanimeter werden auch so gebaut, daß die Integrierrolle festliegt und daß der Mittelpunkt des Diagrammes verschoben wird (Abb. 150).

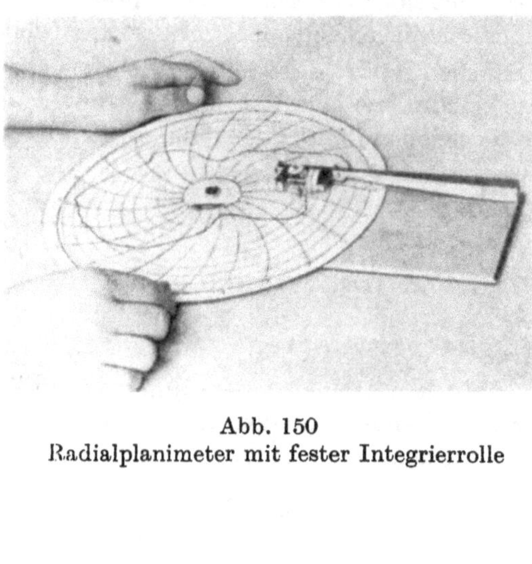

Abb. 150
Radialplanimeter mit fester Integrierrolle

Eine Abänderung des Radialplanimeters, bei der mittels eines Pantographen die Meßrolle sich auf einer sich um ein Vielfaches von φ drehenden Scheibe bewegt, hat *Lugeon* konstruiert [333, 453 bis 455].

Das Radial-Planimeter kann zur Berechnung des Potentials mit

Masse belegter Ebenenstücke benutzt werden; denn es ist

$$2\pi \varrho U = \oint r\, d\varphi = \iint \frac{1}{r} \cdot r\, dr \cdot d\varphi = \iint \frac{1}{r}\, dF\,.$$

U ist also proportional dem Wert des Newtonschen Potentiales des gleichmäßig mit Masse belegten, mit dem Fahrstift umrandeten Ebenenstückes im Pol.

2. Radial-Potenzplanimeter mit Nockensteuerung und Gleitkurventrieb

Bei manchen Radial-Planimetern ist der Winkel zwischen Fahrarm und Meßrollenebene verstellbar [164, 547, 548]. Ist dieser Winkel γ, so befindet sich die Meßrollenebene im senkrechten Abstand $R = r \sin \gamma$ vom Pol. Die Meßrolle mißt also

$$\int R\, d\varphi = \int r \sin \gamma\, d\varphi\,. \tag{2}$$

Läßt man nun den Winkel γ sich stetig verändern dadurch, daß man keinen geraden Fahrarm anwendet, sondern mit Fahrstift O und Integrierrolle eine Gleit-

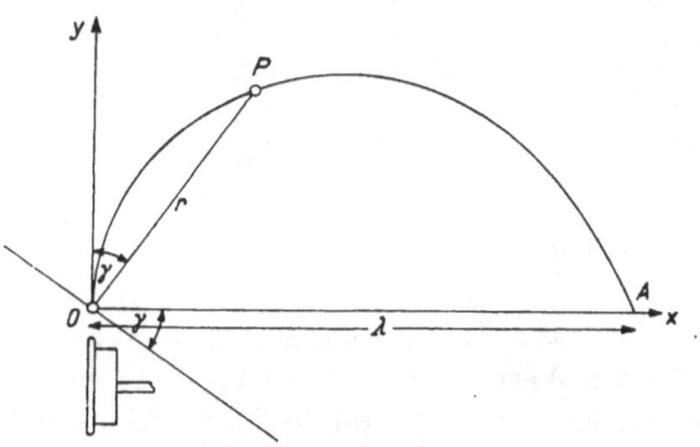

Abb. 151. Zur Ableitung der Gleichung der Steuerkurven

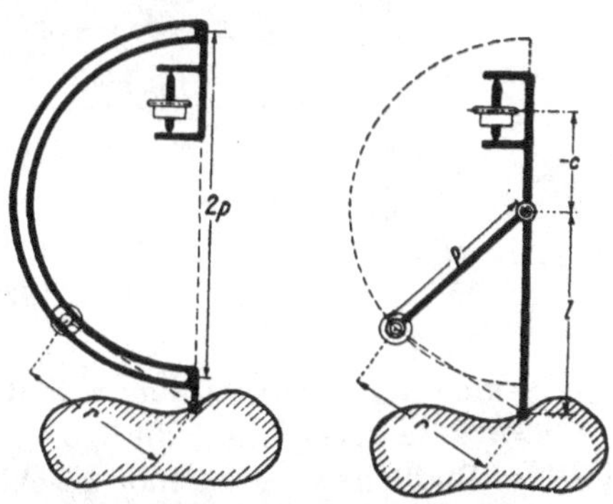

Abb. 152. Gegenüberstellung des Quadrat-Radialplanimeters und des Polarplanimeters

kurve OPA (Abb. 151) verbindet, die durch den festen Pol P gleitet, so kann man ein Radial-Potenzplanimeter bekommen. Bei Verschiebung des Fahrstiftes O längs einer Kurve sei die Richtungsänderung des Radius $OP = r$ gleich $d\varphi$. Es gilt dann die Gl. (2). Soll nun das Integral $\int r^n\, d\varphi$ berechnet werden, muß die Beziehung

$$r^{n-1} = \lambda \sin \gamma \tag{3}$$

bestehen; wenn man die eingezeichneten kartesischen Koordinaten einführt, wird die Gleichung der Gleitkurve

$$x^2 + y^2 = \sqrt[n]{\lambda^2 x^2}\,. \tag{3}$$

Z. B. für $n = 2$ ergibt sich daraus: $x^2 + y^2 - \lambda x = 0$. Die Gleitkurve wird also ein Kreis durch O und P mit dem Radius $\lambda/2$. Abb. 152 links zeigt ein solches

Planimeter. Allerdings geht hier die Ebene der Integrierrolle nicht durch den Fahrstift wie in der schematischen Zeichnung Abb. 151. Aber wie wir aus V, D 1 b wissen, bedeutet diese Parallelverschiebung der Integrierrolle nur, daß in der Planimetergleichung noch einige Glieder hinzukommen, die aber bei voller Umfahrung wieder herausfallen. Durch Vergleich des linken Teiles von Abb. 152 mit dem rechten Teil, erkennt man, daß die Polarplanimeter als Quadrat-Radialplanimeter angesehen werden können, worauf zuerst *Ott* hingewiesen hat [547, 548].

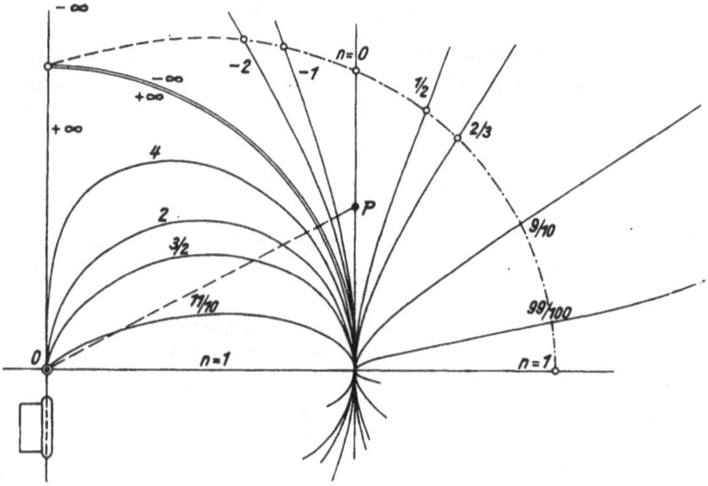

Abb. 153. Steuerkurven

Gleitkurven für verschiedene n sind in Abb. 153 aufgezeichnet. Man erkennt dort für $n = 2$ den Halbkreis; die Kurven für die Werte von $n = +1$ bis $+\infty$ sind ganz im Endlichen verlaufende geschlossene Kurven, während die Kurven für die Werte von $n = -\infty$ bis $n = +1$ ins Unendliche verlaufen. Auf die Gerade $n = 0$ ist in V, L 2 zurückzukommen. Die gestrichelte Kurve gibt den Ort der Wendepunkte dieser Kurven an, ihre Gleichung ist $r = \sqrt[\operatorname{ctg}^2\gamma]{\frac{1}{\lambda \sin \gamma}}$.

Eine Reihe solcher Radial-Potenzplanimeter hat *Ott* gebaut, so z. B. ein Radial-Kubikplanimeter [547, 548] (Abb. 154), bei dem der Abstand der Meßrollenebene vom Pol proportional der dritten Potenz des Radius ist, das also das Integral

$$\frac{1}{3}\oint r^3\,d\varphi = \int r\,dF \tag{5}$$

mißt, wo dF für das Flächenelement $r\,dr\,d\varphi$ gesetzt ist. Für dieses Integral, das für die Siedlungsplanung eine Rolle spielt, hat man den Namen Vial eingeführt. Hat man nämlich ein Gelände mit gleichmäßiger Besiedlung, d. h. ist die

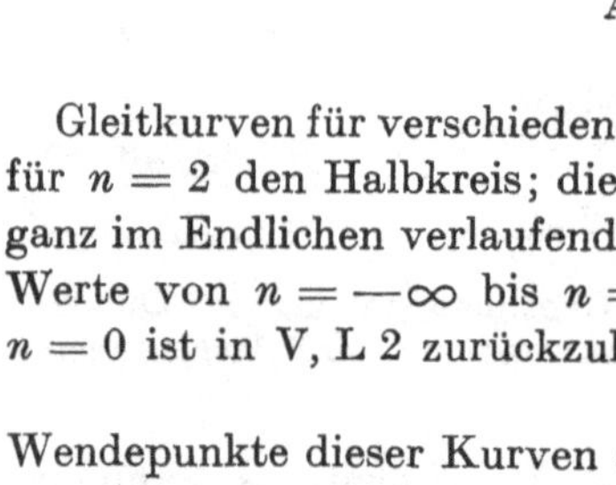

Abb. 154. Schematische Darstellung des Radialkubikplanimeters mit Gleitkurve

Besiedlungsdichte proportional dF, so gibt das Integral (5) ein Maß für die Summe aller Wege, die sämtliche Bewohner bis zu dem Pol zurücklegen müssen. Für die Planung kann man nun den Punkt suchen, für den die Summe dieser Wege ein Minimum wird.

Weiter ist von *Ott* zur Bestimmung des polaren Trägheitsmomentes, das man nach V, G 1 auch durch Umzeichnen und Planimetrieren mit dem gewöhnlichen Planimeter bestimmen kann, ein Biquadrat-Radialplanimeter konstruiert worden, wie es Abb. 155 zeigt.

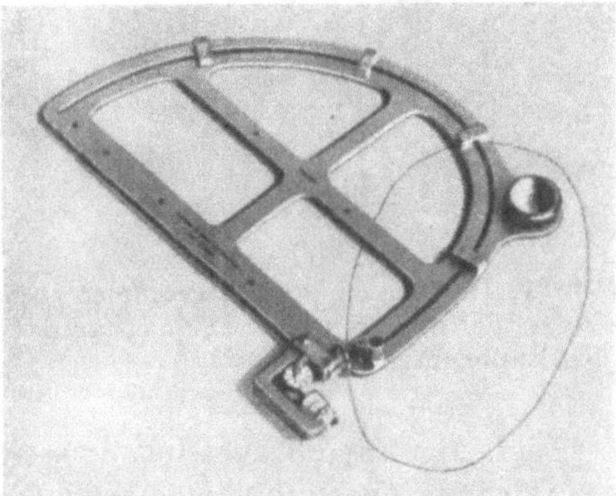

Abb. 155. Biquadrat-Radialplanimeter von *Ott*

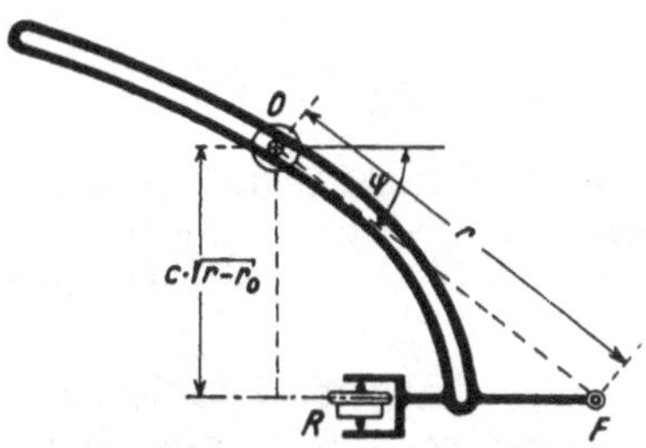

Abb. 156. Schematische Darstellung des Radial-Quadratwurzelplanimeters mit Gleitkurve

Ferner ist ein ebenfalls von *Ott* gebautes Radial-Wurzelplanimeter zu erwähnen, dessen schematische Darstellung Abb. 156 gibt. Es mißt das Integral $\int\limits_0^{\varphi} \sqrt{r - r_0}\, d\varphi$. Endlich wird ein Radialplanimeter zur Auswertung des Integrales

$$\int\limits_0^{\varphi} \sqrt{1 - r^2}^{\,3}\, d\varphi$$

gebaut. Dieses Integral spielt in der Astronomie bei der Bestimmung des Lichtverlustes bei der gegenseitigen Überdeckung von Sternen eine Rolle.

Die Gleitkurven lassen sich auch so gestalten, daß die Integralwerte für den Fall bestimmt werden, daß die Funktionswerte nicht auf den Radien, sondern auf Kreisbogen durch den Nullpunkt aufgetragen sind. Abb. 157 zeigt zwei solche Radialplanimeter für die Potenzen mit den Exponenenten 1 und 1/2.

Für die Treffwahrscheinlichkeit eines Zieles bei kreiskegelförmiger Geschoßgarbe hat *Ott* ein Wahrscheinlichkeitradialplanimeter für $\oint (1 - e^{-ar^2})\, d\varphi$ konstruiert. Für elliptische Streuung ist dieses Planimeter mit einem Affinumzeichner zu koppeln.

Schließlich sei noch erwähnt, daß Radialpotenzplanimeter gebaut werden, bei denen die Integrierrolle festliegt und der Pol, d. h. also der Mittelpunkt des Scheibendiagrammes, sich in einer entsprechend geformten Gleitkurve in der

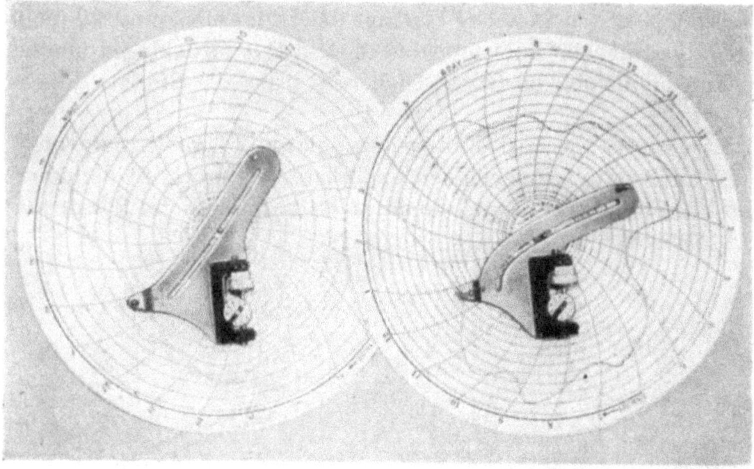

Abb. 157. Zwei Radial-Potenzplanimeter von *Ott* für Integration von Diagrammen, bei denen die Funktionswerte auf Kreisbogen durch den Pol abgetragen sind; links für den Exponenten 1, rechts für den Exponenten 1/2

Bodenplatte verschiebt. So hat z. B. *Amsler* ein derartiges Radialwurzelplanimeter konstruiert. Bei Untersuchung der Kurven für die Ausstrahlung von Lautsprechern braucht man nach *Ott* Radialplanimeter oder Integrimeter für logarithmische Teilung. Auch diese lassen sich unter Benutzung von Gleitkurven herstellen.

3. Radial-Potenzplanimeter mit Zahnradtrieb

Für Radialpotenzplanimeter kann genau wie für die Linearpotenzplanimeter auch ein Zahnradtrieb verwendet werden. Als Beispiel für ein solches Instrument mit Zahnradtrieb sei das Radialwurzelplanimeter von *Amsler* zur Berechnung von $\int \sqrt{r_0 - r}\, d\varphi$ behandelt. Die Konstruktionen sind etwas verschieden, je nachdem, ob die Ordinaten vom Grundkreis zum Zentrum hin oder vom Zentrum fort aufgetragen sind. Abb. 158, ebenso wie die schematische Darstellung in Abb. 159, bezieht sich auf den ersten Fall [163]. Bei diesem Apparat ist der Fahrarm OF durch den Pol O verschiebbar, während sich die beiden gleich langen Stäbe $OM_0 = M_0F = r_0/2$ um O bzw. F drehen können. OM_0 trägt an einem Seitenarm die Achse M eines Zahnrades Z_1, dessen Radius viermal so groß ist wie der eines in dieses eingreifenden anderen Zahnrades Z_2, das mit FM_0 fest verbunden ist. Mit dem

Abb. 158. Radial-Wurzelplanimeter von *Amsler*

Zahnrad Z_1 dreht sich die Integrierrolle R, deren Achse zu der Verbindungslinie OM senkrecht ist, wenn sich F auf dem Grundkreis mit dem Radius r_0 befindet. Dreht sich OM_0 gegen OF um den Winkel α, dreht sich das kleinere Zahnrad Z_2 gegen OM_0 um den Winkel 2α und daher das große Zahnrad Z_1 und damit die Integrierrolle um den Winkel $\alpha/2$ gegen OM.

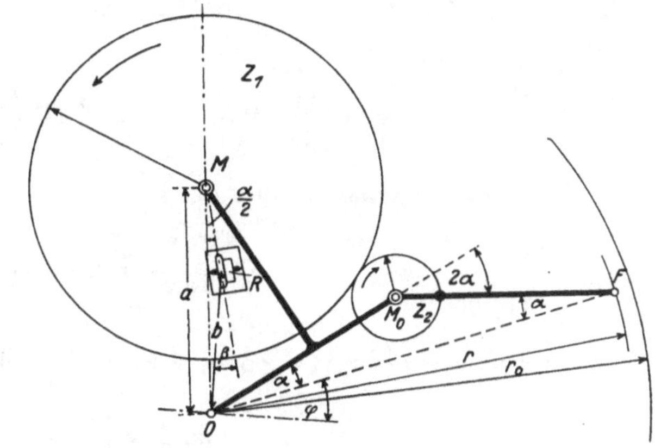

Abb. 159. Schematische Darstellung des Radial-Wurzelplanimeters mit Zahnradtrieb

Jede Bewegung des Fahrstiftes F kann man zerlegen in eine Verschiebung $r \cdot d\varphi$ senkrecht und eine dr in Richtung des Fahrarmes. Bei der ersten Verschiebung, bei der α unverändert bleibt, verschiebt sich der Auflagepunkt der Meßrolle R um $b \cdot d\varphi$ ($b = OR$). Da die Richtung dieser Verschiebung mit der Meßrollenachse den Winkel β bildet, dreht sich diese um

$$dU_1 = \frac{b}{2\varrho\pi} \sin\beta \cdot d\varphi \tag{6}$$

(ϱ Radius der Meßrolle). Aus dem Dreieck ORM liest man ab, daß

$$b \sin\beta = a \sin\frac{\alpha}{2} \tag{7}$$

ist. Somit ist

$$dU_1 = \frac{a}{2\pi\varrho} \sin\frac{\alpha}{2}\, d\varphi\,. \tag{8}$$

Verschiebt man weiter F radial um dr, ändert sich α um $d\alpha$. Die Verschiebung des Auflagepunktes der Meßrolle setzt sich dabei aus zwei Komponenten zusammen. Erstens findet eine Drehung der Scheibe Z_1 um O um den Winkel $d\alpha$ statt; dabei verschiebt sich der Auflagepunkt der Meßrolle um $b \cdot d\alpha$, so daß sie sich um

$$dU_2 = \frac{b}{2\pi\varrho} \sin\beta\, d\alpha = \frac{a}{2\pi\varrho} \sin\frac{\alpha}{2}\, d\alpha \tag{9}$$

dreht [s. Gl. (7)]. Ferner dreht sich das Zahnrad Z_1 um seinen Mittelpunkt um den Winkel $d\alpha/2$. Dabei bewegt sich der Auflagepunkt der Meßrolle senkrecht zu ihrer Ebene; eine Abwicklung findet also nicht statt. Die gesamte Rollendrehung wird somit

$$dU = \frac{a}{2\pi\varrho}\left(\sin\frac{\alpha}{2}\, d\varphi + \sin\frac{\alpha}{2}\, d\alpha\right). \tag{10}$$

Man fährt nun mit dem Fahrstift vom Grundkreis ausgehend radial zum Kurvenanfangspunkt, dann auf der Kurve entlang und zum Schluß wieder radial zum

Grundkreis. Wegen $\alpha = 0$ in der Anfangslage $\varphi = 0$ und in der Endlage $\varphi = \psi$ wird

$$\int\limits_{\varphi=0}^{\varphi=\psi} \sin\frac{\alpha}{2}\, d\alpha = -2\cos\frac{\alpha}{2}\Big|_{\varphi=0}^{\varphi=\psi} = 0\,.$$

Es wird somit bei einer solchen Bewegung

$$U = \frac{a}{2\pi\varrho}\int\limits_0^{\psi} \sin\frac{\alpha}{2}\, d\varphi\,. \tag{11}$$

Nun ist $y = r_0 - r = r_0(1-\cos\alpha) = 2r_0\sin^2\frac{\alpha}{2}$ oder

$$\sin\frac{\alpha}{2} = \sqrt{\frac{r_0 - r}{2r_0}}\,.$$

Setzt man das in (11) ein, erhält man

$$\int\limits_0^{\psi} \sqrt{r_0 - r}\, d\varphi = \frac{2\pi\varrho\sqrt{2r_0}}{a}\, U\,. \tag{12}$$

Man kann einen Fahrstift F' auch an jeder beliebigen Stelle der Verbindungslinie OF in festem Abstand von F anbringen. Bezeichnet man seinen Abstand von O in der äußersten Lage mit r_0, in einer beliebigen Lage mit r, so gelten die abgeleiteten Formeln unverändert.

Ganz ähnlich ist das Planimeter für $\int\sqrt{r - r_0}\, d\varphi$ gebaut, wo $r > r_0$ ist.

Radialpotenzplanimeter mit Schleifkurbeltrieb sind zwar entwickelt, aber kaum gebaut worden, da ihr Preis im Vergleich mit den Planimetern mit Gleitkurve allzu hoch wird.

4. Das Planimeter von Myard

Im Abschnitt V, J 2 wurde gezeigt, wie man durch Benutzung einer Gleitkurve ein Radialplanimeter zu einem Instrument machen kann, das Flächen mißt. Das gleiche kann man noch auf anderem Wege erreichen, nämlich dadurch, daß man die Meßrolle auf eine bewegliche Unterlage setzt, deren Drehwinkel proportional $r\cdot\varphi$ ist. Diesen Weg gehen die Planimeter von *Myard* und *Bencze-Wolf*. Beim Planimeter von *Myard* [507] trägt (Abb. 160) der Fahrarm eine verschiebbare Rolle R_1 vom Radius ϱ_1, deren Abstand von 0 stets proportional dem Abstand des Fahrstiftes F von 0 ist. Ist der Proportionalitätsfaktor k_1, so dreht sich R_1 bei Schwenkung des Fahrarmes um den Winkel $d\varphi$ um $d\psi = \frac{k_1 r}{\varrho_1}\cdot d\varphi$, während sie sich bei einer Verschiebung dr des Fahrstiftes in Richtung des Fahrarmes nicht dreht, sondern

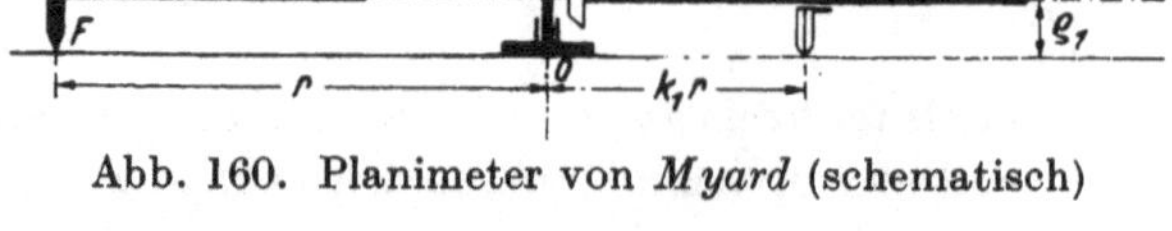

Abb. 160. Planimeter von *Myard* (schematisch)

sich nur auf Fahrarm und Unterlage um $k_1 dr$ verschiebt. Diese Rolle erteilt der Scheibe S mittels zweier Kegelräder eine Drehung $d\chi = k_2 \cdot d\psi = \frac{k_1 \cdot k_2}{\varrho_1} r \cdot d\varphi$. Auf der Scheibe S rollt die Meßrolle R_2 mit dem Radius ϱ_2 ab, deren Achse stets die Drehachse der Scheibe schneidet und von ihr einen Abstand hat, der ebenfalls proportional r ist. Diese Meßrolle dreht sich bei Schwenkung des Fahrarmes um $d\varphi$ um

$$dU = \frac{k_3 r}{2\pi\varrho_2} d\chi = \frac{k_1 \cdot k_2 \cdot k_3}{2\pi\varrho_2 \cdot \varrho_1} r^2 d\varphi\,;$$

somit wird beim Entlangfahren auf einer Kurve der von den Radien in φ_1 und φ_2 und von der gegebenen Kurve begrenzte Sektor F gemessen durch

$$F = \frac{\pi \varrho_2 \cdot \varrho_1}{k_1 \cdot k_2 \cdot k_3} U\,. \tag{13}$$

Die Proportionalität der Abstände erreicht *Myard* entweder durch Nürnberger Scheren oder durch eingeschaltete Zahnräder und Zahnstangen. Im ersten Fall wählt er $k_1 = k_3$ und ersetzt die Scheibe S durch einen Kegel, dessen Achse so angebracht ist, daß die obere Mantellinie, auf der der Auflagepunkt von R_2 liegt, waagerecht ist.

5. Das Fadenplanimeter von Bencze-Wolf

weist einen ähnlichen Integriermechanismus auf [540]. Es dient zur Ledermessung. Hier ist der Fahrarm durch einen Faden ersetzt, und die Fahrarmlänge r wird durch ein Radgetriebe wesentlich auf $k_1 r$ verkleinert. Auf einer stets zum Fahrarm parallelen Schiene, die in einem Lager durch den Pol gleitet, sitzt unverschiebbar eine Rolle R_1, die stets den Abstand $k_1 r$ vom Pol O hat. Ferner trägt diese Schiene im Abstand a von R_1 ein Lager für die Achse der Scheibe S, die auf R_1 ruht. Wird der Fahrarm um $d\varphi$ geschwenkt, wickelt sich R_1 um $k_1 r\, d\varphi$ ab, und die auf R_1 ruhende Scheibe S dreht sich um den Winkel $d\psi = \frac{k_1 \cdot r}{a} d\varphi$. Auf S befindet sich im Abstande a von der Hauptachse des Instrumentes, also im Abstande $k_1 r$ vom Scheibenmittelpunkt, die Meßrolle R_2 mit dem Radius ϱ. Ihre Achse wird durch eine Führung, wie sie in Abb. 161 angedeutet ist, immer zum Fahrarm parallel gehalten. Ihre Ebene ist immer senkrecht zum Scheibenradius nach dem Auflagepunkt. Bei Verschwenkung des Fahrarmes um $d\varphi$ dreht sie sich also um

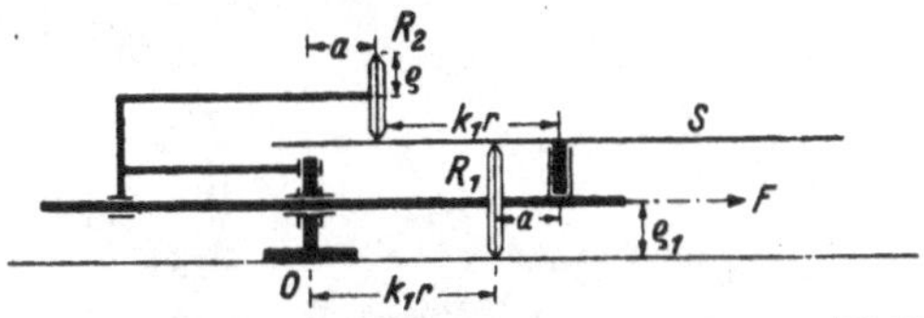

Abb. 161. Fadenplanimeter von *Bencze-Wolf* (schematisch)

$$dU = \frac{1}{2\pi\varrho} k_1 r \cdot d\psi = \frac{k_1^2}{2\pi\varrho \cdot a} r^2 d\varphi\,.$$

Somit ist beim Entlangfahren auf einer Kurve die Drehung der Meßrolle proportional der Fläche des vom Fahrarm überstrichenen Sektors. Bei voller Umfahrung wird

$$F = \frac{\pi\varrho \cdot a}{k_1^2} \cdot U\,. \tag{14}$$

K. Schneidenplanimeter

1. Konstruktion und Gebrauch

Das Schneidenplanimeter, auch als Beil-, Stangen- oder Hatchet-Planimeter bezeichnet, wurde 1886 von *H. Prytz* eingeführt [255, 314, 365, 389, 521, 586, 630, 656, 669, 680—683, 702] und wird auch heute noch, insbesondere von Vermessungsingenieuren, gern verwendet. Es besteht nur aus einem Fahrarm, der an dem einen Ende den Fahrstift, am anderen eine stark gekrümmte, scharfkantige Schneide oder Rolle trägt, deren Ebene, dem Fahrarm parallel, beim Gebrauch senkrecht zur Zeichenebene geführt wird. Die Entfernung vom Fahrstift F zum Auflagepunkt L der Schneide ist die Fahrarmlänge l. Da sich eine solche Schneide nur in der Richtung ihrer Ebene fortbewegen kann, ist in der Planimetergleichung V, C (11) stets $dh = 0$. Wählt man die Anfangslage des Fahrstiftes als Anfangspunkt O des zur Ableitung dieser Gleichung benutzten Koordinatensystems, wird bei vollständiger Umfahrung $q_1 = q_2 = 0$, und man erhält aus V, C (11)

$$F = \bar{S} + \frac{1}{2} l^2 (\vartheta_2 - \vartheta_1) = \bar{S} + \frac{1}{2} l^2 \vartheta\,, \tag{1}$$

wo ϑ der Winkel zwischen Anfangs- und Endlage des Fahrarmes ist. Darin ist F das auszuplanimetrierende Flächenstück und $\bar{S}$ die vom Leitstrahl OL überstrichene Fläche OL_1BAL_2O (Abb. 162, Kurve I), also

$$\bar{S} = \frac{1}{2} l^2 \vartheta - f' + f''\,. \tag{2}$$

Das zu messende Flächenstück ist daher

$$F = l^2 \vartheta - f' + f''\,. \tag{3}$$

Der Winkel ϑ läßt sich leicht messen, wenn man Anfangs- und Endlage der Schneide durch leichtes Eindrücken in das Papier vor und nach der Umfahrung markiert. Ist der größte Durchmesser des auszumessenden Flächenstückes klein gegen die Fahrarmlänge, kann man den Bogen L_1L_2 durch die Sehne $\overline{L_1L_2}$ ersetzen. Hat man außerdem den Anfangspunkt der Umfahrung möglichst so gewählt, daß $f' = f''$ wird, so hat man mit hinreichender Genauigkeit

$$F = l^2 \vartheta = l \cdot \overline{L_1L_2}\,. \tag{4}$$

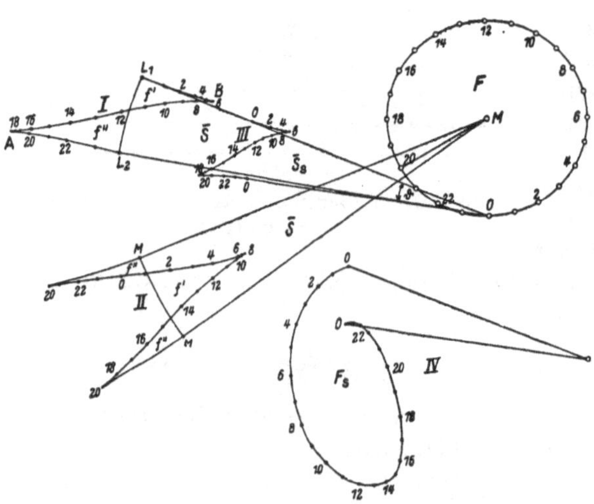

Abb. 162. Schleppkurven eines Kreises

Bei manchen Schneidenplanimetern kann die Fahrarmlänge eingestellt werden [57, 167, 593, 594]. Man wählt diese Länge dann am besten so, daß der Fahrarm etwa die fünffache Länge der größten Ausdehnung der zu messenden Figur hat.

2. Theorien

Theorien des Stangenplanimeters sind vielfach gegeben [220, 255, 343, 588, 589, 630, 656, 669]. *Runge* z. B. leitet die Formel ab:

$$l^2 \vartheta = F + \frac{1}{4 l^2} \int r^2 dF + \frac{1}{72 l^4} \int r^4 dF + \cdots + \frac{2}{3} \int \left[\left(\frac{r}{l} + \frac{r^3}{10 l^3} + \cdots \right) \cos \psi \right] dF , \quad (5)$$

n der r der Fahrstrahl vom Ausgangspunkt O der Umfahrung zum Fahrstift, dF das Flächenelement und ψ der Winkel zwischen Fahrstrahl und Fahrarmrichtung sind. Um das an letzter Stelle stehende Glied möglichst zu eliminieren, nimmt man eine zweite Umfahrung in entgegengesetztem Sinne vor, nachdem man das Papier um 180° gedreht hat. Im Mittel aus beiden Resultaten wird sich dieses Glied angenähert aufheben. Um beide Umfahrungen gleichzeitig machen zu können, hat *Jordan* [344] ein zweiarmiges Schneidenplanimeter bauen lassen, dessen beide Arme im Fahrstift gelenkig verbunden sind. Ähnlich ist *Pratellis* Vorschlag [588], aus vier Umfahrungen, je zwei im Zeiger-, zwei im Gegenzeigersinn, aus diametral gegenüberliegenden Lagen das Mittel zu bilden. Das zweite Glied ist dem polaren Trägheitsmoment des Flächenstückes, proportional. Es wird am kleinsten, wenn man die Umfahrung von dem möglichst gut geschätzten Schwerpunkt M des Ebenenstückes aus beginnt, von dort zunächst auf einer Geraden M-20 zum Rande und nach der Umfahrung auf der gleichen Geraden wieder zum Schwerpunkt zurückfährt (Abb. 162, Kurve II). Die Vernachlässigung dieses Gliedes bedeutet einen positiven, systematischen Fehler; deshalb wird in der Annahme, daß die weiteren Glieder vernachlässigbar klein sind, empfohlen, an $l^2 \vartheta$ eine negative Korrektur $k \left(\frac{F}{100} \right)^2$ oder eine solche von ähnlicher Form [521] anzubringen, wo k je nach der Form des Flächenstückes (mehr oder weniger lang gestreckt) und nach der Fahrarmlänge verschiedene Werte hat, die in meist empirisch gewonnenen Zahlentafeln gegeben werden [669].

3. Ergänzungen

Mannigfache Ergänzungen sind an dem Planimeter angebracht worden. So hat *Mafiotti* in Verlängerung des Fahrarmes eine federnde Stütze angebracht. *Pregél* [589] hat statt der Schneide zwei scharfkantige Rollen nebeneinander an den Seiten des Fahrarmes angeordnet und dazwischen eine durch den Fahrarm gehende Nadel, die zum Markieren der Anfangs- und Endlage in das Papier gedrückt wird [265, 589]. Oft hat man auch zwei Ausleger angebracht, um ein Kippen des Instrumentes zu verhindern. Um den Winkel ϑ bequem ablesen zu können, hat *v. Sanden* statt der Schneide zwei einander gegenüberstehende Schneidenräder im Abstand $\pm c$ vom Fahrarm angebracht. Ändert sich die Fahrarmrichtung um $d\vartheta$, ist die Abwicklung dieser beiden Rollen nach Abb. 163

$$d\sigma'' = (r + c)\, d\vartheta \quad \text{bzw.} \quad d\sigma' = (r - c)\, d\vartheta ,$$

d. h. die gegenseitige Verdrehung beträgt

$$d\sigma'' - d\sigma' = 2c \cdot d\vartheta,$$

also wird für eine Umfahrung

$$\int (d\sigma'' - d\sigma') = 2c(\vartheta_2 - \vartheta_1) = 2c\vartheta. \tag{6}$$

Den Winkel ϑ liest man an einem mit der einen Rolle festverbundenen Teilkreis ab, gegen den sich ein mit der anderen verbundener Nonius dreht [642]. *Scott* hat neben dem Auflagepunkt der Schneide eine Meßrolle mit zum Fahrarm senkrechter Ebene angebracht. Führt man unter Festhalten des Fahrstiftes die Schneide aus der End- in die Anfangslage zurück, wobei man sie etwas anhebt, mißt die Rolle den Bogen $l\vartheta$ [680].

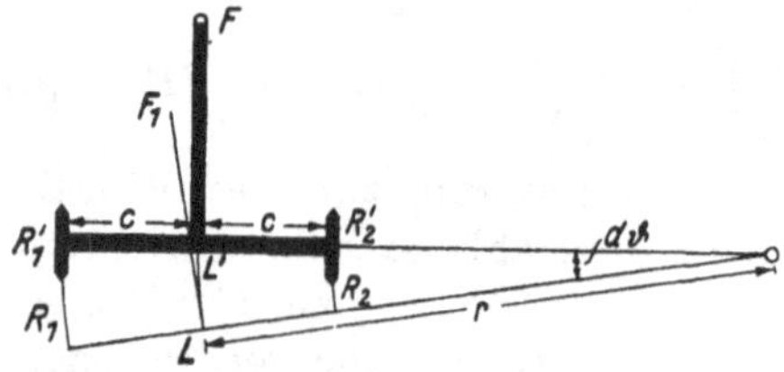

Abb. 163. Schematische Darstellung des Schneidenplanimeters von *v. Sanden*

4. Genauigkeitsuntersuchungen

Zahlreiche Genauigkeitsuntersuchungen über Messungen mit dem Schneidenplanimeter finden sich in der Literatur [255, 451, 497]; im allgemeinen ergibt sich, daß man z. B. bei einer Fahrarmlänge von 20 cm bei Flächenstücken von 10 bis 100 cm² Größe ohne das obenerwähnte Korrektionsglied etwa eine Genauigkeit von 0,5 bis 1% erreichen kann. Bei Umfahrung kleinerer Flächenstücke werden die Resultate erheblich ungenauer wegen der Ungenauigkeit der Abstandsmessung der Schneidenlagen, denn bei dieser Fahrarmlänge entspricht einer Fläche von 1 cm² nur ein Schneidenabstand von 0,5 mm.

5. Die Schleppe

Um die Schleppkurve aufzuzeichnen, ließ *Hamann* [255] die scharfkantige Rolle, die die Schneide ersetzte, an einem Farbkissen vorbeilaufen, *Kleritj* an einer Farbrolle [365]. *Prytz* [594] legte Kohlepapier unter die Schneide, und *Menzin* [473] brachte an seinem „Tractigraphen" zwischen den beiden Rollen einen Bleistift an. Einen Tractoriographen konstruierten schon *Poleni*, *Stuardi* u. a. [718]. Durch die Aufzeichnung der Schleppkurve kann man kontrollieren, inwieweit sich die in der Formel auftretenden Größen f' und f'' unterscheiden. Systematisch benutzt das *Viëtoris* [765] bei der Schleppe. Diese besteht nach Abb. 164 aus einem Rahmen, in dem ein Rad R, ein Zeichenstift L, eine Stütze S und statt des Fahrstiftes ein Ablesekreuz F eingebaut sind. Die Rollenebene, die senkrecht zur Zeichenebene steht, ist zu FL parallel. Der Apparat ruht auf R, L und S, wobei S in einer Vertiefung des Gleitbrettes G steht, das zur Füh-

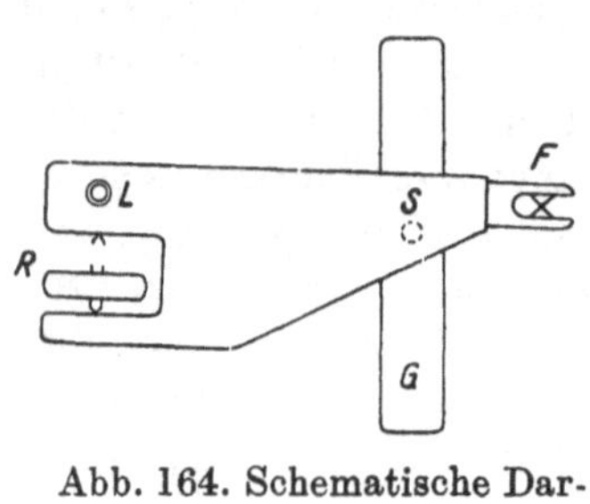

Abb. 164. Schematische Darstellung der Schleppe nach *Viëtoris*

rung des Apparates dient. Zur Aufzeichnung der Leitkurve geht man von einem passend gelegenen Randpunkt aus, der etwa so liegt, wie in Abb. 162 der Punkt O und macht etwas mehr als eine volle Umfahrung. Dann nimmt man die Fahrarmlänge (hier etwa $13^1/_3$ cm) in den Zirkel und sucht durch Probieren den Umfangspunkt, um den der Kreis mit l die Schleppkurve so teilt, daß möglichst genau $f'' = f'$ ist. Bei kleineren Flächen kann man so die Genauigkeit eines Polarplanimeters erreichen, da wegen der kleineren Fahrarmlänge die Ablesegenauigkeit für den Schneidenabstand größer ist (etwa 0,75 mm für 1 cm^2)[1]).

6. Der Kompensationsplanimeterstab von Schnöckel

Der Kompensationsplanimeterstab von *Schnöckel* [665] ist mit dem optischen Planimeter von *Schnöckel* [664] eins der wenigen Planimeter mit von der Lage abhängiger Fahrarmlänge. Der Apparat besteht aus einem Fahrarm, der an einem Ende den Fahrstift trägt und der unten eine Rille hat. Der Fahrarm ruht auf einer Kugel oder auf dem scharfen Rande eines Zylinders. Diese rollen in der Längsrille und auf der Zeichenebene ab. Legt man O wieder in den Ausgangspunkt der Umfahrung, so wird bei voller Umfahrung $q_1 = q_2 = 0$, ferner ist stets

[1]) Die Schleppe wurde eigentlich zur Lösung von Differentialgleichungen erster Ordnung durch Iteration konstruiert. Hat man eine erste Näherung einer Integralkurve einer solchen Gleichung durch einen gegebenen Punkt P_0 (x_0, y_0) gefunden, so erhält man unter sehr allgemeinen Voraussetzungen [763] eine bessere Annäherung mittels der Schleppe. Die erste Näherung kann man z. B. unter Benutzung von Isoklinen finden, d. h. von Kurven, die Punkte gleicher durch y' bestimmter Richtung miteinander verbinden [818]. Man führt durch den gegebenen Punkt P_0 in der zugeordneten Richtung ein Geradenstück bis etwa zur Mitte zwischen diesem und der nächsten gezeichneten Isokline, setzt daran ein Geradenstück, das die dieser nächsten Isokline zugeordnete Richtung hat, führt dieses bis zur Mitte zwischen dieser und der übernächsten Isokline usw. Dieser Geradenzug bestimmt eine erste Näherung $y_1(x)$,

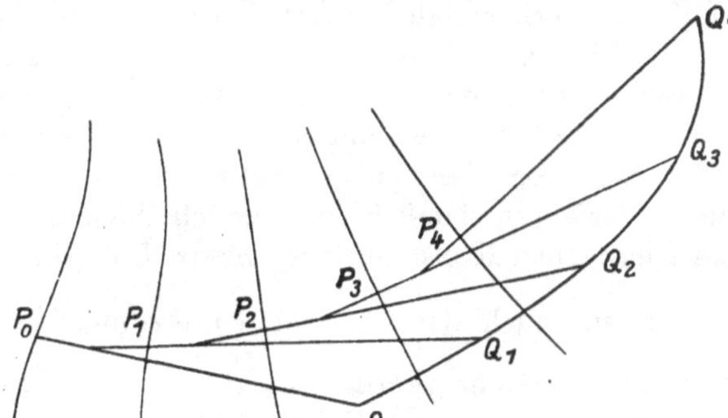

Abb. 165. Benutzung der Schleppe zur Integration von Differentialgleichungen durch Iteration

die man durch Einzeichnen einer Kurve erhält, die den Geradenzug in den Schnittpunkten mit den Isoklinen in $P_0, P_1, \ldots, P_n$ berührt. Die Kurve braucht aber nicht gezeichnet zu werden. Von diesen Punkten $P_0, P_1, \ldots, P_n$ aus trägt man in der zugeordneten Richtung die Schlepplänge l ab und verbindet die sich so ergebenden Punkte Q_i durch eine glatte Kurve. Nun setzt man die Schleppe so auf, daß der Stift L in P_0, der Schnittpunkt F des Fadenkreuzes in Q_0 sich befindet und befährt mit F die Kurve der Q. L beschreibt dann eine bessere Näherungskurve $y_2(x)$. Weicht diese stark von $y_1(x)$ ab, zeichnet man dazu eine neue Q-Kurve und wiederholt das Verfahren. Diese Iteration führt man so oft aus, bis innerhalb der Zeichengenauigkeit keine Abweichungen mehr auftreten. Das Verfahren bezeichnet *Viëtoris* als Schleppeniteration, s. a. [665].

$dh = 0$, so daß man aus der Planimetergleichung V, C (10) erhält:

$$F = \bar{S}_s + \frac{1}{2}\int_1^2 l^2\, d\vartheta = \bar{S}_s + F_s \tag{7}$$

(Abb. 162, Kurve III und IV). Dieser Wert wird genähert durch eine Größe gemessen, die der Verschiebung des nicht den Fahrstift tragenden Endes des Fahrarmes proportional ist. An diesen Wert werden noch eine Reihe von empirisch gewonnenen Korrektionen angebracht, die von der Form der zu messenden Fläche, von ihrer Größe und davon abhängen, wie weit sich nach der Umfahrung die Rolle von ihrer Ausgangslage entfernt hat. Genauigkeitsuntersuchungen für dieses Instrument hat u. a. *Lüdemann* angestellt [450].

L. Integrimeter

1. Linearintegrimeter

Integrimeter, früher meist als Koordinatenplanimeter bezeichnet, sind Planimeter der Art, daß man beim Befahren der Kurve den Wert des Integrales $\int_{x_0}^{x} y\,dx$ bzw. $\int_{\varphi_0}^{\varphi} r\,d\varphi$ von Punkt zu Punkt ablesen kann. Sie nehmen somit eine Zwischenstellung zwischen Planimetern und Integraphen ein. Die in der ersten Hälfte des vorigen Jahrhunderts konstruierten Planimeter mit parallel der y-Achse verschiebbarem Fahrstift, wie das von *Hermann*, *Gonella*, *Wetli-Hansen*, waren Linearintegrimeter; s. a. [256, 514]. Wie *Nyström* [528] gezeigt hat, kann man auch ein gewöhnliches Planimeter als Integrimeter benutzen, und von *Semendyaer* [690] sind diese Überlegungen auf Potenzplanimeter übertragen worden. Doch ist dieses Verfahren ziemlich umständlich. Neuerdings wurden nun unter Benutzung eines einfachen Konstruktionsprinzips Integrimeter von *Johnstone* [337], dessen Instrument auch das Integral $\int_{x_0}^{x} y^2\,dx$ mißt, ferner von *Townend* [750] und in besonders einfacher Form von *Ott* [482, 545, 546] gebaut. *Ott* hatte zuerst 1930 einen Lenkerwagen mit Kulisse konstruiert, der bei Ankoppelung an irgendein Linearplanimeter mit Spurwagenlenker dieses zum Integrimeter macht.

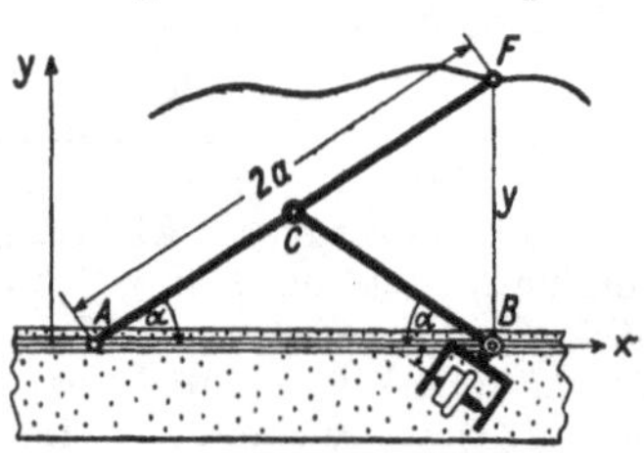

Abb. 166. Schematische Darstellung eines Linear-Integrimeters

Das jetzige Ottsche Integrimeter besitzt als Integriervorrichtung eine Meßrolle. Wesentlich für ein solches Linearintegrimeter mit Meßrolle ist, daß sich diese weder bei Bewegung des Fahrstiftes längs der x-Achse noch bei Bewegung in Richtung der y-Achse dreht. Das ist z. B. bei dem von *Ott* 1935 herausgebrachten Apparat in der folgenden höchst einfachen Weise erreicht (Abb. 166). Das Instrument besteht aus zwei Stäben AF und BC, die in der Mitte des Stabes AF, der die Länge $2 \cdot BC = 2a$

hat, gelenkig miteinander verbunden sind. A und B werden mittels Zapfen oder mittels Führungsrollen in einer Nut auf der x-Achse geführt. Der Stab BC trägt die Meßrolle, deren Achse parallel zu BC ist und deren Ebene BC in B schneidet. Bewegt sich der Fahrstift F in Richtung der y-Achse, so bewegt sich der Auflagepunkt der Meßrolle auf einem Kreisbogen mit B als Mittelpunkt senkrecht zu ihrer Ebene, so daß die Rolle keine Drehung ausführt. Bewegt sich der Fahrstift in der Höhe y um dx in x-Richtung, so wickelt sich die Meßrolle um (s. Abb. 166)

$$2\pi\varrho\, dU = \sin\alpha\, dx = \frac{y}{2a}\cdot dx$$

ab. Es wird also beim Entlangfahren auf der Kurve

$$\int\limits_{x_0}^{x} y\, dx = 4\pi a \varrho (U_x - U_0)\,. \tag{1}$$

Stand die Meßrolle beim Beginn der Bewegung auf Null, war also $U_0 = 0$, liest man in jedem Moment der Bewegung eine Größe ab, die proportional dem gesuchten Integral ist. Abb. 167 zeigt ein solches Linearintegrimeter. Genauigkeitsuntersuchungen von *Werkmeister* [805] haben ergeben, daß die Genauigkeit dieses Instrumentes für alle praktischen Zwecke ausreicht.

Während beim Ottschen Integrimeter der Fahrstift nur Kurven mit positiver Ordinate befahren kann, erreicht das der Firma *Amhler* die Möglichkeit Kurven, die beiderseits der Nullinie liegen, zu integrieren dadurch, daß, damit die Schiene nicht mit der Nullinie zusammenfällt, das Integrimeter an einem Spurwagen angebracht wird und die drei Stabteile AC, CF und CB (Abb. 166) verschieden lang gemacht werden, und zwar ist CF größer als AC und auch als CB, so daß

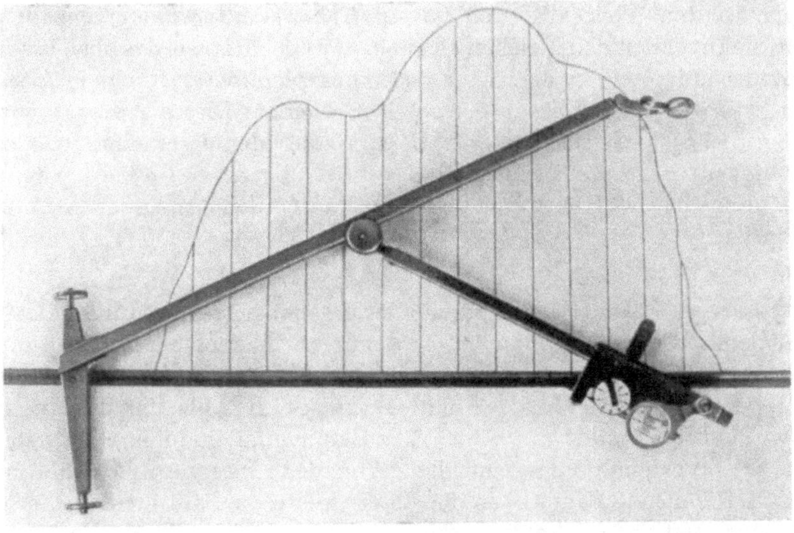

Abb. 167. Integrimeter von *Ott*

F an B vorbeigeführt werden kann. Der Fehler, der dadurch entsteht, daß F nicht genau auf einer Senkrechten zur x-Achse geführt werden kann, liegt innerhalb der Fehlergrenzen des Instrumentes.

2. Potenz-Linearintegrimeter

Durch Verbindung dieses Mechanismus mit einem Schleifkurbeltrieb, entsprechend dem bei den Potenzplanimetern verwendeten, erhält man das Quadrat- und das Wurzelintegrimeter. Die Grundform der Quadrier- bzw. Radiziereinrichtung zeigt Abb. 168, aus dem man die eingetragenen Beziehungen zwischen y und Y leicht ableitet. Eine schematische Darstellung solcher Quadrat- und Wurzel-

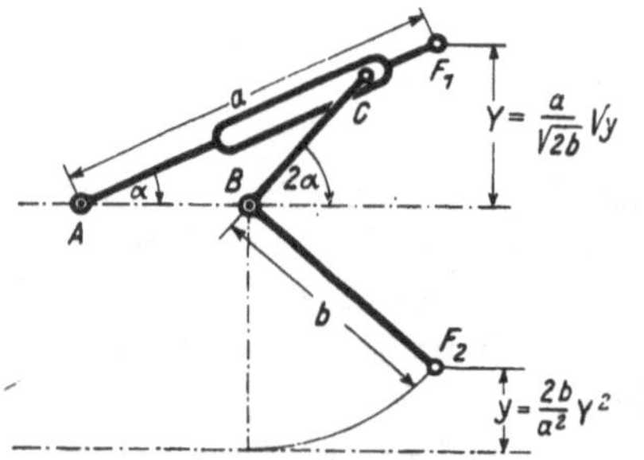

Abb. 168. Schematische Darstellung eines Quadrier- bzw. Radiziermechanismus

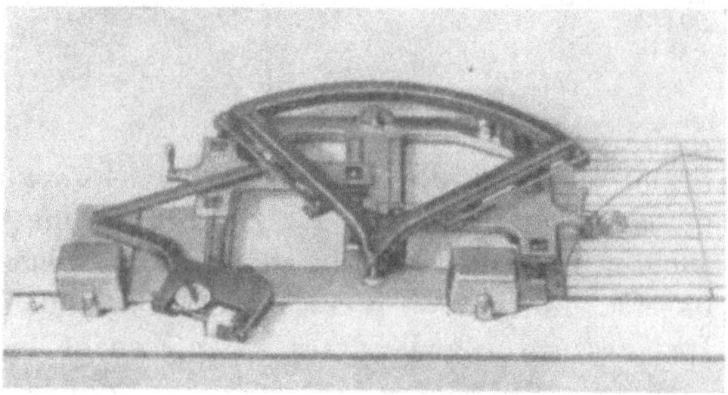

Abb. 169. Inversionsintegrimeter

integrimeter hat *Ott* [547, 548] gegeben. Bei den ausgeführten Konstruktionen ist Vorsorge getroffen, daß zusammengehörige y und Y zur gleichen Abszisse aufgetragen werden. Weiter ist von *Ott* ein Kehrwertintegrimeter gebaut worden, das für die Inversion den gleichen Mechanismus benutzt wie das oben beschriebene Inversionsplanimeter, in dem aber das Linearplanimeter durch ein Integrimeter ersetzt ist, wie man links auf Abb. 169 erkennt. Dieser Apparat wird unter anderem bei der Reichsbahn zur Bestimmung der Fahrzeiten aus dem Geschwindigkeitsdiagramm benutzt.

Neuerdings hat *Ott* Kehrwertintegrimeter unter Benutzung der in Abb. 153 gegebenen Kurven

$$r^{n-1} = \lambda \sin \gamma$$

als Gleitkurven gebaut. Das Instrument ist besonders geeignet für die Bestimmung der mittleren Reisegeschwindigkeit bzw. für die Fahrplangestaltung von Eisenbahn- und Kraftwagenzügen aus einem Fahrgeschwindigkeitsdiagramm längs des Reiseweges. Läßt man Fahrstift F und Gleitpunkt B (Abb. 170) des Integrimeters mit den Punkten P und O der Abb. 153 zusammenfallen, nimmt O als Drehpunkt für die Gleitkurve und die fest mit ihr verbundene Integrierrolle, während der an der Stelle P liegende Fahrstift in der Kurve gleitet, so fällt die Strecke OP in die y-Richtung, und der Winkel γ zwischen Achse der Meßrolle und Fortschreitungsrichtung (Abb. 151) ist mit y durch die Gleichung $y^{n-1} = \lambda \sin \gamma$ verbunden.

Nimmt man z. B. als Gleitkurve die Gerade $n = 0$ der Abb. 153, so wird $\sin\gamma = \frac{1}{y}$. Die Meßrolle mißt also $\int \frac{dx}{y}$. Die Abb. 170 und 171 zeigen ein solches Kehrwertintegrimeter. Unter Benutzung anderer Kurven der Abb. 153 könnte man entsprechende Potenzintegrimeter herstellen. Um z. B. ein Integrimeter für $\int \frac{dx}{\sqrt{y}}$ zu erhalten, müßte man die Kurve $n = \frac{1}{2}$ als Gleitkurve wählen.

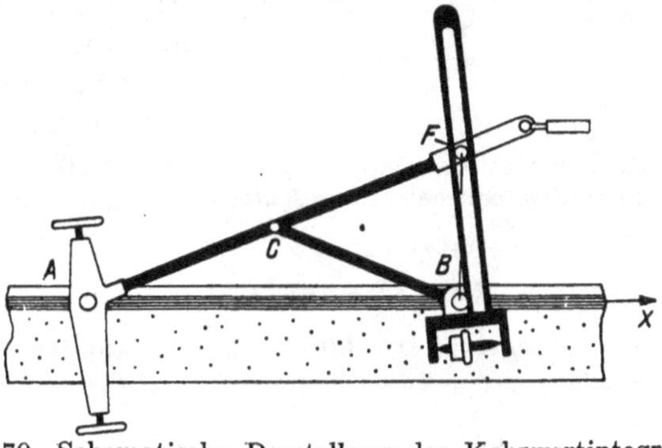

Abb. 170. Schematische Darstellung des Kehrwertintegrimeters

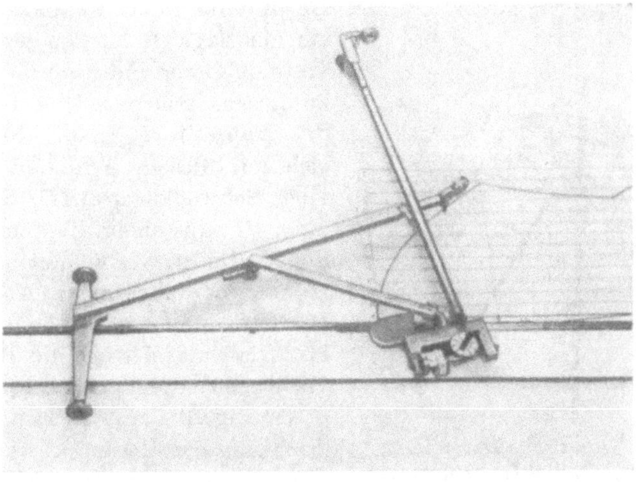

Abb. 171. Kehrwertintegrimeter von *Ott*

3. Das Potenzintegrimeter von Kulka

Eine andere Form des Potenzintegrimeters hat *Kulka* [268, 399] angegeben. Er benutzt, wie die schematische Zeichnung Abb. 172 zeigt, einen Gonellaschen Integriermechanismus, dessen Scheibe S durch das über zwei Rollen laufende Stahlband B eine Drehung erteilt wird, die der Verschiebung des mit dem Stahlband verbundenen Fahrstiftes F in Richtung der x-Achse proportional ist, während bei Verschiebung des den Integriermechanismus tragenden Wagens W in Richtung der y-Achse die Meßrolle R durch die Lehre L in Richtung der x-Achse so verschoben wird, daß ihr Abstand r vom Drehpunkt der Scheibe S der entsprechenden Potenz von y proportional ist. Ist $r = 0$, wenn sich der Fahrstift auf der x-Achse befindet, in bezug auf die das n-te Moment bestimmt werden soll, so liest man in jeder Lage eine Größe proportional dem gesuchten Integral $\int y^n\,dx$ ab.

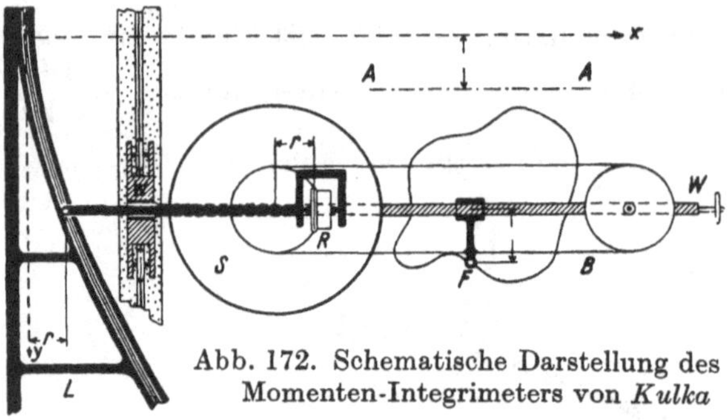

Abb. 172. Schematische Darstellung des Momenten-Integrimeters von *Kulka*

4. Radialintegrimeter

Der Bau von Radialintegrimetern läßt sich mit ähnlichen Konstruktionsmitteln durchführen wie der von Linearintegrimetern [545, 546]. Abb. 173 zeigt die einfachste Form eines solchen Integrimeters zur Berechnung von $\int\limits_{\varphi_0}^{\varphi} (r - r_0)\,d\varphi$.

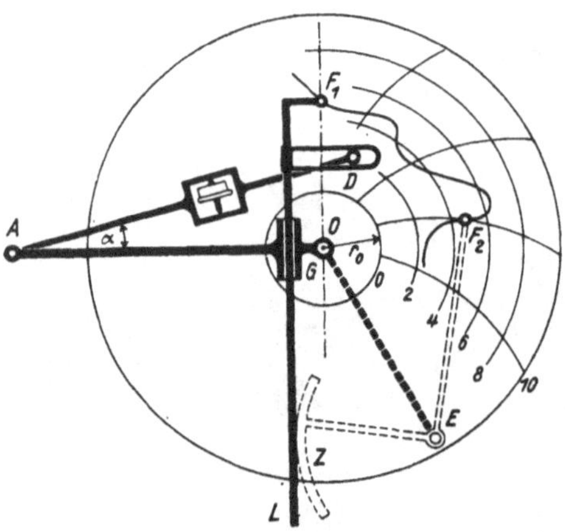

Abb. 173. Schematische Darstellung eines einfachen Radial-Integrimeters

Der um den Pol O drehbare Arm OA trägt ein Gleitlager G für den senkrecht zu OA verschiebbaren Fahrarm LF_1, der auf dem zu diesem Arm parallelen Radius durch O den Fahrstift F_1 trägt. Ferner befindet sich auf diesem Arm der Drehpunkt A eines Schwenkarmes AD, dessen anderes Ende D mit einem Zapfen in einer mit dem Fahrarm verbundenen Kulisse senkrecht zum Fahrarm im Abstande r_0 von F_1 gleitet und dessen Länge gleich $m \cdot OA$ ist. Dieser Arm trägt die Meßrolle, deren Ebene durch AD geht.

Verschiebt man den Fahrstift um dr in Richtung des Radius, bleibt OA in Ruhe. Der Auflagepunkt der Meßrolle dreht sich auf einem Kreise um A senkrecht zu ihrer Ebene. Bei Verschiebung des Fahrstiftes senkrecht zum Radius um $r \cdot d\varphi$ rollt die Meßrolle um

$$2\pi\varrho\,dU = OA \cdot \sin\alpha\,d\varphi = \frac{1}{m}(r - r_0)\,d\varphi \tag{2}$$

ab.

Hat man ein Scheibendiagramm, in dem die Funktionswerte nicht längs des Radius, sondern längs eines Kreisbogens durch O aufgezeichnet sind, so muß man in einem mit dem Arm OA in starrer Verbindung stehenden Drehpunkt E einen

Winkelhebel mit dem Fahrstift F_2 anbringen, dessen einer Arm EF_2 die Länge des Radius der Ordinatenkreise haben muß. Sein Ausschlag wird mittels des Zahnradsegmentes Z auf den Fahrarm LF_1 übertragen. Durch Einschalten eines Schleifkurbeltriebes der in Abb. 168 angegebenen Art zur Verdoppelung bzw. Halbierung des Winkels, kann man diesen Apparat zum Quadrat- bzw. Wurzelintegrimeter ausgestalten.

M. Fehlerursachen bei Messungen mit Integrierrolle

Fehler, die bei Messungen mit Meßrolle auftreten, können die mannigfachsten Gründe haben. Die wichtigsten Ursachen dieser Fehler, die man wohl als *Gerätefehler* bezeichnet, sind die folgenden.

1. Die Achsenschiefe

Ist die Projektion der Achse der Integrierrolle auf die Zeichenebene nicht parallel zu der des Fahrarmes, wie es die Theorie voraussetzt, so zeigt die Integrierrolle nicht die vom Fahrstift umrandete Fläche an, sondern jene Fläche, die ein auf einer Parallelen zur Rollenachse durch den Leitpunkt neben dem Fahrstift liegender Punkt umfährt. Unter Verwendung der Bezeichnungen der Abb. 100 erhält man, wenn man annimmt, daß der Winkel zwischen Achsen- und Fahrarmrichtung δ ist, als Summe der drei Bewegungskomponenten, nämlich der Verschiebung des Fahrarmes in seiner Richtung, Verschiebung senkrecht dazu und Schwenkung um den Winkel $d\vartheta$, an Stelle der Gl. V, D 1 b (4) die folgende

$$2\pi\varrho\cdot U' = \sin\delta\int dv_2 + \cos\delta\int dh + \frac{c}{\cos\alpha}(\vartheta_2-\vartheta_1)\sin(90^0+\alpha+\delta)\,.$$

Bei den Kompensationsplanimetern, die heute in Deutschland allein noch gebaut werden, kann man den Fahrarm für eine zweite Umfahrung in eine neue Lage bringen, in der δ negativ ist, wenn es in der ersten Lage positiv war (Abb. 111). Bei Umfahrung in dieser zweiten Lage wird also

$$2\pi\varrho\, U'' = -\sin\delta\int dv_2 + \cos\delta\int dh + \frac{c}{\cos\alpha}(\vartheta_2-\vartheta_1)\sin(90^0+\alpha-\delta)\,.$$

Für die halbe Summe der beiden Umfahrungen erhält man nach einer einfachen Umformung

$$2\pi\varrho\, U = 2\pi\varrho\frac{U'+U''}{2} \approx \left\{\int dh + c(\vartheta_2-\vartheta_1)\right\}\left(1-\frac{\delta^2}{2}\right). \qquad (1)$$

Die Gleichung (1) stimmt mit der Gl. V, D 1 b (4) überein bis auf den sich aus der Entwicklung von $\cos\delta$ ergebenden Faktor $\left(1-\frac{\delta^2}{2}\right)$, der sich wegen der Kleinheit von δ nur um eine vernachlässigbar kleine Größe von 1 unterscheidet. Durch eine Kompensationsmessung, d. h. eine Doppelumfahrung der Figur in zwei zueinander symmetrischen Instrumentaufstellungen, erhält man also in der Tat auch bei vorhandener Achsenschiefe ein als fehlerfrei anzusehendes Meßergebnis.

2. Die Riffelschiefe

Während früher gelegentlich die Ansicht vertreten wurde, daß die Riffelung des Rollenrandes keinen Einfluß auf das Arbeiten der Rolle haben könne [212], haben neuere Untersuchungen ergeben, daß die Riffelschiefe wesentlich zur Streuung der Meßergebnisse beitragen kann [36]. Ist die Riffelung gleichmäßig schief zur Rollenachse, wie in Abb. 174 angedeutet, so wirkt sich das genau so aus wie eine Achsenschiefe von gleicher Größe. Es ist allgemein nicht möglich, beim normalen Gebrauch des Planimeters zwischen Achsenschiefe und Riffelschiefe zu unterscheiden. Um die Wirkung der Riffelschiefe für sich allein festzustellen, hat *L. Ott*[1]) eine sehr große Zahl von Rollen in einem Abschieberahmen untersucht, der sowohl durchgeschlagen als auch umgelegt werden konnte, so daß sich beim Abfahren gerader Strecken von links nach rechts vier verschiedene Abwicklungsarten der Rolle ergaben. Die Rollenachse war dabei einheitlich um rund 0,7° gegen die Bewegungsrichtung geneigt, damit die Abwicklung beim Durchfahren einer gleichbleibenden Strecke von 500 mm rund ein Zehntel des Rollenumfanges, also 100 N. E., ausmachte. Es wurden für jede Rolle 10 Versuche (40 Abschiebungen) mit verschiedenen Anfangsablesungen gemacht und außerdem wurden die zu den einzelnen Abschiebungen gehörenden Teile des Rollenumfanges mikroskopisch untersucht. Die Ergebnisse dieser Versuchsreihen sind die folgenden:

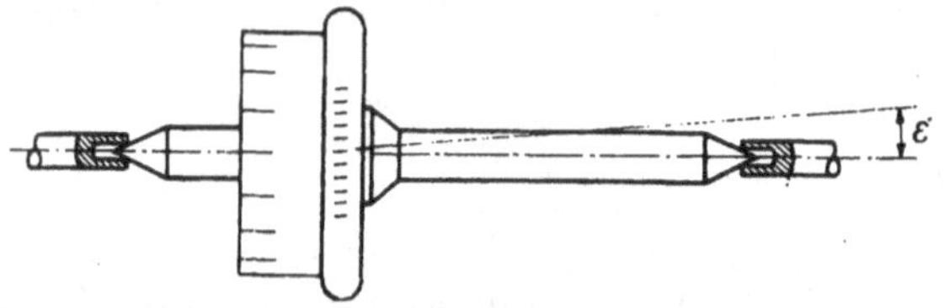

Abb. 174. Meßrolle mit Körnerstiften

Die Gleichmäßigkeit der Abwicklung wird nicht so sehr von der ohne besondere Hilfsmittel sichtbaren mittleren Zone der Riffelung bedingt, als vielmehr von ihren beiderseitigen Rändern, also von der Ausbildung der beiden Enden der Riffelstriche. Wenn durch den mechanischen Herstellungsvorgang die beiden Randzonen der Riffelung nicht vollkommen gleichförmig ausgefallen sind, dann wird die Rolle an der gleichen Stelle des Umfangs je nach der Bewegungsrichtung von links nach rechts oder rechts nach links verschiedene Werte ε_1 und ε_2 der Riffelschiefe haben. Das ist dann die Ursache für die schon vielfach beobachtete Verschiedenheit der Ergebnisse, die man bei Vorwärts- und Rückwärtsfahrt erhalten kann.

Wenn außerdem die beiden Randzonen nicht gleich scharf in die Unterlage eingreifen, dann ist es ein Unterschied, ob man mit einer Hin- und Rückfahrt rechts oder links beginnt. Fährt man nämlich zuerst mit der schärfer eingreifenden Kante (Riffelschiefe ε_1) voraus, dann kommt bei der Rückfahrt die Riffelschiefe ε_2 nur schwach oder gar nicht mehr zur Wirkung. Man erhält als Schlußablesung der Befahrung Null, ohne daß $\varepsilon_1 = \varepsilon_2$ wäre. Fährt man aber zunächst mit der schwächer greifenden Kante voraus und mit der schärferen zurück, so werden alle weiteren Befahrungen das Resultat der zweiten geben, während die erste nicht reproduzierbar ist. Man kann also nur dann den Schluß $\varepsilon_1 = \varepsilon_2$ ziehen,

[1]) Die Abschnitte V, M 2 und 3 nach brieflichen Mitteilungen des Herrn Dr. *L. Ott*, Kempten.

wenn jede Fahrt für sich auf frischem Papier vorgenommen, bei allen Fahrten das gleiche Ergebnis liefert.

Drittens hat sich gezeigt, daß die Riffelungseigenschaften der Rolle längs des Umfanges erheblich wechseln können. Bei einer und derselben Fahrtrichtung ergibt sich dann ein mehr oder weniger sinusartiger Verlauf des Riffelungseinflusses, dessen Amplitude bei einigen Versuchen bis zu 10 N. E., also bis zu $10^0/_0$ des Messungsergebnisses, betrug. Da eine Noniuseinheit einer am Rollenumfang gemessenen Strecke von 0,06 mm entspricht, sind also Änderungen der Riffelschiefe bis zu $\pm 10 \cdot \frac{0{,}06}{500} = \pm 0{,}0012$, d. i. bis zu $\pm 0{,}07^\circ$, beobachtet worden.

Bei den vier möglichen Bewegungslagen einer Rolle wird man im allgemeinen vier verschiedene Riffelschiefen ε_1, ε_2, ε_3, ε_4 haben, die außerdem von Stelle zu Stelle des Rollenumfanges wechseln können. Es ergeben sich dadurch bei Rollen mit nicht einwandfreier Riffelung so viel Kombinationen von Fehlermöglichkeiten, daß das Verhalten der Rolle scheinbar ganz launenhaft wird. Das ist aber durchaus nicht der Fall. Im Gegenteil haben die Versuche ergeben, daß die Arbeitsweise der Rolle außerordentlich konstant ist. Unter gleichen Umständen, also bei gleicher Bewegungsrichtung und bei gleichem Auflagepunkt auf dem Papier wiederholt sie ihr erfreuliches oder unerfreuliches Verhalten immer in gleicher Weise. Man muß nur davon absehen, aus Untersuchungen, bei welchen große Teile des Rollenumfanges ins Spiel kommen, ein abschließendes Urteil über die Güte einer Meßrolle gewinnen zu wollen.

Die Herstellung von Rollen mit $\varepsilon_1 = \varepsilon_2 = \varepsilon_3 = \varepsilon_4$ ohne irgendeine Periode ist mit neuzeitlichen Hilfsmitteln und Methoden durchaus möglich. Ob dabei alle ε gleich Null sind, ist praktisch ohne Bedeutung, da man eine konstante nicht zu große Riffelschiefe immer durch eine entsprechende Achsenschiefe kompensieren kann.

3. Die Lagerreibung

Jede Planimeterrolle hat eine gewisse Lagerreibung, so klein sie auch sein mag, die ganz überwiegend von der Größe der Bohrung in den Körnerstiften abhängt. Ihr Einfluß ist von *Ott* wie folgt gedeutet und durch Versuche überprüft worden: η bezeichne den Reibungswinkel, das ist der Winkel zwischen Rollenachse und Bewegungsrichtung, bei der wegen der Achsenreibung gerade noch keine Drehung der Rolle erfolgt. Wenn der Fahrstab unter einem Winkel γ gegen seine Richtung um eine Strecke ds verschoben wird, dann ist in die Formel für die Rollenabwicklung nicht der Winkel γ, sondern $\gamma - \eta$ einzusetzen, falls $\gamma > \eta$ ist. Man erhält

$$2\pi \varrho \cdot dU = ds \sin(\gamma - \eta) \approx ds (\sin\gamma - \eta \cos\gamma) . \tag{2}$$

Bei $\gamma < -\eta$ ist entsprechend $\gamma + \eta$ zu setzen. Für $|\gamma| \leq |\eta|$ ist $dU = 0$. Beim *Linearplanimeter*, wo $ds = dx$ ist, kann man, da γ meistens kleiner als 30° ist, mit ausreichender Genauigkeit $\cos\gamma = 1$ setzen, so daß

$$2\pi \varrho l \int dU \approx l \int \sin\gamma \cdot dx - l \int H(\gamma)\, dx ,$$

also

$$F \approx 2\pi \varrho \cdot l \cdot U + l \int H(\gamma)\, dx \tag{3}$$

wird, wo

$$H(\gamma) = \begin{cases} \eta \text{ für } \gamma > \eta, \\ \gamma \text{ für } |\gamma| \leq \eta, \\ -\eta \text{ für } \gamma < \eta \end{cases}$$

ist. Das verbleibende Integral wird somit Null, falls die Begrenzungskurve den sog. toten Streifen um die Nullinie, der nach jeder Seite hin die Breite $l \cdot \eta$ hat, nicht schneidet, es wird etwa $l \cdot \eta \cdot (x_2 - x_1)$, falls die Nullinie von x_1 bis x_2 gleichzeitig untere Begrenzung ist, und etwa $2\,l \cdot \eta \cdot (x_2 - x_1)$, falls die Begrenzung an den Stellen x_1 und x_2 die Nullinie schneidet.

Ähnlich liegen die Verhältnisse beim Polarplanimeter, wo an Stelle der Nullinie der Grundkreis tritt. Diese Verhältnisse wollen insbesondere bei Bestimmung der Planimeterkonstanten mit dem Kontrollineal beachtet werden. Man wird bei den Umfahrungen zu ein wenig verschiedenen Ergebnissen kommen, je nach dem Stück des toten Streifens, das der Kontrollkreis enthält. Der Reibungswinkel η, der natürlich von den Besonderheiten der Lagerung abhängt, kann für jedes Planimeter bestimmt werden, so daß es möglich ist, die Achsenreibung im Messungsergebnis zu berücksichtigen. *Ott* hat das an einem normalen Linearplanimeter von $l = 25$ cm Fahrarmlänge, bei dem durch eine Voruntersuchung $\varepsilon_1 = \varepsilon_2 = \varepsilon_3 = \varepsilon_4$ festgelegt worden war, in der Weise gemacht, daß er je 14 Parallele zur Nullinie oberhalb und unterhalb derselben, die eine Länge von $a = 500$ mm hatten (mit Endmaß zwischen Anschlägen festgestellt) je viermal befahren hat. Die bei den einzelnen Fahrten ermittelten Ablesungen N wurden als Funktion des Abstandes $|h|$ des Fahrstiftes von der Nullinie aufgetragen. Die ausgleichende Gerade hatte die Gleichung

$$N = 6{,}257\,|h| \cdot a - 0{,}120\,a \quad \text{(N. E.)}.$$

Die Rechtecksfläche $F = |h| \cdot a$ zwischen der Geraden und der Grundlinie ist mithin

$$F = 0{,}1598 \cdot N + 0{,}0192\,a \quad \text{cm}^2. \tag{4}$$

Das von N unabhängige Glied stellt den toten Streifen mit der Breite $l \cdot \eta$ zu einer Seite der Nullinie dar. Wegen $l = 25$ cm ergibt sich $\eta = 0{,}000768 = \text{arc } 2{,}6'$.

Die Rollenlagerung des Planimeters war die übliche ohne besondere Auswahl. Bei allersorgfältigster Lagerung läßt sich der Reibungswinkel herunterdrücken bis etwa $\eta = 0{,}00015 = \text{arc } 0{,}5'$.

Beim *Momentenplanimeter* mit Kurvensteuerung besteht die Beziehung (V, H 5)

$$\sin\beta = k \cdot \sin^n\gamma,$$

wo γ der Fahrarmausschlag, β der Winkel der Momentenrolle für den Exponenten n gegen die Gerade, für die das Moment zu bilden ist, und k ein passend zu bestimmender Proportionalitätsfaktor ist. Aus dieser Gleichung ergibt sich unter Berücksichtigung der als sehr klein anzunehmenden Lagerreibung ähnlich wie oben, falls $\eta \leq \beta$:

$$\begin{aligned} 2\varrho\pi \cdot dU &= ds \cdot \sin(\beta - \eta) \\ &= ds \cdot \sin\{\text{arc}\sin(k \cdot \sin^n\gamma) - \eta\} \\ &\approx ds \cdot [k \cdot \sin^n\gamma - \eta \cdot \sqrt{1 - k^2\sin^{2n}\gamma}]. \end{aligned}$$

Der Faktor von η ist immer kleiner als eins und kann auch hier wie oben mit ausreichender Genauigkeit gleich eins gesetzt werden, und zwar für größere Werte von n auch für Winkel, die größer als 30° sind, wie man aus der untenstehenden kleinen Zahlentafel erkennt, die den Wert dieses Faktors unter Berücksichtigung des Umstandes gibt, daß bei einem Fahrarmausschlag von 60° alle vier Rollen unter dem gleichen Winkel stehen, wie das bei dem ausgeführten Apparat der Fall ist.

n	1	2	3	4
10°	1,0	1,0	1,0	1,0
20°	0,99	1,0	1,0	1,0
30°	0,87	0,99	1,0	1,0
40°	0,77	0,86	0,94	0,99
50°	0,64	0,73	0,80	0,84
60°	0,50	0,50	0,50	0,50

Man kann also hier setzen

$$M_n = 2\pi\varrho \cdot l U_n + l\int H(\beta)\,dx$$

und die oben angestellten Überlegungen übertragen. Bei den Potenzplanimetern mit Gleitkurvensteuerung kann man diesen Fehler bei den Rollen für M, J und P durch eine entsprechende Form der Gleitkurve vollständig kompensieren. Man gibt den Rollen einfach eine Voreilung um den Winkel $H(\beta)$ gegenüber dem richtigen Wert.

Beim *Integrimeter Ott*, bei dem unter allen Umständen die Grundlinie der Figur mit der Nullinie zusammenfällt, läßt sich der Einfluß der Achsenreibung ebenfalls durch besondere Justierung des Instrumentes kompensieren. Berücksichtigt man die Achsenschiefe δ, die Riffelschiefe ε und den Reibungswinkel η, so lautet die Gleichung

$$2\pi\varrho l U = l\int \sin(\gamma+\delta+\varepsilon-\eta)\,dx\,.$$

Stellt man also die Achsenschiefe so ein, daß

$$\delta = \eta - \varepsilon$$

ist, wird die Abwicklung, wie es sein soll,

$$2\pi\varrho l U = l\int \sin\gamma\,dx = F_{x_1}^{x_2}. \tag{5}$$

Die Justierung kann durch das Abschieben verschiedener Parallelen zur Nullinie geprüft werden. Die richtige Einstellung ist erreicht, wenn die die Messung ausgleichende Gerade durch den Nullpunkt geht.

4. Meßrollenabwicklung

Die auf S. 130 f. gegebene Ableitung der Größe der Drehung der Meßrolle bedarf einer kleinen Ergänzung. In der Praxis zeigt sich, daß bei Einhaltung der Maße für die Konstante des Polarplanimeters (Rollenumfang × Fahrarmlänge) die angezeigte Fläche etwas zu klein (etwa um 0,15%) ist. Bei Pol außerhalb erreicht man das richtige Meßergebnis, wenn man dem Rollendurchmesser nicht das richtige Maß 19,099 mm gibt, sondern nur 19,065 mm, ihn also um etwa 0,18% zu klein macht.

Diese Erscheinung erklärt sich ähnlich wie die, die *Beyerle* an einem Reibradintegrator gemacht hat [63], wenn er ein rechtwinkliges Dreieck mit achsenparallelen Katheten umfuhr. Wurde das Dreieck in der üblichen Weise umfahren, so maß man einen um 3% zu kleinen Inhalt. Der Fehler verschwand vollständig, wenn man die Hypotenuse durch eine Treppenkurve mit kleinen Stufen ersetzte, wenn also beim Umfahren niemals Scheibendrehung und Rollenverschiebung gleichzeitig stattfand (Abb. 175).

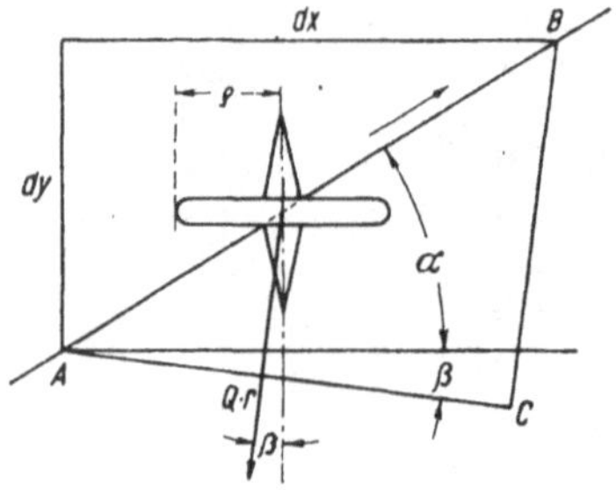

Abb. 175.
Zur Bewegung der Integrierrolle

Beyerle führt das darauf zurück, daß zur Bewegung der Rolle mit dem Zählwerk ein Moment M nötig ist, das durch eine tangentielle Reibkraft M/ϱ hervorgerufen wird. Bezeichnet man den Anpreßdruck der Rolle auf die Scheibe mit Q, den Reibungskoeffizienten mit r, so bildet die Reibkraft mit der Achsenrichtung der Rolle einen Winkel $\beta \approx \frac{M}{\varrho Q r}$ nach der einen oder anderen Seite je nach der Drehrichtung der Rolle. In dieser Richtung tritt reines Gleiten, dagegen in der dazu senkrechten AC reines Abrollen ein. Dabei dreht sich die Rolle um

$$\begin{aligned} d\varphi &= \frac{AC}{\varrho \cos\beta} = \frac{1}{\varrho} \sqrt{dy^2 + dx^2}\,\frac{\cos(\alpha+\beta)}{\cos\beta} \\ &= \frac{1}{\varrho} \sqrt{dy^2 + dx^2}\,(\cos\alpha - \sin\alpha \operatorname{tg}\beta) \\ &= \frac{1}{\varrho}(dx - dy \operatorname{tg}\beta)\,. \end{aligned}$$

Das erste Glied liefert die zu messende Fläche, das zweite gibt den Schlupffehler

$$\Delta = (y_2 - y_1)\,\frac{\operatorname{tg}\beta}{\varrho} \approx (y_2 - y_1)\,\frac{M}{\varrho^2 Q r}\,.$$

Hier sind y_1 und y_2 Grenzwerte der Ordinaten, ϱ Radius und M Lastmoment des Reibrades, Q Anpreßdruck und r Reibungskoeffizient. Der Drehwinkel der Scheibe geht in diese Formel nicht ein; daher fällt dieser Fehler bei großer Anzahl der Drehungen der Scheibe, wie wir sie bei Integrieranlagen (VIII, D) haben, kaum ins Gewicht. Bei ungünstiger Dimensionierung kann er allerdings von Bedeutung sein. Durch Ersatz der Reibradzapfenlager durch Kugellager und durch Abkuppelung des Zählwerkes kann der Schlupffehler ganz wesentlich herabgemindert werden. (*Bückner*, Zentralblatt f. Math. 34 (1950) 68.) Weitere Untersuchungen über die Genauigkeit des Reibradintegrators sind z. B. von *Bihovski* angestellt worden [64].

5. Die Fahrstifthöhe

Die Theorie enthält keine Aussagen darüber, daß die Rollenebene genau senkrecht zur Arbeitsfläche stehen muß, und es sind erfahrungsgemäß geringe Änderungen der Fahrstifthöhe, also geringe Abweichungen von der Parallelität der Rollenachse zur Arbeitsfläche, ohne Wirkung auf die Rollenabwicklung. Aber es besteht insbesondere für solche Planimeter, deren Fahrstift durch irgendwelche Mechanismen mechanisch geführt werden soll, wobei meistens auf die Höhenlage der Fahrstiftspitze wenig geachtet wird, die Forderung, daß durch Änderung der Fahrstifthöhe nicht eine Verschwenkung der Rollenachse hervorgerufen werden darf. Das ist nur der Fall, wenn die Verbindungslinie der Auflagepunkte von Integrier- und Stützrolle (Abb. 98) senkrecht zur Fahrarmrichtung steht, wie das bei neueren Planimetern der Fall ist [36, 803].

6. Sonstige Fehlerursachen

Im älteren Schrifttum, z. B. bei *Bauernfeind* [43], werden noch folgende Fehler behandelt: Ungleichmäßigkeit der Rollenteilung, nicht passender Nonius, Exzentrizität der Rolle, Exzentrizität von Rollenrand und Teilung gegeneinander. Derartige grobe Fehler sollten eigentlich bei guten Planimetern kaum noch vorkommen. Spätere Untersuchungen von *Lorber* [435, 436], *Idler* [328], *Montigel* [496] und anderen, und besonders gründliche von *Baer* [36], behandeln sowohl Gerätefehler als auch Umfahrungsfehler und Einflüsse der Unterlage. Die naheliegende Vermutung, daß die Größe der Rollenabwicklung stark von der mehr oder weniger großen Rauhigkeit der Unterlage abhängt, sind durch die Untersuchungen von *Baer* nicht bestätigt worden. Über den Einfluß der Scharnierschiefe wurde V, E 1 gesprochen.

VI. HARMONISCHE ANALYSATOREN UND STIELTJES-PLANIMETER

A. Bestimmung der Fourier-Koeffizienten mit dem Planimeter

1. Fouriersche Reihen

In diesem Kapitel soll die instrumentelle Bestimmung von Produktintegralen, d. h. Integralen der Form

$$\int g(x) \cdot h(x)\, dx$$

bzw. von Stieltjes-Integralen

$$\int g(x)\, dH(x)$$

behandelt werden. Derartige Integrale treten unter anderem bei der Darstellung beliebiger Funktionen durch Reihen vorgeschriebener, ein vollständiges Orthogonalsystem bildender Funktionen auf. Die Koeffizienten der Entwicklung sind dann proportional einem Integral aus dem Produkt der zu entwickelnden Funktion und einer der Orthogonalfunktionen. Apparate, die auf mechanischem Wege derartige, beliebige Produktintegrale auszuwerten gestatten, sollen im letzten Paragraphen dieses Kapitels behandelt werden. In den drei ersten handelt es sich um den am häufigsten vorkommenden Fall, daß das System der Orthogonalfunktionen aus den Sinus und Kosinus der ganzen Vielfachen des Argumentes besteht. Man erhält dann die zur Darstellung periodischer Funktionen bekannter Periodenlänge benutzte Fourierentwicklung. Hat die „Grundperiode" die Länge d, so ist unter sehr allgemeinen Bedingungen die Reihe

$$f(x) = \frac{a_0}{2} + \sum_{n=1}^{\infty} a_n \cos\left(n \cdot \frac{2\pi}{d} x\right) + \sum_{n=1}^{\infty} b_n \sin\left(n \cdot \frac{2\pi}{d} x\right), \tag{1}$$

deren Koeffizienten sich aus

$$a_n = \frac{2}{d} \int_0^d f(x) \cos\left(n \cdot \frac{2\pi}{d} x\right) dx\,; \quad b_n = \frac{2}{d} \int_0^d f(x) \sin\left(n \cdot \frac{2\pi}{d} x\right) dx \tag{2}$$

bestimmen, im Mittel konvergent und stellt die Funktion $f(x)$ dar. Konvergenz ist z. B. dann vorhanden, wenn sich der abgeschlossene Bereich $0 \leq x \leq d$ in eine endliche Anzahl von Teilbereichen so zerlegen läßt, daß sich in jedem Teilbereich $f(x)$ einsinnig ändert und stetig ist (Dirichletsche Bedingungen); an den Unstetigkeitsstellen (Abb. 176) nimmt dann die Reihe den Mittelwert

$$\frac{1}{2}\left(f(x-0) + f(x+0)\right)$$

an. Setzt man $a_n = c_n \cdot \sin \beta_n$, $b_n = c_n \cdot \cos \beta_n$, so kann man die Reihe auch in der Form

$$f(x) = \frac{a_0}{2} + \sum_{n=1}^{\infty} c_n \sin\left(n \cdot \frac{2\pi}{d} x + \beta_n\right) \tag{3}$$

schreiben, wo c_n die Amplitude, β_n die Phase der $(n-1)$-ten Oberschwingung ist. Die Aufsuchung der Koeffizienten a_n und b_n bzw. die Bestimmung der Amplituden und Phasen der einzelnen Schwingungen bezeichnet man als harmonische Analyse oder Fourier-Analyse; Apparate, die zu ihrer Bestimmung dienen, als harmonische Analysatoren. Die Integration ist immer über ein Intervall von der Länge der Grundperiode zu erstrecken. Handelt es sich um periodische Funktionen, ist es natürlich gleichgültig, mit welchem Punkt man beginnt; z. B. werden häufig die Werte $-\frac{d}{2}$ und $+\frac{d}{2}$ als Grenzen der Integrale (2) genommen. Aus dieser Darstellung erkennt man, daß die Kosinusglieder Null werden, wenn $f(x)$ eine ungerade Funktion ist, daß dagegen die Sinusglieder für gerade Funktionen $f(x)$ verschwinden.

Man kann die Fourier-Reihen auch zur Darstellung eines Abschnittes der Länge d einer nichtperiodischen Funktion verwenden. Doch darf man dann die Reihe nicht zur Extrapolation, d. h. zur Berechnung von Funktionswerten benutzen, die außerhalb dieses Intervalles liegen. Will man eine geschlossene Kurve (Hystereseschleife, Tragflügelprofil usw.) durch eine Fourier-Reihe darstellen, so kann man $x = a \cos t$ setzen, falls die Kurve zwischen $x = +a$ und $x = -a$ verläuft, und kann dann y in eine nach den Kosinus und Sinus der Vielfachen der Hilfsvariablen t fortschreitende Reihe entwickeln [231, 232].

2. Das Sprungstellenverfahren

Treten in der zu analysierenden Funktion an den Stellen ξ_m Unstetigkeiten auf und bezeichnet man wie in Abb. 176 die rechten und linken Grenzwerte der Funktion mit $f(\xi_m + 0)$ und $f(\xi_m - 0)$, so ergibt sich aus (2) durch Teilintegration

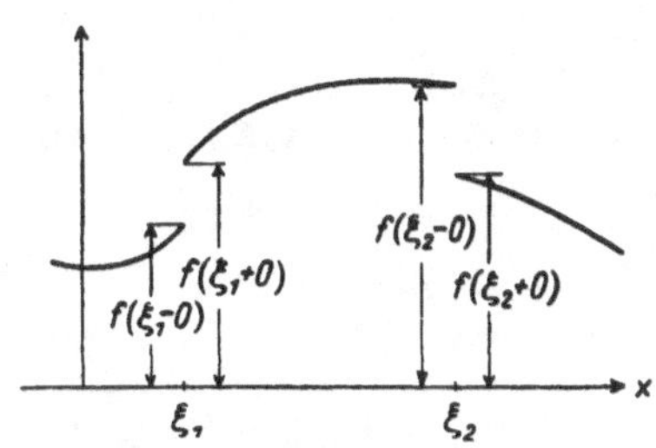

Abb. 176. Kurve mit Unstetigkeitsstellen

$$\left.\begin{aligned} a_n &= \frac{1}{n\pi} \sum_m \{f(\xi_m - 0) - f(\xi_m + 0)\} \sin\left(n \cdot \frac{2\pi}{d} \xi_m\right) \\ &\quad - \frac{1}{n\pi} \int_0^d f'(x) \sin\left(n \cdot \frac{2\pi}{d} x\right) dx, \\ b_n &= -\frac{1}{n\pi} \sum_m \{f(\xi_m - 0) - f(\xi_m + 0)\} \cos\left(n \cdot \frac{2\pi}{d} \xi_m\right) \\ &\quad + \frac{1}{n\pi} \int_0^d f'(x) \cos\left(n \cdot \frac{2\pi}{d} x\right) dx, \end{aligned}\right\} \tag{4}$$

da ja $f(\xi_m - 0)$ im m-ten Abschnitt Ordinate an der oberen, $f(\xi_m + 0)$ im $(m+1)$-ten Abschnitt Ordinate an der unteren Grenze ist. Durch Wiederholung derartiger Teilintegrationen kann man die Koeffizienten aus Summen aufbauen [834], ein Verfahren, das neuerdings vielfach angewendet wird. Dabei ergibt sich, daß die Koeffizienten etwa proportional $1/n^{k+2}$ werden, falls alle Ableitungen bis einschließlich zur k-ten stetig sind [40, 53, 149, 595]. Für die beiden in Abb. 177 dargestellten Funktionen sind die Integrale in (4) bereits Null. Für die ungerade Funktion $h_n(x)$ findet man

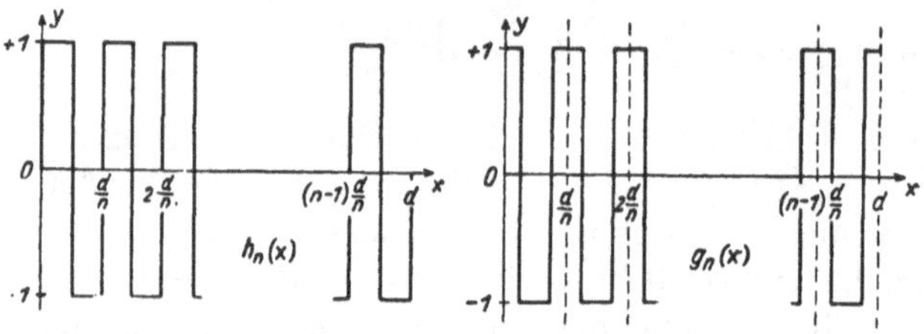

Abb. 177. Abbildung einer geraden Funktion $g_n(x)$ und einer ungeraden $h_n(x)$ mit $2n$ gleichabständigen Sprungstellen der Sprunggröße $+2$ und -2 in einer Periode

$$m \cdot \pi\, b_m = 2\left(\cos 0 - \cos m\frac{\pi}{n} + \cos 2m\frac{\pi}{n} - + \cdots + (-1)^{2n-1}\cos m\,(2n-1)\frac{\pi}{n}\right).$$

Nun ist $\cos m\frac{\pi}{n}$ gleich dem Realteil von $e^{\frac{i m \pi}{n}} = q$. Führen wir q ein, so schreibt sich

$$m \cdot \pi\, b_m = \text{Realteil von } 2\,(1 - q + q^2 - \cdots + (-1)^{2n-1} q^{2n-1})$$

$$= \text{Realteil von } 2 \cdot \frac{1-q^{2n}}{1+q} = \text{Realteil von } 2 \cdot \frac{1-e^{2 i m \pi}}{1+e^{\frac{i m \pi}{n}}},$$

und das ist 0, falls $m \neq n, 3n, 5n, \ldots$, und $2 \cdot 2n$, falls $m = n, 3n, 5n, \ldots$ ist. Also für $m = n, 3n, 5n, \ldots$ wird $m \cdot \pi \cdot b_m = 4 \cdot n$ oder

$$b_n = \frac{4}{\pi}; \quad b_{3n} = \frac{1}{3}\cdot\frac{4}{\pi}; \quad b_{5n} = \frac{1}{5}\cdot\frac{4}{\pi}; \cdots$$

Somit wird

$$h_n(x) = \frac{4}{\pi}\left[\sin n\cdot\frac{2\pi}{d}x + \frac{1}{3}\sin 3n\cdot\frac{2\pi}{d}x + \frac{1}{5}\sin 5n\cdot\frac{2\pi}{d}x + \cdots\right]. \tag{5}$$

Verschiebt man die Kurve um $-\frac{d}{4n}$, erhält man

$$g_n(x) = \frac{4}{\pi}\left[\sin\left(n\cdot\frac{2\pi}{d}x + \frac{\pi}{2}\right) + \frac{1}{3}\sin\left(3n\cdot\frac{2\pi}{d}x + \frac{3\pi}{2}\right) + \frac{1}{5}\sin\left(5n\cdot\frac{2\pi}{d}x + \frac{5\pi}{2}\right) + \cdots\right]$$

$$= \frac{4}{\pi}\left[\cos n\cdot\frac{2\pi}{d}x - \frac{1}{3}\cos 3n\cdot\frac{2\pi}{d}x + \frac{1}{5}\cos 5n\cdot\frac{2\pi}{d}x - \cdots\right]. \tag{6}$$

Das Sprungstellenverfahren läßt sich ohne weiteres auf die Entwicklung nach Funktionen irgendwelcher Orthogonalsysteme, z. B. auf die Entwicklung nach Kugelfunktionen übertragen [780].

3. Bestimmung der Fourier-Koeffizienten mit dem Planimeter oder Integrimeter

Multipliziert man [655, 734] die zu analysierende Funktion $f(x)$ mit $\frac{\pi}{2d} g_n(x)$ bzw. mit $\frac{\pi}{2d} h_n(x)$ und integriert über die Grundperiode, so erhält man

$$\left.\begin{aligned} C_n &= \frac{\pi}{2d}\int_0^d f(x)\cdot g_n(x)\,dx = a_n - \frac{1}{3}a_{3n} + \frac{1}{5}a_{5n} - \cdots, \\ S_n &= \frac{\pi}{2d}\int_0^d f(x)\cdot h_n(x)\,dx = b_n + \frac{1}{3}b_{3n} + \frac{1}{5}b_{5n} + \cdots. \end{aligned}\right\} \tag{7}$$

Vernachlässigt man C_n und S_n etwa von $n = 13$ ab, so berechnen sich aus (7) die Fourier-Koeffizienten zu

$$\left.\begin{aligned} &a_1 = C_1 + \frac{1}{3}C_3 - \frac{1}{5}C_5 + \frac{1}{7}C_7 + \frac{1}{11}C_{11} - \frac{1}{13}C_{13}; \\ &a_2 = C_2 + \frac{1}{3}C_6 - \frac{1}{5}C_{10}; \\ &a_3 = C_3 + \frac{1}{3}C_9; \qquad a_4 = C_4 + \frac{1}{3}C_{12}; \\ &a_5 = C_5; \qquad a_6 = C_6; \qquad \text{usw.} \end{aligned}\right\} \tag{8}$$

$$\left.\begin{aligned} &b_1 = S_1 - \frac{1}{3}S_3 - \frac{1}{5}S_5 - \frac{1}{7}S_7 - \frac{1}{11}S_{11} - \frac{1}{13}S_{13}; \\ &b_2 = S_2 - \frac{1}{3}S_6 - \frac{1}{5}S_{10}; \\ &b_3 = S_3 - \frac{1}{3}S_9; \qquad b_4 = S_4 - \frac{1}{3}S_{12}; \\ &b_5 = S_5; \qquad b_6 = S_6; \qquad \text{usw.} \end{aligned}\right\} \tag{9}$$

Die Integrale für C_n und S_n kann man so erhalten, daß man, wie in Abb. 178 angedeutet, auf die Kurve eine Schablone, die $2n$ y-Parallele im gleichen Abstand $\frac{d}{2n}$ hat, zunächst so legt, wie es die Abb. 178 zeigt, daß also die erste Parallele mit der y-Achse zusammenfällt. Man umfährt in der in der Abbildung angegebenen Pfeilrichtung vom Nullpunkte beginnend mit dem Fahrstift eines Planimeters. Die ausgezogenen Pfeile zeigen den Umfahrungsweg von links nach rechts, die punktierten den daran anschließenden Weg von rechts nach links an. In der gezeichneten Lage der Schablone erhält man S_n (in der Abbildung S_4). Dann wird für die Bestimmung von C_n die Schablone um $\frac{d}{4n}$ nach links verschoben und die Umfahrung in der gleichen Weise vorgenommen. Hat man eine größere Zahl von

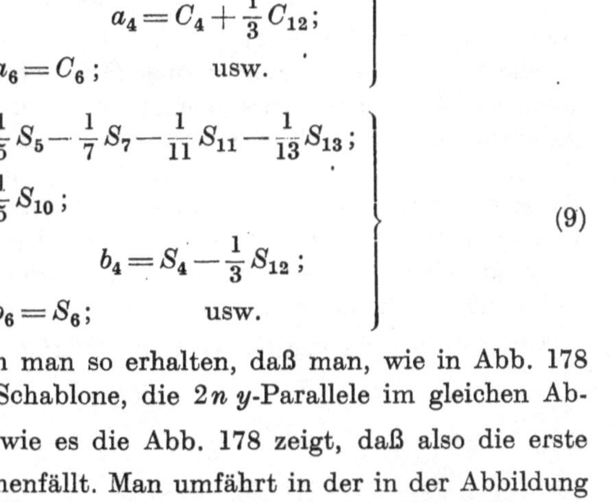

Abb. 178. Mit dem Planimeterfahrstift zu befahrender Kurvenzug bei Bestimmung des Fourier-Koeffizienten b_4. Die Planimeterablesung liefert S_4.

Kurven der gleichen Grundperiode d, kann man sich diese Schablonen auf Pauspapier ein für allemal herstellen. a_0 ergibt sich immer durch Ausplanimetrieren der von der Kurve und der x-Achse umschlossenen Fläche. Benutzt man für diese Bestimmung statt des Planimeters ein Integrimeter und liest man bei Beginn der Befahrung der Kurve x_0, bei Überfahrung der ersten, zweiten, ... y-Parallelen $x_1, x_2, \ldots$ ab, so ist die Fläche im ersten Streifen $x_1 - x_0$, im zweiten $x_2 - x_1$, im dritten $x_3 - x_2$ usw. Bei Zusammensetzung dieser Ablesung entsprechend den Vorzeichen erhält man $C_n = - x_0 + 2(x_1 + x_3 + x_5 + \cdots + x_{2n-1}) - 2(x_2 + x_4 + x_6 + \cdots + x_{2n-2}) - x_{2n}$. Man stellt sich leicht ein Rechenschema für die praktische Ausführung dieser Rechnung her.

Das gleiche Prinzip wendet das Verfahren von *Fischer-Hinnen* an, nur daß hier statt des Inhaltes der einzelnen Flächenstücke das Produkt aus Ordinate in der Streifenmitte mal Streifenbreite genommen wird. Man pflegt dieses Verfahren zur Bestimmung der Amplituden einzelner höherer Oberschwingungen zu benutzen [198].

4. Der harmonische Analysator von Martens

Die eben beschriebene Methode, übertragen auf Polarkoordinaten, benutzt der Analysator von *Martens* [27, 466, 481], der im wesentlichen aus einem Radialplanimeter besteht, das einen kleinen Hebel hat, um die Integrierrolle festzuhalten, wenn das Planimeter angehoben wird. Dem Apparat ist ein Zentrierring beigegeben, der auf der Zeichenfläche mit Reißnägeln befestigt wird und durch dessen Mitte die Planimeterstange gleitet. Um ihn ist eine Schiene schwenkbar, die Millimetereinteilung trägt und zum Auftragen der Funktion in Polarkoordinaten benutzt wird (in Abb. 179 rechts)[1]). Die Funktionswerte werden dabei von einem beliebigen, passend gewählten Nullkreis aus aufgetragen. Die größte Ordinatendifferenz kann bei diesem Apparat 17 cm betragen.

Zur Bestimmung von S_m wird der der Periodenlänge entsprechende Sektor in $2m$ gleiche Teilsektoren geteilt, und mit dem Fahrstift werden zunächst die Kurvenstücke in den Sektoren $1, 3, 5, \ldots, (2m-1)$ in positivem, dann die in den Sektoren $2m, (2m-2), \ldots, 2$ in negativem Sinne befahren. Ein Befahren des Nullkreises bzw. ein Umfahren der einzelnen Sektorenstücke in positivem oder negativem Sinne, wie das bei kartesischen Koordinaten nötig war, erübrigt

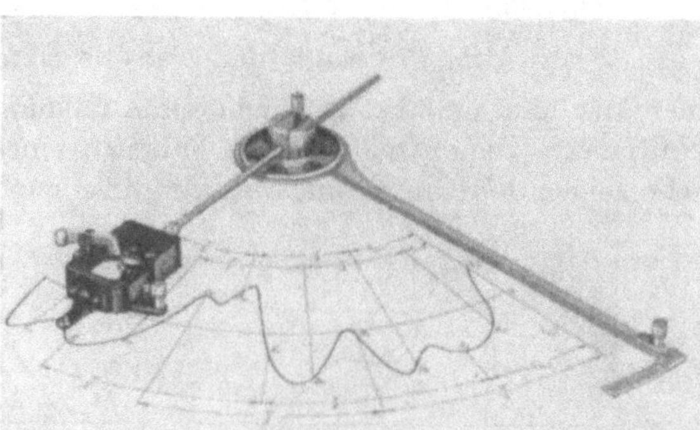

Abb. 179. Analysator von *Martens*

[1]) Ein Verfahren zur Übertragung von in kartesischen Koordinaten dargestellten Kurven in Polarkoordinaten durch Spiegelung gibt *Pers* an [573].

sich, da die Hälfte der Sektoren vom Pol bis zum Nullkreis in positivem, die andere in negativem Sinne überstrichen wird. Es ist gleichgültig, ob der Fahrstift in Höhe der Integrierrolle liegt, oder wie hier, in anderem Abstand vom Pol. Der konstante Faktor, mit dem man die Ablesung zu multiplizieren hat, wird durch Umfahren der Abbildung eines in das Polarkoordinatensystem übertragenen Rechteckes bekannten Inhaltes bestimmt. Auch für die Bestimmung von a_0 ist das ohne Bedeutung. a_0 wird durch Befahren der Kurve und Rückfahren auf dem Nullkreis gemessen.

Zur Bestimmung von C_m teilt man zunächst einen Sektor ab, der gleich dem $4m$-ten Teil der Periodenlänge ist, und trägt anschließend Sektoren der oben benutzten Breite ab. Dann befährt man die Kurvenstücke aller Sektoren abwechselnd in positivem und negativem Sinne, positiv mit dem ersten kleinen Sektor beginnend, und zwar macht man am besten wieder zunächst alle positiven, dann alle negativen Befahrungen. Die Berechnung der Fourier-Koeffizienten erfolgt nach den Gl. (8) und (9). Beginnt man die Einteilung von einem beliebigen anderen Punkte, so daß sie nicht mit der ersten zusammenfällt, und gibt $C_m^2 + S_m^2$ in beiden Fällen den gleichen Wert, kann man annehmen, daß zur Gewinnung von a_m und b_m an C_m und S_m der höheren Komponenten wegen keine Korrekturen angebracht werden müssen, sondern daß $c_m = \sqrt{C_m^2 + S_m^2}$ die Amplitude der $(m - 1)$-ten Oberschwingung ist.

B. Harmonische Analysatoren

Von harmonischen Analysatoren sollen hier nur die mechanisch arbeitenden Instrumente behandelt werden. Es soll also abgesehen werden von den zahlreichen Verfahren zur Wechselstromanalyse, dem Resonanzverfahren, den optischen und elektro-optischen Methoden [503] usw., auch solche Apparate nicht behandelt werden, die zur Analyse oder Synthese Fourierscher Doppelreihen dienen [44, 45, 85], die sich praktisch, z. B. auch unter Benutzung des Lochkartenverfahrens, durchführen läßt [833]. Je nach der Form, in der die Integrale in den Fourier-Koeffizienten zur Auswertung benutzt werden, unterscheidet man vier Arten von Analysatoren.

1. Analysatoren erster Art

Bei den Analysatoren erster Art wird zunächst das Produkt $f(x) \cdot \sin\left(n \cdot \frac{2\pi}{d} x\right)$ bzw. $f(x) \cos\left(n \cdot \frac{2\pi}{d} x\right)$ gebildet und dann integriert. Der bekannteste Analysator dieser Art ist das Präzisionsinstrument von *Sommerfeld* und *Wiechert* [699]. Die zu analysierende Kurve wird hier auf den Mantel eines Zylinders Z, dessen Umfang gleich der Länge d der Grundperiode ist, gespannt (Abb. 180). Unmittelbar über der höchsten Mantellinie des Zylinders befindet sich ein Faden FF. Dicht darüber liegt in einer Gabel, deren anderes Ende die Integrierrolle eines Gonellaschen Integriermechanismus trägt, ein zweiter Faden GG. Der Drehwinkel der Scheibe S des Mechanismus ist proportional x. Der Zylinder dreht sich um eine

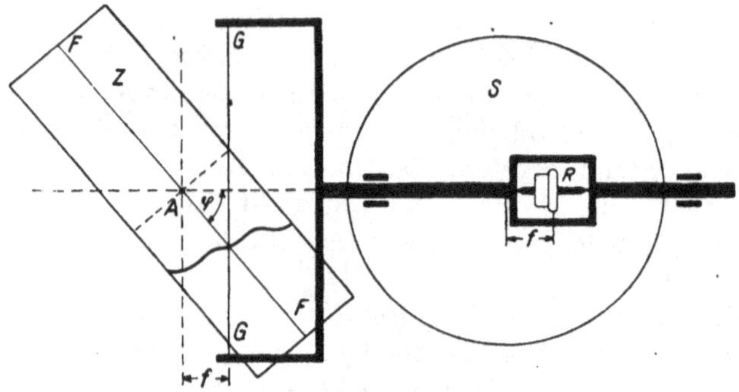

Abb. 180. Schematische Darstellung des Analysators *Sommerfeld-Wiechert*

vertikale Achse A und um seine eigene Achse. Der Drehwinkel um erstere ist gleich nx bzw. $nx - \pi/2$, um letztere gleich x. Der Schnittpunkt der beiden Fäden wird so geführt, daß er sich immer auf der Kurve $f(x)$ bewegt. Der Normalabstand des Fadens GG von der Drehachse A des Zylinders und damit der Abstand der Meßrolle R vom Drehpunkt der Scheibe S ist dann $f = f(x)\cos\left(n \cdot \frac{2\pi}{d} x\right)$ bzw. $\bar{f} = f(x)\sin\left(n \cdot \frac{2\pi}{d} x\right)$, so daß also bei voller Umfahrung die Meßrolle bis auf einen konstanten Faktor die Fourier-Koeffizienten a_n bzw. b_n mißt. Konstruktive Einzelheiten findet man z. B. bei *Dyck* [169].

Auch ein von *Amsler* vorgeschlagener Apparat arbeitet ähnlich [16]. Dort wird $f(x) = r \sin\alpha$ gesetzt, so daß sich z. B.

$$a_n = \frac{2}{d}\int_0^d f(x)\cos\left(n \cdot \frac{2\pi}{d} x\right) dx$$

$$= \frac{r}{d}\int_0^d \sin\left(n \cdot \frac{2\pi}{d} x + \alpha\right) dx - \frac{r}{d}\int_0^d \sin\left(n \cdot \frac{2\pi}{d} x - \alpha\right) dx$$

ergibt. Diese Integrale werden dann instrumentell ausgewertet. Ähnlich wird b_n umgeformt. Der Apparat ist wohl kaum gebaut worden.

2. Analysatoren zweiter Art

Die größte Zahl der Analysatoren sind solche, bei denen die Koeffizienten in der Form

$$a_n = \frac{1}{n\pi}\int_0^d f(x)\, d\left(\sin\left(n \cdot \frac{2\pi}{d} x\right)\right); \quad b_n = -\frac{1}{n\pi}\int_0^d f(x)\, d\left(\cos\left(n \cdot \frac{2\pi}{d} x\right)\right) \tag{1}$$

benutzt werden. Hier wird also $f(x)$ zur Abszisse $\sin\left(n \cdot \frac{2\pi}{d} x\right)$ bzw. $\cos\left(n \cdot \frac{2\pi}{d} x\right)$ aufgetragen und dann diese Kurve planimetriert. Schon *Clifford* hat eine derartige Umzeichnung der Kurve und die Bestimmung der Fläche der umgezeichneten Kurve mit dem Planimeter vorgeschlagen [114, 195, 571, 572]. Auch der wohl älteste wirklich ausgeführte Analysator, nämlich der von *Thomson* [742], gehört hierher. Dieser benutzt den Thomsonschen Integriermechanismus [738], bei dem dem Berührungspunkt zwischen Scheibe und Kugel der Abstand $f(x)$ vom Scheibendrehpunkt gegeben wird, während der Drehwinkel der Scheibe proportional $\sin\left(n \cdot \frac{2\pi}{d} x\right)$ bzw. $\cos\left(n \cdot \frac{2\pi}{d} x\right)$ gemacht wird. Hierher gehören auch die Analysatoren von *Amsler-Harvey* und der heute wohl am meisten gebrauchte von *Mader-Ott*.

a) Der Analysator von Amsler-Harvey

Dieser Analysator verwendet ein Konstruktionsprinzip [20, 290—292], das schon in dem Apparat von *Yule* benutzt wurde [832]. Er besteht zunächst aus

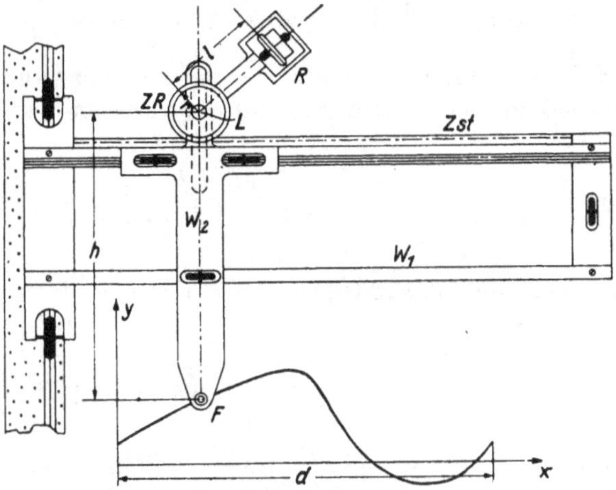

Abb. 181. Schematische Darstellung des Analysators *Amsler-Harvey*

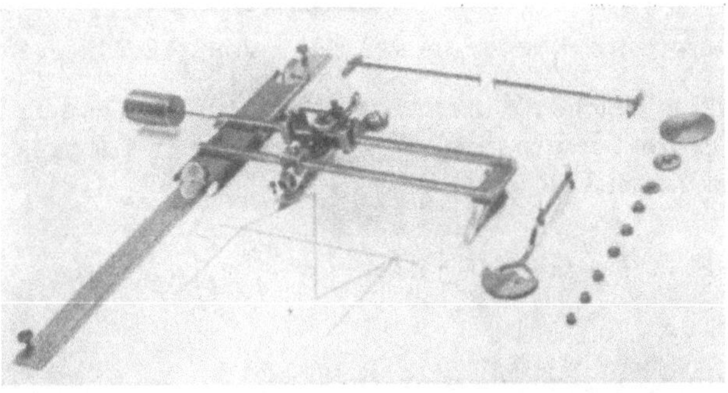

Abb. 182. Analysator *Amsler-Harvey* mit Ergänzungsapparaten

einem Wagen W_1 (Abb. 181), der durch in der Nut einer Schiene laufende Räder in der y-Richtung verschiebbar ist. Auf ihm läuft in x-Richtung ein zweiter Wagen W_2, der ein Zahnrad ZR vom Radius $r = \frac{d}{2\pi n}$ trägt. In Abb. 182 rechts sieht man die Räder für die verschiedenen Werte von n. Dieses Zahnrad rollt auf einer x-parallelen Zahnstange Zst des Wagens W_1 ab. Seine Achse L ist so einstellbar, daß für alle Räder der Eingriff in die Zahnstange erfolgt. Mit ZR ist ein

Arm fest verbunden, der im Abstand l vom Drehpunkt L eine Meßrolle R trägt, so daß die Verlängerung der Rollenachse durch L geht. War für $x = 0$ die Verbindungsgerade LR der y- bzw. — x-Richtung parallel, bildet LR mit der y-Achse den Winkel $n \cdot \frac{2\pi}{d} x$ bzw. $n \cdot \frac{2\pi}{d} x + \frac{\pi}{2}$, wenn sich der Fahrstift F des Wagens W_2, der auf der zu analysie enden Kurve entlanggeführt wird, in einem Punkt mit der Abszisse x befindet. Die Koordinaten des Auflagepunktes von R sind im ersten Fall, wenn die Anfangslage von LR der y-Achse parallel war,

$$\xi = x + l \sin\left(n \cdot \frac{2\pi}{d} x\right); \qquad \eta = y + h + l \cos\left(n \cdot \frac{2\pi}{d} x\right). \tag{2}$$

Führt man den Fahrstift von $x = 0$ bis $x = d$ auf der Kurve und von $x = d$ bis $x = 0$ auf der x-Achse zurück, wird der Inhalt der von dem Auflagepunkt von R beschriebenen Kurve

$$S_1 = \int\limits_{0\ \text{Kurve}}^{d} \eta\, d\xi + \int\limits_{d\ x\text{-Achse}}^{0} \eta\, d\xi = \int\limits_0^d y\, dx + l \int\limits_0^d y\, d\left(\sin\left(n \cdot \frac{2\pi}{d} x\right)\right). \tag{3}$$

Im zweiten Fall, wenn die Anfangslage von LR der negativen x-Achse parallel war, wird er entsprechend

$$S_2 = \int\limits_0^d y\, dx - l \int\limits_0^d y\, d\left(\cos\left(n \cdot \frac{2\pi}{d} x\right)\right). \tag{4}$$

Betrachtet man nun den Arm LR als Fahrarm eines Planimeters, L als Leitpunkt, den Auflagepunkt der Meßrolle R als Fahrstiftspitze, so kann man die Planimetergleichung V, D 1 b (5) mit $c = l$ anwenden. S bzw. $\bar{S}$ werden gleich dem Inhalt des von R bzw. L umfahrenen Flächenstückes, also ist $S = S_1$ bzw. S_2 und $\bar{S} = \int\limits_0^d y\, dx$. Weiter wird $\vartheta_1 = \vartheta_2$, da sich das Zahnrad ZR beim Zurückfahren auf der x-Achse um den gleichen Winkel zurückdreht, um den es sich beim Hinführen auf der Kurve gedreht hat, und $q_1 = q_2$, weil der Arm LR in seine Anfangslage zurückkehrt. Im ersten Fall wird also

$$S = S_1 = \int\limits_0^d y\, dx + l \int\limits_0^d y\, d\left(\sin\left(n \cdot \frac{2\pi}{d} x\right)\right) = \bar{S} + 2\pi l \varrho U_1. \tag{5}$$

Daraus folgt

$$a_n = 2\varrho U_1/n. \tag{6}$$

Genau so findet man bei Ausgang von der zweiten Anfangslage

$$b_n = 2\varrho U_2/n. \tag{7}$$

Der Apparat kann auch nach Ausschalten des Eingriffes zwischen Zahnrad und Zahnstange und nach Einbau eines kleinen Hilfsapparates als Planimeter oder auch als Linearpotenzplanimeter benutzt werden.

Eine ähnliche Konstruktion hatte schon 1931 *Terebesi* angegeben, die den Vorteil hatte, für verschiedene Periodenlängen brauchbar zu sein, während bei der Amslerschen Konstruktion die Kurve stets auf die Periodenlänge von $d = 30$ cm umgezeichnet werden muß. Außerdem kam *Terebesi* mit einer geringeren Anzahl von Zahnrädern aus. Doch ist der Apparat nicht fabrikmäßig hergestellt.

Ähnlich wie der Apparat von *Harvey* arbeitet der von *Boucherot* [79]. Auch *Le Conte* hat von dem Apparat von *Yule* ausgehend einen Analysator entwickelt [410].

b) Der Analysator Mader-Ott

α) *Wirkungsweise.* Dieser von *Mader* angegebene, von *Ott* verbesserte Analysator vermeidet das Umzeichnen der Kurve auf eine bestimmte Periodenlänge; er ist für Kurven von 2,5 bis 36 cm Periodenlänge brauchbar [463, 543, 671]. Neuere Apparate können mit einem zusätzlichen längeren, durch ein Gelenkparallelogramm angelenkten Fahrarm versehen werden, so daß Kurven mit einer Periodenlänge bis zu 72 cm analysiert werden können.

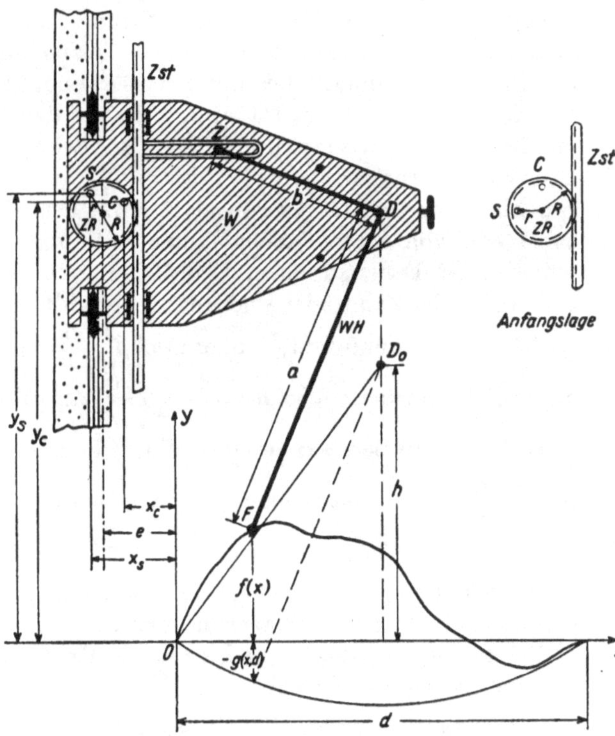

Abb. 183. Schematische Darstellung des Analysatorlenkers *Mader-Ott*

Der Analysator besteht aus einem Lenker, der im wesentlichen die Ordinaten y auf die Abszissen $\sin\left(n\frac{2\pi}{d}x\right)$ bzw. $\cos\left(n\frac{2\pi}{d}x\right)$ überträgt, und aus einem Planimeter. In Abb. 183 ist der Lenker dieses Analysators schematisch dargestellt. Auf einem Wagen W, der mittels in einer Nut laufender Rollen in der y-Richtung verschiebbar ist, befinden sich drei bewegliche Teile, ein Winkelhebel WH, eine Zahnstange *Zst* und ein Zahnrad *ZR*. Der Winkelhebel WH dient zur Reduktion der Periodenlänge auf die Normallänge. Sein Scheitel D wird mittels eines Einstellwinkels, mit dem man zugleich die Periodenlänge mißt, so eingestellt, daß er sich in der Mitte der Periode in der y-Richtung bewegt. Am längeren Arm trägt er eine Skala, auf der der Fahrstift auf die gemessene Periodenlänge eingestellt wird. Am anderen Arm befindet sich ein Zapfen Z, der in einer in x-Richtung liegenden Führungsnut der in y-Richtung verschiebbaren Zahnstange *Zst* gleitet. Bei Verschiebung des Fahrstiftes F in y-Richtung bleiben Winkelhebel und Zahnstange relativ zum Wagen W in Ruhe. Dagegen verschiebt sich der Wagen als Ganzes in y-Richtung. Führt man aber mit dem Fahrarm eine

Schwenkung aus, so daß die Abszisse des Fahrstiftes sich um x ändert, so bewegt sich die Zahnstange relativ zum Wagen W um die Strecke $\frac{b}{a}\,x$ nach unten, wenn a und b die Schenkellängen des Winkelhebels sind. Durch die Bewegung der Zahnstange wird nun das in sie eingreifende Zahnrad ZR vom Radius R um einen Winkel $\beta = \frac{1}{R} \cdot \frac{b}{a} \cdot x$ gedreht. Dieses Zahnrad dient der Übertragung der Ordinaten y auf die Abszissen $\sin\left(n \cdot \frac{2\pi}{d}\,x\right)$ bzw. $\cos\left(n \cdot \frac{2\pi}{d}\,x\right)$. Für jedes Koeffizientenpaar ist ein Zahnrad ZR vorhanden, auf dem sich im Abstande r vom Drehpunkt zwei Bohrungen S und C zum Einsetzen des Fahrstiftes des Planimeters befinden, das auf einem kleinen Holzpodium neben dem Lenker aufgestellt ist. Ihre Verbindungslinien mit dem Drehpunkt stehen senkrecht aufeinander. Für das Einsetzen dieser Räder und des bei den Rädern für $n > 6$ zwischen Rad und Zahnstange zwischengeschalteten Rades hat der Wagen W eine entsprechende Zahl von Bohrungen.

Schlägt man aus der Ausgangslage unter Festhalten des Wagens W den Winkelhebel WH von der äußersten linken zur äußersten rechten Lage durch, so beschreibt der Fahrstift einen Kreisbogen mit der Ordinate $-g\,(x, d)$. Die Abmessungen der Zahnräder sind nun so gewählt, daß dabei das Zahnrad für a_n und b_n sich n-mal herumdreht, d. h. es muß $\beta = \frac{1}{R} \cdot \frac{b}{a} \cdot x = n \cdot \frac{2\pi}{d} \cdot x$ sein. Als Radius dieses Zahnrades ist also $R = \frac{d}{2} \cdot \frac{b}{a} \cdot \frac{1}{n\pi}$ zu wählen. Ist der größte Ausschlagswinkel des großen Armes des Winkelhebels α, ist also $\frac{d}{2a} = \sin\alpha$, so wird $R = \frac{b \cdot \sin\alpha}{n \cdot \pi}$. Ist insbesondere, wie das bei den meisten Apparaten der Fall ist, $a = d$, also $\alpha = 30°$, wird $R = \frac{b}{2n\pi}$.

Führt man nun F auf der Kurve entlang, kommt zu der durch die Drehung des Zahnrades bedingten Verlagerung der Punkte C und S noch eine Verschiebung $f(x) + g(x, d)$ in y-Richtung hinzu. Als Koordinaten der Punkte C und S liest man damit aus Abb. 183 ab:

$$\left.\begin{aligned} x_c &= -e + r\sin\beta; \qquad & y_c &= f(x) + g(x, d) + h + r\cos\beta \\ x_s &= -e - r\cos\beta; \qquad & y_s &= f(x) + g(x, d) + h + r\sin\beta \end{aligned}\right\} \tag{8}$$

Beim Zurückführen auf der x-Achse wird in diesen Gleichungen $f(x) = 0$. Umfährt man nun mit dem Fahrstift das ganze von Kurve, x-Achse und Endordinaten umschlossene Flächenstück, wird der Inhalt der von den Punkten C bzw. S beschriebenen Kurven, der ja von dem Planimeter bei Einsatz des Fahrstiftes in C bzw. S gemessen wird,

$$J_c = \int\limits_{0}^{d} \underset{\text{Kurve}}{y_c\,d\,x_c} + \int\limits_{d}^{0} \underset{x\text{-Achse}}{y_c\,d\,x_c} = r\int\limits_{0}^{d} f(x)\,d\left(\sin\left(n \cdot \frac{2\pi}{d}\,x\right)\right), \tag{9}$$

$$J_s = -r\int\limits_{0}^{d} f(x)\,d\left(\cos\left(n \cdot \frac{2\pi}{d}\,x\right)\right). \tag{10}$$

Setzt man noch zur Abkürzung $k = r\,n\,\pi$, also bei $\alpha = 30°$ $k = \frac{r}{R} \cdot \frac{b}{2}$, so wird

$$J_c = k \cdot a_n; \qquad J_s = k \cdot b_n. \tag{11}$$

Bei den ausgeführten Apparaten ist $k = 100$ mm gewählt, so daß einer mit dem Planimeter umfahrenen Fläche von 10 mm², das ist bei der üblichen Einstellung eine Noniuseinheit, eine Koeffizientengröße von 0,01 cm entspricht.

Der Apparat wird zur Bestimmung von bis zu 33 Koeffizientenpaaren gebaut. Wegen der Veränderlichkeit der Basislänge kann man mit einem solchen Radsatz

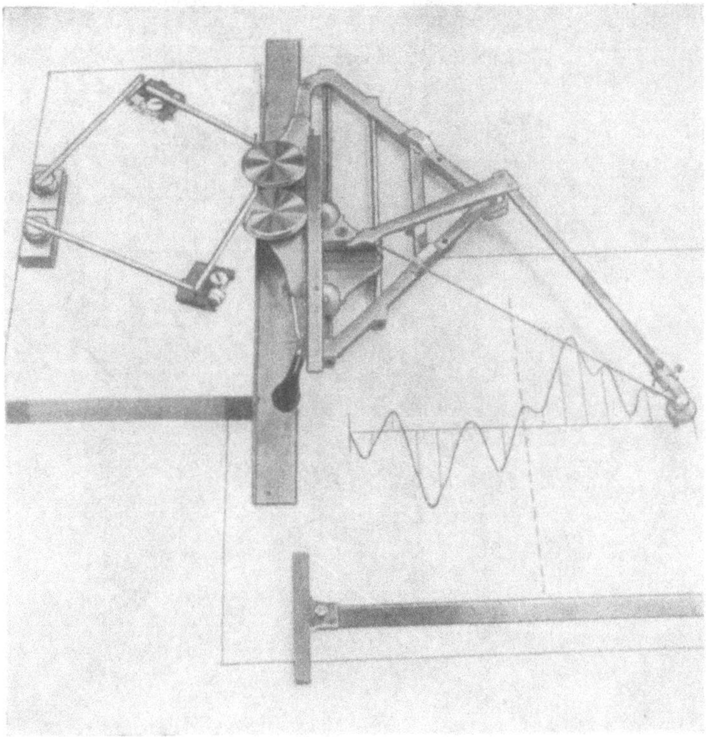

Abb. 184. Harmonischer Analysator *Mader-Ott*

alle Koeffizienten bis $n = 66$ bzw. 99 bzw. 132 usw. bestimmen. Dabei werden einfache Zahnräder bis $n = 6$ benutzt. Die ersten Räder müssen so eingesetzt werden, daß in der Ausgangslage S links, C über dem Drehpunkt des Zahnrades liegt (Abb. 183 oben rechts). Von $n = 7$ ab wird zwischen Zahnrand ZR und Zahnstange Zst ein Zwischenrad eingeschaltet. Dann muß in der Ausgangsstellung S links und C unten stehen. Die vom Planimeter angezeigten Werte sind in diesem Fall durch 2 zu dividieren. Der beschriebene Analysator hat den Nachteil, daß man bei jeder Befahrung nur einen Koeffizienten bekommt. Um dem abzuhelfen, wurde der Analysatorlenker zunächst so gebaut, daß von der Zahnstange Zst gleichzeitig zwei Zahnräder ZR bewegt werden, so daß zwei Planimeter arbeiten können. In Abb. 184 ist ein solcher Analysator wiedergegeben. Die beiden in der

Abbildung eingesetzten Scheiben dienen der gleichzeitigen Bestimmung des Sinus- und Kosinusgliedes der Grundschwingung. Dann gab *Ott* dem Gerät eine solche Form, daß mehrere Geräte zu einem Analysatorzug zusammengekoppelt werden können. Abb. 185 zeigt einen solchen Zug, bei dem gleichzeitig acht Planimeter

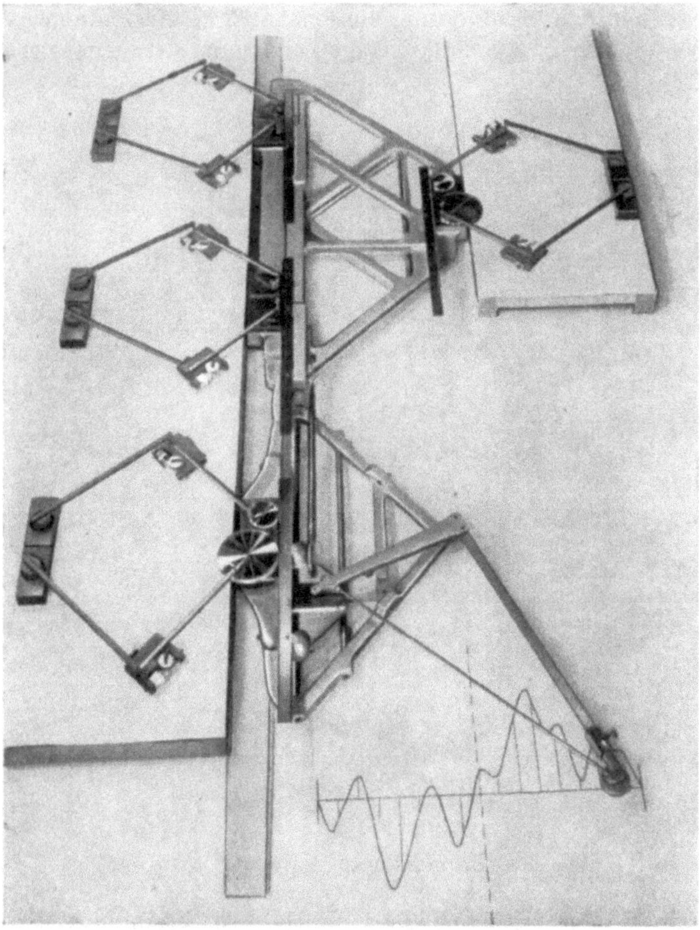

Abb. 185. Analysator *Mader-Ott* mit Zusatzwagen

arbeiten. Die drei rückwärtigen Geräte werden neuerdings zu einem Zusatzwagen zusammengefaßt. Zwei solche Wagen können an den Analysatorlenker angehängt werden, so daß man bei einer Umfahrung 14 Koeffizienten erhält (2 durch den Analysatorlenker und je 6 durch jeden Zusatzwagen).

β) *Genauigkeitsuntersuchungen* am Analysator von *Mader* bzw. von *Mader-Ott* sind von *Ackerl* [2] und *Baer* [37] gemacht worden. Der erste stellt fest, daß die Meßresultate vom Umfahrungssinn abhängen, daß aber das Mittel aus einer Umfahrung im Zeigersinn und einer im Gegenzeigersinn Werte ergibt, die bis auf praktisch belanglose Differenzen genau sind. *Baer* untersucht drei Einstellfehler: Verschiebung der Kurve in x-Richtung, aus der beträchtliche Fehler erwachsen können, Drehung von Kurve und Analysatorachse gegeneinander und ungenaues Einstellen der Periodenlänge. Ferner untersucht er den Analysator mit dem Kontrollineal. Dabei findet er, daß der Gerätefehler im allgemeinen kleiner als 0,1 mm ist. Er ist von der persönlichen Gleichung und von der Umfahrungsgeschwindigkeit abhängig. Im allgemeinen kann man sagen, daß der Fehler etwa 0,2 mm beträgt. Einen wesentlichen Beitrag zu dem Fehler liefern Ungenauigkeiten bei der Zurückführung des Fahrstiftes auf der x-Achse. Diese kann man vermeiden, wenn man den Fahrstift auf einem Kreisbogen um D zurückführt. Man geht dazu so vor, daß man den großen Arm des Winkelhebels bis zu dem Anschlag nach links bringt und den Wagen nach oben ebenfalls bis zu einem Anschlag verschiebt. In dieser Ausgangslage setzt man die Räder ein, führt den Fahrstift herunter zum Anfangspunkt der Kurve, befährt diese bis zum Anschlag rechts und führt den Wagen wieder bis zu dem Anschlag nach oben. In dieser Lage schlägt man dann den Winkelhebel ganz nach links durch. Zu den Koeffizienten der Kurve kommen dann die des Kreisbogens additiv hinzu. Da dieser, wenn man den Nullpunkt am linken Ende der Periode hat, was in Abb. 183 angenommen wurde, eine gerade Funktion darstellt, verursacht das keine Änderung der Koeffizienten b_n, dagegen tritt zu den Kosinuskoeffizienten ein Glied, das der Periodenlänge d proportional ist, hinzu. Bezeichnet man mit a_n' die Planimeterablesung, so wird

$$a_n = a_n' + d \cdot \alpha_n .$$

Die α_n sind von *Baer* experimentell ermittelt. Die Korrektion ist direkt an der Planimeterablesung anzubringen, auch für $n \geq 7$. Mißt man d in cm, wird

n	α_n	n	α_n
1	6,57 NE/cm	6	0,18 NE/cm
2	1,76 NE/cm	7	0,23 NE/cm
3	0,81 NE/cm	8	0,16 NE/cm
4	0,48 NE/cm	9	0,11 NE/cm
5	0,29 NE/cm	10	0,08 NE/cm

γ) *Größe der Ordinaten.* Die größte und die kleinste Ordinate der zu analysierenden Kurve dürfen sich nicht um mehr als 32 cm unterscheiden. Will man diesen Bereich voll ausnutzen, muß die Einstellmarke am kleinen Schenkel des Einstellwinkels auf den Punkt d der auf der Laufschiene angebrachten Teilung eingestellt werden, der der Periodenlänge entspricht. Die Kurve wird dann so aufgespannt, daß die x-parallele Mittellinie des Bereiches durch diesen Punkt geht. Sind die Kurvenordinaten größer, nimmt man eine Spiegelung der überstehenden Stücke an den Geraden $y = \pm a$ vor und umfährt entsprechend den in Abb. 186 ange-

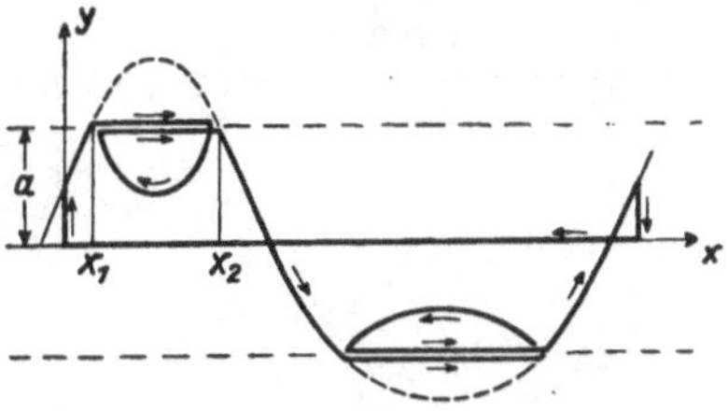

Abb. 186. Analyse von Kurven mit zu großen Ordinaten

gebenen Pfeilen. Daß man so die richtigen Koeffizienten bekommt, folgt aus der für die Umfahrung zwischen x_1 und x_2 geltenden Gleichung

$$a\int_{x_1}^{x_2}\cos\left(n\cdot\frac{2\pi}{d}x\right)dx+\int_{x_2}^{x_1}(2a-f(x))\cos\left(n\cdot\frac{2\pi}{d}x\right)dx$$
$$+a\int_{x_1}^{x_2}\cos\left(n\cdot\frac{2\pi}{d}x\right)dx=\int_{x_1}^{x_2}f(x)\cos\left(n\cdot\frac{2\pi}{d}x\right)dx$$

und einer ähnlichen für den Sinuskoeffizienten [532].

δ) ***Bestimmung der Fourier-Koeffizienten a_n und b_n mit dem für die m-ten Koeffizienten bestimmten Zahnrad,*** falls $m < n \leq 2m$ ist [532, 769]. Dazu werden beide Periodenhälften von 0 bis $d/2$ und von $d/2$ bis d für sich analysiert. Man spannt zunächst die erste, später die zweite Hälfte symmetrisch zu der durch den Drehpunkt des Winkelhebels gehenden y-Parallelen auf und muß nun den Fahrstift auf dem Winkelhebel so einstellen, daß das Rad auf der Strecke $d/2$ gerade $n/2$ Umdrehungen macht. Auf der ganzen Länge z, die der Einstellung des Fahrstiftes entspricht, macht das Rad m Umdrehungen; also folgt aus

$$z : m = d/2 : n/2$$

die Fahrstifteinstellung $z = \frac{m}{n}d$.

Zwischen linkem Anschlag und Anfangspunkt der Umfahrung liegt in x-Richtung die Strecke $\frac{1}{2}\left(z-\frac{d}{2}\right)$. Ihr entsprechen $\frac{1}{2}\left(z-\frac{d}{2}\right)\cdot\frac{n}{d}=\frac{2m-n}{4}$ Umdrehungen des Zahnrades. Da der Zähler eine ganze Zahl ist, liegen die Radien nach den Bohrungen bei Beginn der Kurvenbefahrung immer in x- oder y-Richtung. Beim Einsetzen des Fahrstiftes in die in x-Richtung liegende Bohrung erhält man einen Beitrag b_n' für die erste Periodenhälfte, b_n'' für die zweite zum Sinuskoeffizienten, beim Einsetzen in die in der y-Richtung liegende Bohrung einen Beitrag a_n' bzw. a_n'' zu dem Kosinuskoeffizienten. Liegt bei der ersten Hälfte die Bohrung der Normallage entgegengesetzt, ist der Beitrag b_n' bzw. a_n' negativ zu nehmen, sonst positiv. Bei der Befahrung der zweiten Periodenhälfte achtet man auf die Stellung der Bohrung am *rechten* Kurvenende: Bei Normallage der Bohrung ist wiederum der Beitrag positiv, sonst negativ zu nehmen. Beachtet man das, wird:

Rest der Teilung von $2m-n$ durch 4	a_n	b_n
0	$\frac{m}{n}(a_n'+a_n'')$	$\frac{m}{n}(b_n'+b_n'')$
1	$\frac{m}{n}(a_n'-a_n'')$	$\frac{m}{n}(-b_n'+b_n'')$
2	$\frac{m}{n}(-a_n'-a_n'')$	$\frac{m}{n}(-b_n'-b_n'')$
3	$\frac{m}{n}(-a_n'+a_n'')$	$\frac{m}{n}(+b_n'-b_n'')$

Der Faktor m/n erklärt sich daraus, daß die Fourier-Koeffizienten a_n und b_n den Faktor $\frac{1}{n\pi}$ haben, während der Radius des m-ten Zahnrades so gewählt ist, daß der betreffende Koeffizient den Faktor $\frac{1}{m\pi}$ hat. Um den richtigen Wert zu bekommen, muß man mit m/n multiplizieren.

ε) *Andere Anwendungen des Analysators.* Über die eigentliche Fourier-Analyse hinaus (s. z. B. [73]) kann man, wie *Laurila* gezeigt hat, den Apparat zur genäherten Berechnung von Fourier-Integralen verwenden [47, 48, 408]. Weiter kann man ihn wegen der beliebig einstellbaren Periodenlänge bei der Aufsuchung versteckter Perioden benutzen. Näherungswerte für diese kann man durch Aufstellung eines Periodogrammes gewinnen. Zur Herstellung eines solchen analysiert man das vorliegende Kurvenstück mit einer Reihe von Versuchsperioden und trägt $\sqrt{a_n^2 + b_n^2}$ als Funktion der zugehörigen Periodenlänge auf. Das so entstehende Periodogramm hat in der Umgebung der wirklich auftretenden Perioden Maxima, während seine Ordinaten sich sonst nur wenig von Null unterscheiden [733].

3. Analysatoren dritter Art

Formt man die Formeln VI, A 1 (2) für die Fourier-Koeffizienten durch Teilintegration um, erhält man

$$a_n = -\frac{1}{n\pi}\int \sin\left(n\cdot\frac{2\pi}{d}x\right)dy\,; \qquad b_n = \frac{1}{n\pi}\int \cos\left(n\cdot\frac{2\pi}{d}x\right)dy\,, \tag{12}$$

falls die zu analysierende Kurve keine Unstetigkeiten aufweist oder falls man diese dadurch überbrückt, daß man an einer solchen Stelle den Fahrstift von einem Kurvenstück zum anderen auf einer y-Parallelen führt, was auch am Intervallende zu geschehen hat, wenn die Ordinaten dort nicht gleich sind. Die Form (12) liegt der Bestimmung der Fourier-Koeffizienten durch den Analysator von *Henrici-Coradi* zugrunde. Dieser hat den Nachteil, daß die zu analysierenden Kurven auf die gleiche Periodenlänge (meist 40 cm) umgezeichnet werden müssen, hat aber den Vorteil, daß bei einer Umfahrung der zu analysierenden Kurve, ähnlich wie bei dem Analysator *Mader-Ott* mit Zusatzwagen, je nach der Anzahl der vorhandenen Integriermechanismen gleich drei bzw. fünf Koeffizienten a_n und ebenso viele b_n bestimmt werden. Man kann mit diesen Apparaten die ersten 50 Harmonischen berechnen. Es sind sogar Apparate zur Bestimmung der ersten 150 Harmonischen gebaut worden.

Der Analysator besteht aus einem in der y-Richtung verschiebbaren Wagen, der die Integriergeräte trägt, wie sie nach der Idee von *M. Küntzel* von *Coradi* [227, 301, 302, 304, 311, 312, 480, 490] konstruiert sind und wie sie in V, H 2 beschrieben und in Abb. 107 schematisch dargestellt sind. Hier werden jetzt beide Integrierrollen gebraucht; die eine liefert a_n, die andere b_n. Zur Ausführung der Analyse wird die Führungsmarke, ein kleiner in Glas geritzter Kreis (Abb. 187), auf der Kurve entlanggeführt. Die Verschiebung in Richtung der y-Achse erfolgt durch Bewegung des auf drei Rollen ruhenden Wagens, die in x-Richtung dadurch, daß ein die Führungsmarke tragender Schlitten durch Drehen an den links und

Abb. 187. Analysator *Henrici-Coradi*

rechts herausragenden Enden einer Leitspindel verschoben wird. Die Drehung dieser Spindel bewirkt bei den älteren Apparaten mittels eines über Scheiben gespannten Drahtes, bei den neueren durch ein dreistufiges Vorgelege und Wechselräder die Drehung des Rahmens, der die beiden Meßrollen trägt, so daß diese mit der x-Richtung stets Winkel

$$\gamma_1 = n \cdot \frac{2\pi}{d} x$$

bzw. $$\gamma_2 = n \cdot \frac{2\pi}{d} x + \frac{\pi}{2}$$

bilden. Die mattgeschliffenen Glaskugeln der Integriervorrichtung ruhen auf zylindrischen Verstärkungen der Wagenachse, die sich mit den den Wagen tragenden Rädern drehen. Verschiebt man den Wagen um dy in y-Richtung, drehen sich die Kugeln um eine Parallele zur x-Achse um einen Winkel, der proportional dy ist. Die erste Meßrolle wird sich also um

$$k \cdot dy \cdot \sin\left(n \cdot \frac{2\pi}{d} x\right), \quad \text{die zweite um} \quad k \cdot dy \cdot \cos\left(n \cdot \frac{2\pi}{d} x\right)$$

drehen. Ist man vom Anfang bis zum Ende auf der Kurve entlanggefahren, zeigt somit die erste Meßrolle $U_1 = -\frac{k\,n}{2\varrho} \cdot a_n$, die zweite $U_2 = \frac{k\,n}{2\varrho} b_n$ an, wenn man den Meßrollenradius mit ϱ bezeichnet.

Zuerst werden so die ersten drei bzw. fünf Koeffizientenpaare bestimmt. Dann werden die Wechselräder nach einem bestimmten Plan ausgetauscht, der dafür sorgt, daß möglichst wenig Wechsel erfolgen. In der Hauptsache sucht man den Analysator durch Umstellen des Vorgeleges für die Bestimmung der weiteren Koeffizienten herzurichten.

Die Fehlermöglichkeiten dieses Apparates sind mehrfach untersucht [368]. Schon *Henrici* [131, 301, 302] zeigt, wie man bestimmte Fehler vermeiden kann.

Nach einem ähnlichen Prinzip arbeitet der Analysator von *Sharp* [692, 693], an dem man sofort Amplitude und Phase der einzelnen Schwingungen ablesen kann. S. a. [424, 468].

4. Analysatoren vierter Art

a) Ein zeichnerisches Näherungsverfahren

Deutet man die in A, 1 (2) gegebenen Fourier-Koeffizienten als die Koordinaten eines Punktes der komplexen Zahlenebene, so lassen sich diese Gleichungen zu

$$a_m + i\,b_m = \frac{2}{d} \int_0^d f(\xi)\, e^{i m \frac{2\pi}{d} \xi}\, d\xi \tag{13}$$

zusammenfassen. Einen Näherungswert für dieses Integral erhält man, wenn man es durch eine Summe ersetzt, bei der man nur $2n$ Funktionswerte in den gleichabständigen Punkten $\xi_0, \xi_1, \xi_2, \ldots, \xi_{2n-1}$ benutzt. Bezeichnet man den Abstand dieser Ordinaten mit

$$\varDelta\xi = \xi_1 - \xi_0 = \xi_2 - \xi_1 = \cdots = \xi_{2n-1} - \xi_{2n-2} = \frac{d}{2n},$$

so wird der Näherungswert

$$\begin{aligned} a_m + i\,b_m &= \frac{2}{d}\sum_{\nu=0}^{2n-1} f(\xi_\nu)\, e^{i m \frac{2\pi}{d}\xi_\nu}\,\varDelta\xi \\ &= \frac{1}{n}\sum_{\nu=0}^{2n-1} f(\xi_\nu)\, e^{i m \frac{2\pi}{d}\xi_\nu}. \end{aligned} \tag{14}$$

Auf Grund dieser Formel hat man ein zeichnerisches Verfahren zur näherungsweisen Bestimmung der Fourier-Koeffizienten entwickelt, das hier kurz besprochen werden soll, obwohl es in den nächsten Abschnitt C gehört.

Für dieses Verfahren faßt man je zwei Ordinaten $f(x_r)$ und $f(x_{r+n})$ additiv und subtraktiv zusammen. Beachtet man nämlich, daß

$$e^{im\frac{2\pi}{d}\xi_{\nu+n}} = e^{im\frac{2\pi}{d}\left(\xi_\nu + \frac{d}{2}\right)} = e^{im\frac{2\pi}{d}\xi_\nu} \cdot e^{im\pi} = (-1)^m\, e^{im\frac{2\pi}{d}\xi_\nu}$$

ist, so sieht man, daß man für gerade m die Ordinaten in ξ_ν und $\xi_{\nu+n}$ additiv, für ungerade subtraktiv zusammenfassen muß. Die Gl. (14) schreiben dann eine vektorielle Addition dieser Summen bzw. Differenzen vor; n Vektoren der Größe $f(\xi_\nu) \pm f(\xi_{\nu+n})$ sind unter dem Winkel $m\,\frac{2\pi}{d}\cdot\xi_\nu$ gegen die ξ-Achse aneinanderzulegen. Man erhält so einen spiralförmigen Geradenzug, von dem jedes Streckenstück gegen das vorhergehende um den Winkel $m\,\frac{2\pi}{d}\cdot\frac{d}{2n} = m\,\frac{\pi}{n}$ gedreht ist. Der Vektor vom Nullpunkt zum Endpunkt dieser Spirale hat das m-fache der Näherungswerte der beiden Fourier-Koeffizienten a_m und b_m zur Maßzahl der ξ- bzw. η-Komponente. Sein absoluter Betrag ist ein Näherungswert für das m-fache der Amplitude, sein Winkel gegen die ξ-Achse mißt die Phasenkonstante der $(m-1)$-ten Oberschwingung.

Um die Vektoraddition bequem ausführen zu können, hat *v. Sanden* ein Richtungslineal angegeben, das die bei 16 bzw. 32 Ordinaten gebrauchten Richtungen gibt [643, 644]. Man kann zur Konstruktion auch Spezialpapiere verwenden mit entsprechend gerichteten Geradenscharen und dann die Festlegung des Geradenzuges mit einem Streifen Pauspapier ausführen, auf dem längs einer Geraden die Summen bzw. die Differenzen $f(\xi_\nu) \pm f(\xi_{\nu+n})$ aneinander angetragen sind. Dieser Streifen wird vom Nullpunkt beginnend nacheinander unter Festhaltung des Anfangspunktes von $f(\xi_\nu) \pm f(\xi_{\nu+n})$, bis zu dem man gerade gekommen ist — etwa durch Einstecken einer Nadel — jedesmal um den Winkel $m\,\frac{\pi}{n}$ in der positiven Richtung gedreht. So erhält man ohne Zeichnung die Endpunkte der Streckenzüge [233].

b) Theorie des Analysators von Grützmacher [346]

Denkt man sich jetzt nicht die Summen oder Differenzen, sondern $\frac{1}{n} f(\xi_\nu)$ als Vektoren aneinandergetragen, wobei die Summe nicht wie bei den Summen und Differenzen nur von 0 bis $n-1$, sondern von 0 bis $2n-1$ laufen muß, so daß man also eine Spirale mit der doppelten Windungszahl erhält, und läßt jetzt $\Delta\xi \to 0$, d. h. $n \to \infty$ konvergieren, so kommt man von (14) wieder zum Integral (13) zurück. Macht man die obere Grenze dieses Integrales variabel, erhält man die Gleichung der Spirale in der komplexen Ebene, in die der Streckenzug übergeht

$$x_m(\tau) + i\, y_m(\tau) = \frac{2}{d} \int_0^\tau f(\xi)\, e^{i m \frac{2\pi}{d} \xi}\, d\xi \tag{15}$$

mit dem Wert $a_m + i b_m$ für $\tau = d$. Dieser Grenzübergang bedeutet, daß die Länge der einzelnen geraden Teile der Spirale und gleichzeitig der Winkel zwischen zwei aufeinanderfolgenden Teilen immer kleiner wird. Der Streckenzug geht so in eine bis auf einzelne Punkte stetig gekrümmte Spirale über, deren Krümmungsradius sich, wie sogleich gezeigt werden soll, bis auf die Sprungstellen der zu analysierenden Kurve stetig ändert.

Dieser Krümmungsradius bestimmt sich bekanntlich aus

$$\varrho_m = \frac{(\dot{x}^2 + \dot{y}^2)^{3/2}}{\dot{x} \cdot \ddot{y} - \ddot{x} \cdot \dot{y}}.$$

Trennt man in der Formel (15) Real- und Imaginärteil, so ergibt sich

$$x_m(\tau) = \frac{2}{d} \int_0^\tau f(\xi) \cos m \frac{2\pi}{d} \xi\, d\xi\,; \qquad y_m(\tau) = \frac{2}{d} \int_0^\tau f(\xi) \sin m \frac{2\pi}{d} \xi\, d\xi\,;$$

$$\dot{x}_m(\tau) = \frac{2}{d} f(\tau) \cos m \frac{2\pi}{d} \tau\,; \qquad \dot{y}_m(\tau) = \frac{2}{d} f(\tau) \sin m \frac{2\pi}{d} \tau\,;$$

$$\ddot{x}_m(\tau) = \frac{2}{d} \dot{f}(\tau) \cos m \frac{2\pi}{d} \tau - m \frac{4\pi}{d^2} f(\tau) \sin m \frac{2\pi}{d} \tau\,;$$

$$\ddot{y}_m(\tau) = \frac{2}{d} \dot{f}(\tau) \sin m \frac{2\pi}{d} \tau + m \frac{4\pi}{d^2} f(\tau) \cos m \frac{2\pi}{d} \tau\,.$$

Also ist

$$\dot{x}_m^2 + \dot{y}_m^2 = \frac{4}{d^2} f^2(\tau)$$

$$\dot{x}_m \ddot{y}_m - \ddot{x}_m \dot{y}_m = m \frac{8\pi}{d^3} f^2(\tau)\,.$$

Daraus folgt

$$\varrho_m = \frac{f(\tau)}{m\pi}, \tag{16}$$

während man als Richtungskoeffizienten der Tangente

$$\operatorname{tg} \varphi_m = \frac{\dot{y}_m}{\dot{x}_m} = \operatorname{tg} m \frac{2\pi}{d} \tau\,, \quad \text{also} \quad \varphi_m = m \frac{2\pi}{d} \tau \tag{17}$$

erhält. Der Richtungswinkel wächst von 0 bis $2m\pi$. Der Analysator von *Grützmacher* [240] zeichnet nun eine Kurve, deren Krümmungsradius an jeder Stelle gleich der Ordinate der zu analysierenden Kurve ist, während der Richtungswinkel der Tangente das m-fache der Abszisse der betreffenden Ordinate ist. Der Endpunkt der Kurve hat das $m\pi$-fache der Fourier-Koeffizienten a_m und b_m zu Koordinaten bzw. der Amplitude dieser Oberschwingung als Abstand vom Nullpunkt, während die Phasenkonstante durch den Winkel dieses Vektors gegen die positive ξ-Achse bestimmt wird.

Bemerkenswert ist, daß die Länge dieser Spiralen für alle Koeffizienten die gleiche ist. Es ist

$$s = \int_0^d \sqrt{\dot{x}_m^2 + \dot{y}_m^2}\, d\tau = \frac{2}{d} \int_0^d |f(\tau)|\, d\tau .$$

c) Die Arbeitsweise des Analysators [240]

Abb. 188 zeigt schematisch den Aufbau des Analysators. Zunächst sei die Konstruktion von a_1 und b_1 betrachtet. Zwei Walzen W_1 und W_2 werden durch ein Uhrwerk oder durch einen kleinen Elektromotor mit gleicher Geschwindigkeit gedreht. Die vordere verschiebt die auf einen Streifen gezeichnete zu analysierende

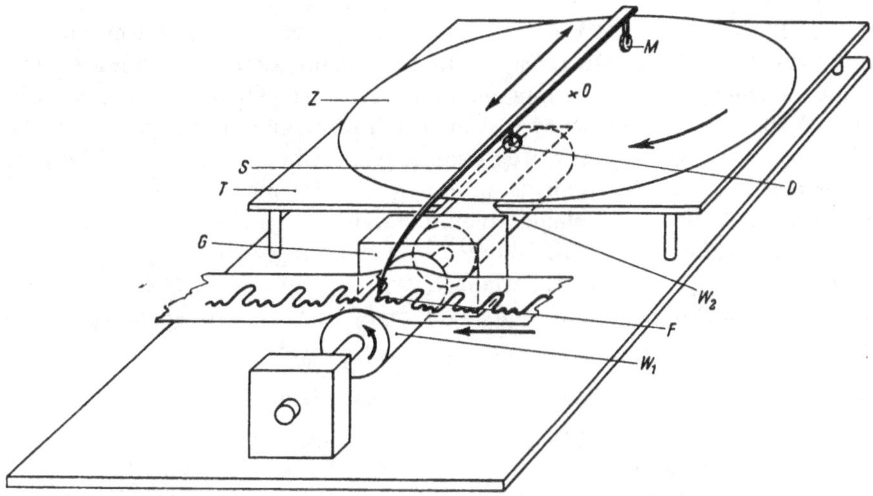

Abb. 188. Schematische Darstellung des Analysators von *Grützmacher*

Kurve von rechts nach links, die hintere dreht einen Zeichenbogen Z, dessen Drehpunkt M vermittels der Rolle M, die ihn auf einen Tisch T drückt, festgelegt wird, und der vermittels einer Druckrolle D, die ihn auf W_2 drückt, weiterbewegt wird. M und D, die an einem verschiebbaren Schlitten S befestigt sind, haben immer den gleichen Abstand, so daß die Drehgeschwindigkeit des Zeichenbogens immer die gleiche ist. Der Drehwinkel ist stets gleich τ. Tisch T und Walze W_2 sind so aufgerauht, daß das Zeichenpapier nicht rutschen kann, sondern sich nur um den jeweiligen Drehpunkt dreht. Vor Beginn der Messung muß man den Abstand von M und D so einstellen, daß das Zeichenpapier sich bei der

Messung genau um 360° dreht. Diese Einstellung wird durch Verschiebung der Druckrolle D längs einer Skala ermöglicht, die nach der Periodenlänge geeicht ist. Auch dieser Analysator hat also den Vorteil, daß die zu analysierenden Kurven nicht auf eine bestimmte Periodenlänge umgezeichnet zu werden brauchen. An der Schiene, an der M und D sitzen, befindet sich ein Fahrstift F, der auf der über W_1 wandernden Kurve mit Hand geführt werden kann. Befindet sich bei Beginn der Analyse, wenn der Fahrstift über der x-Achse liegt, der Drehpunkt M in O, so würde ein über diesem Punkt fest mit dem Tisch T verbundener Zeichenstift während des Verlaufes der Analyse auf das Blatt die Kurve $x_1(\tau) + i y_1(\tau)$ zeichnen; denn der Abstand des Drehpunktes M von diesem Punkt ist ja immer gleich $f(\tau)$ und der Drehwinkel und damit der Winkel der Kurventangente gegen die positive ξ-Achse immer gleich τ. Notwendig ist die Aufzeichnung dieser Kurve nicht, da ja durch ihren Anfangs- und Endpunkt a_1 und b_1 bestimmt sind. Der Vektor vom Anfangs- zum Endpunkt hat die Koordinaten πa_1 und πb_1, da der Krümmungsradius der Kurve nicht, wie es nach (16) sein sollte $f(\tau)/\pi$ ist, sondern $f(\tau)$. Also nur Anfangs- und Endpunkt und die Richtung der ξ-Achse, die senkrecht zur Verschiebungsrichtung der Schiene S in der Ausgangslage ist, sind zur Bestimmung von a_1 und b_1 erforderlich.

Sollen die Koeffizienten für die Oberschwingungen bestimmt werden, so muß z. B. für den $(m - 1)$-ten Oberton der Drehwinkel und damit die Drehgeschwindigkeit des Zeichenpapieres und folglich auch der Walze W_2 m-mal so groß sein wie die der Walze W_1. Um das zu erreichen, schaltet man zwischen die beiden Walzen ein Zahnradgetriebe ein, das durch eine einfache Umschaltung den Übergang zu den verschiedenen Drehverhältnissen ermöglicht. Da die Größe der Krümmungsradien für alle Kurven die gleiche bleibt, nämlich $f(\tau)$, sind die Koordinaten des Vektors vom Anfangs- zum Endpunkt des Kurvenzuges für die $(m - 1)$-te Oberschwingung $m\pi a_m$ und $m\pi b_m$, wie sich aus Gl. (16) ergibt. Der Vorteil ist der, daß durch diese Vergrößerung auf das m-fache auch die Meßgenauigkeit erhöht wird.

d) Konstruktive Einzelheiten

Abb. 189 zeigt die Ausführung und Handhabung des Analysators. Die Kurve wird auf den vorderen Tischen durch die unter ihm liegende Walze W_1 verschoben. Dabei wird der Kurvenstreifen durch eine Gummirolle auf diese Walze gepreßt. Seitliche Begrenzungsstege sorgen dafür, daß die Verschiebung genau parallel der Nullinie erfolgt. Der Antriebsmotor, ein kleiner Gleichstrommotor, befindet sich unter dem vorderen Tischchen. Seine Drehgeschwindigkeit kann durch einen Schiebewiderstand in weiten Grenzen verändert werden. Der Schlitten mit dem Fahrstift wird mittels Federn gegen eine feststehende Schiene gepreßt, so daß er sich nur in Richtung der Kurvenordinate verschieben kann. Die Druckrolle D, die das Zeichenpapier auf die Walze W_2 drückt, ist ein kleines Metallrad, dessen Achse parallel zur Verschiebungsrichtung der Schiene liegt, während die Achse der Drehpunktrolle M, die ebenfalls ein kleines Metallrad ist, senkrecht zu dieser Richtung verläuft. Der Schlitten wird mittels eines langen Hebels mit der rechten Hand geführt, während die linke mittels des Widerstandes die Umdrehungsgeschwindigkeit reguliert. Der Hebel trägt ein Gewicht, das die Rollen M und D auf das Zeichenpapier drückt.

Im Schlitten liegt vor der Drehrolle ein Loch, durch welches mittels eines Bleistiftes Anfangs- und Endlage der Kurve und durch Entlangführen des Schlittens an der Schiene vor Beginn der Analyse die η-Richtung markiert werden. Auf die Senkrechte zu dieser Linie wird nachher der Vektor vom Anfangs- zum Endpunkt bezogen.

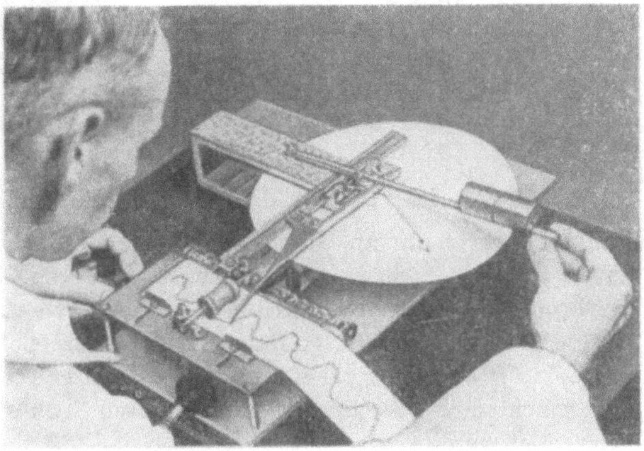

Abb. 189. Analysator von *Grützmacher*

Das zwischen den Walzen W_1 und W_2 eingeschaltete Zahnradgetriebe gestattet Übersetzungen von 1 : 1 bis 1 : 12, die durch Versetzen eines Reiterchens von einem Zahnradpaar auf ein anderes gewechselt werden können.

Der Apparat liefert die Amplituden auch der höheren Oberschwingungen auf etwa 1 bis 2%, den Phasenwinkel der $(m-1)$-ten Oberschwingung auf etwa $m \cdot 1°$ bis $m \cdot 2°$ genau, falls genügend Sorgfalt auf das Nachfahren der Kurve und die Einstellung der Periode verwendet worden ist.

C. Harmonische Analyse mittels gleichabständiger Ordinaten

1. Trigonometrische Interpolation

a) Die Formeln

Während die in den beiden vorhergehenden Paragraphen behandelten Apparate und Methoden den ganzen Kurvenverlauf $f(x)$ einer Periodenlänge der Bestimmung der Fourier-Koeffizienten zugrunde legen, benutzen andere Methoden und Analysatoren nur einzelne, im allgemeinen äquidistante Funktionswerte.

Es müssen dabei aber auf jede Periode einer zu bestimmenden Oberschwingung mindestens zwei Ordinaten kommen, da sonst, wie man das an Abb. 190 erkennt, nicht vorhandene Perioden vorgetäuscht werden können [714, 736]. Hier ist die ausgezogene Kurve die wirklich vorhandene Schwingung, während durch die durch Nullkreise markierten Einzelmessungen die gestrichelt dargestellte Schwingung vorgetäuscht wird.

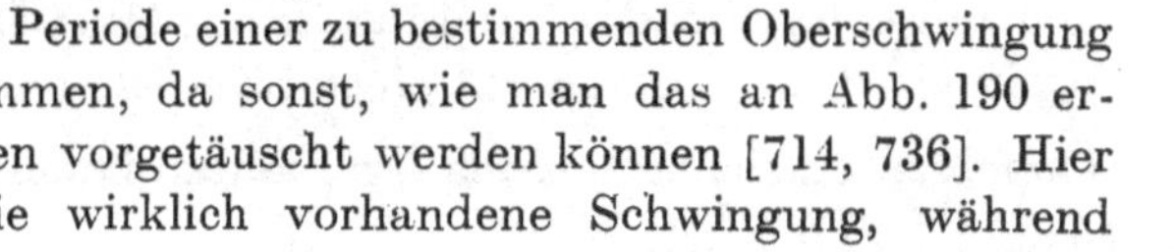

Abb. 190. Vorgetäuschte Periode

Zur Berechnung von Nährungswerten $\bar{a}_m$ und $\bar{b}_m$ für den Fourier-Koeffizienten a_m, b_m aus einzelnen Ordinaten kann man entweder wie *Herrmann* [306, 431] so vorgehen, daß man die in den Koeffizienten auftretenden Integrale durch Summen ersetzt. So wird z. B., wenn $2n$ Ordinaten auf die Grundperiode kommen,

$$\left.\begin{aligned} \bar{a}_m &= \frac{1}{n}\sum_{r=0}^{2n-1} f(x_r)\cos\left(m\cdot\frac{2\pi}{d}\cdot x_r\right) \qquad &(m=0,1,2,\ldots,n)\,,\\ \bar{b}_m &= \frac{1}{n}\sum_{r=0}^{2n-1} f(x_r)\sin\left(m\cdot\frac{2\pi}{d}\cdot x_r\right) \qquad &(m=1,2,3,\ldots,n-1)\,, \end{aligned}\right\} \quad (1)$$

wo $x_r = r\cdot\frac{d}{2n}$ ist. Die Ausdrücke, die man so erhält, nähern die gegebenen Funktionswerte nur an. Man kann aber auch durch die Endpunkte der $2n$-Ordinaten $y_0, y_1, \ldots, y_{2n-1}$ eine Kurve $T_n(x)$ legen, die man in Form einer Summe von trigonometrischen Funktionen darstellt, wie das *Runge* gemacht hat [631 bis 635]. Durch eine solche trigonometrische Interpolation findet man die gleichen Formeln (1) bis auf $\bar{a}_n$, das halb so groß wird. Doch sieht man das meist als unwesentlich an, da die letzten Koeffizienten doch so ungenau sind, daß sie kaum verwendet werden können [493].

b) Die Streifenmethode

Hat man eine vollautomatische Rechenmaschine zur Verfügung, kann man obige Summen nach der sog. Streifenmethode berechnen. Dazu fertigt man sich für ein bestimmtes n, z. B. $2n = 24$, ein für allemal eine Tafel an, in der man die Werte von $\cos\left(m\cdot\frac{2\pi}{d}\cdot x_r\right)$ bzw. $\sin\left(m\cdot\frac{2\pi}{d}\cdot x_r\right)$ in der ersten Zeile für $m = 1$, in der zweiten für $m = 2$ usw. aufzeichnet und an deren Kopf man den entsprechenden Koeffizienten setzt. Der Anfang einer solchen Tafel würde also etwa für $2n = 24$ folgendermaßen aussehen:

a_1	1	0,96593	0,86603	0,70711	0,50000	0,25882	0 ...
a_2	1	0,86603	0,50000	0	—0,50000	—0,86603	—1 ...
a_3	1	0,70711	0	—0,70711	—1	—0,70711	0 ...
a_4	1	0,50000	—0,50000	—1	—0,50000	0,50000	1 ...
a_5	1	0,25882	—0,86603	—0,70711	0,50000	0,96593	0 ...
a_6	1	0	—1	0	1	0	—1 ...

und eine entsprechende Tafel für die b_m. Dann schreibt man die Werte von y_0 bis y_{23} in gleichem Abstand auf einen Streifen, den man zunächst unmittelbar über die mit a_1 bezeichnete Reihe legt, so daß immer y_r über $\cos\left(\frac{2\pi}{d}\cdot x_r\right)$ steht. Nun stellt man der Reihe nach die Werte y_r und $\cos\left(\frac{2\pi}{d}\cdot x_r\right)$ als Faktoren in die Maschine ein, beginnend mit $r = 0$, prüft im Kontrollwerk die Einstellung und multipliziert. Dabei stellt man das Hauptzählwerk je nach dem Vorzeichen des Produktes auf Addition oder Subtraktion. Die Maschine nimmt so die Summation vor, und man erhält schließlich im Resultatwerk bzw. im Speicherwerk

$\sum_{r=0}^{2n-1} f(x_r) \cos\left(\frac{2\pi}{d} x_r\right)$. Division durch $2n$ ergibt a_1. Nun wird der Streifen um eine Zeile nach unten verschoben, daß er unmittelbar über der a_2-Reihe liegt, und genau so verfahren usw. Ohne jede Zwischennotierung erhält man so die Fourier-Koeffizienten. Wird die Summe negativ, bildet man das Komplement oder, wenn die Maschine ein Komplementwerk hat, liest man in diesem den absoluten Betrag der Summe ab [46]. Löscht man das Umdrehungszählwerk nicht, steht dort jedesmal am Ende der 24 Multiplikationen derselbe Betrag $\Sigma\, y_r$ oder Null, wenn man mit den Winkelfunktionen multipliziert hat. Damit hat man eine gewisse Kontrolle für die Richtigkeit der Einstellung der zweiten Faktoren.

c) Rechenblätter

In den Summen (1) treten, insbesondere wenn n durch 4 teilbar ist, die gleichen Werte der Winkelfunktionen wiederholt auf, so daß man meistens vor der Multiplikation mit dem Kosinus oder Sinus zunächst additiv oder subtraktiv verschiedene Funktionswerte zusammenfaßt. Für die rein schematische Zusammenfassung und Multiplikation mit den entsprechenden trigonometrischen Funktionswerten hat man Rechenblätter und Schablonen hergestellt. Einige der bekannteren sind die von *Bourrier* [81] für 12 Ordinaten, von *Lohmann* [431, 790] für 20, von *Runge-Emde* [635], *Zipperer* [837], *Terebesi* [731, 732] für 24, von *Grammel-Biezeno*, Technische Dynamik, Berlin 1939, für 12 und für 36, von *Martens* [465] und *Runge* [631] für 36, *de Bruyn* für 40 [91] und von *Hußmann* [323] für 24, 36 und 72 Ordinaten von *Lopschitz* u. a. Tafeln für diese Berechnungen in etwas anderer Form gibt *Stumpff* [716] s. a. [624]. *Zech* [833] hat gezeigt, wie man die Summen (1) nach dem Lochkartenverfahren ausrechnen kann. Da zum Berechnen der verschiedenen Koeffizienten die gleichen Funktionswerte mit verschiedenen Werten des Sinus oder Kosinus multipliziert werden, kann man die Kurbeln und die Schlittenverschiebungen mehrerer Sprossenradmaschinen, deren jede zur Berechnung eines der Koeffizienten dient, miteinander koppeln. In die einzelnen Maschinen werden mittels Schablonen die trigonometrischen Funktionswerte eingestellt und durch gleichzeitige Kurbeldrehung aller Maschinen mit dem entsprechenden Funktionswert $f(x_r)$ multipliziert.

Zur Analyse von Wasserstandskurven hat *Rauschelbach* diesen Rechengang sehr weitgehend unter Benutzung einer Kombination von 64 Rheinmetallrechenmaschinen automatisiert. Dazu werden die Werte der Wasserstände den Einzeltasten der einzelnen Maschinen von einem zentralen Kommandopult aus elektromagnetisch übermittelt und in dem Multiplikatorwerk ebenso die erforderlichen Sinus- bzw. Kosinuswerte eingestellt. Jede Maschine führt dann die eingestellte Multiplikation aus. Die Resultate werden mechanisch abgegriffen und in einem zentralen Addierwerk summiert [778].

d) Genauigkeit der trigonometrischen Interpolation

Von den so berechneten Summen $T_n(x)$ weiß man nur, daß sie in den Endpunkten der benutzten Ordinaten mit der gegebenen Funktion $f(x)$ übereinstimmen. Die Größe der Abweichungen zwischen beiden Kurven in den Zwischenräumen kann man abschätzen, um so genauer, je mehr Voraussetzungen man über die darzustellende Kurve macht. Zum Beispiel gibt *Quade* [595] die folgende Abschätzung: Besitzt die Funktion $f(x)$ mit der Periode 2π eine integrierbare r-te Ableitung, deren absoluter Betrag $|f^{(r)}(x)|$ im ganzen Gebiet kleiner als M_r ist, und hat das Interpolationspolynom $T_n(x)$ in den gleichabständigen Punkten $x_r = r \cdot \frac{\pi}{n}$ die gleichen Ordinaten wie $f(x)$, so gilt für den Ordinatenunterschied zwischen beiden Kurven

$$|f(x) - T_n(x)| < \sqrt{\frac{2}{r}} \left(\frac{\pi}{2}\right)^r \frac{M_r}{n^r} \left(3 + \frac{2}{\pi} \ln n\right).$$

Man kann versuchen, zwischen den gegebenen Funktionswerten durch Parabeln k-ter Ordnung zu interpolieren, die so aneinanderstoßen, daß die Ableitungen bis zur $(k - 1)$-ten stetig sind. In diesem Fall spricht man von einer Interpolation k-ter Ordnung. Die Koeffizienten a_n^k und b_n^k dieser Interpolation kann man z. B. nach Einzeichnen der Kurven mit einem Analysator bestimmen. *Quade* und *Collatz* haben gezeigt, daß die durch trigonometrische Interpolation gefundenen Koeffizienten a_m und b_m die Grenzwerte dieser Koeffizienten für $k \to \infty$ sind. Falls nur Einzelwerte gegeben sind, ist im allgemeinen die trigonometrische Interpolation die beste Methode, denn erstens gibt sie als einzige einen endlichen Ausdruck, zweitens werden durch sie die gegebenen Werte genau wiedergegeben, während die Reihen nur gegen diese Werte konvergieren, und drittens liefert sie wegen des Fehlens der höheren Harmonischen die glatteste Kurve. Die Interpolation k-ter Ordnung ist nur dann günstiger, wenn die $k - 1$ ersten Ableitungen der gegebenen Funktion stetig sind und die k-te Ableitung bekannte Unstetigkeiten für die gleichen Abszissen hat, für die die Funktionswerte bekannt sind. Die Versuche, eine bessere Annäherung etwa durch Einzeichnen einer Stufenkurve oder durch Verbindung der Endpunkte der Ordinaten durch einen Geradenzug und instrumentelle Analyse dieser Kurven zu erhalten, gehen also fehl. Man kann aus den durch instrumentelle Analyse einer Stufenkurve, zu deren Ausführung man einen kleinen Hilfsapparat von *Bartels* benutzen kann, der aus nebeneinanderliegenden Holzbrettchen der Breite d/n besteht, die in einem Rahmen verschiebbar sind [40], oder eines Geradenzuges sich ergebenden Koeffizienten a_m^* und b_m^* bzw. a_m^{**} und b_m^{**} die $\bar{a}_m$ und $\bar{b}_m$ durch die Gleichungen berechnen:

$$a_m^* = \bar{a}_m \cdot p_m; \qquad b_m^* = \bar{b}_m \cdot p_m \tag{3}$$

bzw.

$$a_m^{**} = \bar{a}_m \cdot p_m^2; \qquad b_m^{**} = \bar{b}_m \cdot p_m^2, \tag{4}$$

wo

$$p_m = \sin \frac{m\pi}{2n} : \frac{m\pi}{2n}.$$

Die Größen p_m bzw. p_m^2 bezeichnet man als Abminderungsfaktoren. Allgemein hat *Berger* [53] diese Faktoren angegeben.

e) Der Analysator von Lübcke

Der Analysator von *Lübcke* führt die Multiplikation von $f(x_r)$ mit $\cos m \cdot \frac{2\pi}{d} \cdot x_r$ bzw. $\sin m \cdot \frac{2\pi}{d} \cdot x_r$ dadurch aus, daß die Ordinate $f(x_r)$ mit einer Integrierrolle befahren wird, deren Ebene mit der Richtung dieser Ordinate den Winkel $m \cdot \frac{2\pi}{d} \cdot x_r$ bzw. $\frac{\pi}{2} - m \cdot \frac{2\pi}{d} \cdot x_r$ bildet. Die Addition erfolgt dadurch, daß die Ordinaten nacheinander mit jedesmal entsprechender Einstellung der Integrierrolle befahren werden [446].

Das gleiche Prinzip benutzt ein von *de Beauclair* vorgeschlagener Apparat, der in Abb. 191 schematisch dargestellt ist. Auf einer Walze W ruht eine Anzahl von Meßrollen MR, von denen jede einen Fourier-Koeffizienten bestimmt. Die Umdrehung der Walze bewirkt ein Motor M. Die jedesmalige Zahl der Umdrehungen $f(x_r)$ wird in einem Einstellwerk E eingestellt und die Bewegung durch Motorlauftaste ausgelöst. Die Ebene der m-ten Meßrolle bildet dabei mit der Achse der Walze den Winkel $m \frac{2\pi}{d} x_r$. Die Umdrehung dieser Rolle ist also proportional $f(x_r) \sin m \frac{2\pi}{d} x_r$. Die Winkel der Meßrollen werden durch ein Zahnstangen-Zahnradgetriebe Z eingestellt. Nach jeder Multiplikation wird der Winkel des Rades für $\bar{b}_1$ um $\frac{2\pi}{d} x_r$, für $\bar{b}_2$ um $2 \frac{2\pi}{d} x_r$ usw. vergrößert. Nach Durchführung aller Operationen ist die Umdrehung des m-ten Meßrades proportional

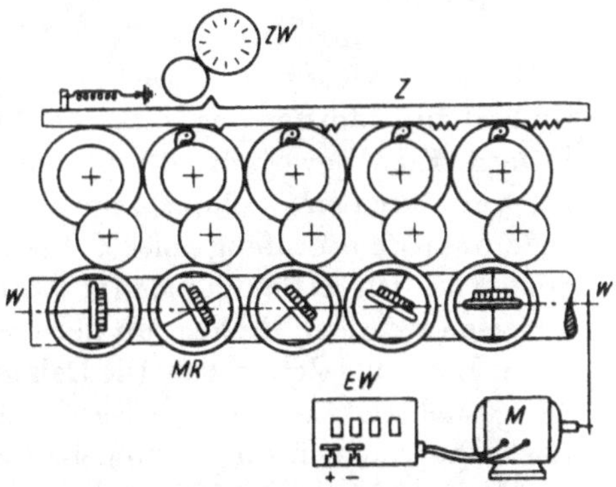

Abb. 191. Schematische Darstellung des Analysators von *de Beauclair*

$$\Sigma f(x_r) \sin m \frac{2\pi}{d} x_r,$$

also proportional b_m. In ähnlicher Art werden die Koeffizienten der Kosinusglieder bestimmt [44, 45].

f) Der Analysator von Walz [785]

Dieser Analysator ist nach dem Waageprinzip gebaut. Er besteht aus $2n$ auf einer waagerechten Achse aufgereihten Hebeln, die um diese drehbar sind. Jeder Hebel trägt ein Gewicht G. Das Gewicht des r-ten Hebels läßt sich auf einer 150 mm langen Skala in den Abstand $f(x_r)$ vom Drehpunkt bringen. Diese Einstellungen bleiben für die Berechnung sämtlicher Koeffizienten unverändert. Mittels für jeden Koeffizienten vorhandener Schablonen werden dann die einzelnen Hebel um die Winkel $\frac{\pi}{2} - m \frac{2\pi}{d} x_r$ bzw. $m \frac{2\pi}{d} x_r$ aus der Ruhelage gebracht und durch einen Bolzen, der durch Löcher der auf der Achse sitzenden Endscheiben gesteckt wird und der in Nuten der mit den Hebeln fest verbundenen Scheiben eingreift, in diesen Lagen festgehalten. Das von dem r-ten Hebel ausgeübte Moment ist dann $f(x_r) \cos m \frac{2\pi}{d} x_r$ bzw. $f(x_r) \sin m \frac{2\pi}{d} x_r$. Die Summe dieser Momente ist bis auf einen Maßstabfaktor nach (1) gleich $\bar{a}_m$ bzw. $\bar{b}_m$. Dieses Summenmoment wird mittels eines Grob- und eines Feingewichtes ausgemessen, die an einem an der Endscheibe befestigten Meßbalken so lange verschoben werden, bis der damit verbundene Zeiger der Waage auf Null steht. Da eine solche Waage ein außerordentlich empfindliches Instrument ist, ist die Meßgenauigkeit wesentlich durch die Genauigkeit der Einstellung der Winkel und der Koeffizienten bedingt.

g) Der Analysator von Michelson-Stratton

Der Analysator von *Michelson-Stratton* [488, 632], der für $2n = 80$ gebaut ist, benutzt zur Addition der einzelnen Summanden die elastischen Eigenschaften von Federn. Eine Bewegung, die proportional der Größe des einzelnen Summanden ist, wird durch eine Schubstange auf das eine Ende einer Feder übertragen, deren anderes an dem Umfang eines Zylinders angreift. An der einen Seite des Zylinders greifen die den 80 Summanden entsprechenden Federn an und suchen den Zylinder um seine Achse zu drehen, an der anderen greift eine starke Feder an, die ihn in seiner Lage zu halten sucht. Die Dehnung dieser letzten Feder ist dann proportional der gesuchten Summe. Die Resultate, die dieser Apparat liefert, können durch elastische Nachwirkungen ungenau werden. Außerdem treten Ungenauigkeiten durch die endliche Länge der Schubstangen auf. Diese Ungenauigkeiten werden bei neueren Apparaten dadurch vermieden, daß die Schubstangen durch Kurbelschleifen ersetzt werden [90, 488].

h) Synthese

Sowohl die Rechenblätter wie die hier erwähnten Analysatoren können nicht nur zur Analyse, d. h. zur Bestimmung der Fourier-Koeffizienten, sondern auch zur Synthese, also zur Berechnung der Ordinaten der durch die trigonometrische Summe dargestellten Funktion bzw. zur Zeichnung der entsprechenden Kurve verwendet werden. Diese Synthese ist die sicherste Kontrolle der Richtigkeit der Analyse. Eine Reihe von Apparaten sind in der Hauptsache für die Synthese gebaut [249, 391, 489, 623, 624]. Hierzu gehören u. a. auch die Gezeitenmaschinen [601], die zur Bestimmung der Ebbe und Flut in irgendeinem Hafen dienen. Die größte Gezeitenrechenmaschine mit 62 Tiden, die nach Angabe von *Rauschelbach* gebaut ist, befindet sich im Deutschen Hydrographischen Institut in Hamburg. Ein Gezeitenanalysator bestehend aus einer Tidenmaschine mit 31 austauschbaren Tidengetrieben und einem Rechenmaschinengestell mit 62 elektrischen Multiplikationsmaschinen ist im Bau. Die Steuerung soll durch Lochkarten erfolgen, in die die beobachteten Wasserstände und die Beobachtungszeiten gelocht sind. Auch mit den in VI, B 2 b beschriebenen Analysatoren können Synthesen ausgeführt werden [53]. Einen kleinen, für Unterrichtszwecke geeigneten Apparat zur Vorführung einer solchen Synthese hat *Walther* konstruiert [781], s. a. [492].

2. Methode von Vercelli

Prinzip der Methode [760—762]. Um eine beliebige, aus periodischen Komponenten zusammengesetzte Funktion in ihre Komponenten zu zerlegen, auch wenn deren Frequenzen nicht Vielfache der Grundfrequenz sind, wie das bei der Fourier-Analyse der Fall ist, wendet *Vercelli* das folgende Verfahren an. Hat man eine Funktion

$$y = A_0 + \sum_{i=1}^{r} A_i \sin \frac{2\pi}{T_i}(t + \alpha_i), \tag{6}$$

so bildet man unter Benutzung der $2n + 1$ Ordinaten $y_{-n}, y_{-n+1}, \ldots, y_0, \ldots, y_{+n}$, die voneinander den gleichen Abstand Δt haben, und unter Benutzung zunächst unbestimmter $a_0, a_1, \ldots, a_n$ zu jedem y den reduzierten Wert

$$\begin{aligned} \eta_0 &= 2a_0 y_0 + a_1(y_{+1} + y_{-1}) + \cdots + a_n(y_{+n} + y_{-n}) \\ &= A_0 M_0 + \sum_{i=1}^{r} A_i M_i \sin \frac{2\pi}{T_i}(t_0 + \alpha_i), \end{aligned} \tag{7}$$

wo

$$M_0 = 2(a_0 + a_1 + \cdots + a_n),$$

$$M_i = 2\left[a_0 + a_1 \cos\left(\frac{2\pi}{T_i} \cdot \Delta t\right) + \cdots + a_n \cos\left(\frac{2\pi}{T_i} \cdot n \cdot \Delta t\right)\right]$$

ist. Bei dieser Reduktion bleiben also die einzelnen Perioden und Phasen erhalten, nur werden das konstante Glied und die Amplituden mit Faktoren multipliziert. Man setzt nun $a_0 = 1$ und bestimmt aus einem System von n Gleichungen $M_i = 0$ die a_1 bis a_n; dann fallen in der reduzierten Kurve die Komponenten der entsprechenden Perioden heraus, z. B. kommen in der Kombination

$$\eta_0 = \frac{1}{6} y_0 + \frac{1}{6}(y_{+1} + y_{-1}) + \frac{1}{8}(y_{+2} + y_{-2}) + \frac{1}{12}(y_{+3} + y_{-3}) + \frac{1}{24}(y_{+4} + y_{-4})$$

die Komponenten mit der Periodenlänge $2\Delta t$, $3\Delta t$, $4\Delta t$ und $6\Delta t$ nicht mehr vor. Durch Aufteilung in einzelne Abschnitte und Addition der Ordinaten dieser Abschnitte hat übrigens schon *Wedmore* [787] einzelne Komponenten ausgeschaltet.

Vercelli hat vier Gruppen von Formeln aufgestellt. Die erste dient zum Glätten der Kurve, die zweite zur Entfernung des nichtperiodischen Teiles, die dritte zur Abtrennung der kurzen, die vierte zur Abtrennung der langen Wellen. In Zahlentafeln gibt er für jede Gruppe in Prozenten die Amplituden der einzelnen in der reduzierten Kurve noch auftretenden Wellen an.

Analysator von Vercelli. Um die Multiplikation von y_m mit a_m bequem ausführen zu können, hat *Vercelli* einen Analysator gebaut [761]. Dieser besteht aus einem Rahmen (Abb. 192), der in x-Richtung verschiebbar ist und mittels Klemmschrauben festgestellt werden kann. In ihn können Schraubenspindeln verschiedener Ganghöhe $1 : m$ parallel den Ordinaten so eingelegt werden, daß sie voneinander den Abstand von 1 cm haben. Es werden nun zunächst in den entsprechenden Abständen von der zu reduzierenden Ordinate in den Rahmen Spindeln mit Ganghöhen eingesetzt, die dem Wert des betreffenden a_m in der anzuwendenden Formel entsprechen, mit Rechts- oder Linkswindung je nach dem Vorzeichen von a_m. Dem Apparat sind eine ausreichende Zahl solcher Spindeln beigegeben, z. B. wird die mit D 8 bzw. S 8 bezeichnete rechts- bzw. linksgewundene Spindel benutzt, wenn $a_m = \frac{1}{8}$ bzw. $a_m = -\frac{1}{8}$ ist. Durch Kegelradtrieb können die Spindeln einzeln mit einer quer vorherliegenden Hauptspindel der Ganghöhe 1 verbunden werden, die durch die Kurbel rechts unten gedreht wird. Alle Ordinatenspindeln tragen Läufer, die zunächst einmal in Nullstellung sein mögen. Durch Druck auf eine der bezifferten Tasten wird die bis dahin vorhandene Sperrung der Kurbel aufgehoben und die Verbindung zwischen der Hauptspindel und der entsprechenden Ordinatenspindel hergestellt. Man dreht nun so lange, bis sich der Zeiger des Läufers von der Nullinie bis zur Kurve verschoben hat. Dazu sind $m \cdot y_r$ Drehungen der Kurbel und der Hauptspindel nötig. So werden nacheinander alle Läufer aus der Nullstellung auf die Kurve gekurbelt. Sämtliche Umdrehungen der Ordinatenspindeln werden dabei auf die Hauptspindel übertragen und addiert. Die reduzierte Ordinate kann man dann auf der unten liegenden Skala ablesen. Diese Reduktion führt man der Reihe nach für sämtliche Ordinaten aus, wobei man nicht jedesmal auf die Nullstellung zurückzugehen braucht. Die Länge der Spindeln beträgt 12 cm, ihr Abstand, wie erwähnt, 1 cm. Die zu analysierende Kurve muß auf diese Maße umgezeichnet werden.

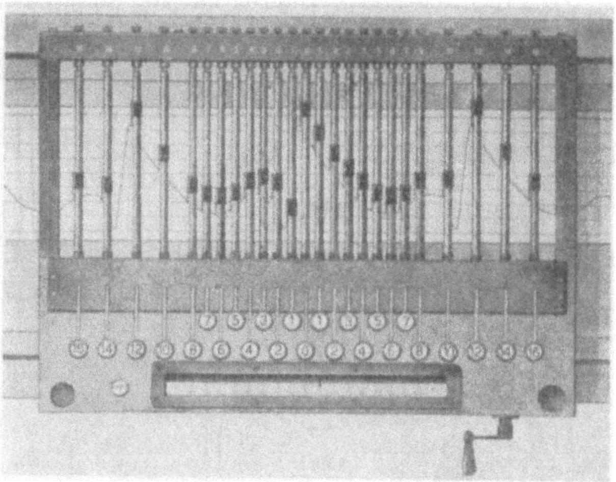

Abb. 192. Analysator von *Vercelli*

Über andere Methoden, Kurven der Form (6) zu analysieren, und über Apparate, die der Aufsuchung versteckter Perioden dienen, berichtet unter anderem *Stumpff* [714—716].

Es gibt aber auch eine Reihe optisch oder elektrisch arbeitender Geräte zur Bestimmung der in (1) auftretenden Summen. Z. B. kann man diese Summe elektrolytisch bestimmen. Man macht bei der Wasserzersetzung die Zeit, während der der Strom wirkt, proportional $f(x_r)$, die Stromstärke proportional dem Winkelfaktor, so ist die Absenkung des Wasserspiegels ein Maß für den betreffenden Fourier-Koeffizienten.

3. Mehrdimensionale Fouriersynthese

Die für die Bestimmung der physikalischen Eigenschaften von Kristallen notwendige Kenntnis der Elektronenverteilung erfordert eine mehrdimensionale

Fouriersynthese [309, 567]. Die darin auftretenden Strukturamplituden sind durch röntgenographische Messungen bekannt. In den meisten Fällen kommt man mit einer zweidimensionalen Synthese aus, die ein Schichtlinienbild der Elektronendichte auf eine passend gewählte Projektionsebene liefert. Man hat also Ausdrücke der Form

$$\sigma(x, y) = \sum_{h=0}^{n} \sum_{k=0}^{m} C_{hk} \cos 2\pi (h x + k y)$$

bzw.

$$\sigma(x, y) = \sum_{h=0}^{n} \sum_{k=0}^{m} A_{hk} \cos 2\pi h x \cos 2\pi k y + B_{hk} \sin 2h x \sin 2k y$$

zu berechnen. Eine weitgehende Schematisierung dieser Berechnung unter Benutzung des Lochkartenverfahrens bzw. von Buchungsmaschinen, ferner unter Verwendung besonders berechneter Phasentafeln für das Produkt $\cos 2\pi h x \cos 2\pi k y$, die natürlich zwei Eingänge haben, bzw. von Phasenfaktorentrommeln hat *de Beauclair* [44, 45] durchgeführt.

Er hat auch das unter VI, C 1 e beschriebene Meßrollenverfahren auf die zweidimensionale Synthese ausgedehnt. Es werden dazu mehrere Walzen W mit je einer Reihe von Meßrollen M untereinander angeordnet, wie es die schematische Abb. 193 zeigt. Quer zu den Walzen liegende Zahnstangen Z_h drehen durch Schwenkung eines Hebels H_h alle in einer Spalte liegenden Meßrollen um den gleichen Winkel $h x$, parallel zu den Walzen bewegliche Zahnstangen Z_k alle in einer Reihe liegenden um den gleichen Winkel $k y$. Die h und k, denen diese Drehwinkel proportional sind, werden in besonderen Zählwerken ZW_h und ZW_k aufgezeichnet. Der Winkel der einzelnen Meßrolle gegen die Walzenachse ist dann also $h x + k y$. Dabei ist jede Meßrolle einem bestimmten Punkt x_i, y_i zugeordnet. Alle Zylinder werden mittels eines durch Einstellzählers gesteuerten Motors Mo um C_{hk} gedreht. Jede Meßrolle dreht sich dabei um den Betrag $C_{hk} \cos(h x + k y)$. Nacheinander werden so die einzelnen Summanden der oben angegebenen Summe berechnet und addiert. Am Schluß zeigt jede Meßrolle den Wert von σ für einen bestimmten Punkt x_i, y_i an.

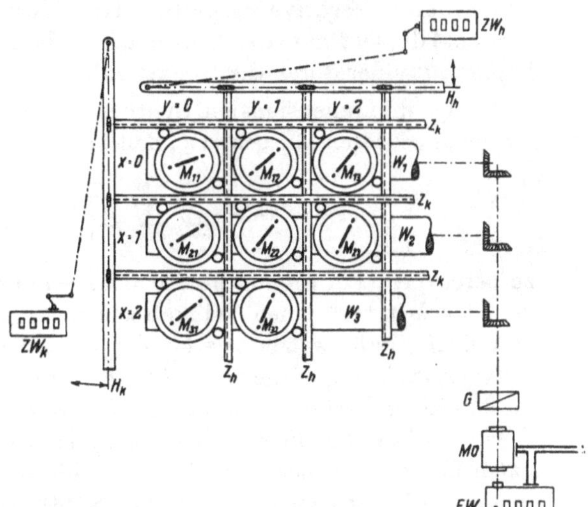

Abb. 193.
Apparat für zweidimensionale Fouriersynthese

Bei elektrisch arbeitenden Geräten kann man die einzelnen Teilschwingungen durch Drehpotentiometer als elektrische Spannungen erzeugen [46, 428]. Ein andersartiges elektrisch arbeitendes Gerät zur Herstellung von Schnittkurven durch die durch die Fouriersynthese entstehende Fläche beschreibt *de Beauclair* [44, 45]. Die einzelnen (etwa 100) Teilschwingungen werden in umlaufenden Fernübertragungssystemen erzeugt, deren Läufer mit einer Frequenz von 500 Hz gespeist wird. Dadurch wird in jeder Ständerwicklung eine Spannung der gleichen Frequenz induziert, deren Größe dem Sinus des Winkels zwischen Läufer- und Ständerwicklung proportional ist. Bei langsamem Umlauf erhält man so eine sinusförmige Modulation, deren Amplitude proportional dem Läuferstrom ist. So gewinnt man Sinusschwingungen verschiedener Frequenz, Amplitude und Phasenkonstanten, deren Addition durch Spannungsüberlagerung erfolgt. Diese Summen werden bei konstant gesetzter einen Koordinate, z. B. $y = y_0$, gebildet. Ihre Abbildung auf einem Oszillographenschirm gibt einen Schnitt durch die Synthesefläche, die durch eine größere Anzahl solcher Schnitte genügend genau dargestellt wird. Mittels eines Zusatzgerätes vermag dieses Gerät auch automatisch ein Höhenlinienbild der Synthesefläche zu entwerfen.

In anderer Weise gewinnt man mit einem Gerät von *Hoppe* [321] diese Fläche. In diesem Instrument werden wirklich räumlich dargestellte Flächen $\cos 2\pi\,(h\,x + k\,y)$ einzeln längs bestimmter Schnitte abgetastet, die abgetasteten Werte mechanisch mit den Koeffizienten multipliziert und die einzelnen Produkte addiert.

Auch optische Verfahren sind vorgeschlagen worden [85], bei denen alle Teilwellen durch Negative dargestellt sind, deren Schwärzung an jeder Stelle proportional der Ordinate der Teilwelle ist. Alle diese Negative werden auf das gleiche Papier mit einer durch die Koeffizienten bestimmten Belichtungszeit kopiert.

Bei der dreidimensionalen Synthese ist man wesentlich auf rechnerische Verfahren angewiesen, die sehr viel Zeit erfordern. Man hat hier die dreifache Summe

$$\varrho\,(x, y, z) = \sum_{h=0}^{n} \sum_{k=0}^{m} \sum_{l=0}^{r} F_{hkl} \cos 2\pi\,(h\,x + k\,y + l\,z)$$

zu berechnen. Für die mechanische Berechnung des Argumentes des Kosinus hat *de Beauclair* [45] einen Winkelrechner angegeben, der aus 6 Multiplikationsgetrieben (Staffelwalzen, deren Rippenzahl gleich der in der betreffenden Koordinatenrichtung liegenden Anzahl der Meßpunkte ist) und zwei Addiermechanismen besteht. Um diesen Winkel werden die auf Walzen liegenden Meßrollen geschwenkt; die einzelnen Summenglieder werden so, wie im zweidimensionalen Fall beschrieben, gebildet und addiert. Der Winkelrechner kann aber auch in anderer Weise zum automatischen Synthesator ausgebaut werden. Er wird dazu mit einem automatischen Funktionswertgeber verbunden, der den Kosinuswert des berechneten Winkels in das Einstellwerk einer Rechenmaschine gibt, während der Koeffizient in das Multiplikatorvoreinstellwerk gebracht wird. Die Maschine bildet das Produkt und speichert es im Speicherwerk auf. In diesem werden dann die einzelnen so gebildeten Summanden obiger Summe addiert.

D. Stieltjes-Planimeter

1. Stieltjes-Integrale

Hat man von einer irgendwie verteilten Massenbelegung einer Geraden das statische Moment oder das Trägheitsmoment, bezogen auf den Nullpunkt, zu bilden, so kommt man zu Integralen der Form $\int x \cdot dm(x)$ bzw. $\int x^2 \cdot dm(x)$. Allgemein bezeichnet man Integrale der Form $\int g(x) \cdot dH(x)$, von der die erwähnten spezielle Fälle sind, als Stieltjes-Integrale. Sie kommen unter anderem in der Potentialtheorie vielfach vor. Dabei braucht die Belegungsfunktion $H(x)$ durchaus nicht in allen Punkten differenzierbar zu sein. Hat man z. B. außer einer kontinuierlichen Massenbelegung $m(x)$ noch in den Punkten $x_1, x_2, \ldots$ Einzelmassen $m_1, m_2, \ldots$, so hat $H(x)$ an den betreffenden Stellen Unstetigkeiten. Es ist für $0 \leq x < x_1 : H(x) = m(x)$, für $x_1 \leq x < x_2 : H(x) = m_1 + m(x)$, für $x_2 \leq x < x_3 : H(x) = m_1 + m_2 + m(x)$ usw. Derartige Integrale kommen in vielen Gebieten der Physik vor. Ferner treten bei physikalischen, z. B. photometrischen Problemen Integrale der Form $\int F(y(x))\, dx$ auf, wo $F(y)$ und $y(x)$ experimentell festgelegte Funktionen sind. Sieht man hier x als Funktion von y an, so haben auch diese Integrale die Form von Stieltjes-Integralen $\int F(y) \cdot dx(y)$. Die zur direkten Auswertung von Integralen dieser Form gebauten Planimeter bezeichnet man als Stieltjes-Planimeter oder, da man, wenn die Belegungsfunktion $H(x)$ überall eine stetige Ableitung $h(x)$ hat, solche Integrale auch in die Form $\int g(x)\, h(x)\, dx$ bringen kann, als Produktplanimeter. Sie sind entweder so gebaut, daß die Funktionen $g(x)$ und $h(x)$ zunächst kinematisch miteinander multipliziert werden, wie das z. B. bei dem Integrator von *van den Akker* der Fall ist (VI, D 3), oder sie arbeiten, wie die meisten dieser Instrumente, direkt als Stieltjes-Planimeter. Falls man mit einem solchen ein Produkt integrieren soll, hat man zunächst das Integral des einen Faktors zu bilden $\int h(x) \cdot dx = H(x)$. Apparate dieser zweiten Form haben den Vorteil, daß sie auch in solchen Fällen anwendbar sind, in denen die Belegungsfunktion $H(x)$ Unstetigkeitsstellen hat.

2. Anwendungsmöglichkeiten

Der Anwendungsbereich dieser Planimeter ist außerordentlich groß. Sie können sämtliche bisher behandelten Spezialplanimeter ersetzen, z. B. die Momentenplanimeter (V, H). Schreibt man das Moment in der Form

$$M_n = \oint g(x) \cdot x^n\, dx = \frac{1}{n+1} \oint g(x)\, d(x^{n+1}),$$

wo n eine beliebige ganze oder gebrochene Zahl sein kann (außer $n = -1$), so läßt sich dieses Integral, wenn $g(x)$ und x^n bzw. x^{n+1} als Kurven vorliegen, mit einem Produkt- oder Stieltjes-Planimeter auswerten. Im Falle $n = -1$ hat man beim Stieltjes-Planimeter als zweite Leitkurve $\ln x$ zu benutzen.

Gelegentlich kann es von Nutzen sein, das vorliegende Integral durch Teilintegration umzuformen; dadurch erhält man

$$\oint g(x) \cdot dH(x) = -\oint H(x) \cdot dg(x) .$$

Das Glied $H(x) \cdot g(x)$ fällt fort, weil man eine geschlossene Kurve umfährt, so daß der Anfangs- und Endwert von x gleich sind. Man kann also beim Integrieren mit einem Stieltjes-Planimeter die beiden Kurven vertauschen, was von Vorteil sein kann, wenn bei mehreren Integralen die Funktion $g(x)$ wiederholt vorkommt und man diese als Belegungsfunktion durch eine gebogene Führungsschiene darstellen kann, an der der eine Fahrstift hingleitet. Die Umformung kann bei den Potenzintegralen $\int y^n\,dx$ angewendet werden. Man erhält so z. B. bei $\int \frac{dx}{y(x)}$ eine gewöhnliche Hyperbel als Leitkurve.

Weiter kann man unter Benutzung der Kurven sin nx und cos nx mit diesen Planimetern die Fourier-Koeffizienten bestimmen (VI, A und B) und allgemeiner unter Verwendung entsprechender Kurven die Koeffizienten, die bei der Entwicklung einer Funktion nach einem System von Eigenfunktionen auftreten, z. B. bei Entwicklung nach Kugelfunktionen. Bekanntlich sind diese Koeffizienten proportional dem Integral aus dem Produkt der zu entwickelnden Funktion, einer der Eigenfunktionen und einem weiteren Faktor.

Auf andere Anwendungsmöglichkeiten, wie die Ausführung der Integration, wenn die Funktionswerte auf Kreisbogen aufgetragen sind, die die Abszissenachse orthogonal schneiden, oder auf das Planimetrieren eines in Mercatorprojektion dargestellten Teiles einer Kugeloberfläche hat *Nyström* [529] hingewiesen.

3. Der Integrator von van den Akker,

der zur Auswertung spektrometrischer Kurven gebaut ist, bildet zunächst kinematisch das Produkt der beiden Funktionen $g(x) \cdot h(x)$ [9]. Er ist schematisch in Abb. 194 dargestellt. Auf einem Wagen W sind nebeneinander Zeichnungen mit den Kurven $g(x)$ und $h(x)$ aufgespannt. Beide können mittels leuchtender Punkte befahren werden, die von zwei an den Enden der Stäbe a und b in F_1 und F_2 befindlichen kleinen Glühlampen auf das Papier geworfen werden. Der Wagen W wird durch das Stahlband B, das durch eine in der Rolle UF liegende Uhrfeder gleichmäßig gespannt wird und mit dem anderen Ende um eine Trommel unter der Scheibe S eines

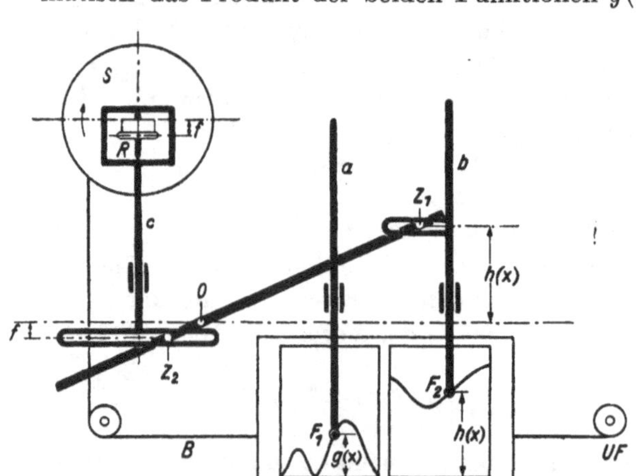

Abb. 194. Schematische Darstellung des Integrators von *van den Akker*

Gonellaschen Integriermechanismus gewunden ist, in der x-Richtung verschoben. Die Scheibe wird durch einen Elektromotor langsam gedreht. Einem Drehwinkel $d\varphi$ entspricht eine Verschiebung des Wagens um $dx = c \cdot d\varphi$. Die Stäbe a und b bewegen sich in der y-Richtung. b trägt eine Führungsschleife mit zu b senkrechtem Schlitz, in der der Zapfen Z_1 eines um O drehbaren Stabes gleitet. Der Abstand des Zapfens Z_1 von der x-Parallelen durch O ist stets gleich $h(x)$, während OZ_1 konstant gleich l ist. Auf dem anderen Arm der Schiene wird durch die Bewegung des Stabes a mittels eines über verschiedene Rollen laufenden, hier nicht gezeichneten Stahlbandes ein zweiter Zapfen Z_2 so verschoben, daß $OZ_2 = g(x)$ ist. Für den Abstand f dieses Zapfens von der x-Parallelen durch O gilt somit nach bekannten Strahlensätzen:

$$f = \frac{h(x) \cdot g(x)}{l}. \tag{1}$$

Der Zapfen Z_2 bewegt sich in der Querschleife eines Stabes c, der an seinem anderen Ende die Integrierrolle R trägt, die vom Drehpunkt der Scheibe S ebenfalls den Abstand f hat. Also mißt die Integrierrolle

$$J(x) = \frac{1}{lc} \int_{x_0}^{x} h(x) \cdot g(x)\, dx. \tag{2}$$

Die Verschiebung der Stange b erfolgt mit der Hand, die der Stange a durch eine zweite Person ebenfalls mit der Hand oder mittels eines langsam laufenden reversiblen Motors, der durch einen Widerstand gesteuert wird. Für die ursprüngliche Verwendung sind beide Funktionen $g(x)$ und $h(x)$ positiv. Haben sie verschiedene Vorzeichen, markiert man die Bereiche, in denen $g(x) \cdot h(x)$ positiv bzw. negativ ist. Bei der Bewegung des Wagens nach links befährt man dann in den ersten Gebieten die Kurven, in den zweiten die x-Achse. Bei der Rückbewegung macht man es umgekehrt.

Da man in jeder Stellung den Wert des Integrals bis zur entsprechenden Abszisse ablesen kann, ist der Apparat eigentlich ein Integrimeter. *E. Pascal* [561, 566] hat einen nach einem ähnlichen Prinzip arbeitenden Produktintegraphen konstruiert (VII, A 6).

4. Die Planimeter von Nessi und Nisolle

Fast alle anderen Planimeter arbeiten als Stieltjes-Planimeter, so ein schon von *Thomson* [742] angegebener Apparat, bei dem der auch sonst von ihm angewendete Integriermechanismus benutzt wird, ferner ein von *Perry* [571] konstruiertes Instrument, das ähnlich wie der Analysator von *Henrici* arbeitet (VI, B 3) und das z. B. zur Bestimmung der Koeffizienten in nach Besselschen Funktionen fortschreitenden Reihen benutzt wurde. Auch die neueren Produktplanimeter arbeiten meist so, z. B. die Apparate von *Nessi* und *Nisolle* [512, 513]. Der erste dieser beiden Apparate (Abb. 195) besteht aus zwei zueinander rechtwinkligen Schienen S_1 und S_2, die mittels der üblichen an Zeichentischen angebrachten Parallelführung, die in A angreift, immer parallel zur x- und y-Achse geführt werden. An der ersten Schiene ist ein fest einstellbarer Fahrstift F_1 angebracht, der auf der Kurve $g(x)$ entlanggeführt wird, die in einem Koordinatensystem mit dem Anfangspunkt O aufgezeichnet ist. Mit ihm bewegt sich der ganze Apparat. An der zweiten befindet sich eine unter dem Winkel α (etwa 30^0) schräg angesetzte Schiene S_3, die eine Längsnut hat. Auf diesen beiden Schienen gleitet mit kleinen Rollen an der Schiene S_2 entlang ein Wagen W, der eine Schiene mit einem in der x-Richtung verlaufenden Schlitz und einen zweiten Fahrstift F_2 trägt. Dieser wird auf der in ein zweites Koordinatensystem mit dem Anfangspunkt O' eingezeichneten Kurve der Belegungsfunktion $H(x)$ geführt. Vor Beginn der Integration wird der Fahrstift F_1 so eingestellt, daß er sich auf der y-Achse befindet, wenn F_2 auf der $\bar{y}$-Achse steht. In dem Schlitz und in der Nut der Schiene S_3 gleitet eine Hülse H, die zur Aufnahme des Planimeterfahrstiftes dient. Der Apparat wird nun so bewegt, daß, während F_1 auf $g(x)$ geführt wird, F_2 der Kurve $H(x)$ folgt. Da letztere in den praktisch wichtigen Fällen meist eine einfache Form hat, kann sie durch ein biegsames Stahlband realisiert werden, das auf der Zeichenebene entsprechend befestigt wird und an dem F_2 mittels zweier kleiner Rollen, deren Abstand gleich der Dicke des Stahlbandes ist, hingleitet. Die von der Hülse H und damit vom Planimeterfahrstift beschriebene Kurve ist in Abb. 195 nach rechts verschoben angedeutet. Sind $g_1(x)$ und $g_2(x)$ die untere und obere Begrenzung der von $g(x)$ umschlossenen Fläche, so haben die beiden Kurven K_2 und K_1 in der x-Richtung den Abstand $(g_2(x) - g_1(x))\,\mathrm{tg}\,\alpha$. Bei Verschiebung des Fahrstiftes F_1 um dx und damit von F_2 um $dH(x)$ hat der zugehörige schmale Flächenstreifen den Inhalt $\mathrm{tg}\,\alpha(g_2(x) - g_1(x)) \cdot dH(x)$. Umfährt man das ganze Flächenstück, zeigt das Planimeter, dessen Fahrstift in H eingesetzt wurde, den Wert

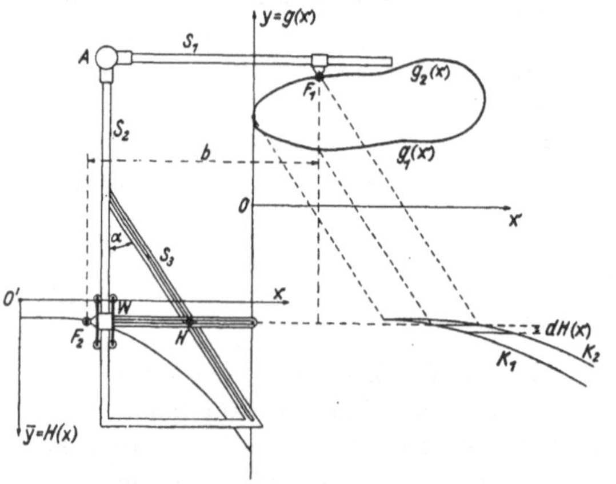

Abb. 195. Schematische Darstellung des ersten Apparates von *Nessi* und *Nisolle*

$$U = k \oint g(x) \cdot dH(x) = k \oint g(x) \cdot h(x)\, dx \tag{3}$$

an, wo k ein durch den Winkel α und die Abmessungen des Planimeters bestimmter Proportionalitätsfaktor ist und das letzte Integral nur bei differenzierbarem $H(x)$ gilt. Während man bei dieser Ausführung des Apparates ein beliebiges Planimeter anwenden kann, muß bei der zweiten Konstruktion ein Linearplanimeter, am besten ein Scheibenroll- oder Kugelrollplanimeter, benutzt werden.

Dieser zweite Apparat (Abb. 196) besteht aus einem rechteckigen Rahmen R, der in der Nut einer Schiene S_1 mit zwei Führungsrollen läuft und durch eine dritte Rolle, die sich auf der Schiene S_2 bewegt, gestützt wird. An der linken Schiene des Rahmens R gleitet mittels Rollen ein kleiner Wagen W_1 mit Fahrstift F_1, der auf der Kurve $y = g(x)$ entlanggeführt wird und seine Bewegung

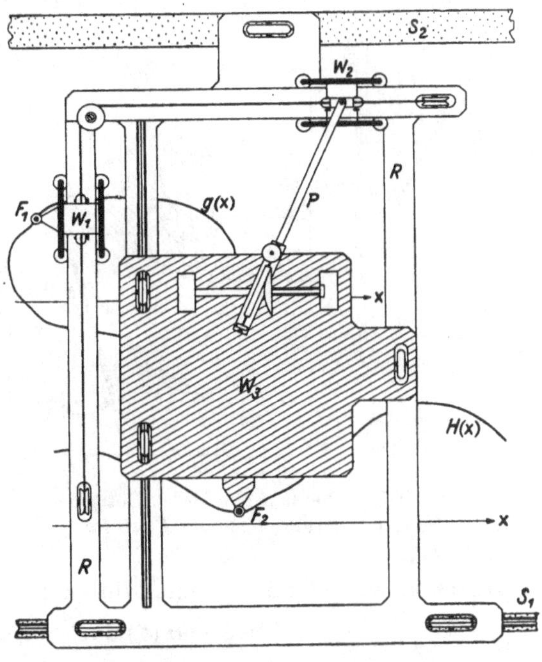

Abb. 196. Schematische Darstellung des zweiten Apparates von *Nessi* und *Nisolle* mit Kugelrollplanimeter

mittels über Rollen geführten Seilzuges auf den Wagen W_2 überträgt. Dieser läuft auf der oberen x-parallelen Rahmenseite und dient zu Führung des Planimeterfahrstiftes. Auf dem Rahmen R gleitet in y-Richtung noch ein dritter Wagen W_3 auf zwei in einer Nut laufenden Rädern und auf einer Stützrolle. Er trägt einen Fahrstift F_2, der auf der Kurve $\bar{y} = H(x)$ geführt wird. Auf ihm ruhen die Räder des Planimeters P. Wird nun unter richtiger Führung der Fahrstifte der Rahmen R um dx verschoben, bewegt sich W_3 um $dH(x)$ in y-Richtung. Diese Verschiebung dreht die Räder des Planimeters und damit dessen Scheibe bzw. Kugelkalotte um einen mit $dH(x)$ proportionalen Winkel. Da der Berührungspunkt der Integrierrolle bzw. des Meßzylinders einen zu $g(x)$ proportionalen Abstand von der Drehachse der Scheibe bzw. Kalotte hat, mißt die Integriervorrichtung den Betrag $k \cdot g(x) \cdot dH(x)$, bei voller Umfahrung also eine Größe, die proportional dem Integral (3) ist. Die Führung des einen Fahrstiftes kann natürlich auch hier mittels eines entsprechend geformten Stahlbandes geschehen.

5. Das Stieltjes-Planimeter von Nyström

Nyström [529, 531] hat aus dem Maderschen Analysator (VI, B 2b) ein Produktplanimeter entwickelt (Abb. 197). Er ersetzt Zahnräder und Zahnstange dieses Analysators durch ein kleines Tischchen T, das sich auf drei Rollen, die auf zwei Schienen des großen Wagens W_1 laufen, mittels des Winkelhebels in y-Richtung verschiebt. Auf ihm ist in einem x, t'-Koordinatensystem die Kurve der Belegungsfunktion $x = H(t')$ eingezeichnet (Abb. 197). Über ihm liegen mit dem Wagen W_1 fest verbunden zwei Schienen, auf denen ebenfalls auf drei Rädern ein kleiner Wagen W_2 in x-Richtung rollt. W_2 hat eine Vertiefung für den Einsatz des Planimeterfahrstiftes F_3 und ein Fadenkreuz F_2, dessen Schnitt auf der Kurve $x = H(t')$ entlanggeführt wird, während sich das Tischchen unter den Schienen verschiebt. Das Fadenkreuz ist auch wohl durch eine Lupe ersetzt oder durch eine Vorrichtung zur Zwangsführung des Punktes auf der Kurve $x = H(t')$. Die zweite Kurve $y = g(t)$ ist auf die feste Unterlage gezeichnet und wird mit dem Fahrstift F_1 des Analysatorlenkers in der gleichen Art umfahren wie bei der harmonischen Ana-

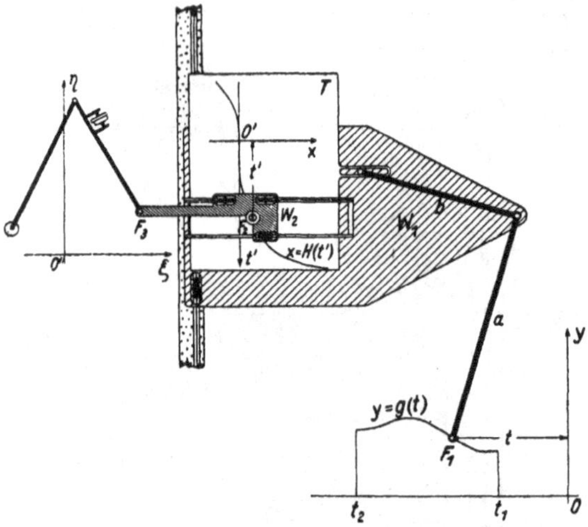

Abb. 197. Schematische Darstellung des Stieltjes-Planimeters von *Nyström*

lyse. Die Koordinatensysteme beider Kurven sind so anzuordnen, daß F_2 über der x-Achse durch O' steht, wenn F_1 sich über der y-Achse durch O befindet. Sind t und t' die Entfernungen zwischen F_1 und der y-Achse bzw. zwischen F_2 und der x-Achse, so muß nach Abb. 197 sich $t' : t = b : a$ verhalten. Damit die Lage von F_1 und F_2 stets den gleichen Parameterwerten entspricht, müssen also die Maßeinheiten für t' und t im Verhältnis der Längen der beiden Arme des Winkelhebels stehen. Durch Verschiebung des Fahrstiftes F_1 auf dem Arm a dieses Hebels ist das leicht zu erreichen. Die Koordinaten des Fahrstiftes F_3 sind dann bestimmt durch (VI, B 2b, α)

$$\xi = H(t') + C; \quad \eta = g(t) + v(t), \tag{4}$$

wenn sich F_1 auf einem Punkt der Kurve $y = g(t)$ befindet; steht er aber auf dem entsprechenden Punkt der t-Achse, wird

$$\xi = H(t') + C, \quad \eta_0 = v(t). \tag{5}$$

Den y-Parallelen durch t_1 und t_2 entsprechen zwei Parallelen zur η-Achse. Der Fahrstift F_3 umfährt also, wenn F_1 die durch die Kurve $y = g(t)$, die t-Achse und die

Abb. 198. Stieltjes-Planimeter von *Nyström* (Bauart *Ott*) mit Metall-Leitkurve zur automatischen Führung

beiden y-Parallelen durch t_1 und t_2 begrenzte Fläche umfährt und dabei F_2 auf $x = H(t')$ geführt wird, eine Fläche, deren Inhalt

$$J = \oint (\eta - \eta_0) d\xi = \oint g(t) \cdot dH(t) \tag{6}$$

vom Planimeter angezeigt wird.

Auch dieser Apparat muß von zwei Personen bedient werden. Wie bei den Planimetern von *Nessi* und *Nisolle* kann die Bewegung von F_2 durch eine zwangsläufige Führung bewirkt werden. Als Gleitkurve benutzt man nach den Angaben von *Ott* am besten ein Stahlband, das an der entsprechend ausgeschnittenen Kante einer Kunststoffplatte befestigt wird. Auch bei verhältnismäßig steilem Kurvenverlauf arbeitet eine solche Führung noch ohne Zwängung (Abb. 198).

Genauigkeitsuntersuchungen von *Laurila* [407] haben ergeben, daß die mit dem Stieltjes-Planimeter erreichbare Genauigkeit nicht wesentlich geringer ist als die, die man mit einem Analysator *Mader-Ott* erreichen kann.

Ebenso wie der unter 3 beschriebene Integrator von *van den Akker* arbeitet, kann auch das Instrument von *Nyström* als Integrimeter benutzt werden, wenn man einen kleinen Zusatzapparat verwendet [407], der im wesentlichen im Hinzufügen eines vom Fahrstift bewegten Schlittens besteht, der in t-Richtung gleitet.

6. Der Produktintegraph von Laurila [409]

Einen anderen von *Laurila* entwickelten Produktintegraphen zeigt Abb. 199. Auf zwei in x-Richtung verschiebbaren Tischchen W_1 und W_2 sind die beiden

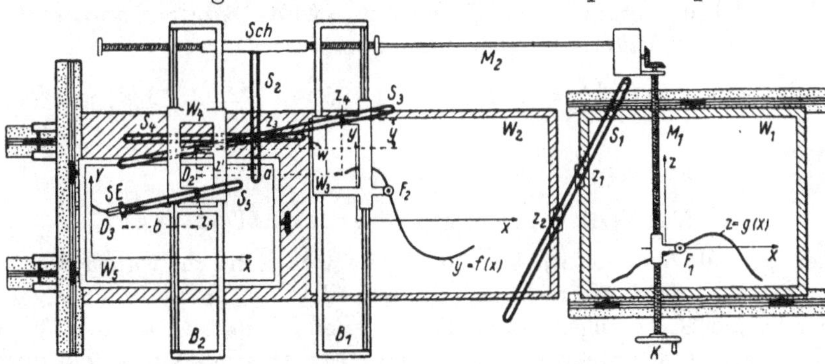

Abb. 199. Produktintegraph von *Laurilla*

Funktionen $y = f(x)$ und $z = g(x)$, deren Produkt integriert werden soll, aufgezeichnet. Falls der Abszissen-Maßstab beider Kurven nicht der gleiche sein sollte, können die beiden Bewegungen mittels der Schiene S_1, in deren Schlitz die beiden in y-Richtung einstellbaren Zapfen Z_1 und Z_2 gleiten, so gekoppelt werden, daß die beiden Fahrstifte F_1 und F_2 sich immer auf Punkten gleicher Abszisse befinden. Der Fahrstift F_1 wird mittels der Handkurbel K so verschoben, daß er sich auf der Kurve $z = g(x)$ bewegt. Die dazu nötigen Drehungen der Welle M_1 werden mittels Kegelrad- und Übersetzungstrieb auf die Welle M_2 übertragen, die den Schlitten *Sch* entsprechend bewegt. Dieser Schlitten hat einen y-parallelen

Schlitz S_2, der von dem festen Zapfen D_2 immer einen z proportionalen Abstand $z' = cz$ hat. In ihm bewegt sich ein Zapfen Z_3. Der zweite Fahrstift F_2 wird auf der Kurve $y = f(x)$ verschoben und nimmt den kleinen, auf einer festen Brücke B_1 gleitenden Wagen W_3 mit. Dieser trägt einen Zapfen Z_4, der in dem Schlitz einer Schiene S_3 gleitet, zugleich mit den Zapfen Z_3 und D_2. Z_4 hat von der x-Parallelen durch D_2 immer den Abstand y. Ist der x-parallele Abstand dieses Zapfens von D_2 gleich a, so hat somit Z_3 von dieser x-Parallelen den Abstand $W = z'y : a = \frac{c}{a} z \cdot y$. Der Zapfen Z_3 bewegt nun eine dritte x-parallele Schiene S_4, die mit dem auf einer zweiten festen Brücke B_2 verschiebbaren Wagen W_4 fest verbunden ist. Über einen Zapfen Z_5 dieses Wagens gleitet eine weitere Schiene S_5, die sich um den festen Zapfen D_3 dreht, so daß S_5 immer zu S_3 parallel ist. D_3 hat von Z_3 den einstellbaren Abstand b (Integrationsbasis). Die Schiene S_5 ist fest mit einem Schneidenrad *SE* verbunden, dessen Ebene der Schienenrichtung parallel ist und das senkrecht auf den mit W_1 in x-Richtung verschiebbaren Integralwagen W_5 drückt und ihn in y-Richtung verschiebt. Ein mit D_3 verbundener Zeichenstift zeichnet infolgedessen auf W_5 die Integralkurve

$$Y = \frac{c}{b\,a} \int f(x) \cdot g(x)\, dx$$

auf. Diese Integriervorrichtung ist so gebaut wie z. B. die des Integraphen von *Adler-Ott* (VII, A 4). Durch Koppelung eines oder beider Wagen W_1 und W_2 mit dem Integriertischchen kann erreicht werden, daß der eine in x-Richtung, der andere in y-Richtung proportional Y verschoben wird. Dadurch kann der Apparat zur Integration von Differentialgleichungen der Form

$$\frac{dY}{dx} = f(x) \cdot g(Y); \qquad \frac{dY}{dx} = f(x)\,(f(x) - Y); \qquad \frac{dY}{dx} = Y \cdot g(Y) = f(x) \cdot g(Y)$$

benutzt werden.

7. Die Vektorintegratoren von Föttinger

Zu den Produktplanimetern bzw. -integrimetern kann man auch die Vektorintegratoren von *Föttinger* rechnen, die den Wert der Stromfunktion, des Potentials oder der Strömungsgeschwindigkeit in einem Punkte aus der Quell- und Wirbelbelegung einer Ortskurve bestimmen. Da man jedes Vektorfeld durch ein Quellen- und Wirbelfeld darstellen kann, gewinnt man dadurch die Möglichkeit, durch Näherungsverfahren die ebene bzw. rotationssymmetrische Strömung um einen Zylinder oder Rotationskörper zu bestimmen. Es treten dabei z. B. Integrale der Form

$$\int_{x_1}^{x_2} J \sin \Theta\, d\Theta, \qquad \int_{x_1}^{x_2} J \cos \Theta\, d\Theta, \qquad \int_{x_1}^{x_2} J\, d\Theta \quad . \tag{7}$$

auf, wo J die längs eines durch eine Kurve dargestellten Trägers gegebene Belegungsdichte ist, die der örtlichen Quell- oder Wirbelverteilung $J \cdot dx$ entspricht. Diese ist ebenfalls als Kurve über der Trägerkurve oder einer Parallelkurve gegeben. Θ ist der Winkel zwischen der x-Richtung und der Verbindungsgeraden eines Trägerpunktes F_1 mit dem Aufpunkt P, für den obiges Integral zu berechnen ist. Dieser ist, wie in Abb. 200 rechts oben zu sehen, durch die Ecke eines auf der Zeichenebene befestigten Dreiecks festgelegt. Abb. 201 gibt schematisch den Aufbau eines Apparates für die Auswertung der ersten beiden Integrale [201, 202]. Der ganze Apparat bewegt sich auf zwei schweren durch eine Achse verbundenen Walzen W in Richtung der x-Achse. Dabei wird mit Hand oder durch Schablone der eine Fahrstift F_1 auf dem Belegungsträger T, der andere F_2 auf der Intensitäts-

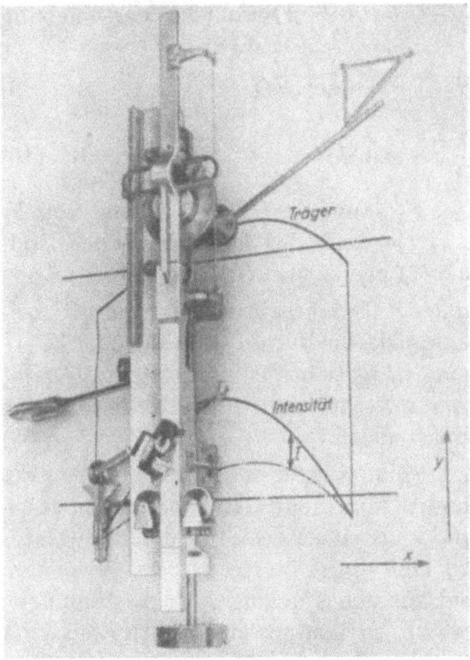

Abb. 200. Universalintegrator von *Föttinger*

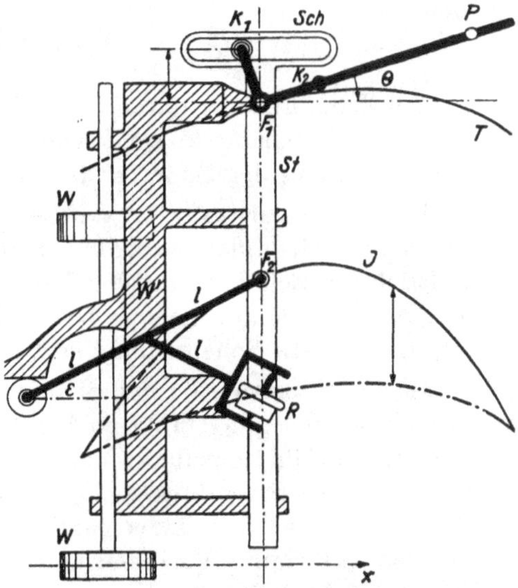

Abb. 201. Schematische Darstellung des Universalintegrators von *Föttinger*

kurve J geführt. Auch dieser Apparat muß, falls man keine Zwangsführung verwendet, von zwei Personen bedient werden. Auf den Walzen und einer weiteren nicht gezeichneten Stützrolle ruht der schraffierte Wagen W', der durch F_1 in x- und y-Richtung verschoben wird und auf dem sich in y-Richtung die Schubstange *St* mit der Kurbelschleife *Sch* verschieben kann. Der Apparat arbeitet nach der zweiten Methode; er bildet für die beiden Integrale zunächst

$$dH(x) = \sin\Theta \, d\Theta = -d\cos\Theta$$

bzw.

$$\cos\Theta \, d\Theta = d\sin\Theta \,. \tag{8}$$

Dazu ist der Aufpunktarm F_1P mit zwei Kurbeln F_1K_1 und F_1K_2 verbunden, die die Länge l haben und miteinander einen rechten Winkel bilden. Wahlweise wird von ihnen durch Umstöpseln eines Rollzapfens die Kurbelschleife *Sch* mit der

Schubstange *St* in y-Richtung auf dem schraffierten Wagen verschoben, und zwar je nach Einsetzen des Stöpsels um den Betrag $\cos\Theta$ oder $\sin\Theta$. Bei einer kleinen Änderung $d\Theta$ verschiebt sich die Schubstange also um $-d\cos\Theta$ bzw. um $d\sin\Theta$. Dieser Betrag wird nun mit J durch entsprechende Stellung der Integrierrolle multipliziert. Unter Benutzung einer Geradführung des Fahrstiftes F_2, wie sie sich z. B. auch beim Ottschen Integrimeter (V, L 1) findet, wird die Ebene der Integrierrolle unter einem Winkel ε gegen die negative x-Richtung eingestellt, der sich aus der Gleichung $J = 2\,l\sin\varepsilon$ ergibt, wenn die Längen der Stangen der Geradführung l und $2\,l$ sind. Also ist die Drehung $d\,U$ der Integrierrolle bei Verschiebung der Schubstange um $dH(x)$

$$2\pi\,\varrho\,d\,U = \sin\varepsilon\cdot dH(x) = \frac{J}{2l}\sin\Theta\,d\Theta \tag{9}$$

bzw.

$$2\pi\,\varrho\,d\,U = \frac{J}{2l}\cos\Theta\,d\Theta\,, \tag{10}$$

so daß beim Entlangführen des Fahrstiftes F_1 längs des Trägers T und von F_2 längs der Intensitätskurve J von x_1 bis x_2, je nach der Einstellung des Rollzapfens K, eins der beiden ersten Integrale (7) gemessen wird.

Will man das dritte Integral haben, wird der Aufpunktarm statt mit der Kurbelschleife mit einer glattrandigen Scheibe gekuppelt, die durch Drahtzug oder Zahnradtrieb der Schubstange eine Verschiebung in y-Richtung proportional Θ gibt. In Abb. 200 erkennt man die beiden Hörner, zwischen denen der Draht gespannt ist, wie auch die Scheibe und den Kurbelmechanismus.

Bei der Konstruktion der Strömung um einen Körper ist im allgemeinen die zugehörige Belegungsfunktion nicht bekannt. Man geht dann von einer angenommenen Näherungsfunktion $J(x)$ aus und konstruiert dazu mit dem Integrator zunächst eine Stromfunktion. Damit wird eine angenäherte Kontur gewonnen. Aus dem Vergleich mit der gegebenen und aus den kinematischen Bedingungen ergeben sich damit Verbesserungen von $J(x)$; so kommt man schrittweise der gegebenen Kontur näher.

Außer diesen Apparaten hat *Föttinger* noch eine Reihe weiterer zur Auswertung der für die Potentialtheorie wichtigen Integrale

$$\oint \Theta(y)\,dy\,, \qquad \oint \ln r(y)\,dy$$

konstruiert, wo r der Fahrstrahl, Θ der Polarwinkel und y die Ordinate ist, ferner zur Integration von

$$\int y(r)\,dr\,, \qquad \int \cos\varphi(r)\,dr\,, \qquad \int \sin\varphi(r)\,dr\,.$$

Diese Apparate arbeiten nach ähnlichen Methoden wie die oben beschriebenen. Während bei den beiden ersten die Integrierrolle auf fester Unterlage läuft, ist bei den drei letzten die Unterlage beweglich.

8. Der Integrator von Rottsieper

gehört auch zu den speziellen Produktplanimetern. Er löst die erste Randwertaufgabe der Potentialtheorie für den Kreis [628], bestimmt also den Funktionswert in irgendeinem Punkt im Inneren des Kreises aus den gegebenen Randwerten (Poissonsches Integral). Sind für einen solchen Punkt die Quellinien $H=$ konst., so ist der Wert der Funktion g in diesem Punkt, falls die Randwerte auf dem Einheitskreis mit $\bar{g}$ bezeichnet werden,

$$g=\frac{1}{2\pi}\oint \bar{g}\, dH\,. \tag{11}$$

Die Umzeichnung der ursprünglich zu einer gleichmäßigen Abszissenskala aufgezeichneten Kurve $\bar{g}$ auf die ungleichmäßige H-Skala führt der Integrator kinematisch aus und bestimmt das Integral mit einem Gonellaschen Integriermechanismus.

Eine wesentliche Vereinfachung des Apparates hat nach einer brieflichen Mitteilung von Dr. *L. Ott* 1931 *Terebesi* angegeben.

9. Die Integratoren der Askaniawerke

Weiter sind hier die *Integratoren der Askania-Werke* zu erwähnen für die bei geophysikalischen Untersuchungen vorkommenden Integrale

$$\int r(\varphi)\sin\varphi\, d\varphi\,, \quad \int \cos(n\cdot\varphi(r))\, dr\,, \quad \int \sin(n\cdot\varphi(r))\, dr\,,$$

$$\int \frac{1}{r}\cos(n\cdot\varphi(r))\, dr\,, \quad \int \frac{1}{r}\sin(n\cdot\varphi(r))\, dr$$

für verschiedene Werte von n [349, 579], ferner das Planimeter von *Siegenthaler* für Indikator-Diagramme

$$\int p(\varphi)\, dv(\varphi)$$

und die Planimeter von *Gamburzeff* [215, 216] für

$$\oint \cos\varphi\, dr$$

und

$$\oint \cos\varphi\cos(\varphi-\alpha)\frac{dr}{r}\,,$$

ferner die von *Liustich* für

$$\oint \sin(m\Theta+\alpha)\sin(n\varphi+\beta)\, d\varphi\,,$$

wo m, n, α, β konstant und Θ Funktion von φ ist [429].
Die meisten arbeiten mit Meßrolle auf beweglicher Unterlage.

VII. INTEGRAPHEN UND INTEGRATOREN

A. Grundintegraphen und Differentiatoren

1. Ältere Integraphen

Apparate, die zu einer gegebenen Kurve $y = f(x)$ die Integralkurve $Y(x) = \int_c^x f(\xi)\, d\xi$ oder die die Integralkurve einer Differentialgleichung zeichnen, bezeichnet man als Integraphen. Im ersten Fall spricht man wohl von Grundintegraphen [484]. Schon *Coriolis* hat eine solche, allerdings für praktische Zwecke kaum brauchbare Vorrichtung angegeben [132]. Ältere Integraphen sind u. a. von *Boys* [82, 83], der ein Schneidenrad, von *Zmurko* [695], der einen in x-Richtung verschiebbaren Gonellaschen Integriermechanismus benutzt, bei dem die Drehung der Integrierrolle in eine Verschiebung umgesetzt wird und dessen Apparat auch zur Berechnung von $\int x^n f(x)\, dx$, $\int x^n f'(x)\, dx$ und $\int \frac{f(x)}{x^n}\, dx$ verwendbar ist, vor allem aber von *Abdank-Abakanowicz* [1] zum Teil zusammen mit anderen wie *Napoli* [510], *Pollard* usw. konstruiert worden. Von *Abdank* sind die noch heute angewandten Konstruktionsprinzipe beschrieben, insbesondere das schon von *Deprez* [145] benutzte Schneidenrad und die Schraube mit veränderlicher Steigung.

2. Der Integraph von Abdank-Coradi

Die heute im Handel befindlichen Apparate arbeiten fast alle mit Schneidenrad als Integriermechanismus. Das Schneidenrad wurde wahrscheinlich zuerst von *Poleni* bei seinem Traktoriographen angewandt [718]. Während bei den neueren Konstruktionen die Achse, um die es sich senkrecht zur Zeichenebene drehen kann, festliegt und das Tischchen für die Aufzeichnung der Integralkurve beweglich ist, ist bei der Konstruktion *Abdank-Coradi* das Schneidenrad in der y-Richtung verschiebbar, dagegen liegt die Zeichenebene fest. Das Schneidenrad steht stets senkrecht zur Zeichenfläche und kann sich ähnlich wie die Schneide eines Schneidenplanimeters nur in seiner Ebene fortbewegen. Man gibt dieser eine solche Richtung, daß ihre Schnittlinie mit der Zeichenebene gegen die x-Achse einen Winkel $\varphi = \operatorname{arc\,tg} \frac{f(x)}{b}$ bildet. Diese Richtung ändert sich stetig und wird nur da unstetig, wo die gegebene Kurve eine Unstetigkeit hat [444].

Der Apparat von *Abdank-Coradi* wird in vier verschiedenen Größen gebaut. Er hat einen in x-Richtung beweglichen Wagen W_1, der zwei y-parallele Schienen trägt, S_1 und S_2, die bei der größten Ausführung eine Länge von 1000 mm, bei der kleinsten von 316 mm haben. Auf diesen Schienen laufen der Differentialwagen W_2 und der Integralwagen W_3, die so angeordnet sind, daß sie aneinander vorbei können. Der Differentialwagen trägt den mit schwenkbarem Führungsgriff versehenen Fahrstift F (Abb. 202), der auf der Kurve $f(x)$ entlanggeführt wird, und einen Zapfen Z_1, um den das Richtungslineal RL drehbar ist. Dieses gleitet durch einen zweiten Zapfen Z_2, der fest mit W_1 verbunden sich auf der x-Achse verschiebt. Sein in x-Richtung gemessener Abstand von dem Zapfen des Differentialwagens — die Integrationsbasis b — ist bei den größeren Typen zwischen 50 und 300 mm, bei den kleineren zwischen 50 und 150 mm einstellbar. Die Richtung des Lineales RL, das mit der x-Achse den Winkel $\varphi = \operatorname{arc\,tg} \frac{f(x)}{b}$ bildet, wird durch das Gelenkparallelogramm GP, dessen eine Seite AB senkrecht zu RL auf dieser Schiene mittels des Wagens W_4 entlanggleitet, während die Gegenseite CD stets parallel zur Achse des Schneidenrades ist, auf dieses übertragen. Das Schneidenrad wird also, wenn der Integraph in der x-Richtung verschoben und dabei der Fahrstift auf $y = f(x)$ geführt wird, eine Kurve beschreiben, deren Tangentenrichtung $Y' = \frac{f(x)}{b}$ ist, d. h. im wesentlichen eine Integralkurve von $y = f(x)$. Dabei verschiebt sich der Integralwagen entsprechend in der y-Richtung. Ein mit ihm verbundener, in Abb. 202 nicht angegebener Stift zeichnet die Integralkurve auf.

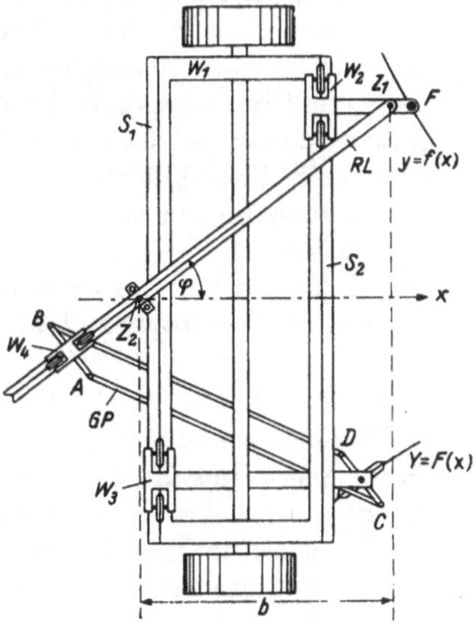

Abb. 202. Schematische Darstellung des Integraphen von *Abdank-Coradi*

Die Integrationsbasis b wählt man im allgemeinen so, daß der Integralwagen nicht an die Enden seiner Laufschiene kommt. Wählt man diese Basis m-mal größer, werden ja die Ordinaten der Integralkurve m-mal kleiner. Will man aber große Ordinatendifferenzen haben und erreicht der Integralwagen das Ende seiner Schiene, so kann man ihn bei festgehaltenem Differentialwagen einfach an eine andere Stelle dieser Schiene bringen und so die Integralkurve in einzelnen Stücken zeichnen. Durch die Länge der Laufschienen ist also nur der größte Ordinatenunterschied der gegebenen Kurve begrenzt.

Ist die Ebene des Schneidenrades der Leitschiene RL nicht mehr parallel, sondern bildet sie mit ihr den Winkel $\alpha = \operatorname{arc\,tg} m$, so wird von dem Integraphen die Kurve

$$Y = \int_0^x \frac{b\,m + f(\xi)}{b - m\,f(\xi)}\,d\xi \qquad (1)$$

aufgezeichnet. Besondere Fälle dieser Formel hat *E. Pascal* [552, 563, 566] diskutiert. Ist z. B. $\alpha = 90°$, so wird

$$Y = -\int \frac{b}{f(\xi)}\, d\xi; \tag{2}$$

man hat also einen Kehrwertintegraphen.

Eine kinematische Untersuchung der Bewegung der einzelnen Teile des Integraphen von *Abdank-Coradi* hat *Meyer zur Capellen* [480] ausgeführt, der auch die Gerätefehler eingehend behandelt hat [479]. Untersuchungen eines älteren Modells durch *Lorber* [1] (deutsche Ausgabe S. 64—70), hat ergeben, daß z. B. die Genauigkeit bei Bestimmung des Flächeninhaltes einer geschlossenen Figur bei kleinen Flächen etwas genauer, bei größeren etwas weniger genau als die bei Verwendung eines gewöhnlichen Polarplanimeters ist. Ein dem Abdank-Coradischen ähnlicher Integraph, der zum Parallelführen ein doppeltes Gelenkparallelogramm benutzt, wurde von *Barker* angegeben [39].

Die beim Entlangführen des Fahrstiftes eines Integraphen auf einer gegebenen Kurve auftretenden zufälligen Fehler sind wegen der glättenden Wirkung der Integration von ganz geringem Einfluß auf den Verlauf der Integralkurve. Das gilt sowohl für den Fall des Grundintegraphen als auch für die in VII, C behandelten allgemeinen Integraphen [766].

3. Der Differentio-Integraph von v. Harbou

Wie schon erwähnt, liegt bei neueren Instrumenten die zur Zeichenebene senkrechte Achse, um die sich die Ebene des Schneidenrades dreht, fest, während die Integralkurve auf ein besonderes Tischchen gezeichnet wird, das sich bei Verschiebung des Integraphen um ein Stück dx in x-Richtung unter dem Einfluß des Schneidenrades, das mit der x-Achse den Winkel φ bildet, um ein Stück $dY = \operatorname{tg} \varphi \cdot dx$ in Richtung der negativen y-Achse verschiebt. *Coradi* hat zwei kleinere Integraphen dieser Art gebaut, deren Integrationsbasis zwischen 2,5 und 60 bzw. 5 und 120 mm verstellbar ist, während die gegebenen Kurven innerhalb eines Quadrates der Seitenlänge 150 bzw. 300 mm verlaufen müssen. Mit diesen Integraphen hat z. B. *Gaßmann* die Bodenbewegung aus Registrierungen von Seismographen bestimmt [218].

Einen anderen Integraphen dieser Art, der auch zum Zeichnen der Differentialkurve zu einer gegebenen Kurve verwendet werden kann, hat *v. Harbou* angegeben (Abb. 203 und 204) [26, 270]. Über der festliegenden Platte I, auf die die zu integrierende Kurve $y = f(x)$ gezeichnet ist, wird mittels Rändelscheibe RS_1 auf zwei Wagen W_1 und W_2, die auf Laufschienen rollen, der Hauptteil des Integraphen in der x-Richtung bewegt. Dieser trägt einen in der y-Richtung ebenfalls mittels Rändelscheibe RS_2 verschiebbaren Schlitten mit dem Fahrstift F und dem um einen

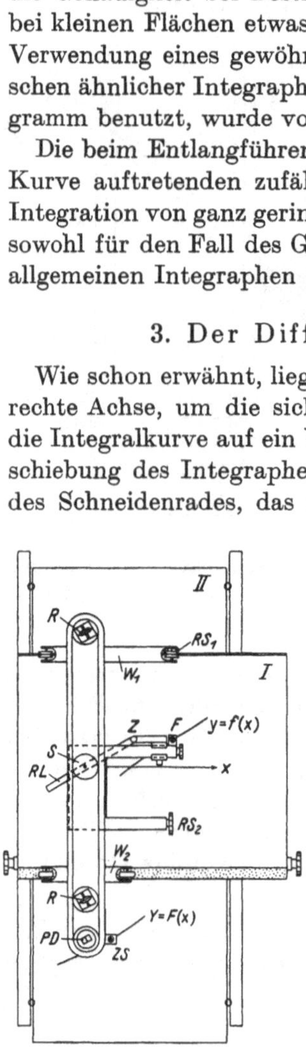

Abb. 203. Schematische Darstellung des Differentio-Integraphen von *v. Harbou*

Zapfen Z drehbaren Richtungslineal RL. Dieses gleitet durch den Schlitz einer Scheibe S. Der x-parallele Abstand der Achse dieser Scheibe von dem Zapfen Z — die Integrationsbasis b — ist zwischen 0 und 100 mm verstellbar. Ihre Länge kann mittels Nonius auf 0,1 mm genau abgelesen werden. Es empfiehlt sich aber, diese Basis nicht allzu klein zu nehmen. Der Drehwinkel $\varphi = \operatorname{arc} \operatorname{tg} \frac{y}{b}$ der Scheibe S wird mittels Kegelradtriebes, ähnlich wie bei der Konstruktion *Abdank-Napoli*, oder bei neueren Instrumenten mittels Seilzuges auf die beiden Schneidenräder R und auf einen Prismenderivator PD übertragen. Die Schneidenräder R werden durch Federn gegen eine zweite Platte II gedrückt, die sich unter der Platte I in y-Richtung verschieben kann und die unten und oben unter I herausragt. Da II bei Verschiebung des Hauptteiles des Integraphen um

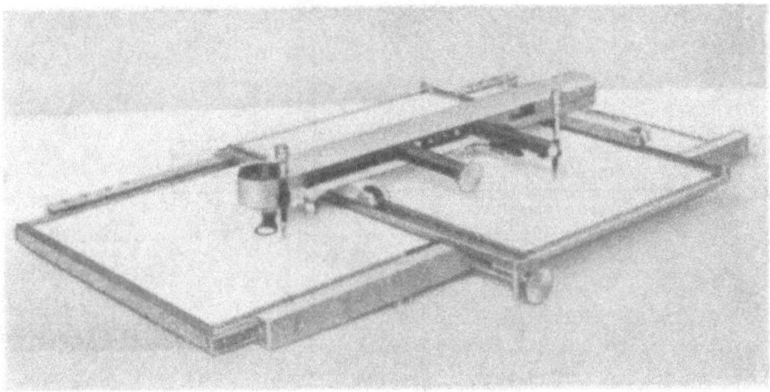

Abb. 204. Differentio-Integraph von *v. Harbou*

dx in x-Richtung durch die Schneidenräder um $-\operatorname{tg} \varphi \cdot dx$ in der y-Richtung verschoben wird, zeichnet auf ihr ein neben dem Derivator liegender Zeichenstift ZS die Integralkurve auf. Für die gegebene Kurve steht ein Raum von 330 mm in x-Richtung und 275 mm in y-Richtung zur Verfügung.

Geht man von der Kurve $Y = F(x)$ auf II aus und führt auf ihr den Prismenderivator so entlang, daß seine brechende Kante immer die Richtung der Kurvennormalen hat, so zeichnet ein den Fahrstift F ersetzender Zeichenstift auf I die Differentialkurve zu Y.

Zu diesem Integraphen hat *Rybner* einen Zusatzapparat konstruiert zur Zeichnung der Kurve

$$Y(x) = \frac{1}{b} \int_0^x f(\xi)\, d\xi + a \cdot f(x) \tag{3}$$

bzw.

$$b \cdot Y(x) = F(x) + a \cdot b \frac{dF(x)}{dx}. \tag{4}$$

4. Der Integraph Adler-Ott

Beim Integraphen *Adler-Ott* [542, 776] wird ebenfalls die Integralkurve auf einem durch ein Schneidenrad R in y-Richtung bewegten Integralwagen W_1 aufgezeichnet (Abb. 205 u. 206). Dieser gleitet mittels Rollen auf einer y-parallelen

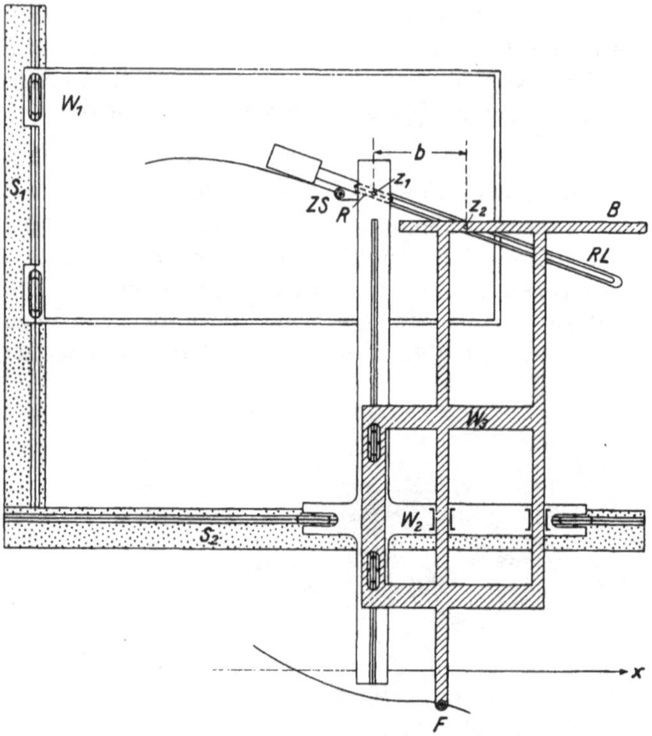

Abb. 205. Schematische Darstellung des Integraphen *Adler-Ott*

Abb. 206. Integraph *Adler-Ott*

Laufschiene S_1. Er trägt einen Nonius, mit dem man seine Lage an einer Teilung der Schiene S_1 auf 0,1 mm genau ablesen kann. Das auf W_1 aufliegende Schneidenrad R ist um den Zapfen Z_1 des Abszissenwagens W_2 drehbar, der auf einer zweiten zu S_1 senkrechten Schiene S_2 rollt. Diese Schiene wird mittels zweier Einstellehren genau parallel zur x-Achse gestellt. Auf dem Wagen W_2 rollt in y-Richtung der

Ordinatenwagen W_3, der oben die Basisschiene B und unten den Fahrstift F trägt, mit dem man die gegebene Kurve befährt. Auf der Basisschiene ist mittels Mikrometerwerkes der Zapfen Z_2 einstellbar. Dieser gleitet in einem Schlitz des um Z_1 drehbaren Richtungslineales RL. Sein x-paralleler Abstand von dem Aufsatzpunkt des Schneidenrades auf den Integralwagen W_1 ist die Integrationsbasis b, während die Abmessungen so gewählt sind, daß der y-parallele Abstand dieser beiden Zapfen $f(x)$ ist, wenn der Fahrstift auf der Kurve entlanggeführt wird. Der Winkel zwischen x-Achse und Richtungslineal und damit, da RL stets der Ebene des Schneidenrades parallel ist, zwischen x-Achse und Ebene dieses Rades ist daher $\varphi = \operatorname{arc\,tg} \frac{y}{b}$. Das Schneidenrad verschiebt also den Integralwagen in der y-Richtung so, daß der mit W_2 verbundene Zeichenstift ZS auf dem Wagen W_1 die Integralkurve verzeichnet, deren Ordinaten auch mit dem erwähnten Nonius zu jedem Abszissenwert abgelesen werden können. W_2 ist durch eine Schraube auf S_2 und W_3 durch eine andere Schraube auf W_2 feststellbar, so daß man bei Anheben des Schneidenrades mit dem Zeichenstift ZS auf W_1 Parallele zu den Koordinatenachsen beschreiben kann. Dieser Zeichenstift kann auch durch eine Ziehfeder ersetzt werden, die durch eine Gelenkführung mit dem Richtungslineal verbunden ist und so immer entsprechend gedreht wird. Die für die Integralkurve zur Verfügung stehende Zeichenfläche hat die Größe 297×210 mm². Die Basislänge kann zwischen 50 und 200 mm eingestellt werden, und die Ordinatendifferenzen der gegebenen Kurve dürfen 210 mm nicht überschreiten.

5. Der Differentiograph von Ott

Neuerdings hat *Ott* einen Apparat gebaut, der zunächst dazu bestimmt ist, zu einer gegebenen Kurve die Differentialkurve zu zeichnen, der aber auch als Integraph verwendet werden kann. Die zu differenzierende Kurve wird auf dem in y-Richtung beweglichen Integralwagen W_1 aufgespannt (Abb. 207). Über diesem befindet sich fest mit dem Apparatetisch verbunden ein binokulares Mikroskop, das etwa zehnfach vergrößert. Durch einen langen Arm mit Steuergriff SG wird eine im Gesichtsfeld des Mikroskopes liegende Strichplatte oder

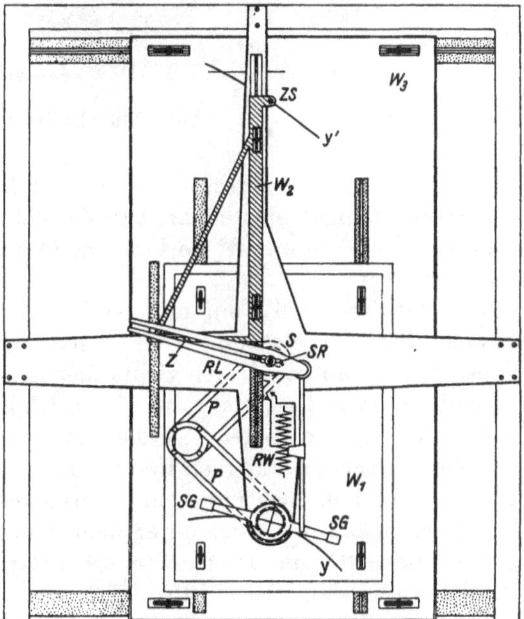

Abb. 207. Schematische Darstellung des Differentiographen *Ott*

ein Derivator so gedreht, daß der eine Faden der Platte die Kurve stets tangiert. Diese Richtung wird durch eine Parallelführung *PP*, die bei dem ausgeführten Apparat in anderer Weise erfolgt, als in der schematischen Zeichnung angedeutet ist, auf eine Scheibe *S* übertragen, die die Ebene eines Schneidenrades *SR* so führt, daß es der Kurventangente parallel ist. Mit der Scheibe *S* ist ferner ein Richtungslineal *RL* verbunden, dessen Schlitz ebenfalls stets zur Tangente der gegebenen Kurve parallel ist. In diesem Schlitz gleitet der Zapfen *Z* des in y-Richtung auf einer mit dem Tisch verbundenen Schiene verschiebbaren Schreibstiftwagens W_2. Sein x-paralleler Abstand von der zur Zeichenebene senkrechten Drehachse des Schneiden-

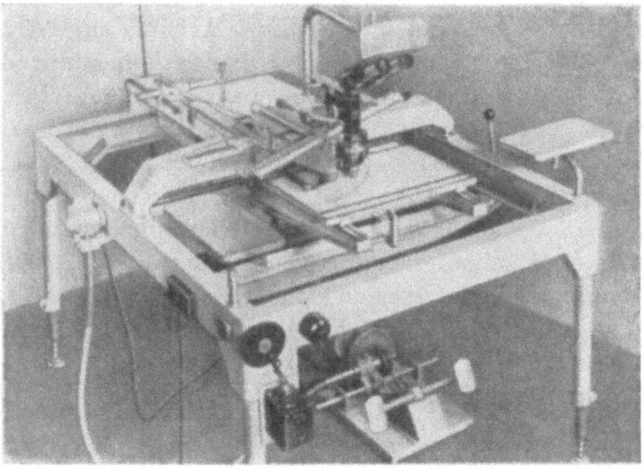

Abb. 208. Differentiograph *Ott*

rades — die Integrationsbasis b — ist auf der Basisschiene dieses Wagens in verschiedenen Längen einstellbar. Die Verschiebung von W_2 in y-Richtung ist $b \cdot y'$ und wird von dem mit W_2 verbundenen Zeichenstift *ZS* auf dem Unterwagen W_3 aufgezeichnet.

Der Unterwagen W_3, auf dem der Integralwagen sich in y-Richtung verschiebt, bewegt sich in x-Richtung. Diese Verschiebung erfolgt mittels einer von einem Elektromotor angetriebenen Schraubenspindel. Den Vorschub reguliert der Beobachter mittels der Pedale, auf die er sich mit beiden Füßen stützt. Der Apparat hat außerdem noch einen Regulierwiderstand *RW* zur automatischen Regelung der Vorschubgeschwindigkeit in der x-Richtung, der bewirkt, daß diese umgekehrt proportional dem Richtungskoeffizienten der Tangente ist. Der Beobachter stützt seinen Kopf auf den Stirnhalter über dem Mikroskop (Abb. 208); beide Hände halten die Griffe des langen Steuerhebels; für die Arme sind besondere Stützbretter vorhanden. Bei richtiger Führung verschiebt das Schneidenrad, das auf einer auf den Integralwagen gelegten Metallfolie läuft und das elektromagnetisch gehoben und aufgesetzt werden kann, diesen so, daß die zu differenzierende Kurve von selbst durch die Mitte des Gesichtsfeldes des Mikroskopes läuft. Geringe Abweichungen können durch Verdrillung des Steuergriffes kompensiert werden. Bei derartigen Korrekturen kann durch eine ebenfalls am Steuergriff befindliche Auslösungsvorrichtung der Zeichenstift ZS angehoben werden. Die Kurbel vorn links in Abb. 208 dient zum Eingriff in den automatischen Transport in x-Richtung, um z. B., wenn nötig, ein Kurvenstück wiederholt befahren zu können.

Bei großer Steigung der Kurve wird nicht der Steuergriff betätigt, sondern der Schreibstiftwagen W_2 mit der Hand verschoben. Das Schneidenrad dient dann nicht als Antrieb für den Integralwagen, sondern als Hemmung. Der Antrieb erfolgt durch ein besonderes Reibrad mit Voreilung, die durch das Schneidenrad gebremst wird. Für Ausgangs- und Ergebniskurve ist das gleiche Papierformat (DIN A 3) vorgesehen, so daß die Ergebniskurve ohne Umzeichnung als neue Ausgangskurve zur Bestimmung der nächsthöheren Ableitung benutzt werden kann. Der Apparat kann auch als Integraph verwendet werden. Auf ähnlichen Ideen beruht der primitive Apparat von *Karapetoff* [348].

6. Der Produktintegraph von E. Pascal

benutzt, wie ein großer Teil der Pascalschen Apparate, einen rechteckigen, auf zwei Walzen in x-Richtung verschiebbaren Rahmen (Abb. 209) [561, 563, 565, 566]. Auf der linken y-parallelen Schiene dieses Rahmens läuft in einer Nut auf zwei Rädern der Integralwagen W_3, dessen Bewegung durch ein Schneidenrad SR, das auf der Zeichenfläche rollt, gesteuert wird. Die Richtung der Radebene wird mittels des Gelenkparallelogrammes $ABCD$, dessen Seite CD senkrecht zum Richtungslineal RL an diesem mittels eines kleinen Wagens hingleitet, parallel zu RL geführt.

Auf der rechten Schiene des Rahmens gleiten die beiden Differentialwagen W_1 und W_2 mittels Rädern je in einer Nut zweier übereinanderliegender Schienen, so daß sie sich gegenseitig nicht stören. Jeder der beiden mit den Wagen W_1 und W_2 verbundenen Fahrstifte wird auf einer der auf die Unterlage gezeichneten Kurven $h(x)$ bzw. $g(x)$ geführt. Durch die beiden Zapfen Z_1 und Z_2 dieser Wagen gleiten zwei Schienen, die sich um einen dritten Zapfen Z_3 drehen, der sich in der Rille einer Querleiste des Rahmens R so verschiebt, daß er sich genau über der x-Achse bewegt. Die eine Schiene Z_2Z_3 wird außerdem gezwungen, an einer Schiene D entlangzugleiten, die die Form einer Hyperbel hat und in den Rahmen so eingespannt ist, daß OZ_2 und OZ_3 die Asymptoten dieser Hyperbel $x \cdot y = -1/4$ sind. Daher ist die Projektion von Z_2Z_3 auf die x-Achse gleich $1 : g(x)$, und es wird der Richtungskoeffizient des Richtungslineales RL und damit der des Schneidenrades

$$\operatorname{tg} \varphi = Z_1O : Z_3O = g(x) \cdot h(x).$$

Der mit dem Integralwagen verbundene Zeichenstift zeichnet somit die Kurve $Y(x) = \int_0^x g(\xi) \cdot h(\xi) . d\xi$ auf.

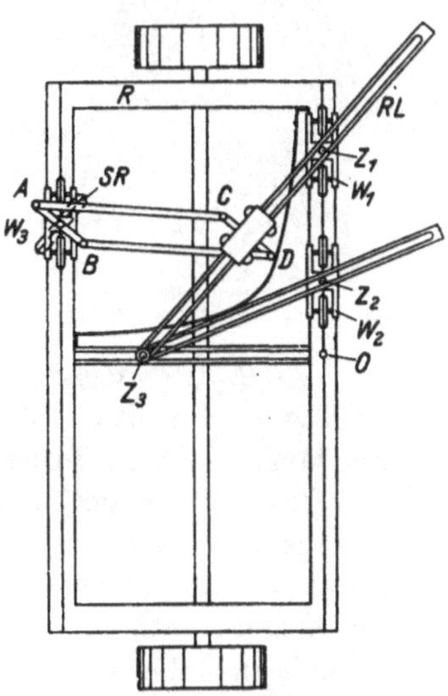

Abb. 209. Schematische Darstellung des Produktintegraphen von *Pascal*

Bei diesem Apparat darf die Funktion $g(x)$ ihr Vorzeichen nicht wechseln, muß sogar absolut genommen immer größer als eine von den Maßen des Apparates abhängende Konstante sein. *Pascal* gibt noch Abänderungen des Instrumentes an, die ohne Benutzung einer Hyperbelschiene das gleiche leisten [565]. Diese Apparate können z. B. zur Lösung Volterrascher Integralgleichungen benutzt werden [562, 647].

7. Der Integrator von Amsler

Der neuerdings von der Firma *Amsler* gebaute Integraph benutzt nicht wie die bisher besprochenen, als Integriervorrichtung, ein Schneidenrad, sondern einen Kugelintegrator ($V, D,$ 7) s. Abb. 209a. Auf einer mit Längsnut versehenen

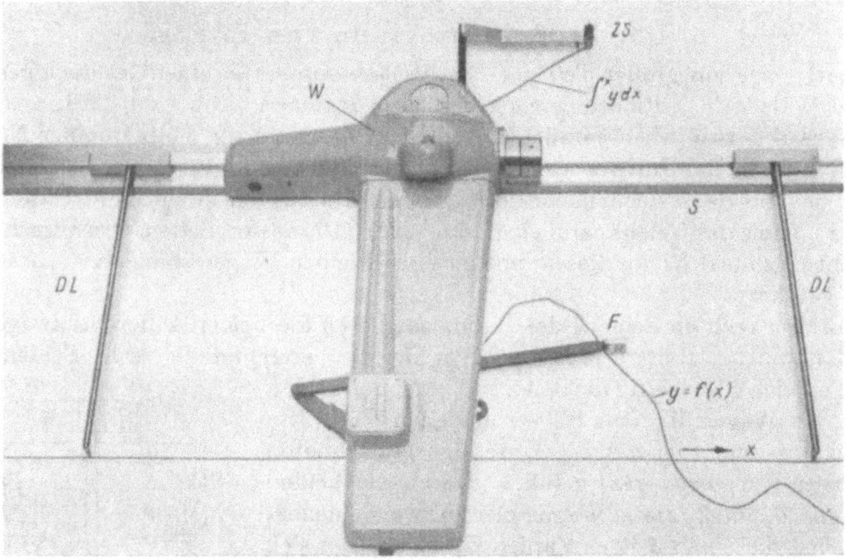

Abb. 209a. Integrator von *Amsler*

Schiene S, die mittels zweier Distanzlehren DL zur Abszissenachse parallel eingestellt wird, rollt ein Wagen W, der einen Affinographen trägt. Der Fahrstift F am längeren Arm dieses Affinographen wird auf der zu integrierenden Kurve $y=f(x)$ entlang geführt. Er kann sich in Ordinatenrichtung bis zu $\pm$ 280 mm bewegen. Die reduzierte Ordinate wird in eine Drehung des Rahmens des Kugelintegrators umgewandelt ($y = R \operatorname{tg} \gamma$). Den Antrieb in der x-Richtung erhält die Kugel durch direktes Abrollen auf der Führungsschiene. Die Integrierrolle dreht sich daher proportional $\int y\,dx$. Diese Bewegung wird durch Stirnrad und Zahnstange auf einen Zeichenstift ZS übertragen, der sich auf einer Parallelen zur y-Achse, die die gleiche Abszisse wie der Fahrstift F hat, um 250 mm in Ordinatenrichtung bewegen kann. Erreicht ZS die Ausschlagsgrenze oben oder unten, bringt der Operator durch Überwindung der Reibungskopplung zwischen Integrierrolle und Stirnrad den Integralarm zum anderen Hubende zurück. Dadurch wird es möglich, sehr lange Kurven zu integrieren, wobei sich die Integralkurve aus Stücken von 250 mm Höhe zusammensetzt.

B. Einige Anwendungen der Integraphen

Für die Anwendung der Integralkurven muß man vor allem die Wertzahl m festlegen. Darunter soll hier der Quotient aus dargestellter Größe durch Länge in der Zeichnung verstanden werden. Diese Wertzahl ist abhängig von der Größe der für die Integration benutzten Basis. Je größer diese ist, desto flacher verläuft die Integralkurve, desto größer ist also die Wertzahl m, mit der ihre Ordinaten zu multiplizieren sind, und zwar ist die Wertzahl proportional der Länge der Integrationsbasis b. Ist m_x die Wertzahl in Richtung der x-Achse (also z. B. $m_x = 1$ m/cm, wenn 1 m der Wirklichkeit 1 cm in der Zeichnung entspricht) und ist m_y die in y-Richtung (etwa $m_y = 10$ kg/cm, wenn 1 cm der Zeichnung eine Kraft von 10 kg darstellt), so entspricht einem cm² der Zeichnung $m_x \cdot m_y$ (in dem angenommenen Falle 10 mkg); die Wertzahl der Ordinate der Integralkurve wird daher $\bar{m}_y = b \cdot m_x \cdot m_y$ sein (also bei $b = 10$ cm im Beispiel $\bar{m}_y = 100$ mkg/cm).

Es kann hier natürlich nur auf einige Anwendungen der Integraphen und der Integralkurven hingewiesen werden.

1. Kalibrierung

Teilt man die Endordinate der Integralkurve in n gleiche Teile und sucht die Punkte der Abszissenachse auf, zu denen die den Teilpunkten entsprechenden Ordinaten gehören, so teilen die y-Parallelen durch diese Punkte das integrierte Flächenstück in n gleiche Teile. Man kann auf diese Weise z. B. die Kalibrierung von Gefäßen durchführen [818].

2. Bestimmung des Schwerpunktes von Ebenenstücken

Das statische Moment eines Ebenenstückes um jede Gerade durch den Schwerpunkt ist Null. Zur Bestimmung des Schwerpunktes hat man also zwei gegeneinander geneigte Geraden aufzusuchen, für die das statische Moment Null ist. Der Schnittpunkt dieser beiden ist dann der Schwerpunkt. Am besten benutzt man dabei eine x- und eine y-Parallele. Das statische Moment um eine y-Parallele im Abstand ξ von der y-Achse ist

$$M_y = \int_a^b \int_{y_u}^{y_o} (\xi - x)\, dx\, dy = \int_a^b (\xi - x)\, y\, dx\,,$$

wenn man mit y die Differenz zwischen den Ordinaten der oberen und unteren Begrenzung des gegebenen Flächenstückes bezeichnet. Durch Teilintegration erhält man daraus

$$M_y = (\xi - b)\int_a^b y\,dx + \int_a^b\left(\int_a^x y\,dx\right)dx = Y_1(b)\,(\xi - b) + Y_2(b)\,, \qquad (1)$$

wo $Y_1(b)$ und $Y_2(b)$ das erste und zweite bestimmte Integral, d. h. also die Endordinate der ersten bzw. zweiten Integralkurve darstellen. M_y ist also eine lineare Funktion von ξ. Es wird durch eine Gerade dargestellt, die für $\xi = b$ die Ordinate $Y_2(b)$ und die den Richtungskoeffizienten $Y_1(b)$ hat.

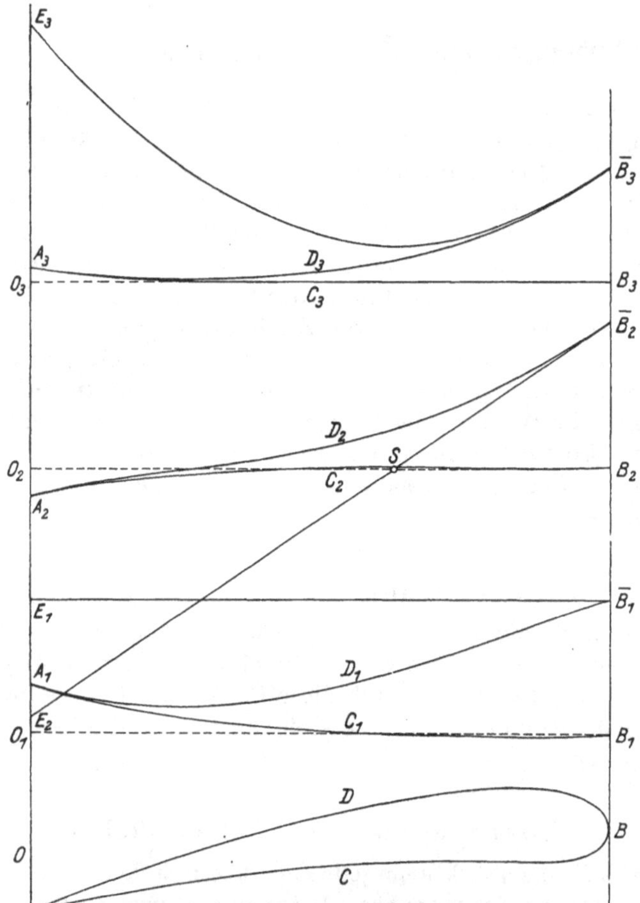

Abb. 210. Bestimmung des Schwerpunktes und des Trägheitsmomentes eines Ebenenstückes

Die Konstruktion dieser Geraden sei an dem Beispiel der Abb. 210 auseinandergesetzt. Dort ist ein Tragflügelprofil gezeichnet. Als Wertzahlen sind gewählt $m_x = 15$ cm/cm, $m_y = 10$ cm/cm (Abb. 210 ist hier auf die Hälfte verkleinert). Für sämtliche Integrationen ist eine Basis von 5 cm benutzt. Man konstruiert von dem Punkte B mit beliebiger Einstellung des Integraphen beginnend durch Umfahren der ganzen Begrenzung im Zeigersinne $BCADB$ die Integralkurve $B_1C_1A_1D_1\bar{B}_1$. Die Wertzahl der Kurvenordinate ist $m_y = 750$ cm²/cm. Der Abstand der beiden Kurvenäste an der Stelle x mißt den Flächeninhalt des Profiles von A bis zu dieser Abszisse x. Weiter zieht man noch die x-Parallele $\bar{B}_1E_1$. Diese Kurve spannt man zur nochmaligen Integration so auf, daß die x-Parallele durch B_1 Nullinie wird. Befährt man von B_1 beginnend die Kurve mit dem Fahrstift, erhält man die zweite Integralkurve $B_2C_2A_2D_2\bar{B}_2E_2$. Die Wertzahl der Ordinate ist $\bar{\bar{m}}_y = 56250$ cm³/cm. Das letzte geradlinige Stück dieser Kurve hat die Neigung $Y_1(b)$ und die Endordinate $Y_2(b)$; es stellt also M_y als Funktion von ξ dar, wenn man es auf die

x-Parallele durch B_2 als ξ-Achse bezieht. Der Schnitt dieser Geraden mit O_2B_2 bestimmt die Abszisse S des Schwerpunktes [335, 336, 818].

3. Bestimmung des axialen Trägheitsmomentes

Um die Bestimmung des axialen Trägheitsmomentes um alle zu einer vorgeschriebenen Richtung parallelen Achsen zu zeigen, wählen wir als Richtung die y-Richtung. Das Trägheitsmoment um eine y-Parallele im Abstand ξ von der y-Achse ist

$$J_y = \int_a^b \int_{y_u}^{y_o} (\xi - x)^2 \, dx \, dy = \int_a^b (\xi - x)^2 \, y \, dx,$$

wo wieder der Abstand zwischen oberer und unterer Begrenzung mit y bezeichnet ist. Durch zweimalige Teilintegration erhält man daraus

$$\left.\begin{aligned} J_y &= (\xi - b)^2 \int_a^b y \, dx + 2 \int_a^b (\xi - x) \left(\int_a^x y \, dx \right) dx \\ &= (\xi - b)^2 \int_a^b y \, dx + 2 (\xi - b) \int_a^b \int_a^x y \, dx^2 + 2 \int_a^b \int_a^x \int_a^x y \, dx^3 \\ \frac{J_y}{2} &= \frac{1}{2} (\xi - b)^2 \, Y_1(b) + (\xi - b) \, Y_2(b) + Y_3(b), \end{aligned}\right\} \qquad (2)$$

wo mit $Y_i(b)$ die Endordinate der i-ten Integralkurve bezeichnet wurde. $\frac{1}{2} J_y$ ist das Integral von M_y. Es ist eine Parabel mit der Ordinate $Y_3(b)$ in b (Abb. 210). Integriert man also im Beispiel der Nr. 2 den Linienzug $B_2C_2A_2D_2\overline{B}_2E_2$ mit O_2B_2 als Nullinie, erhält man $B_3C_3A_3D_3\bar{B}_3E_3$. Die Wertzahl für die Ordinate ist $m_y = 4218750 \text{ cm}^4/\text{cm}$. Das letzte Stück der Integralkurve ist eine Parabel, die, bezogen auf O_3B_3 als ξ-Achse, das halbe Trägheitsmoment $J_y/2$ mißt. Die Bestimmung der Länge und des ersten und zweiten Momentes eines Kurvenstückes läßt sich auf die Berechnung des Inhaltes und der beiden ersten Momente eines bzw. zweier durch Parallelkurven im Abstand a bzw. $2a$ und die Endnormalen begrenzten Streifens zurückführen [652].

4. Bestimmung der elastischen Linie

Die Bestimmung der elastischen Linie eines beliebig belasteten, an den Enden drehbar gelagerten Balkens werde an einem Beispiel (Abb. 211; Verkleinerung auf die Hälfte) durchgeführt. Der Balken habe die Länge l und sei durch eine durch die Kurve dargestellte kontinuierlich verteilte Last und durch die Einzellast von $P = 500$ kg an der angegebenen Stelle belastet. Als Integrationsbasis wurde bei den ersten beiden Integralkurven 5 cm genommen, ferner sei $m_x = 1$ m/cm und $m_y = 100 \text{ kg/m}^{-1}/\text{cm}$. Die Wertzahl der Ordinate der Integralkurve, die die Scherkraft mißt, ist dann $m_y = 500$ kg/cm. Man zeichnet mit dem Integraphen zunächst diese Integralkurve bis zur Abszisse der Einzellast, hebt dann die Integrierrolle an, verschiebt den Integralwagen um 1 cm nach unten und fährt mit der Integration fort. Das gibt die Kurve $B_1C_1\bar{C}_1D_1$. Diese Kurve wird nochmals integriert; dabei wird die Nullinie in die x-Parallele durch O_1' gelegt. Das gibt die Kurve $B_2C_2D_2$, wo der Sprung bei C_1 in einen Knick bei C_2 übergegangen ist. Bei dieser Integration bestimmt man an der Maßskala des Integralwagens mit dem Nonius den Ordinatenunterschied d zwischen B_2 und D_2. Verlegt man die Nulllinie für die Integration der ersten Integralkurve um $\frac{d}{l} \cdot b$ cm höher, so kommt man zu der x-Parallelen durch O_1. B_1O_1 und E_1D_1 sind dann die Auflagereaktionen. Eine nochmalige Integration dieser Kurve mit der Nullinie O_1E_1 gibt die Linie $B_2\bar{C}_2\bar{D}_2$ für das Biegemoment M. Die Wertzahl für die Ordinate dieser Kurve ist $\bar{\bar{m}}_y = 2500$ mkg/cm. Integriert man nochmals, erhält man eine Linie, die die Tangenten der Neigungswinkel der Biegelinie des Balkens mißt, und eine nochmalige Integration dieser Linie, bei der man nach vorläufiger Zeichnung der Integralkurve (in Abb. 211 nicht eingetragen) die Nullinie genau wie die der Scherkraftlinie mittels der vorläufigen Momentenkurve bestimmt, gibt die elastische Linie des Balkens. Bei dieser letzten Integration wurde die Kurve $B_3C_3D_3$ um 180° gedreht und dann die Integralkurve von D_4 beginnend gezeichnet. In Abb. 211 sind beide Kurven wieder um 180° zurückgedreht. Man erreicht dadurch, daß die Durchbiegung auch wirklich nach unten geht. Für die elastische Linie gilt die Gleichung

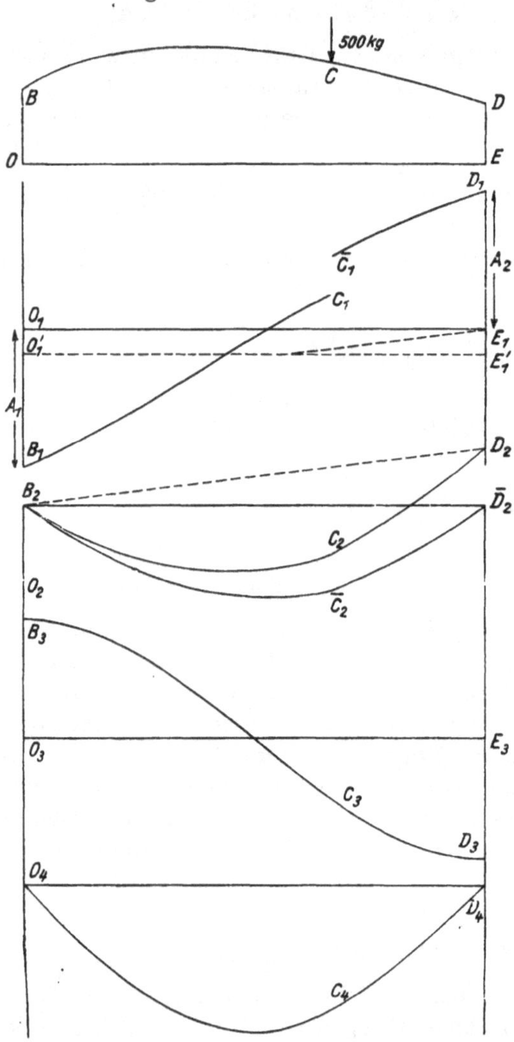

Abb. 211. Bestimmung der elastischen Linie

$$y'' = -\frac{M}{E \cdot J}$$

(E Elastizitätsmodul, J Trägheitsmoment des Querschnittes, bezogen auf die neutrale Faser). Als Integrationsbasis wurde in den beiden letzten Fällen $b = 3$ cm gewählt. Also entspricht bei der dritten Kurve 1 cm der Ordinate eine Größe von $7500 \frac{\text{m}^2\,\text{kg}}{E \cdot J}$ und bei der vierten $22500 \frac{\text{m}^3\,\text{kg}}{E \cdot J}$. Die Biegung von Balken auch unter anderen Grenzbedingungen findet man z. B. in [223, 509] und [469, 469a] unter Benutzung von Integralkurven behandelt.

5. Bestimmung der Nullstellen einer ganzen rationalen Funktion

$$y = a_n x^n + a_{n-1} x^{n-1} + \cdots + a_2 x^2 + a_1 x + a_0.$$

Man zeichnet zunächst die der n-ten Ableitung entsprechende x-Parallele $y^{(n)} = n!\, a_n$. Zu dieser zeichnet man die Integralkurve mit der Anfangskoordinate $(n-1)!\, a_{n-1}$. Das gibt die $(n-1)$-te Ableitung $y^{(n-1)} = n!\, a_n x + (n-1)!\, a^{n-1}$. So werden nacheinander mit den entsprechenden Anfangsordinaten die einzelnen Integralkurven konstruiert. Nach n-maliger Integration erhält man y und kann die Nullstellen ablesen. Durch passende Wahl der Integrationsbasis erreicht man, daß die einzelnen Kurven den zur Verfügung stehenden Raum ausnutzen und auch nicht überschreiten [1].

Weiter wurden Integraphen bei der Bestimmung der kritischen Drehzahl einer Welle unter ausschließlicher Berücksichtigung ihres Eigengewichtes verwendet [509], in der Theorie der Gewölbe [1, 509], in der Theorie der Schiffsberechnung z. B. zu Stabilitätsuntersuchungen in Abhängigkeit von der Krängung des Schiffes usw. [509, 335, 336], in der Ballistik, zur Bestimmung der Erdbewegung aus einem Seismogramm [24] usw. Insbesondere sei, was die Verwendung der Integralkurven betrifft, auf die Bücher von *Massau* [469, 469a] und *Gerstenbrand* [223], ferner zur Integration von Differentialgleichungen auf die Arbeit von *Fry* [207] verwiesen.

C. Allgemeine Integraphen

1. Ältere Instrumente

Als allgemeine Integraphen bezeichnet man Instrumente zur Integration gewöhnlicher Differentialgleichungen. Abgesehen von einem Vorschlag *Coriolis* [132] zur Konstruktion eines Apparates für die Lösung von Gleichungen erster Ordnung haben derartige Instrumente angegeben: *Thomson* [740, 741], *Petrovitsch* [575, 576, 592], *Schaefer* [648] und vor allem *Kriloff* [394]. Den Integraphen von *Abdank-Abakanowicz* hat *v. Dyck* so umgeformt, daß er zur Integration homogener Gleichungen benutzt werden kann [170]. *v. Dyck* hat auch einen Apparat zur Integration von Gleichungen $\frac{dy}{dx} = f(x, y)$ angegeben, der eine Führungsfläche $z = f(x, y)$ benutzt, die bei Rotations-, Kegel- oder Rückungsflächen durch eine kinematische Führung ersetzt werden kann [171]. Ferner hat er für Gleichungen der Form $\frac{1}{\varrho} = f(\sigma)$ (ϱ Krümmungsradius, σ Bogenlänge) ein Instrument, das er als Fahrradintegraph bezeichnet, vorgeschlagen. Ein Spezialfall eines solchen ist der Katenograph von *Schimmack* [653] zur Konstruktion von Kettenlinien. Einen Apparat zur Integration der Gleichung

$$xy' = y - f(x)$$

haben *Gans* und *Miguez* angegeben [217]. Ferner kann man mit einem von *Obalski* angegebenen Gerät die Gleichung

$$y' + b y = a f(x),$$

wo a und b Konstanten sind, integrieren [536]. Der Apparat besteht im wesentlichen aus einer mit einem Gewinde versehenen Spindel, die durch eine um einen festen Punkt drehbare Hülse gleitet und auf der sich ein innen mit einem Gewinde versehenes Schneidenrad verschieben kann. Ein Fahrstift am Ende der Spindel wird auf der Kurve $r = f(\varphi)$ geführt. Der Abstand des Schneidenrades von diesem Fahrstift mißt dann y.

2. Integratoren von Pascal

a) Ausgangsapparat

Ausgehend von einem von *Potier* angegebenen Instrument [1] (deutsche Ausgabe S. 166 bis 168) hat *E. Pascal* eine große Anzahl von Apparaten für die Integration verschiedener Differentialgleichungen entwickelt. Der Ausgangsapparat besteht aus einem mittels zweier Walzen W in x-Richtung verschiebbaren Rahmen R (Abb. 212). Auf den beiden y-parallelen Schienen dieses Rahmens laufen der Differentialwagen W_1 und der Integralwagen W_2. Ersterer trägt den Fahrstift F, der auf der Kurve $y = Q(x)$ entlanggeführt wird, und einen Zapfen Z, um den sich die Leitschiene L dreht. Diese gleitet durch eine Führung am Integralwagen, der durch ein Schneidenrad gesteuert wird. Die Leitschiene liegt im einfachsten Falle in der Ebene des Schneidenrades. Ist der x-parallele Abstand zwischen dem Zapfen Z und dem Auflagepunkt des Schneidenrades b und beschreibt dieser Auflagepunkt die Kurve $Y(x)$, so gilt für diese, wie man aus Abb. 212 abliest, die lineare Differentialgleichung mit konstanten Koeffizienten

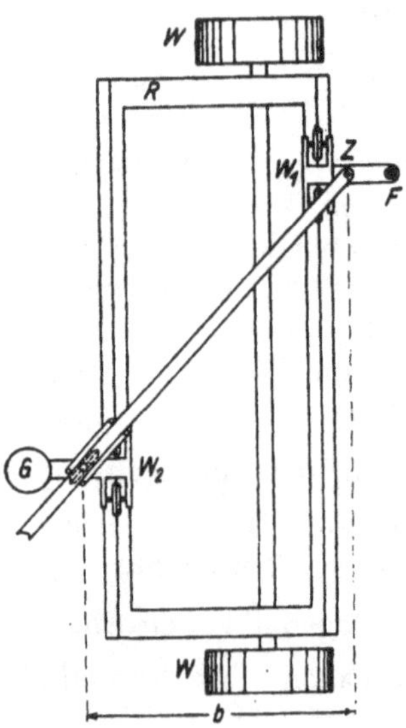

Abb. 212. Schematische Darstellung des Integraphen von *Potier*

$$b \cdot Y' + Y = Q(x). \tag{1}$$

Ist der Abstand der beiden Laufschienen veränderlich, kann man mit dem Apparat auch die Gleichung erster Ordnung mit veränderlichen Koeffizienten

$$Y' + P(x) \cdot Y = Q(x) \tag{2}$$

integrieren. Dazu hat man den Fahrstift F auf der Kurve $y_1 = Q(x)/P(x)$ zu führen und einen zweiten Fahrstift auf einer Kurve $y_2 = -1/P(x)$. Die Bewegung dieses zweiten Fahrstiftes bewirkt mittels Zahnradgetriebes oder mittels Seilzuges, daß der Auflagenpunkt des Schneidenrades vom Fahrstift stets den x-parallelen Abstand $1/P(x)$ hat [816].

b) Instrumente mit geraden Laufschienen

Von *Pascal* sind die Anwendungsmöglichkeiten des Ausgangsapparates eingehend untersucht worden. Er hat diesen zunächst so abgeändert, daß die Schneidenradebene mit der Laufschiene den Winkel α bildet. Setzt man $m = \operatorname{tg} \alpha$, so läßt sich mit diesem Instrument die Gleichung

$$Y = b \frac{Y' + m}{m \cdot Y' - 1} + Q(x) \tag{3}$$

integrieren [374, 551—553].

Weiter nimmt er statt der geraden Leitschiene eine gekrümmte und läßt diese sich entweder um einen Zapfen des Differentialwagens drehen, während der Zapfen des Schneidenrades so in einem Schlitz der Leitschiene gleitet, daß die Schneidenradebene die Mittellinie der Leitschiene tangiert, oder er verbindet die gekrümmte Leitschiene mit dem Zapfen des Schneidenrades und läßt den Zapfen des Differentialwagens in ihrem Schlitz gleiten. In beiden Fällen kann man so eine Gleichung der Form

$$Y' = \Phi(Q(x) - Y) \tag{4}$$

integrieren. Zu jedem Φ läßt sich die Schienenform im ersten Fall durch Quadratur, im zweiten ohne eine solche berechnen. Mit diesem Apparat kann man z. B. die Riccatische und die Abelsche Gleichung integrieren [213, 559, 561, 563, 565, 566].

Bei anderen Apparaten benutzt *Pascal* zwei Richtungsschienen; er läßt z. B. die Richtungsschiene des Differentialwagens sich um einen festen Punkt drehen, verbindet mit ihr unter einem festen Winkel eine zweite Schiene, auf der sich ein Zapfen befindet, der in einer Nut der Schiene des Integralwagens läuft, oder er läßt die Leitschiene des Integralwagens durch einen Zapfen des Differentialwagens und einen beweglichen Zapfen gleiten, der sich in Höhe des Integralwagens in einem Kurvenschlitz verschiebt. Mit einem solchen Apparat (Abb. 213) kann man die Gleichung des Hodographen der Geschoßbahn

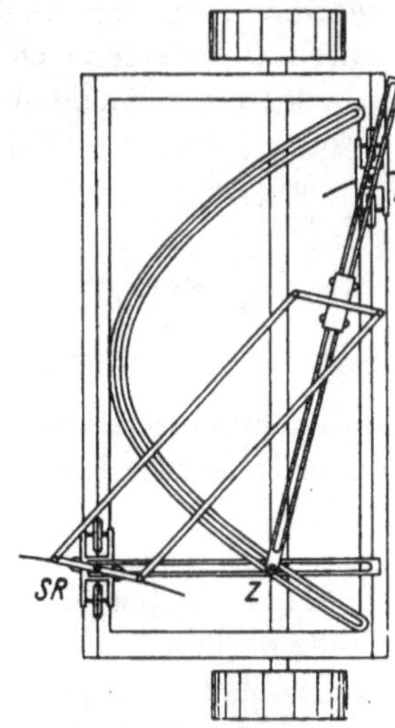

Abb. 213. Schematische Darstellung des Apparates von *E. Pascal* zur Integration der Gleichung des Hodographen der Geschoßbahn

$$\frac{dv}{d\alpha} = \frac{v \cdot (\sin \alpha + \psi(v))}{\cos \alpha} \tag{5}$$

integrieren, wo v die Geschoßgeschwindigkeit, α der Neigungswinkel der Geschoßbahn gegen die Horizontale und $\psi(v)$ eine Funktion der Geschwindigkeit ist, und zwar der Widerstand des Mittels dividiert durch die Schwerebeschleunigung. Durch die Substitution $v = e^x$, $y = -\sin \alpha$, wird diese Gleichung übergeführt in

$$\frac{dy}{dx} = -\frac{1 - y^2}{f(x) - y}, \tag{6}$$

wo $f(x) = \psi(e^x)$ ist. Diese Gleichung läßt sich mit dem in Bild 213 skizzierten Apparat, der als Leitkurve für den Zapfen Z eine Parabel $x = y^2 - 1$ hat und bei dem die Ebene des Schneidenrades SR senkrecht zur Leitschiene steht, integrieren. Dabei ist der Fahrstift F auf der Kurve $y = f(x)$ entlangzuführen [475, 560, 729].

Weitere Abänderungen ermöglichen die Integration der linearen Gleichung erster wie auch zweiter Ordnung mit variablen Koeffizienten [564], ferner die Integration der Gleichung $y'' = y^{3/2} / \sqrt{x}$ [565].

c) Apparate mit gekrümmter Laufschiene

Eine andere Abänderung des Apparates von *Potier* ist die, daß sich der Integralwagen auf einer gekrümmten Laufschiene bewegt, die von der Schiene des Differentialwagens den Abstand $x = \varphi(Y)$ hat. Im Fall der geraden Leitschiene, die durch einen festen sich auf der x-Achse bewegenden Punkt gleitet und die mit der Ebene des Schneidenrades den Winkel $\alpha = \operatorname{arc\,tg} m$ bildet (Gelenkparallelogramm), wird die Gleichung

$$Y' = \frac{a\,m + Q\,(x + \varphi(Y))}{a - m\,Q\,(x + \varphi(Y))} \tag{7}$$

integriert oder bei Verbindung beider Wagen durch eine gerade Leitschiene

$$Y' = \frac{-\,m\,\varphi(Y) + \{Q\,[x + \varphi(Y)] - Y\}}{\varphi(Y) + m\,\{Q\,[x + \varphi(Y)] - Y\}}\,. \tag{8}$$

Zu noch komplizierteren Gleichungen kommt man, wenn man statt der geraden eine gekrümmte Leitschiene verwendet [7, 563, 565].

d) Polarintegraphen

Bilden die beiden Laufschienen S_1 und S_2 miteinander einen an einem mit Gradeinteilung versehenen Bogen B einstellbaren Winkel ω, hat man einen Polarintegraphen. Aus Abb. 214 liest man ab

$$\operatorname{tg}\varphi = \frac{d\varrho}{\varrho \cdot d\vartheta} = \frac{\varrho - \varrho_1(\vartheta)\cos\omega}{\varrho_1(\vartheta)\sin\omega}\,. \tag{9}$$

Somit kann das Instrument zur Integration von

$$\frac{d\varrho}{d\vartheta} = \frac{\varrho^2}{f(\vartheta)\sin\omega} - \varrho\operatorname{ctg}\omega \tag{10}$$

verwendet werden, einer Bernoullischen Gleichung, die sich in eine lineare umformen läßt. Der Zeichenstift für die Integralkurve befindet sich an einem kleinen Beiwagen, der auf einer Schiene S_3 läuft, die mit S_2 einen kleinen Winkel bildet. Die Verbindung wird durch eine kleine Schiene hergestellt, die mit S_2 und S_3 den gleichen Winkel bildet. Wählt man den Winkel zwischen Schneidenradebene und Leitschiene von Null verschieden, kommt man wieder zu einer komplizierteren Gleichung [8, 205, 555—557].

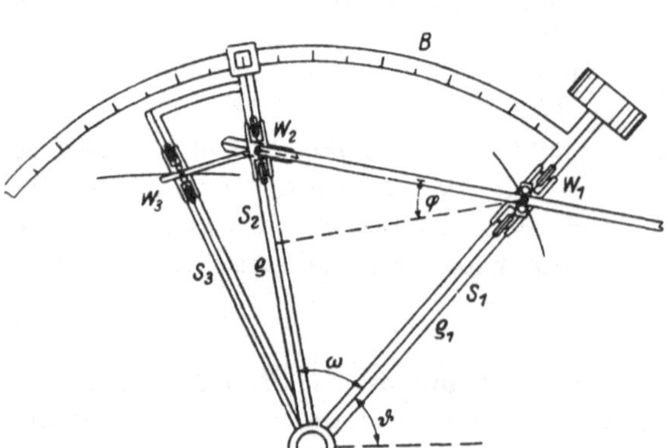

Abb. 214. Schematische Darstellung des Polarintegraphen von *E. Pascal*

3. Der Integraph von Myers

ist allgemeiner verwendbar. Mit ihm kann man Gleichungen der Form

$$a \cdot z'' + b \cdot z' + c \cdot z + d = 0 \tag{11}$$

integrieren, in der b und c konstant sind, während a und d von einer der Veränderlichen x oder z oder z' abhängen können. Falls $a = 0$ ist, können b und d Funktionen von x oder z sein [508].

Der Apparat besteht aus einem Rahmen mit drei z-parallelen Laufschienen, der sich auf zwei durch eine Achse festverbundenen Walzen in x-Richtung verschieben

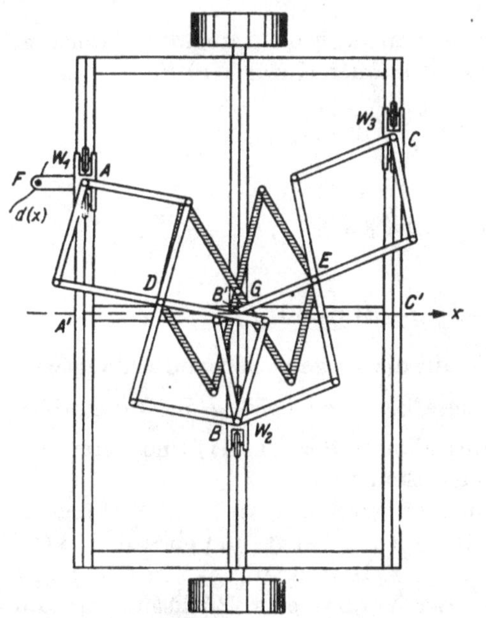

Abb. 215. Additionsmechanismus des Integraphen von *Myers*

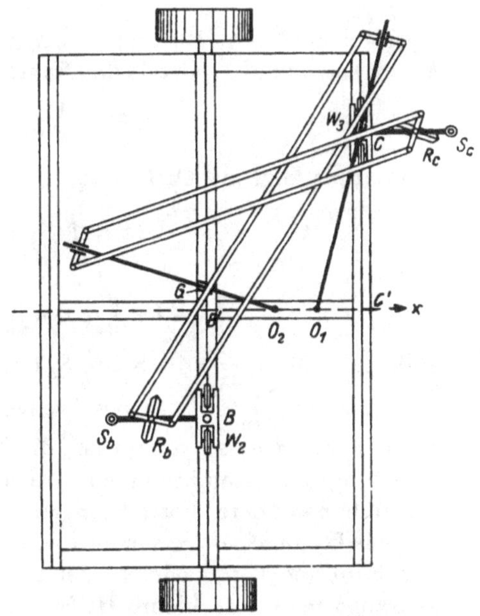

Abb. 216. Integrationsmechanismus des Integraphen von *Myers*

kann. Auf den Laufschienen bewegen sich drei kleine Wagen, W_1, W_2 und W_3, von denen W_1 mit W_2 und W_3 mit W_2 durch eine Nürnberger Schere verbunden sind, die als Additionsmechanismus dient. Die Mitten D und E dieser Scheren, sind durch eine weitere Schere verbunden. Man liest aus Abb. 215 ab, daß für die Mitte G dieser dritten Schere gilt

$$GB' = \frac{1}{4}(AA' + 2\,BB' + CC'). \tag{12}$$

W_1 hat einen Fahrstift F_1 und W_2 und W_3 haben x-parallele Arme mit Schneidenrädern R_b und R_c, die auf der Zeichenunterlage abrollen, und je einen Zeichenstift, der die Bewegung dieser Wagen aufzeichnet (Abb. 216).

Der Apparat hat zwei Integriermechanismen nach Art derjenigen des Integraphen von *Abdank-Coradi*. Die Achse des Schneidenrades R_b wird mittels eines Gelenkparallelogrammes senkrecht zur Schiene O_1C geführt. Der Auflagepunkt dieses Schneidenrades und der Stift S_b beschreiben also eine Kurve, deren Ordinaten durch

$$BB' = \int \frac{CC'}{O_1C'}\, dx = \frac{b}{v_1}\int \frac{dz}{dx}\, dx = \frac{b}{v_1} z + K \tag{13}$$

bestimmt ist, wenn $CC' = b\frac{dz}{dx}$ und O_1C' gleich der Konstanten v_1 ist. Das Schneidenrad R_c wird parallel zu einer zweiten Richtungsschiene O_2G geführt, so daß dieses Rad und der Stift S_c eine Kurve mit der Ordinate

$$CC' = \int \frac{GB'}{O_2B'}\, dx \tag{14}$$

beschreiben. Nach (12) und (13) ist, wenn man noch die Integrationskonstante $K = 0$ setzt und A mittels des Fahrstiftes F auf der Kurve $d(x)$ führt,

$$GB' = \frac{1}{4}\left(d(x) + 2\frac{b}{v_1} z + b\frac{dz}{dx}\right),$$

und daraus folgt mit $O_2B' = v_2$

$$CC' = \int \frac{GB'}{v_2}\, dx = \int \frac{1}{4v_2}\left(d(x) + 2\frac{b}{v_1} z + b\frac{dz}{dx}\right) dx = b\frac{dz}{dx},$$

also

$$4\,b\,v_2\frac{d^2z}{dx^2} - b\frac{dz}{dx} - 2\frac{b}{v_1} z - d(x) = 0\,. \tag{15}$$

Stellt man für $x = 0$ die Stifte S_b und S_c auf die vorgeschriebenen Anfangswerte $\frac{b}{v_1} z_0$ bzw. $b\left(\frac{dz}{dx}\right)_0$ ein, so beschreiben diese bei Verschiebung des Integraphen, wobei F auf $d(x)$ zu führen ist, die Integralkurve der Gl. (11) und deren erste Ableitung, gemessen in den entsprechenden Einheiten.

Durch besondere Vorrichtungen kann man erreichen, daß die Stellung des Wagens W_1 nicht von x, sondern von z oder von z' abhängt, und ebenso, daß O_2B' eine Funktion von x oder z oder z' wird. Ist z. B. a eine Funktion $f(z')$ von z', so bringt man eine kleine Hilfstafel an der Vorder- oder Rückseite des Integraphen an, auf welche die in entsprechenden Maßeinheiten gezeichnete Kurve $\eta = f(z')$ so aufgespannt wird, daß die η-Achse der x-Achse parallel ist. Über dieser Tafel verschiebt sich eine der x-Achse parallele Brücke in Richtung der z'-Achse. Diese Brücke ist mit dem Wagen W_3 fest verbunden, so daß ihr Abstand von der η-Achse stets gleich z' ist. Auf ihr bewegt man mit Hand einen Schieber, der einen Fahrstift trägt, so, daß sich dieser immer auf der Kurve befindet. Die Bewegung dieses Schiebers wird nun durch Schraubenspindeln auf den Drehpunkt O_2 der Schiene O_2G übertragen. Seine Entfernung v_2 von B' wird infolgedessen stets proportional $f(z')$ sein. Damit ist erreicht, daß der Faktor von z'' eine gegebene Funktion von z' ist. Ist a eine Funktion von z, müßte auf die Hilfstafel diese Funktion $g(z)$ gezeichnet werden, und die Brücke müßte sich statt mit C mit dem Wagen W_2 verschieben. Durch eine ähnliche Anordnung kann man erreichen, daß die Lage des Wagens W_1 nicht eine Funktion von x, sondern von z oder z' wird.

Sind nicht Anfangs-, sondern Randbedingungen gegeben oder ist eine periodische Lösung gesucht, so ist man auf systematisches Probieren angewiesen. Bei linearen

Gleichungen zweiter Ordnung kommt man allerdings mit zwei Lösungen aus, die etwa die Bedingungen am Anfang erfüllen. Sind z. B. Anfangs- und Endwert gegeben, braucht man, da ja $z = az_1 + bz_2$ mit $a + b = 1$ auch eine die Anfangsbedingung erfüllende Lösung ist, in dem ganzen Intervall den Ordinatenabstand der beiden Kurven z_1 und z_2 durch den gegebenen Anfangspunkt nur in dem gleichen Verhältnis zu teilen, in dem der am Ende gegebene Punkt diesen Abstand an dieser Stelle teilt.

4. Die numerischen Integratoren von Jacob

Eine Anzahl von Integraphen sind aus dem Prytzschen Stangenplanimeter entwickelt worden. So kann man die Schleppe [763, 764], wie V, K 5 beschrieben, zur Integration von Differentialgleichungen erster Ordnung nach dem Iterationsverfahren benutzen. Abänderungen des Stangenplanimeters haben *Pascal* [559], *Scribanti* [681—684] und andere vorgenommen und die Differentialgleichungen untersucht, die mit diesen Geräten integriert werden können. Auch *Jacob* [331] benutzt ein Schneidenplanimeter, dessen Länge einstellbar ist. Bei dem einfachsten, der Integration der Riccatischen Gleichung dienenden Apparat (Abb. 217) befindet sich der Fahrstift F im Mittelpunkt eines mit Gradeinteilung versehenen Kreises K, der durch eine Führung, wie sie bei Zeichenapparaten gebräuchlich ist, parallel mit sich über die Zeichenebene verschoben werden kann. Der Winkel des Fahrarmes FSR gegen die x-Richtung kann mittels Nonius an diesem Teilkreis abgelesen werden. Zwischen den Koordinaten des Fahrstiftes x, y und denen des Auflagepunktes der Schneide ξ, η besteht die Beziehung V, C 3 (3)

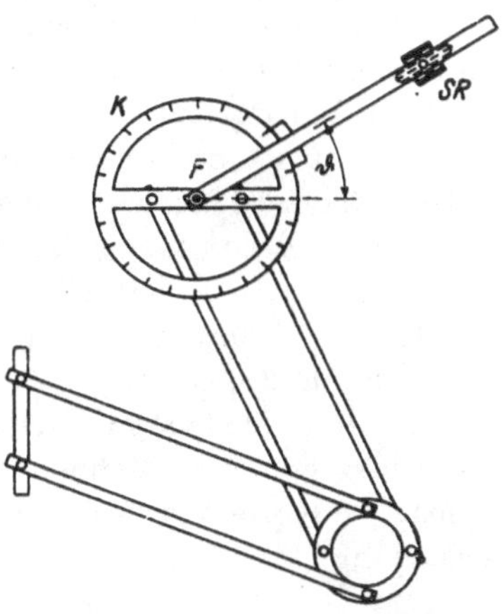

Abb. 217. Schematische Darstellung des Integrators von *Jacob* für die Riccatische Gleichung

$$\left.\begin{aligned} x' &= \xi' - l \sin\vartheta \cdot \vartheta' + l' \cos\vartheta \\ y' &= \eta' + l \cos\vartheta \cdot \vartheta' + l' \sin\vartheta \end{aligned}\right\}, \tag{16}$$

wo die Ableitungen nach der unabhängigen Veränderlichen t durch einen Strich bezeichnet sind. Da sich nun S in der Richtung der Planimeterstange bewegt, ist $\frac{d\eta}{d\xi} = \operatorname{tg}\vartheta$, oder es ist

$$\eta' \cos\vartheta = \xi' \sin\vartheta . \tag{17}$$

Faßt man daher diese Gleichungen mit $-\sin\vartheta$ und $\cos\vartheta$ zusammen, wird

$$+ l\vartheta' = - x' \sin\vartheta + y' \cos\vartheta . \tag{18}$$

Mit $u = \operatorname{tg} \vartheta/2$ ergibt sich daraus

$$2\, l \cdot u' = - u^2 y' - 2 u x' + y' . \tag{19}$$

Die allgemeine Riccatische Gleichung lautet aber

$$u' = A u^2 + B u + C\,, \tag{20}$$

wo A, B und C gegebene Funktionen von t sind. Das Instrument integriert also eine spezielle Form der Gleichung, für die $A + C = 0$ ist, wenn man den Fahrstift F auf einer Kurve entlangführt, deren Gleichung in Parameterform durch

$$y - y_0 = \int_{t_0}^{t} y'\,dt = -2\,l \int_{t_0}^{t} A\,(t)\,dt; \qquad x - x_0 = \int_{t_0}^{t} x'\,dt = -\,l \int_{t_0}^{t} B\,(t)\,dt$$

bestimmt und die mit einer Skala für die Variable t beziffert ist.

Zum Anfangswert t_0 gehört ein Punkt mit den Koordinaten x_0, y_0 und eine Richtung ϑ_0 des Fahrarmes FR, die sich aus dem vorgegebenen Anfangswert $u_0 = \operatorname{tg} \vartheta_0/2$ bestimmt. Dieser Winkel wird am Teilkreis eingestellt. Bei Befahrung der mit einer t-Skala versehenen Kurve liest man am Teilkreis von Skalenpunkt zu Skalenpunkt mit dem Nonius den jeweiligen Winkel ϑ ab, woraus sich der zugehörige Funktionswert u ergibt. *Jacob* hat gezeigt, wie sich der allgemeine Fall $A + C \neq 0$ auf den obigen zurückführen läßt [331].

In anderen Fällen macht man die Planimeterlänge veränderlich, was man z. B. dadurch erreichen kann, daß man das Schneidenrad, dessen Ebene nach wie vor dem Fahrarm parallel bleibt, auf diesem und auf einer mit dem Teilkreis verbundenen Führungsschiene, deren Kurve, bezogen auf den Führungsstift in Polarkoordinaten, die Gleichung $k = l \cdot u = l \cdot \operatorname{tg} \vartheta/2$ hat, gleiten läßt. Im einfachsten Fall ist diese Schiene mit der Parallelführung fest verbunden, in komplizierteren kann man eine ihrer Sehnen an einer festen Kurve gleiten lassen. Ein derartiger Apparat integriert in ähnlicher Weise, wie es oben beschrieben wurde, die Abelsche Gleichung

$$u' = A \cdot u^3 + B \cdot u^2 + C \cdot u + D\,. \tag{21}$$

Jacob hat weiter einen wesentlich komplizierteren Apparat zur Integration der Gleichung des Hodographen eines in einem widerstehenden Mittel bewegten Körpers und zur Konstruktion der Schußbahn gebaut. Einen anderen Apparat zur Integration der ballistischen Gleichungen hat *Füsgen* angegeben [209].

5. Der Fahrdiagraph von Knorr

dient zur Integration von Gleichungen der Form

$$y'' = f_1(y') + f_2(y) + f_3(x)\,, \tag{22}$$

wo f_1, f_2 und f_3 gegebene Funktionen sind [373—381]. Er verwendet als Integrationsmechanismus die schon in einzelnen Apparaten von *Abdank* benutzte Schraube veränderlicher Steigung, d. h. einen längs einer Achse verschiebbaren Zylinder, der alle Drehungen dieser Achse mitmacht. Gegen seinen Mantel legt sich ein Schneidenrad, dessen Ebene mit der senkrecht zu den Erzeugenden laufenden Umfangslinie den veränderlichen Winkel α bildet. Wird die Achse um einen kleinen Winkel gedreht, so daß der Auflagepunkt des Schneidenrades sich in Richtung des Umfanges um den kleinen Bogen dx verschiebt, verschiebt sich der Zylinder in Achsenrichtung um $dy = \operatorname{tg} \alpha \cdot dx$ nach unten. Ist nun $\operatorname{tg} \alpha$ einer

Funktion $f(x)$ proportional, so zeichnet ein mit dem Zylinder verbundener Fahrstift auf der Zeichenunterlage, die sich proportional der Zylinderdrehung in der x-Richtung, aber nicht in der y-Richtung bewegt, eine Kurve $y = a \int_0^x f(\xi)\,d\xi$.

Der Knorrsche Apparat (Abb. 218) für Gleichungen der Form (22) hat zwei solche Schrauben mit den Zylindern Z_1 und Z_2 und den Schneidenrädern R_1 und R_2. Jeder der Zylinder ist mit einer Ebene E_1 bzw. E_2 verbunden, die in Höhe der höchsten Mantellinie des Zylinders liegt und die sich auf den Zylinder und eine außenliegende Rolle stützt. Die Ebenen machen mit ihren Zylindern die Bewegung in der y-Richtung mit. Ihre Verschiebung zeichnen sie mittels der mit ihnen verbundenen Schreibstifte auf einem dritten Zylinder T auf, und zwar zeichnet S_1 die Kurve $y'(x)$, S_2 die Kurve $y(x)$. Alle drei Zylinder werden mit Schneckentrieb und Zahnrädern durch eine querliegende Welle W mit der gleichen Winkelgeschwindigkeit gedreht. Diese Querwelle wird mit Hand oder durch einen langsam laufenden Motor angetrieben.

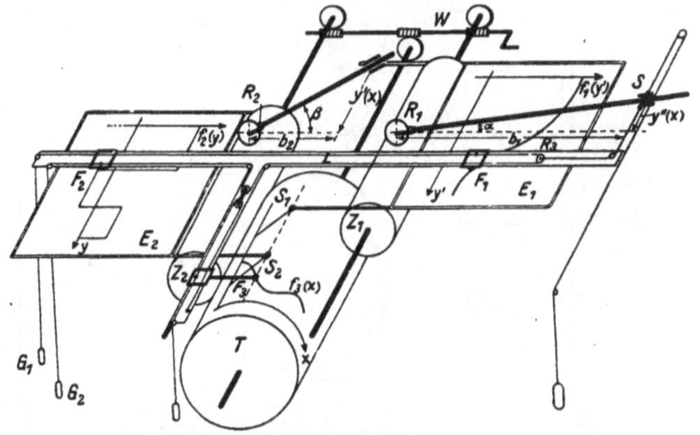

Abb. 218. Schematische Darstellung des Fahrintegraphen von *Knorr*

Der Apparat hat entsprechend den in (22) auftretenden drei willkürlichen Funktionen drei Fahrstifte. Die in passendem Maßstab gezeichneten Kurven $f_1(y')$ und $f_2(y)$ sind, wie die schematische Abb. 218 zeigt, auf die Ebene E_1 bzw. E_2 aufgespannt und werden mit den Fahrstiften F_1 und F_2 befahren, die sich längs der festliegenden Schiene L verschieben; $f_3(x)$ ist auf die Trommel T gespannt und wird mit dem Fahrstift F_3 befahren, der sich an einer zu L senkrechten festen Schiene verschiebt. Die drei Fahrstifte werden an einen über die Leitschienen gespannten Seilzug, der durch die Gewichte G_1 und G_2 gespannt wird, in der Nullage angeklammert und dann auf den entsprechenden Kurven verschoben. Ihre Bewegungen werden so addiert und mittels der losen Rolle R_3 auf den Steuerschieber S übertragen. Dieser kann sich nur in y-Richtung verschieben, und zwar ist seine Verschiebung gleich $\frac{1}{2}[f_1(y') + f_2(y) + f_3(x)]$. Bezeichnet man den in passender Größe einstellbaren x-parallelen Abstand zwischen diesem Steuerschieber und dem Auflagepunkt des Schneidenrades R_1 mit b_1, die Neigung der Ebene von R_1 mit α, so ist

$$2b_1 \cdot \operatorname{tg}\alpha = f_1(y') + f_2(y) + f_3(x)\,. \tag{23}$$

Also zeichnet der Schreibstift S_1 auf der Trommel T eine Kurve auf, deren Ordinate proportional $y'(x)$ ist. Die Richtung des Schneidenrades R_2 wird, wie man aus Abb. 218 entnimmt, durch die Bewegung der Ebene E_1 gesteuert, so daß ihre Ebene mit der x-Richtung einen Winkel β bildet, dessen Tangens proportional $y'(x)$ ist. Die Ordinate der von dem Stift S_2 auf T verzeichneten Kurve ist also proportional $y(x)$.

Konstruktionseinzelheiten und wirklichen Aufbau — z. B. liegen die Schneidenräder unter den Zylindern, die Steuervorrichtung für die Ebenen der Schneidenräder sind anders als in Abb. 218 angedeutet, die Längen der Integrationsbasen

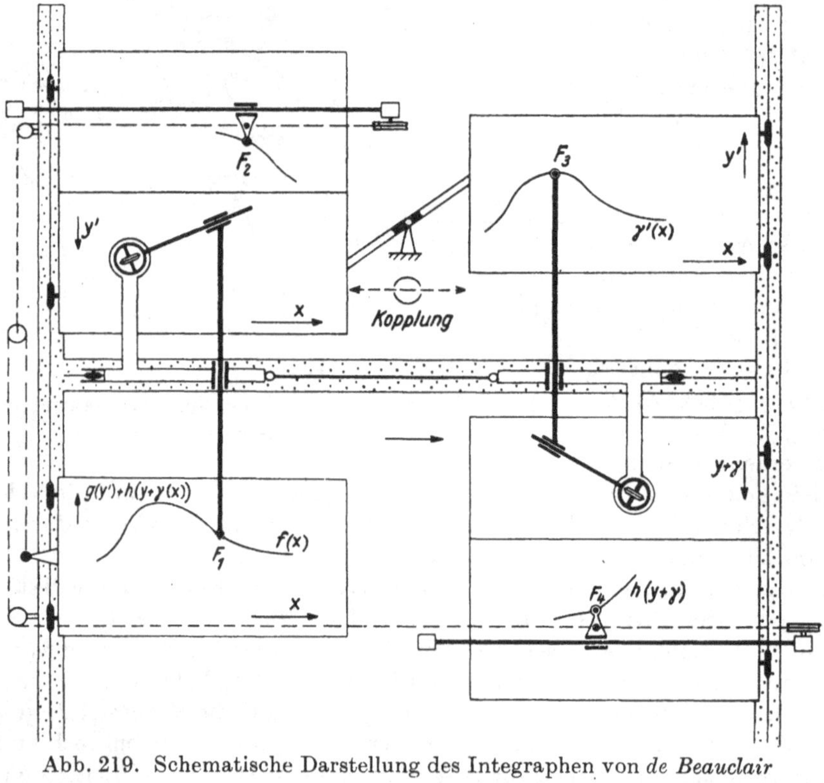

Abb. 219. Schematische Darstellung des Integraphen von *de Beauclair*

sind in weitem Umfang verstellbar usw. — möge man aus den Originalarbeiten entnehmen [375], ebenso möge man sich dort über einen kleinen elektromagnetisch arbeitenden Apparat zur Kompensation des „Schlupfes" orientieren. Infolge dieses Schlupfes würden die Neigungswinkel der Schneidenradebene etwas zu klein ausfallen. Versuche haben ergeben, daß er zwar verschieden für positive und negative Werte der Steigung sein kann, sonst aber unabhängig von diesem Wert ist [375].

Durch Einbau mehrerer Integriervorrichtungen würden sich auch Gleichungen höherer Ordnung der Form (22) lösen lassen und durch Koppelung der verschiedenen Fahrschieber würde man Apparate zur Lösung allgemeinerer Gleichungen bekommen können. Der beschriebene Apparat ist vor allem verwendet worden zur Aufzeichnung der Geschwindigkeits- und Weg-Zeitkurve eines Zuges oder sonstigen Fahrzeuges, wenn die Differenz aus Widerstand auf ebener Strecke und Zugkraft als Funktion der Geschwindigkeit und, additiv hinzukommend, der Steigungswiderstand als Funktion des Weges gegeben ist, ferner zur Aufzeichnung des Temperaturverlaufes bei schwankend belasteten elektrischen Maschinen.

Unter Benutzung des Grundintegraphen *Adler-Ott* hat *de Beauclair* den Fahrintegraphen so umgeformt, daß er zur Integration von Gleichungen der Form

$$y'' = g(y') + h(y + \gamma(x)) + f(x) \tag{24}$$

benutzt werden kann. An Hand der schematischen Skizze 219 wird man sich die Arbeitsweise dieser Konstruktion leicht klarmachen.

6. Der Fahrgeschwindigkeitsintegraph von Tuschy

dient ähnlich wie der Apparat von *Knorr* der Fahrzeitbestimmung [483]. Er zeichnet in ein gegebenes Streckenprofil bei gegebenem Beschleunigungs-Geschwindigkeitsdiagramm (b, v-Diagramm) die Geschwindigkeit v eines Zuges als Funktion des Weges x ein und ermöglicht, den Zusammenhang zwischen Ort x und Zeit t der Zugbewegung abzulesen. Zur Integration wird die Tatsache benutzt, daß die Subnormale der Geschwindigkeitwegkurve proportional der Beschleunigung b ist:

$$b = \frac{dv}{dt} = \frac{dv}{dx} \cdot v \,. \tag{25}$$

Stellt man die Subnormale $b \sim OZ$ ein und benutzt einen Schwenkarm SA, der durch Z gleitet und an seinem Ende ein Schneidenrad trägt, dessen Ebene normal zu dem Arm ist, so beschreibt dieses Rad die v, x-Kurve.

Der Wagen W_1 (Abb. 220) wird mittels zweier Räder auf einer Schiene in Abszissenrichtung geführt. Er hat zwei zueinander senkrechte Geradführungen, in denen in der Ordinatenrichtung der Wagen W_2, in der Abszissenrichtung W_3 gleitet. W_2 trägt das Schneidenrad, das durch den Schwenkarm SA in jede Richtung gebracht werden kann. SA gleitet durch den mit W_3 bewegten Zapfen Z.

An dem Wagen W_2 bringt man das b, v-Diagramm bei ebener Fahrbahn so an, daß der Koordinatenanfangspunkt über dem Auflagepunkt des Schneidenrades liegt und die v-Achse in der negativen Ordinaten-, die b-Achse in der Abszissenrichtung läuft. In Abb. 220 ist die b, v-Kurve in Form eines Schlitzes gegeben, in dem der Zapfen Z gleitet, so daß die Subnormale der v, x-Kurve stets gleich der augenblicklichen Beschleunigung ist.

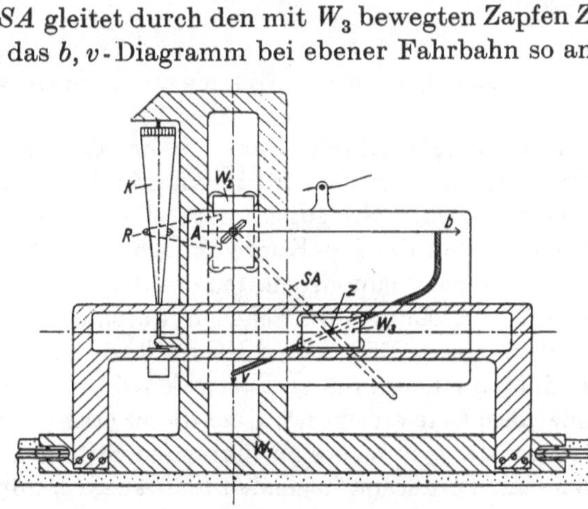

Abb. 220. Schematische Darstellung des Fahrgeschwindigkeitsintegraphen von *Tuschy*

Klemmt man W_3 fest, hat man eine Kurve mit konstanter Subnormalen. Der Apparat zeichnet dann also eine Parabel $v^2 = 2bx$. Das kann man zur Konstruktion der Bremsparabel gebrauchen.

In dieser Form würde der Apparat für die Fahrzeitermittlung auf horizontaler Bahn dienen können. Soll auch die Steigung der Strecke berücksichtigt werden, muß sich die Subnormale additiv zusammensetzen aus dem von der Geschwindigkeit v und dem von der Steigung s abhängenden Teil. Das die b, v-Kurve tragende Tischchen muß dann also in der b-Richtung eine von der Steigung abhängige

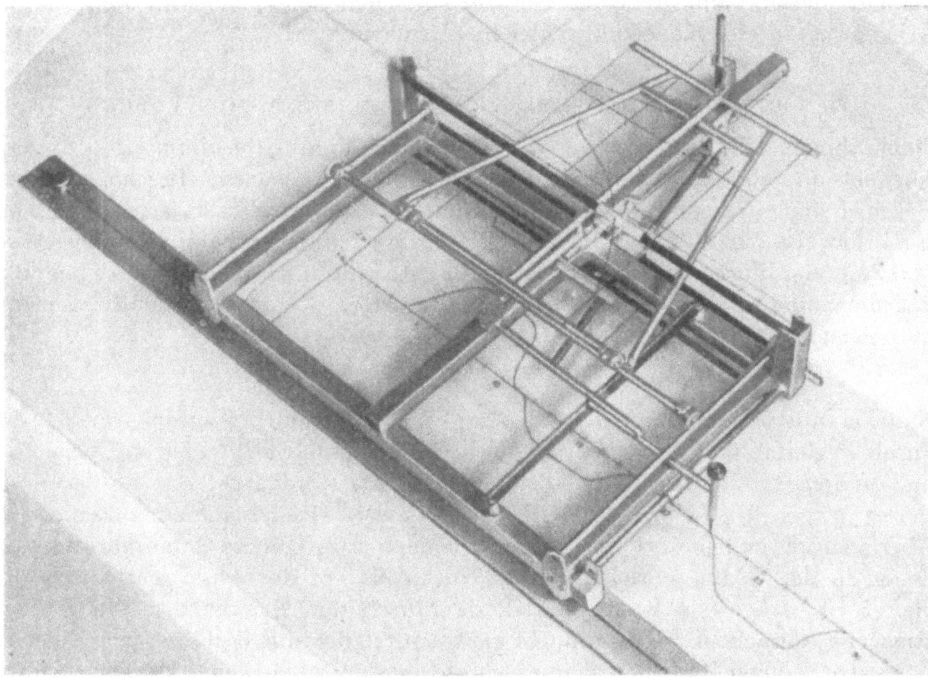

Abb. 221. Neukonstruktion des Apparates von *Tuschy* durch *de Beauclair*

Verschiebung erfahren. Da z. B. bei der Eisenbahn die Steigung auf längere Strecken konstant ist, wird an einer in Abb. 220 nicht gezeichneten Skala die der augenblicklichen Steigung entsprechende Verschiebung eingestellt, wodurch das Tischchen mit der b, v-Kurve einfach in der b-Richtung entsprechend verschoben wird. In einer Neukonstruktion des Apparates durch *de Beauclair* wird diese seitliche Verschiebung des Tischchens durch einen Winkelhebel vorgenommen. Dieser trägt an einem Ende einen Fahrstift, der auf dem Streckenprofil entlanggeführt wird. Man erkennt diesen Fahrstift vorn in Abb. 221, in dem das Tischchen durch eine Glasplatte ersetzt ist. Über dieser erkennt man an einer Schiene verschiebbar den auf der b, v-Kurve zu führenden Stift. Die Bewegung dieses Stiftes wird auf den ganz zu unterst liegenden Schwenkarm durch einen Seilzug übertragen.

Die Zeitermittlung erfolgt bei der ursprünglichen Konstruktion von *Tuschy* durch Aufleuchten einer Lampe nach jeder Fahrminute. Am Wagen W_2 ist ein

Ausleger A mit einem Rädchen R angebracht, der um eine v-parallele Achse drehbar ist. Auch die Achse von R ist v-parallel. R läuft auf der Zeichenfläche und auf R ruht der Kegel K, dessen Achse zur Ordinatenachse parallel ist und der noch in einem seiner Lager ruht. Da sich die Spitze des Kegels in der Höhe $v = 0$ befindet, ist der ihm durch R mitgeteilte Drehwinkel $\frac{dx}{v} = dt$, d. h. seine Drehung mißt die Fahrzeit, die an einer Skala (6 gleiche Teile zu je 10 s) abgelesen werden kann. Dieser Kegel gibt die Kontakte für das Aufleuchten der Lampe.

Für die Bestimmung der ersten Fahrtminute wird der Kegel nicht verwandt; für diese wird die Beschleunigung als konstant vorausgesetzt, also $t = \frac{v}{b} = \operatorname{tg} \beta$ gesetzt. Ist der durch diese Gleichung für eine Minute bestimmte Winkel durch den Schwenkarm erreicht, wird zum erstenmal der Kontakt geschlossen und das Lichtsignal gegeben.

Weitere Apparate zur Fahrzeitbestimmung sind von *Suprunenko* gebaut [719—722], von *Bohl* [71] und der Firma *Amsler*.

Besondere Überlegungen erfordert bei der Verwendung all dieser Instrumente die passende Bestimmung der Maßstäbe der einzelnen Größen [375].

VIII. DIFFERENTIALGLEICHUNGSMASCHINEN

A. Allgemeiner Aufbau

Als erster hat *W. Thomson* einen Apparat zur Integration einer einfachen Differentialgleichung vorgeschlagen, bei dem zum erstenmal das für das Arbeiten all dieser Instrumente grundlegende Rückkoppelungsprinzip angewendet wurde [740, 741]. Eine umfangreichere Maschine, die sich aus Thomsonschen Integriermechanismen, Additionsvorrichtungen usw. zusammensetzte, hat 1904 *Kriloff* entworfen [394]. Der Bau dieser Maschine für Differentialgleichungen bis zu vierter Ordnung wurde in Petersburg in Angriff genommen. Der Bau zog sich bis zum ersten Weltkrieg hin; während dessen sie bei der Evakuierung verloren ging. Eine wirklich arbeitende Integrieranlage für Differentialgleichungen zweiter Ordnung wurde vor dem ersten Weltkriege von *Knorr* gebaut (VII, C 5). Die heute vorhandenen Maschinen sind mehr oder weniger Abarten der von *V. Bush* konstruierten Maschine [98]. Dieser begann 1920 in Cambridge (Massachusetts) mit Versuchen zum Bau einer Maschine zur mechanischen Integration gewöhnlicher Differentialgleichungen. Zehn Jahre später hatte er eine brauchbare Form seiner Maschine gefunden. Diese setzte sich aus einzelnen Getrieben zusammen, deren wichtigste die Integrier-, Funktions-, Multiplikations-, Additions-, Übersetzungs- und Ergebnistriebe waren. Der Umfang dieser Maschinen wird in der Hauptsache durch die Zahl der vorhandenen Integriertriebe bestimmt. Die erste von *Bush* gebaute Maschine hatte 6 Integratoren [98—103]. Zwei weitere Maschinen dieser Art wurden in den nächsten Jahren in den USA gebaut, ferner z. B. in England in Manchester (1935) und Cambridge (1939) mit 8 [137, 275—278, 284—288, 525, 846], von *Massey* in Dublin mit 4 [470], von *Rosseland* in Oslo mit 12 Integratoren gebaut [179, 181, 411, 533, 621, 622], auch in Leningrad wurde von *Bruk* eine Maschine mit 6 Integratoren gebaut, die sich im energetischen Institut der Akademie befindet. Mehrfach hat man auch Maschinen mit ganz einfachen Mitteln hergestellt [137, 287, 413, 470]. Abb. 222 zeigt die Osloer Maschine. Rechts sieht man die 12 Integratoren, deren weiter unten zu besprechende Verstärker paarweise von einem der darunter am Boden stehenden Motoren getrieben werden. Links befinden sich sieben Funktionstische, die auch als Ergebnistische benutzt werden können. In der Mitte sieht man die Achsen, die von den Integratoren zu den Tischen verlaufen. Quer dazu liegen diejenigen, die die Integratoren untereinander verbinden. Diese werden zwangsläufig durch die einzelnen Triebe miteinander gekoppelt, und zwar so, wie es der Differentialgleichung entspricht. Sie werden durch einen Motor von der Achse der unabhängigen Vari-

Abb. 222. Die Integriermaschine von *Rosseland* in Oslo

Abb. 223. Integriermaschine von *Walther-Ott*

ablen, der Kraftachse aus, getrieben. Die Osloer Maschine zeichnet sich durch besonders genaue Arbeit aus; bei ihr sind z. B. die Löcher für die Wellen etwa auf 0,006 mm genau gebohrt, die Wellen selbst auf 0,01 mm geschliffen.

Bei den neueren Maschinen werden die einzelnen Triebe nicht mehr mechanisch, sondern elektrisch gekoppelt. Infolgedessen fallen die ganzen Achsen fort. Dadurch werden die einzelnen Getriebe selbständig und die ganze Maschine kann nach dem Baukastenprinzip zusammengesetzt werden [101, 584, 778, 779]. Jedes

Abb. 224. Integriermaschine *Sauer-Pösch*

Abb. 225. Neue Maschine von *Bush*

Getriebe (Integrator, Funktionstisch, Multiplikator usw.) bildet für sich eine geschlossene Einheit. Für die Integration einer bestimmten Gleichung werden dann nur die für diese Gleichung erforderlichen Triebe zusammengestellt und elektrisch mit einem Schaltschrank verbunden. Die Verkopplung erfolgt mittels Steckschnüren an diesem Schaltschrank. Die Drehungen der einzelnen Achsen werden so durch Fernübertragungssysteme von einer zur anderen Einheit übertragen [584, 779].

Das Äußere einer solchen neueren Maschine, der von *Walther* und *Ott* gebauten Integriermaschine „Knorrbusch", zeigt Abb. 223. Links sieht man den Schaltschrank, während rechts nebeneinander drei Einheiten, zwei Funktions- bzw. Ergebnistische und ein Integrator stehen. Die Schutzdeckel dieser Einheiten sind geöffnet. Rechts neben dem Schaltschrank steht auf dem Tischchen ein Addiergerät. Abb. 224 zeigt einige Einheiten der anderen deutschen, von *Sauer* und *Pösch* konstruierten, von den Askaniawerken gebauten Universal-Integriermaschine, die leider im Kriege zerstört wurde [645]. Von links nach rechts erkennt man ein Funktions-, ein Ergebnis- und zwei Integriergetriebe. Auch die neue große Maschine von *Bush* benutzt elektrische Übertragung zwischen den einzelnen Einheiten [101]. Der Bau dieser Maschine wurde 1935 in Angriff genommen, 1942 konnte sie in Dienst gestellt werden. Sie enthält rund 2000 Röhren, 150 Elektromotoren und einige tausend Relais. Sie arbeitet zur Zeit mit 18 Integratoren, doch ist geplant, deren Anzahl auf 30 zu erhöhen. Sie kann so aufgeteilt werden, daß sie gleichzeitig drei voneinander unabhängige Probleme löst. Abb. 225 zeigt eine Gesamtansicht der Maschine. Im Vordergrund sind die Funktionstische, dahinter die Locher und das Hauptschaltbrett. Im Hintergrund ist die eigentliche Maschine mit den Inte-

Abb. 226. Inneres der Maschine von *Bush*

gratoren, Übersetzungsgetrieben usw. Abb. 226 gibt einen Blick ins Innere. In vielen Ländern, unter anderem auch in der Sowjetunion, beschäftigt man sich heute intensiv mit dem Bau solcher Integriermaschinen. Die meisten dieser Maschinen benutzen für die Integration Reibradgetriebe (V, D 4). Die für die Konstruktion außenballistischer Kurven von *Curti* und *Dubois* konstruierte Maschine verwendet Kugelintegratoren (V, D 7) [142]. Dagegen verwendet die Maschine von *Walther-Ott* das Schneidenrad (V, D 2). Auch sonst sind in dieser Maschine eine Reihe neuer Ideen verwirklicht. Die einzelnen Teile dieser Maschine seien nun beschrieben.

B. Funktionstisch

Die Funktionstische dienen dazu, die in der Differentialgleichung vorkommenden Funktionen in den Mechanismus einzuführen. Eine schematische Darstellung des Funktionstisches der Walther-Ottschen Maschine zeigt Abb. 227. Seine Zeichenfläche ist 720×620 mm². Die gegebene Funktion ist in Form einer Kurve dargestellt, die auf ein in y-Richtung verschiebbares Tischchen T aufgespannt ist. Einzelne Maschinen haben besondere Vorrichtungen zum Zeichnen dieser Kurven [137]. Der Funktionstisch wird mittels einer von dem Nachschubmotor N gedrehten Schraubenspindel Sp_y, auf der eine fest mit dem Tisch verbundene Schraubenmutter läuft, bewegt. In x-Richtung wird über dem Tisch mittels einer durch einen Vorschubmotor gedrehten Schraubenspindel Sp_x die Abtastvorrichtung A verschoben. Die Längenveränderungen in den Koordinatenrichtungen werden also in Umdrehungen der beiden Schraubenspindeln übersetzt. Durch Fernübertragungssysteme [584] werden sie gedreht oder übertragen ihre Drehungen auf andere Einheiten der Maschine. Der Maßstab für die abgetragenen Funktionen wird so gewählt, daß $0 \leq x \leq 1$ und $0 \leq y \leq 1$. Jeder dieser Einheiten entsprechen 1000 Umdrehungen der Spindeln. Durch vorgeschaltete Wechselgetriebe können auch negative Werte von —1 bis 0 eingeführt werden.

Die Führung auf der Kurve geschieht mittels eines *Abtasters*, wie er schematisch in Abb. 228 dargestellt ist [67, 158—161, 295, 819]. In ihm befindet sich eine Photozelle *Ph*, die über einen elektrischen Verstärker evtl. noch unter Zwischenschaltung eines mechanischen Drehmomentenverstärkers den Nachschubmotor so steuert, daß der Abtaster genau über der Kurve bleibt. Der Abtaster ist im Prinzip

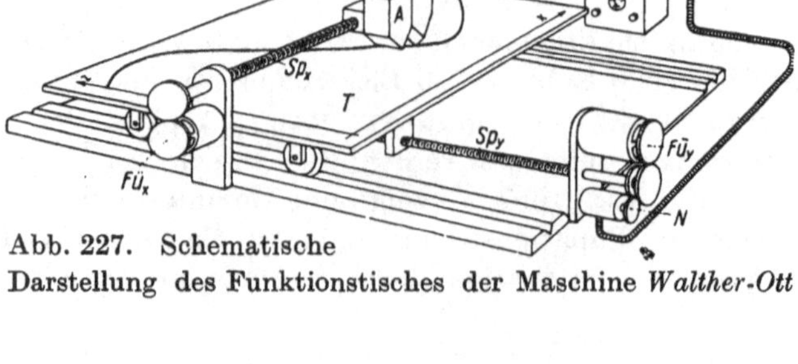

Abb. 227. Schematische Darstellung des Funktionstisches der Maschine *Walther-Ott*

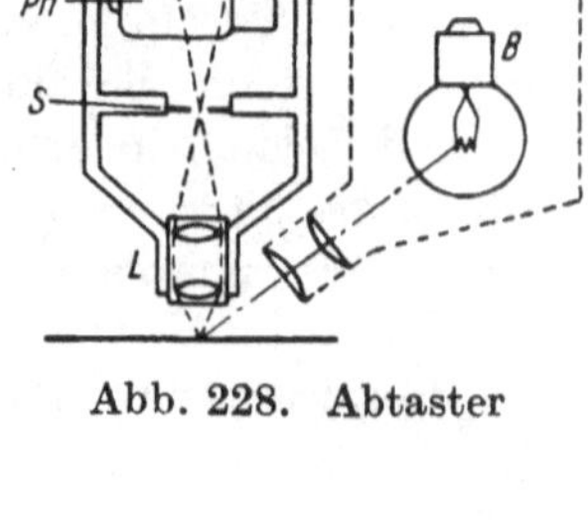

Abb. 228. Abtaster

folgendermaßen gebaut. Ein sich über das Zeichenblatt bewegendes Linsensystem *L* entwirft auf einem kleinen Schirm *S* ein Bild des Zeichenblattes mit dem breiten Kurvenstreifen, dessen obere Kante der zu befahrenden Kurve entspricht. Die Einstellungsschärfe wird durch Veränderung der Höhe des Abtasters über dem Zeichenblatt geregelt und kann durch eine seitliche Einblicköffnung überwacht werden. Der abzubildende Teil der Kurve wird durch eine Beleuchtungseinrichtung *B*, die, um schädliche Erwärmungen zu vermeiden, neben der eigentlichen Abtastvorrichtung angebracht ist, hell beleuchtet. In dem Schirm befindet sich ein kleines Blendenloch, durch welches das Licht auf die dahinterliegende Photozelle *Ph* trifft. Ist dieses Loch zur Hälfte durch das Bild des Kurvenstreifens ver-

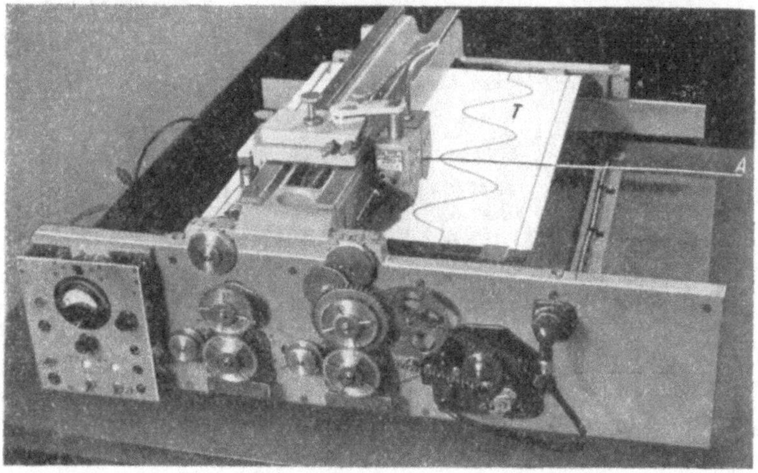

Abb. 229. Funktionstisch der Maschine *Walther-Ott* von vorn

dunkelt, gibt die Photozelle keinen Impuls auf den Nachführungsmotor. Ist dagegen mehr als die Hälfte des Blendenloches hell oder dunkel, so erhält der Motor einen Strom und bewegt die Abtastvorrichtung von der Kurve fort oder auf sie zu. Versuche mit diesem Abtaster zeigten, daß der Fehler senkrecht zur Kurve etwa von der Größe von 0,1 mm war.

Abb. 229, 230 zeigen den ausgeführten Funktionstisch von vorn und hinten. Man erkennt über dem Kurvenblatt den Abtaster mit dem Zuführungskabel, in dem sämtliche Zu- und Abführungsleitungen liegen, auch die für die Beleuchtungsvorrichtung. Das nächste Bild zeigt diesen Tisch von hinten. Man sieht hier die beiden Spindeln und die Stecker *St*, die für die Zuführung des Stromes zu den beiden hier nicht sichtbaren kleinen Motoren und zu den Verstärkern, ferner für die Übertragung der Umdrehungen der Schraubenspindeln zu oder von den anderen Einheiten der Maschine bestimmt sind.

Es gibt noch zwei andere Möglichkeiten, Funktionswerte in die Maschine einzuführen. Die eine ist die, daß man die Differentialgleichung, der die betreffende Funktion genügt, von der Maschine mit integrieren läßt. Z. B. kann man, statt sin t oder cos t von einem Funktionstisch aus einzuführen, unter Benutzung zweier Integratoren die Gleichung $y'' + y = 0$ mit integrieren. Eine andere Methode führt neuerdings *Bush* durch. Bei ihr werden äquidistante Funktionswerte mit

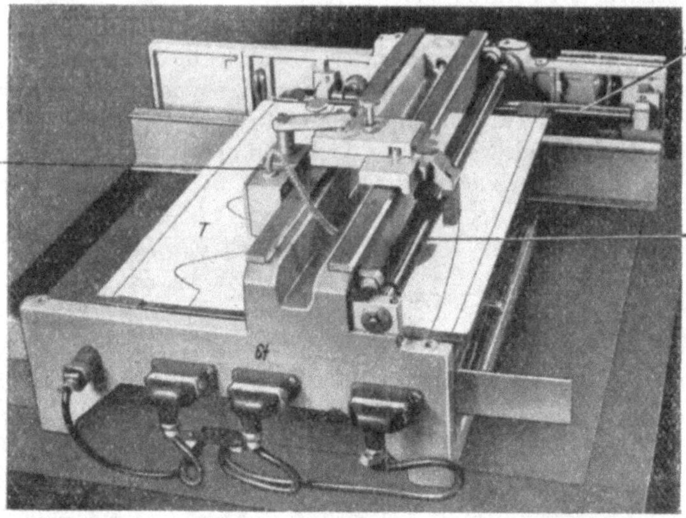

Abb. 230. Funktionstisch der Maschine *Walther-Ott* von hinten

ihren Differenzen bis zur dritten oder vierten in Lochstreifen gestanzt. Die aus den Differenzen gebildete Interpolationsformel wird mittels einer besonderen Anordnung kleiner Integratoren integriert. Die so gewonnenen Funktionswerte werden in jedem Intervallpunkt mit den gelochten automatisch verglichen und korrigiert. Dadurch ist dann eine genügend genaue Wiedergabe der Funktion verbürgt.

C. Ergebnistisch

Bei den meisten Maschinen ist der Ergebnistisch ebenso gebaut wie der Funktionstisch. Während aber beim Funktionstisch die Verschiebung des Abtasters in der x-Richtung und die Kurve das primäre sind, und die Verschiebung in der y-Richtung, die in Strom umgesetzt wird, der an weitere Einheiten der Maschine übertragen wird, das Sekundäre, wird beim Ergebnistisch durch die zugeführten Ströme die Umdrehung der beiden Schraubenspindeln gesteuert. An Stelle des Abtasters tritt hier eine Schreibvorrichtung, die das Ergebnis der Integration in Form einer Kurve aufzeichnet. Beim Integrator von *Walther-Ott* ist dazu eine Kapillarrohr-Schreibfeder angebracht, die während des Abtastens herausgeschwenkt und vom Zeichenpapier abgehoben ist und die genau an der Stelle schreibt, die sonst abgetastet wird. Die aufgezeichnete Kurve kann sofort wieder als Funktionskurve abgetastet werden. Auch bei der Osloer Maschine können die Funktionstische zum Aufzeichnen der Ergebnisse benutzt werden [622]. Andere Maschinen haben einen besonderen Resultattisch, auf dem bei einigen zwei Kurven,

z. B. die Integralkurve und ihre Ableitung aufgezeichnet werden können. Die Maschine von *Hartree* hat außerdem noch einen Tisch, auf dem das Ergebnis aufgezeichnet und mit einer bestimmten Abszissenverschiebung (lag) wieder in die Maschine hineingegeben werden kann. Es ist das z. B. für die Behandlung von Schwingungsproblemen mit Reflexion wichtig [105]. Bei manchen Maschinen, z. B. der in Manchester, können die Resultate außerdem noch an Zählwerken abgelesen werden, die dann nach gleichen Argumentschritten photographiert die Resultate in Tabellenform geben. Andere Maschinen, wie die deutsche Universal-Integriermaschine und die neue Maschine von *Bush*, sind mit Druckwerken versehen.

Funktions- und Ergebnisgetriebe der deutschen Universalmaschine, die, ebenso wie die der neuen amerikanischen, Trommelform hatten, sind links in Abb. 224 dargestellt. Vor dem Funktionsgetriebe befindet sich ein Brett, das zum Aufspannen der gegebenen Kurve auf die Trommel T dient, die sich in x-Richtung dreht. Man erkennt ferner den kleinen Wagen W, der mittels des Handrades H auf dieser Kurve entlanggeführt wird. Er trägt eine vierfach vergrößernde Lupe und eine kleine Beleuchtungsvorrichtung. Man sieht ferner, daß diese Lupe bei dem danebenstehenden Ergebnisgetriebe durch eine Schreibvorrichtung ersetzt ist. In den beiden Seitenteilen dieser Getriebe liegen die Antriebsvorrichtungen für Trommel und Wagen. Eine Spindeldrehung entspricht hier einer Wagenverschiebung von 0,2 mm. An den linken Seitenteilen dieser Getriebe erkennt man eine Lampe L, die aufleuchtet, wenn der Wagen den Endanschlag erreicht. Darunter befindet sich ein auswechselbares Aufsteckgetriebe G, unter diesem wieder zwei Schalter. Mittels des linken kann der Drehsinn des Motors geändert werden. Der rechte dient zum Ein- und Ausschalten des Getriebes. Der rechte Seitenteil trägt ebenfalls ein Aufsteckgetriebe, links darunter einen Schalter zur Änderung des Drehsinnes der Achsen und rechts davon einen Knopf zum Ausschalten der ganzen Maschine.

D. Integriergetriebe

Die wesentlichsten Teile der Maschinen sind die Integriergetriebe. Ihre Zahl ist kein Maß für die Ordnung der Differentialgleichung, die mit der Maschine integriert werden kann. Diese ist im allgemeinen niedriger, da die Integriergetriebe für andere Zwecke: Multiplikation von Funktionen, Erzeugung der in die Gleichung eingehenden Funktionen usw. gebraucht werden. Doch gibt die Zahl der Integriergetriebe einen Anhalt für die Größe der Maschine. Während *Bush* zunächst zur Integration integrierende Wattstundenmeter verwendete [102, 103], benutzen die heutigen Maschinen entweder Gonellasche Integriermechanismen oder Schneidenräder. In beiden Fällen wird auch hier die Änderung der Variablen in Drehung von Achsen umgesetzt. Die Wirkungsweise eines solchen Integrators sei an dem einfachen Beispiel der Gleichung

$$\frac{dz}{dx} = f(z)$$

erläutert, die man hier besser in der Form

$$z = \int^{x} f(z)\, dx$$

schreibt (Abb. 231).

Die Kurve $y = f(z)$ ist zur Abszisse z auf dem Funktionstisch T aufgezeichnet und kann mit dem Fahrstift F befahren werden, der an einer über dem Funktionstisch liegenden Brücke gleitet. Die Bewegung mag durch Drehung der unten angedeuteten Kurbel erfolgen. Durch Schnecken- oder Kegelradantrieb wird dadurch gleichzeitig mittels einer Schraube die Scheibe S des Integrators unter der hier unverschieblich gelagerten Meßrolle R so verschoben, daß diese vom Drehpunkt der Scheibe immer einen Abstand hat, der proportional $f(z)$ ist. Die Antriebswelle x wird durch einen Motor langsam gedreht, wobei die Scheibe S eine Drehung proportional x erfährt; dabei wird die Geschwindigkeit des Motors so reguliert, daß die Scheibe sich möglichst immer mit der gleichen Geschwindigkeit dreht. Ebenso wird der Ergebnistisch proportional x verschoben. Die Abtriebswelle z dreht sich daher proportional $\int^{x} f(z)\, dx = z$. Diese Welle verschiebt nun die Brücke über dem Funktionstisch in der Abszissenrichtung so, daß der Fahrstift F relativ zum Tisch immer die richtige Abszisse z hat. Außerdem bewegt sich mittels Schneckentriebes in Ordinatenrichtung ein Zeichenstift, der auf der Ergebnistafel z als Funktion von x aufzeichnet. Ganz ähnlich geht die Integration bei Verwendung eines Schneidenrades vor sich.

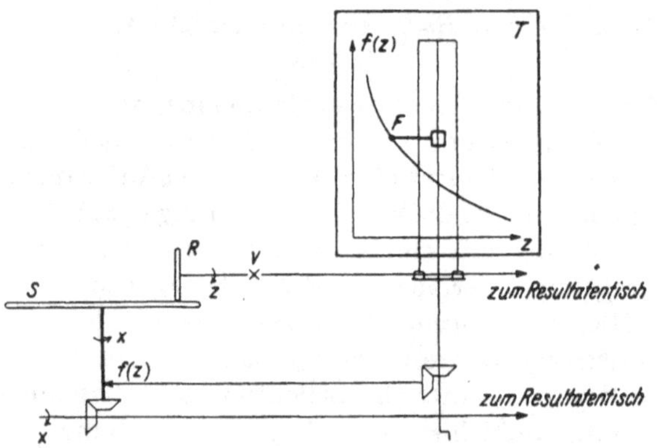

Abb. 231. Schematische Darstellung eines Gonellaschen Mechanismus zur Integration der Gleichung $\frac{dz}{dx} = f(z)$

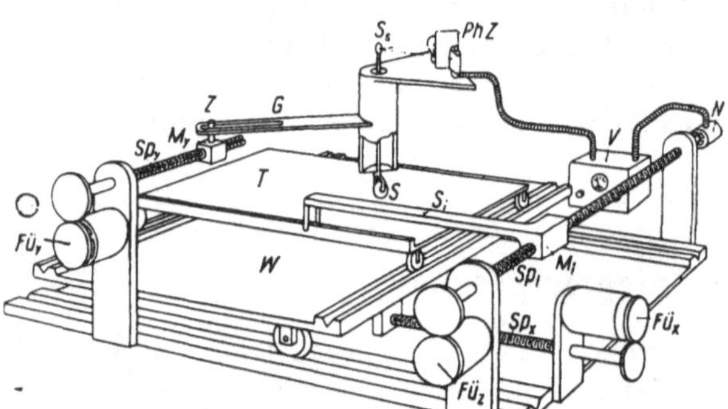

Abb. 232. Schematische Darstellung des Integrators der Maschine *Walther-Ott*

Eine schematische Darstellung des in der Walther-Ottschen Maschine verwendeten Integrators gibt Abb. 232. Der Abszissenwagen W wird durch die mittels Fernübertragungssystems $Fü_x$ angetriebene Spindel SP_x in x-Richtung bewegt. Weiter wird ein Schlitten durch die fest mit ihm verbundene Mutter M_y

in y-Richtung mittels der Schraubenspindel Sp_y verschoben. Diese wird ebenfalls durch ein Fernübertragungssystem $Fü_y$, evtl. unter Vorschaltung eines Wechselgetriebes, gedreht. Mit dem Schlitten ist ein Zapfen Z verbunden, der in der Gabel G gleitet. Er gibt der Gabel eine solche Richtung, daß die Tangente ihres Richtungswinkels φ gegen die positive x-Achse durch $\operatorname{tg} \varphi = y/b$ (b durch Verschiebung längs einer Schiene einstellbare Integrationsbasis) bestimmt ist. Die gabelförmige Schiene trägt unten ein Schneidenrad S, dessen Ebene zur Richtung der Gabel parallel ist. Dieses wird auf das in Ordinatenrichtung verschiebbare und mit dem Abszissenwagen W in x-Richtung bewegte Tischchen T gedrückt. Bei der Bewegung des Abszissenwagens verschiebt sich daher, wie in VII, A 3 und 4 näher beschrieben wurde, das Integraltischchen T proportional $\int^x y\,dx$ in Ordinatenrichtung. Die Bewegung wird mittels der Führungsschiene S_i auf einen Schlitten mit der Schraubenmutter M_i übertragen und durch die Spindel Sp_i in Drehung umgesetzt.

Die zur Verschiebung von T erforderliche Kraft muß als seitliche Reibungskraft von dem Schneidenrade geliefert werden. Je größer diese Beanspruchung ist, desto ungenauer arbeitet der Integrator. Daher wurde bei der Maschine von *Walther-Ott* das Schneidenrad durch eine lichtelektrische Nachsteuerungsanlage fast vollständig entlastet. Es wurde dazu am kurzen Ende eines Hebels kippbar gelagert, während der lange Hebelarm einen Spiegel Ss mit gerader Kante trägt. Statt nun das Tischchen zu verschieben, kippt das Schneidenrad ein wenig und schwenkt dabei den Spiegel. Ein auf die gerade Spiegelkante fallender Lichtstrahl wird dadurch nicht mehr vollständig, sondern nur noch zum Teil auf die Photozelle *PhZ* reflektiert. Ein von dieser ausgehender Strom führt dann über den Verstärker V und den Nachsteuerungsmotor N das Tischchen so nach, daß das Rädchen wieder senkrecht steht. Das Kippen des Rades bewirkt zwar eine kleine zusätzliche Verschiebung des Tischchens T, die aber so gering ist, daß sie das Resultat kaum beeinträchtigt. Der Nachsteuerungsantrieb bestand früher aus einem kleinen Ferrarismotor und einem mechanischen Drehmomentenverstärker (s. E), der hier aber nicht wie bei der Maschine von *Bush* zur unmittelbaren Verstärkung der Meßgröße dient, sondern nur als Hilfsgerät mit geringem Genauigkeitsanspruch. Neuerdings läßt man diesen Drehmomentenverstärker wegen seiner besonders großen Störungsempfindlichkeit fort und benutzt als Nachsteuerungsantrieb einen Röhrenverstärker, Relaisverstärker und einen Einphasenmotor genügend großer Leistung [782].

Die Ausführung des Integrators der Maschine von *Walther-Ott* zeigt Abb. 233. Man erkennt oben die gabelförmige Schiene und den in ihr laufenden Zapfen, darunter links die Spindel SP_y, die den Zapfen bewegt. Rechts liegt die Spindel Sp_i. Hinter den unteren Zahnrädern liegen die kleinen Motoren. Die Spindel Sp_x ist auf diesem Bilde nicht sichtbar, ebenso sind die an der Rückwand liegenden Stecker für die Stromzuführung und -abnahme nicht zu sehen.

Die Maßstäbe werden hier so gewählt, daß

$$0 \leq x \leq 1; \quad -1 \leq y \leq +1; \quad 0 \leq \int^x y\,dx \leq 1 .$$

Jeder Einheit entsprechen auch hier 1000 Umdrehungen der An- bzw. Abtriebsspindel. Wechselgetriebe erlauben auch negative Werte von x und $\int^{x} y\,dx$ zu verwenden.

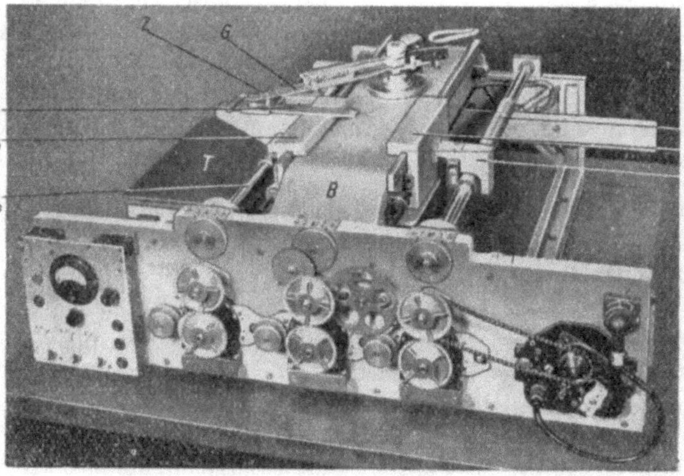

Abb. 233. Integrator der Maschine *Walther-Ott*

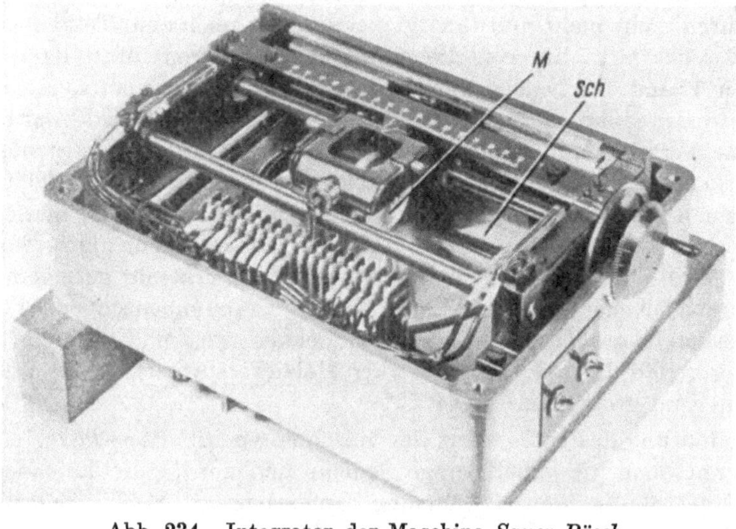

Abb. 234. Integrator der Maschine *Sauer-Pösch*

Zwei Integriergetriebe der Maschine von *Sauer-Pösch* sind rechts in Abb. 224 zu sehen. Am oberen Teil sieht man das Handrad H_i zum Einstellen der Anfangswerte. Neben ihm befinden sich zwei Schalter S, durch die der Drehsinn der Antriebs- und der Eingangsachse, d. h. der Achse, die den Abstand des Meßrades von dem Drehpunkt der Scheibe regelt, bestimmt wird. Ein Druck auf den Knopf neben der Lampe L_i, die bei Erreichen des Endschalters durch das Meßrädchen aufleuchtet, schaltet die ganze Integriermaschine aus. Hinter dem Blechgitter liegen die Verstärker. Darunter sieht man ein Überwachungsinstrument *Ü*, das bei Druck auf die rechts davon liegende Prüftaste anzeigt, ob der Verstärker betriebsfähig ist. Links von dem Überwachungsinstrument befindet sich der Schalter zum Ein- und Ausschalten. Darunter liegt schließlich ein Aufsteckgetriebe. In der Abbildung 234 sieht man den oberen Teil des Integrators offen mit Scheibe *Sch* und Reibrad *M*.

E. Drehmomentenverstärker

Wie schon erwähnt, sind beim Schneidenrad die Reibungskräfte so gering, daß es kaum möglich ist, durch die Drehung der Integrationswelle noch andere Teile der Maschine zu bewegen, wie es erforderlich ist. Das gleiche gilt auch für die von der Meßrolle des Gonellaschen Integriermechanismus gelieferten Drehmomente. Bei den älteren Maschinen werden zur Verstärkung dieses Drehmomentes daher mechanisch arbeitende Drehmomentenverstärker benutzt. Man teilt die von der Meßrolle bzw. Spindel ausgehende Welle in zwei Teile und schaltet zwischen beide den Verstärker ein [518]. Die schematische Skizze eines solchen Verstärkers gibt Abb. 235. Über den Enden der Antriebs- und der Abtriebswelle werden koachsiale Trommeln dauernd durch einen Motor in Umdrehung versetzt, und zwar rotiert die eine links, die andere rechts herum. Sie stehen mit der Welle nicht in Verbindung. Die Antriebswelle endet in den Arm *A*, die Abtriebswelle in *B*. Beide sind durch zwei Bänder miteinander verbunden, die um die rotierenden Trommeln gelegt sind. Dreht sich nun die Antriebswelle etwa so, daß *A* sich nach hinten bewegt, so wird das Band um die linke Trommel angezogen, das um die rechte gelockert. Infolge der Seilreibung, die ja exponentiell mit dem Umschlingungswinkel wächst, wird auf den Hebel *B* ein sehr viel größerer Zug nach vorn ausgeübt. Das rechte Band, das bei dieser Bewegung locker ist, also keinen Zug ausübt, tritt bei entgegengesetzter Drehung in Wirkung. Durch diesen einfachen Apparat ist eine Verstärkung des Drehmomentes auf das 60- bis 100fache möglich. Oft werden zwei dieser Verstärker hintereinandergeschaltet und dadurch eine Verstärkung des Drehmomentes etwa auf das 5000fache erreicht. Abb. 236 zeigt einen solchen Drehmomentenverstärker, wie er in der Maschine *Walther-Ott* zunächst benutzt wurde.

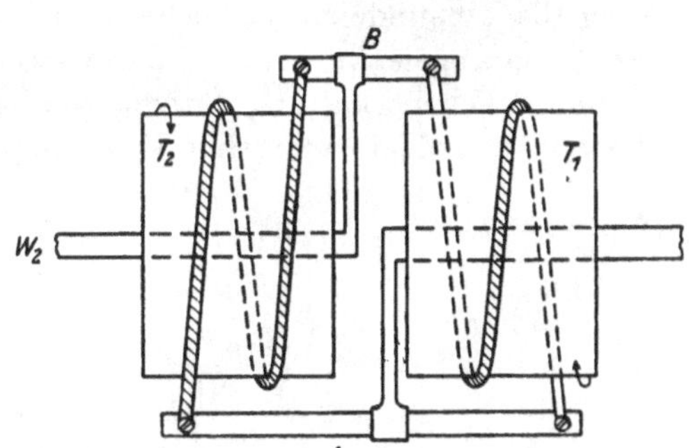

Abb. 235. Schematische Darstellung eines Drehmomentenverstärkers

Eine optische Verstärkereinrichtung, die polarisierte Lichtstrahlen benutzt, beansprucht das Dreh-

Abb. 236. Mechanischer Drehmomentenverstärker

moment des Integrierrädchens J überhaupt nicht (Abb. 237). Bei dieser ist auf derselben Achse W_1 mit diesem Rädchen eine Polarisationsscheibe P_1 angebracht, die sich mit dem Rädchen dreht. Eine zweite Achse W_2, die parallel zur ersten ist, trägt zwei weitere Polarisationsscheiben P_2 und P_3, deren Polarisationsrichtungen zueinander orthogonal sind und mit der ersten Polarisationsrichtung in der Normallage Winkel von $+45°$ bzw. $-45°$ bilden. Zwei achsenparallele Lichtstrahlen L_1 und L_2 der gleichen Intensität gehen nun zuerst durch die Polarisationsscheibe P_1, der eine geht dann durch die kleinere Scheibe P_2, der andere geht daran vorbei und trifft auf die größere P_3. Die beiden Lichtstrahlen, die auch nach dem Durchgang durch die Polarisationsscheiben, falls sich diese in der Normallage befinden, die gleiche Helligkeit haben, werden durch zwei Spiegel S_1 und S_2 so abgelenkt, daß sie dann zwei Photozellen Z_1 und Z_2 treffen, die durch eine Brückenschaltung miteinander verbunden sind. In diesem Fall wird kein Strom von dem Verstärker V ausgesandt; der Hilfsmotor HM setzt also die zweite Welle nicht in Bewegung. Wird das Integrierrädchen J und damit die erste Polarisationsrichtung gedreht, so haben die beiden auf die Photozellen fallenden Lichtstrahlen nicht mehr die gleiche Helligkeit; es wird ein Strom über den Verstärker in den Hilfsmotor HM gesandt, der jetzt die Welle W_2 so lange dreht, bis die Lage erreicht ist, in der die beiden Polarisations-

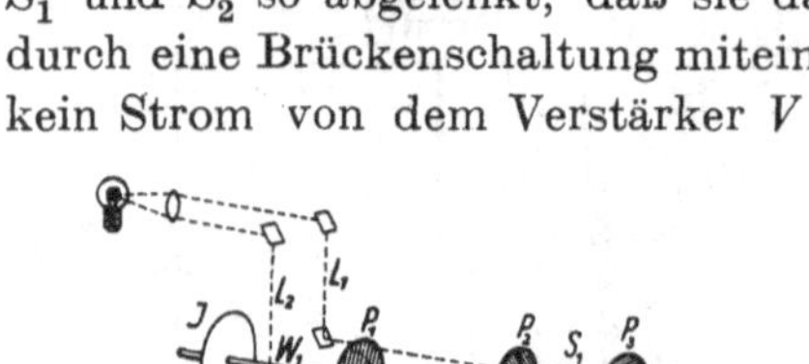

Abb. 237. Optische Verstärkervorrichtung

richtungen von P_2 un d P_3 Winkel von $\pm$ 45° mit der von P_1 bilden. So wird erreicht, daß W_2 die gleichen Drehungen ausführt wie W_1, ohne daß diese Welle irgend wie beansprucht wird [180].

Bei den neueren Integriermaschinen, mit elektrischer Übertragung, wie bei der neuen von *Bush*, der von *Walther-Ott* und der Universalintegriermaschine, benutzt man nur elektrische Röhren- und Relaisverstärker [782].

F. Der Kompensator

Solange die Umdrehung in der gleichen Richtung erfolgt, arbeitet der oben beschriebene mechanische Verstärker sehr präzise. Bei Umkehrung des Drehsinnes aber wird die Abtriebsachse erst kurze Zeit später in Bewegung kommen, da die Bänder natürlich mit kleinen Spielräumen um die Trommeln liegen. Für die Kompensation des so entstehenden toten Ganges sind bei einigen Maschinen besondere Vorrichtungen eingebaut; meistens werden dafür Planetengetriebe benutzt [519]. Abb. 238 gibt eine schematische Darstellung des Kompensators der älteren Maschine von *Bush* [203]. Die Welle W_1, W_2 ist unterbrochen. Mit W_1 ist die Scheibe S_1 fest verbunden. Durch diese gehen die Achsen zweier fest miteinander verbundener Zahnradpaare Z_1, Z_3 und Z_2, Z_4 hindurch. Die Zahnräder Z_3 und Z_4 greifen in einen inneren Zahnkranz der Scheibe S_2, die fest auf W_2, dem zweiten Teil der Welle sitzt. Die anderen beiden Zahnräder Z_1 und Z_2 kämmen die Außenverzahnung des Rades R, das um W_1 drehbar ist. Ein mit ihm verbundener Flügel F spielt zwischen zwei passend verstellbaren Anschlägen A_1 und A_2 der Welle W_1. Dreht sich W_1 in dem eingezeichneten Sinne, liegt F an A_1 an. Das Rad R dreht sich also mit W_1 ebenso wie die Scheibe S_1; die Zahnräder sind in Ruhe und nehmen bei der Drehung S_2 mit, so daß sich W_2 mit der gleichen Geschwindigkeit dreht wie W_1. Wechselt W_1 die Drehrichtung, so wird das Rad R durch einen Riemen gebremst und der Flügel F wandert von A_1 nach A_2 hinüber. R bleibt gegenüber W_1 und S_1 zurück. Die Zahnräder beginnen sich zu drehen und übertragen ihre Bewegung auf S_2 und W_2, die sich jetzt im gleichen Sinne wie W_1 drehen. Die Abmessungen der Räder R und Z sind nun so gewählt, daß sich die Umdrehungsgeschwindigkeit von W_1 zu der von W_2 wie 10 : 11 verhält. Dadurch holt W_2 die Verzögerung, die durch den toten Gang des Verstärkers hervorgerufen wurde, wieder auf. Erreicht F den Anschlag A_2, dreht sich R wieder wie W_1 und die Geschwindigkeit von W_2 ist dann die gleiche wie die von W_1. Der Abstand der beiden Anschläge A_1 und A_2 wird nun so reguliert, daß der Schlupf gerade kompensiert wird.

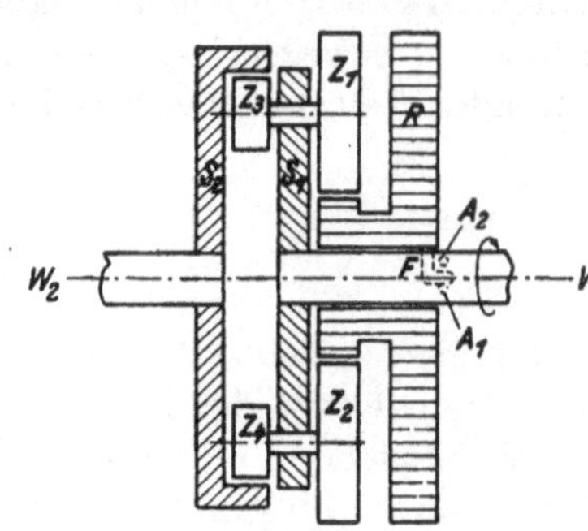

Abb. 238. Schematische Darstellung eines Kompensators der ersten Maschine von *Bush*

G. Das Fernübertragungssystem

Die Drehmomentenverstärker sind, wie schon erwähnt, ein sehr empfindlicher Bestandteil der Maschinen. In den neueren Maschinen fallen sie und damit auch die Kompensatoren ganz fort. Hier werden zur Weitergabe und Verstärkung des Drehmomentes der Spindeln bzw. der Meßrolle usw. die ähnlich wie Elektromotoren aussehenden sog. „Fernübertragungs- oder Folgezeigersysteme“ mit umlaufendem Drehfeld benutzt [320, 584, 778]. Diese Systeme, die schon seit längerer Zeit, z. B. in Kommandogeräten, verwendet worden sind, dienen dazu, die Drehung eines drehbaren Teiles, z. B. eines Zeigers, an einer beliebigen anderen Stelle nachzubilden, also dem ersten einen zweiten Zeiger parallel zu stellen. Hierzu setzt man auf die Spindel oder die Achse der Meßrolle, deren Drehung übertragen werden soll, den beweglichen Teil eines solchen kleinen Drehfeldsystemes als „Geber“. Bei Änderung der gegenseitigen Stellung von Läufer und Gehäuse dreht sich durch den unterwegs elektrisch verstärkten Strom ein kräftiger ausgeführtes System der „Empfänger“ an anderer Stelle mit großer Genauigkeit in ganz gleicher Weise. Ein solches Fernübertragungssystem wirkt ganz in gleicher Weise wie eine biegsame Welle. Man spricht daher auch von einer elektrischen Welle. Außer der Verstärkung erreicht man so auch, daß die Maschine nach dem Baukastenprinzip gebaut werden kann [778].

Die elektrische Übertragung der Drehung der einzelnen Wellen erfolgt bei der neuen Bushmaschine durch kapazitative Kopplung. Soll z. B. die Umdrehung der Integrierrolle auf einen anderen Teil der Maschine übertragen werden, so geschieht das in folgender Weise. Die Welle der Integrierrolle trägt zwei sorgfältig geformte, voneinander isolierte Kondensatorplatten. Auf der Welle, die die Verschiebung der Scheibe des Integrators bewirkt, sitzen andere Platten, die zusammen mit den obigen zwei Kondensatoren bilden, deren Kapazität sich mit der Drehung der Integrierrolle ändert. Auf der Welle des Teiles, auf den die Bewegung übertragen werden soll, sitzen zwei Platten eines ähnlich gebauten Kondensators. Diese vier Kondensatoren sind durch einen Stromkreis miteinander verbunden, der im wesentlichen eine Brückenschaltung darstellt und der die Geschwindigkeit eines Motors so regelt, daß sich eine von ihm angetriebene Welle synchron mit dem Integrierrad dreht. Auf diese Weise wird die Drehung dieser durch einen genügend starken Motor angetriebenen Welle im Schritt mit der Drehung des Reibrades gehalten, dessen Drehmoment dabei gering sein kann, da es ja nur die Kondensatorplatten zu bewegen hat. Die mit dem Motor verbundene Welle treibt dann den folgenden Teil der Maschine [101, 620].

H. Die Kopplung

Bei mechanisch arbeitenden Maschinen erfolgt die Übertragung der Drehbewegung der von den Integratoren und den Funktionstischen kommenden Wellen auf querlaufende Verbindungswellen (Abb. 222) und von ihnen auf die zu anderen Integratoren, Multiplikationsgetriebe usw. gehenden Wellen durch Schneckengetriebe. Ferner sind bei diesen Maschinen eine Reihe von Zahnradübertragungen nötig, um die Maßeinheiten so zu wählen, daß die Meßrollen auf den Integrierscheiben bzw. die Schneideräder auf den Integriertischen bleiben, daß die Lösungskurve nicht größer als der Ergebnistisch wird usw., daß aber der zur Verfügung stehende Raum voll ausgenutzt wird. Um den Fehler in diesen Zahnradübertragungen möglichst gering zu machen, ist die Zahl der dafür erforderlichen Räder, z. B. bei der Osloer Maschine, möglichst klein gehalten. Daher werden bei dieser für die verschiedenen Übersetzungszahlen besonders angefertigte Räder benutzt. Die ersten Maschinen von *Bush* und *Hartree* dagegen verwenden die handelsüblichen Radsätze. Das hat zur Folge, daß hier für ein bestimmtes Übersetzungsverhältnis oft mehrere Zahnräder erforderlich sind [276]. Infolge davon muß die Zahl der Querachsen bei diesen Maschinen größer als bei der Osloer sein; z. B. hat die erste Maschine von *Bush* 18 Querachsen.

J. Der Schaltschrank

Bei den neueren Maschinen fallen diese Querachsen ganz fort, da wie erwähnt, die Übertragung der Drehung der Abtriebsachsen jedes Elementes durch elektrische Fernübertragungssysteme in die Eingänge anderer Elemente erfolgt. Die Herstellung der Verbindungen erfolgt mittels Steckschnüren an einem besonderen Schaltschrank, an den alle Fernübertragungssysteme angeschlossen sind. Bei der Maschine von *Walther-Ott* kann die Weiterübertragung durch zwei parallel geschaltete Dosen an zwei verschiedene Einheiten der Maschine erfolgen. Für die Übertragung an mehrere Einheiten sind besondere Vorrichtungen vorhanden, die unter Zwischenschaltung eines mechanischen oder elektrischen Drehmomentenverstärkers die Übertragung auf bis zu 6 parallel geschaltete Geräte ermöglichen. Jede Eingangsdose ist mit einem Kippschalter verbunden, durch welchen das Vorzeichen der eingegebenen Funktion umgekehrt werden kann. Eine größere Reihe paarweise verteilter Steckdosen ist mit einem großen Geber-Fernübertragungssystem mit Regelgetriebe verbunden, das die Drehmomente für die unabhängige Veränderliche liefert. Durch diesen Regeltrieb wird automatisch oder mit Hand die Arbeitsgeschwindigkeit geregelt. Abb. 239 zeigt ein Stück der Schalttafel der Maschine *Walther-Ott*.

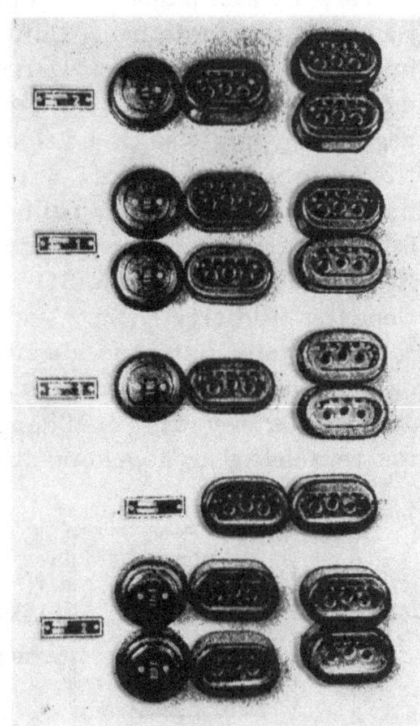

Abb. 239. Teil des Schaltbrettes der Maschine *Walther-Ott*

K. Der Festwertgeber

Auch bei Maschinen mit elektrischer Fernübertragung sind Zahnradgetriebe erforderlich, wenn eine Funktion mit einem festen Koeffizienten multipliziert werden soll. Man legt dann zwischen Eingangs- und Ausgangs-Fernübertragungssystem ein mehrstufiges Wechselgetriebe, in das zur genäherten Darstellung des Koeffizienten an Hand von Tabellen Zahnradkombinationen eingefügt werden. Bei der neuen Bushmaschine sind die Übersetzungsgetriebe zu Aggregaten zusammengefaßt, von denen es zwei verschiedene Arten gibt [101]. Das eine hat die Übersetzungsverhältnisse von 0,1 bis 1 in Stufen der Größe 0,1. Das andere geht von 0 bis 1,1110 in Stufen der Größe 0,0001. Ihre Einschaltung erfolgt durch einen zweiten Lochstreifen. Die ersten dienen allgemein der Einstellung des Maßstabfaktors, die zweiten um numerische Faktoren einzuführen.

Für die Multiplikation mit irgendeiner irrationalen Konstanten kann außer diesen Festwertgebern auch ein Integriermechanismus benutzt werden. Man stellt dazu die Meßrolle in dem erforderlichen konstanten Abstand vom Drehpunkt der Scheibe fest.

L. Die Additionsgetriebe

Weitere Zahnradgetriebe sind für die Bildung der Summe zweier Funktionen $f(x) + g(x)$ erforderlich. Dafür werden im allgemeinen Differentialgetriebe benutzt. In schematischer Darstellung zeigt Abb. 240 einen solchen Additionsmechanismus. Erteilt man der Achse A_1 eine zu $f(x)$ proportionale Drehung in negativem Sinne, so dreht sich A_2 bei festgehaltenem Gehäuse des Differentialtriebes in positivem Sinne um $f(x)$. Dreht man das Gehäuse in positivem Sinne um $^1/_2\, g(x)$, so dreht sich bei festgehaltener Achse A_1 die Achse A_2 um $g(x)$ ebenfalls in positivem Sinne. Finden beide Bewegungen gleichzeitig statt, dreht sich A_2 um $f(x) + g(x)$. Abb. 241 zeigt ein solches bei der Maschine *Walther-Ott* verwendetes Addiergetriebe. Auch hier werden die Rechengrößen durch Fernübertragungssysteme zu- und abgeführt, so daß auch diese Getriebe von den anderen Geräten völlig unabhängig sind und rein elektrisch angekoppelt werden

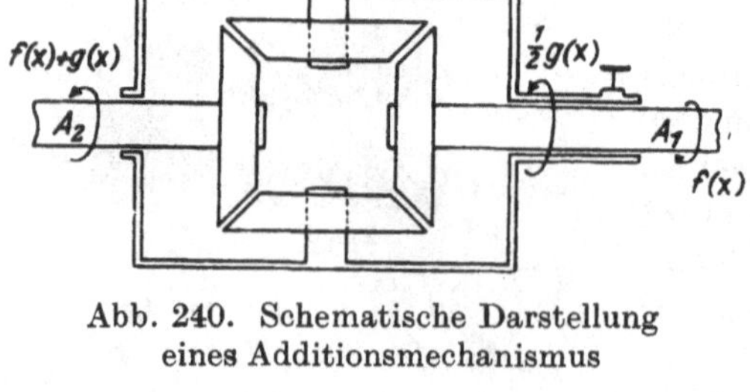

Abb. 240. Schematische Darstellung eines Additionsmechanismus

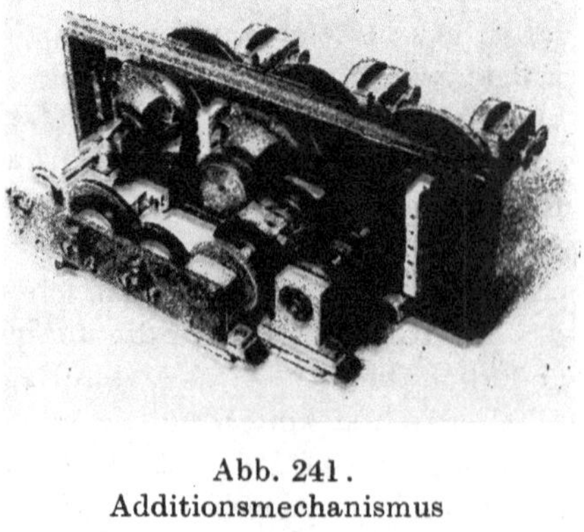

Abb. 241. Additionsmechanismus

können. Zum Subtrahieren kann man das Vorzeichen der einen Funktion mittels des Kippschalters an der Kopplungstafel ändern. Das Additionsgetriebe kann übrigens auch als Übersetzungstrieb verwendet werden [584].

M. Die Multiplikationsgetriebe

Ferner haben die Maschinen zur Bildung des Produktes $g(x) \cdot h(x)$ besondere Getriebe. Schematisch zeigt Abb. 242 die Konstruktion eines solchen Getriebes, wie es die erste Maschine von *Bush* benutzt [483]. Durch Drehung der mit u bezeichneten Schraubenspindel wird der Wagen W_2 und die mit ihm verbundene querlaufende Schraubenspindel immer in der Entfernung $u = g(x)$ von dem festen Drehpunkt M gebracht. Um M dreht sich eine Schiene, die durch den Wagen W_3 gleitet; dieser wird durch die Schraube v in dem vertikalen Abstand $v = h(x)$ von M gehalten, während der horizontale Abstand dieser Achse von M konstant gleich a ist. Senkrecht zu der ersten Schiene gleitet horizontal über M weg eine zweite, die den Wagen W_1 bewegt, der den Abstand z von M hat. Aus ähnlichen Dreiecken liest man ab, daß $z = \frac{u \cdot v}{a}$ ist. Durch die Bewegung des Wagens W_1 wird die von dem Wagen W_2 getragene Schraubenspindel gedreht und mittels Schneckentrieb wird diese mit $g(x) \cdot h(x)$ proportionale Drehung auf die mit z bezeichnete Achse übertragen. Um den Quotienten zweier Funktionen zu integrieren, kann man entweder diesen Quotienten durch entsprechende Umschaltung des Multiplikators zunächst bilden oder man bildet durch Integration der Gleichung $\frac{dz}{dy} = -\frac{1}{y^2}$ das Reziproke $z = \frac{1}{y}$ und rechnet damit wie mit einem Faktor weiter.

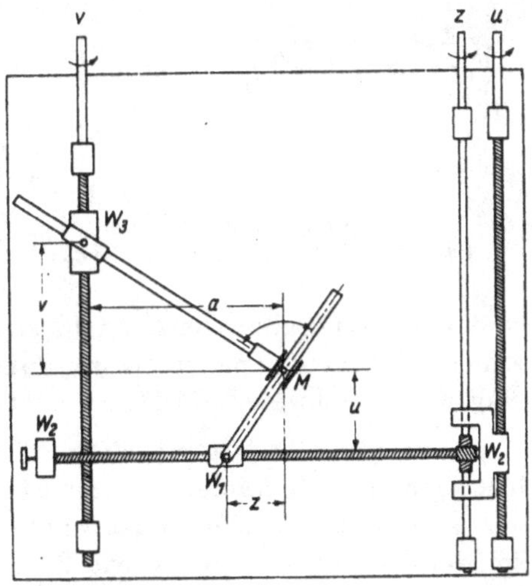

Abb. 242. Schematische Darstellung des Multiplikationsmechanismus der Maschine von *Bush*

Der Multiplikator der Maschine *Walther-Ott* unterscheidet sich nur wenig vom Integrator dieser Maschine. Schematisch ist er in Abb. 243 dargestellt. Die Einführung der beiden zu multiplizierenden Funktionen $g(x)$ und $h(x)$ erfolgt so, wie es beim Integrator für x und y beschrieben wurde. Der Neigungswinkel der gabelförmigen Schiene G ist wie beim Integrator durch $\operatorname{tg} \varphi = h(x)/a$ bestimmt. G ist nun aber statt mit einem Schneidenrad mit einer unter der Brücke liegenden Leitschiene L verbunden, die immer der ersten Schiene parallel ist. An ihr gleitet ein fest mit dem Tischchen T verbundener zweiter Zapfen Z_2. Dieser hat von dem

Drehpunkt der Gabel in Achsenrichtung stets die Entfernung $u = g(x)$. Dadurch erreicht man, daß sich das Tischchen in y-Richtung proportional $p(x) = g(x) \cdot h(x)$ verschiebt. Das Tischchen verschiebt mittels einer Schiene einen auf der Brücke B gleitenden Schlitten Sch_p und die damit verbundene Mutter setzt die Verschiebung in eine Drehung der Spindel Sp_p um. Zur Entlastung ist hier die gleiche Nachsteuerungseinrichtung angebracht wie beim Integrator. Das Tastlineal ist am kürzeren Ende eines zweiarmigen Hebels kippbar gelagert, während der lange Arm den Spiegel mit gerader Kante trägt.

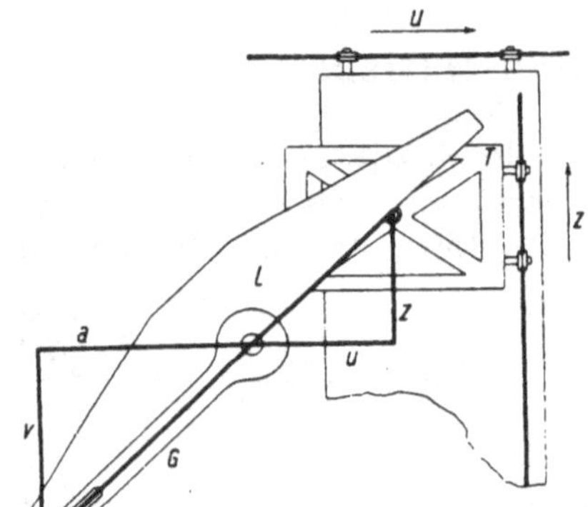

Abb. 243. Schematische Darstellung des Multiplikators der Maschine *Walther-Ott*

Abb. 244 zeigt die Ausführung dieses Multiplikators. Die Aufnahme erfolgte von der entgegengesetzten Seite wie die des Integrators. Man erkennt hier wieder zunächst die gabelförmige Schiene G mit dem darin gleitenden Zapfen Z_1. Am rechten Rande der Brücke gleitet der Schlitten Sch_h für $h(x)$, am linken Sch_p für $g(x) \cdot h(x)$. Weiter sind alle drei Schraubenspindeln sichtbar. Unter der rechten ragt die Leitschiene L hervor, an der der Produktzapfen Z_2 gleitet. Im Vordergrunde sieht man die Steckdosen St für die Stromzu- und -ableitung.

Der Bereich aller Veränderlichen geht von -1 bis $+1$. Das Gerät kann natürlich auch zum Dividieren benutzt werden, wenn man $p(x)$ und $h(x)$ zuführt und $g(x)$ abnimmt. Dazu muß der Antrieb für die Nachsteuerung von der Produktspindel Sp_p auf die Spindel Sp_g für $g(x)$ umgelegt werden.

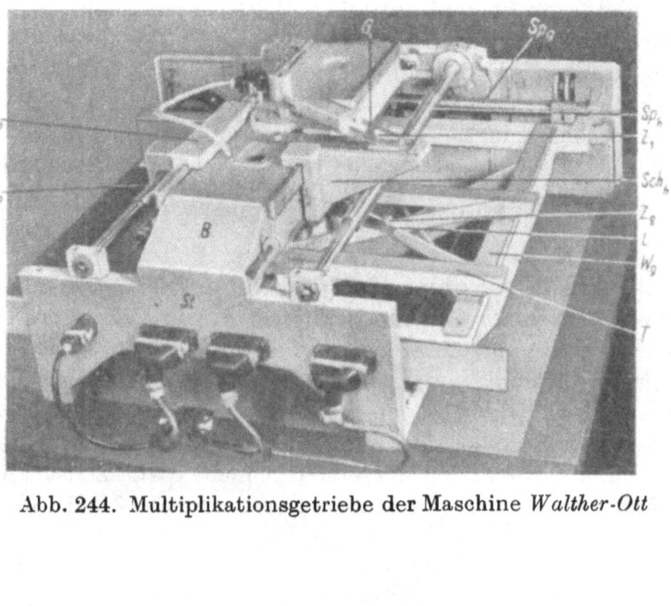

Abb. 244. Multiplikationsgetriebe der Maschine *Walther-Ott*

Die neue Bushsche Maschine ebenso wie die deutsche Universal-Integriermaschine haben keine besonderen Multiplikatoren, sondern führen die Multiplikationen unter Benutzung zweier Integratoren aus, wie es in VIII, P_2 beschrieben wird [101, 137].

N. Hilfseinrichtungen

Außer diesen Trieben sind eine Reihe von Hilfseinrichtungen erforderlich, die in einer Schaltzentrale zusammengefaßt werden. Diese ist bei der Maschine von *Walther-Ott* mit der Kopplungstafel zusammengebaut. Neben den Stromversorgungsvorrichtungen gehören dazu:

1. Die aus Antriebsmotor, Regelgetriebe und großem Geberfernübertragungssystem bestehende *Vorschubanlage* für die unabhängige Variable.

2. Eine Vorrichtung für die selbsttätige *Geschwindigkeitsbegrenzung*, die mittels eines Fliehkraftschalters erfolgt. Auch die neue Bushmaschine hat an allen Einheiten solche Geschwindigkeits- und vor allem auch Beschleunigungsbegrenzer.

3. *Sperrvorrichtungen*, die, falls infolge falscher Maßstabwahl an irgendeinem Gerät das Ende einer Schraubenspindel erreicht wird, über ein Relais die ganze Maschine zum Stillstand bringen. An der Schaltzentrale und an dem betreffenden Gerät leuchtet dann eine Birne auf. Der Vorschub kann auch durch einen von der Kopplungstafel aus zugeschalteten einstellbaren Endschalter zum Stillstand gebracht werden. Ein umfangreiches Kontrollsystem ist in der neuen Bushmaschine eingebaut, mit dem man jede einzelne Einheit während des Rechenganges kontrollieren kann.

4. Mittels eines *Einrichteaggregates* können vor Beginn der Rechnung die Anfangswerte eingegeben werden. Die Vorrichtung besteht aus einem mittels Druckknöpfen gesteuerten kleinen Motor mit Schalttrieb und Ferngebersystem, an das jedes Fernübertragungssystem der einzelnen Geräte angeschaltet werden kann.

Abb. 245.
Schaltzentrale der Maschine *Sauer-Pösch*

Abb. 245 zeigt geöffnet eine Schaltzentrale des Universalintegriergerätes von *Sauer-Pösch*. Mittels des Handrades H wird über ein Kalottengetriebe die Drehgeschwindigkeit geregelt. Davor befindet sich die erwähnte Lampe L, die bei Betätigung des Endschalters in einem der Geräte aufleuchtet. Neben ihr liegt der Schaltknopf, mit dem die ganze Maschine in Ruhe gesetzt werden kann. Im Innern des Schaltschrankes sieht man Motor, Umformer, Transformator, Trockengleichrichter, Kalottengetriebe usw. Bei Verwendung einer größeren Zahl von Grundeinheiten sind mehrere dieser Schaltschränke erforderlich.

Die Steuerung und die Herstellung der Verbindungen erfolgt bei der neuen von *Bush* gebauten Maschine durch Lochstreifen. Ebenso werden die Übertragungszahlen und die Anfangswerte durch je einen Lochstreifen in die Maschine gegeben. Die durch den ersten Lochstreifen A veranlaßte Einschaltung von Verbindungen erfolgt ähnlich wie bei Selbstwählerfernsprechamt automatisch, doch ist hier die Einrichtung noch etwas komplizierter, da ja die Möglichkeit gegeben sein muß, einen Apparat gleichzeitig mit mehreren anderen zu verbinden. Für jede Verbindung stehen der Maschine etwa 50 Möglichkeiten zur Verfügung, unter denen sie selbsttätig wählt. Die gesamte Einrichtung der Maschine fordert so selbst für komplizierte Probleme etwa 3 bis 5 Minuten. Bei den üblichen Problemen kann die Maschine etwa 15 Minuten, nachdem die Lochstreifen fertig sind, mit der Rechnung beginnen. Die einzelnen Teile der Maschine sind außerordentlich sorgfältig gearbeitet und ausgeprobt, so daß nach den Angaben des Erbauers mit einer Genauigkeit von $0{,}1^0/_{00}$ gerechnet werden kann. Etwa mit der gleichen Genauigkeit arbeiten die deutschen Maschinen [645, 646, 779].

O. Schaltschema

Die längste Zeit und gründliche Überlegung erfordert wenigstens bei den älteren Maschinen [485] die Schaltung der Maschine. Der eigentliche Integrationsvorgang läuft dagegen verhältnismäßig rasch ab (*Walther* gibt eine Zeit von etwa 10 Minuten an). Bei Maschinen mit lichtelektrischer Führung auf den Funktionskurven erfolgt er sogar vollkommen automatisch. Zunächst entwirft man ein durch die zu integrierende Gleichung bestimmtes Schaltschema, in dem besondere Zeichen für die einzelnen Triebe der Maschinen verwendet werden, wie das auch in den vier nächsten Abbildungen geschehen ist, die leicht verständlich sind. In diesen Abbildungen sind links die von *Bush* eingeführten Schaltungsschemata gezeichnet, wie man sie bei den mechanisch gekoppelten Maschinen verwendete, rechts findet man die neueren, wie sie bei Kopplung durch Fernübertragungssysteme sich als praktisch erwiesen haben. Das Wesentliche, was man beim Entwurf des Schaltungsschemas beachten muß, ist die Rückkopplung, d. h. eine durch die Maschine berechnete Funktion wird wieder als Ausgangsdatum in die Rechnung eingeführt. Dadurch wird der Rechenablauf zwangsläufig und erfolgt ganz automatisch. Im einzelnen ersieht man das aus den folgenden Beispielen. Aus diesen Schaltskizzen entnimmt man zunächst, welche einzelnen Geräte für die betreffende Integration gebraucht werden, ferner wie die durch die Gleichung vorgeschriebene zwangsläufige Kopplung dieser Grundgetriebe zu erfolgen hat. Der sich aus der Kopplung ergebende Kraftfluß wird in einer besonderen Skizze aufgezeichnet. Hierauf ergänzt man die Schaltskizze durch Berechnung der Maßstäbe und der Variationsbereiche der Variablen, der an den Grundgetrieben anzubringenden Übersetzungen und der Anfangseinstellungen der Integriervorrichtungen. Ausführlich behandelt *Crank* [137] diese Fragen. Erst dann läßt sich aus der Kraftflußskizze entnehmen, ob die eingebauten Verstärker ausreichen oder ob Zusatzverstärker einzubauen sind [646]. In verwickelteren Fällen erfordert der Entwurf dieser Schaltbilder große Übung und Erfahrung [137]. Eine Theorie der Kopplung gab *Bückner* [94].

P. Anwendungen

1. Anwendung als Stieltjesintegraph

Abb. 246 zeigt, wie man zu schalten hat, damit die Maschine als Produktintegraph wirken soll. Die Punkte an den 5 Querwellen, an die die ihrer Umdrehung entsprechenden Größen rechts angeschrieben sind, bedeuten Kegelrad- oder Schneckenradverbindungen. Die Drehung des rechten Integrators J_1 ist pro-

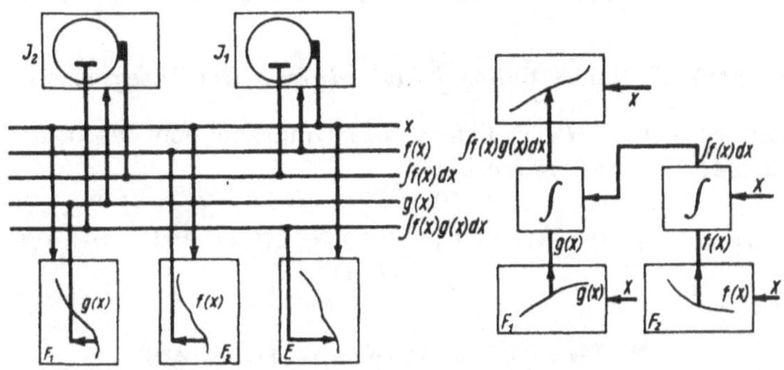

Abb. 246. Stieltjesintegraph

portional x. Seine Scheibe wird von der Funktionstafel F_2 aus so geführt, daß die Meßrolle vom Drehpunkt der Scheibe den Abstand $f(x)$ hat. Die Drehung der Meßrolle ist also proportional $\int^x f(x)\,dx$. Über eine Querwelle wird die Scheibe des zweiten Integrators J_2 proportional dieser Größe gedreht. Seine Scheibe wird von dem Funktionstisch F_1 aus so geführt, daß die zugehörige Integrierrolle vom Scheibenmittelpunkt die Entfernung $g(x)$ hat. Ihre Drehung ist also proportional

$$\int^x g(x)\,d\int^x f(x)\,dx = \int^x g(x)\cdot f(x)\,dx\,.$$

Das wird als Funktion von x auf dem Ergebnistisch E aufgezeichnet. Dieses Schaltbild ist nun, wie oben ausgeführt, zu vervollständigen. Auf Grund dieser Zeichnung werden dann erst an der Maschine die Schaltungen ausgeführt.

2. Anwendung als Multiplikator

Der Multiplikator kann durch Benutzung zweier Integratoren ersetzt werden. Die dafür erforderliche Schaltung zeigt Abb. 247. Der Drehwinkel des ersten Integrators J_1 ist proportional $g(x)$, der Abstand der Meßrolle vom Drehpunkt

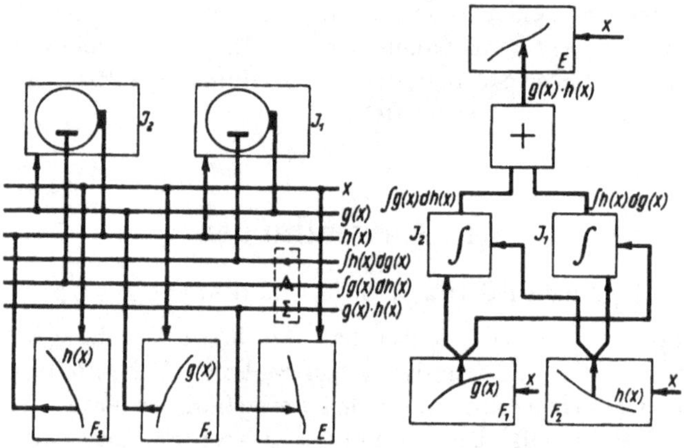

Abb. 247. Berechnung von $h(x) \cdot g(x)$

der Scheibe $h(x)$. J_1 liefert daher $\int^x h(x) \cdot dg(x)$. Der Integrator J_2 ist so geschaltet, daß er $\int^x g(x) \cdot dh(x)$ liefert. Die Umdrehungen der beiden Abtriebswellen werden addiert und man erhält

$$\int^x h(x) \cdot dg(x) + \int^x g(x) \cdot dh(x) = h(x) \cdot g(x) - \int^x g(x) \cdot dh(x) + \int^x g(x) \cdot dh(x)$$
$$= g(x) \cdot h(x).$$

3. Genauigkeitsprobe (Bild 248)

Für die Integration der Gleichung

$$\ddot{y} + y = 0 \quad \text{oder} \quad \dot{y} = -\int y\, dt$$

hat man das nebenstehende Schaltschema. Wählt man als Anfangswerte $\dot{y} = 0$, $y = r$, so wird, falls man an dem Ergebnistisch die Abszissenverschiebung gleich y, die Ordinatenverschiebung gleich $\dot{y}$ macht, ein Kreis beschrieben; denn die Lösung ergibt

$$y = r \cos \varphi, \ \dot{y} = -r \sin \varphi,$$
$$\text{also } y^2 + \dot{y}^2 = r^2.$$

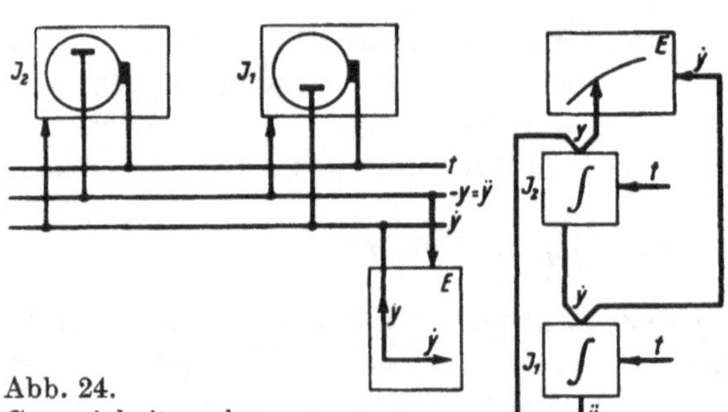

Abb. 24.
Genauigkeitsprobe

Das kann man nach *Rosseland* [622] zur Prüfung der Arbeitsgenauigkeit der Maschine verwenden [95.] Bei der Universal-Integriermaschine ergab sich für $r = 175$ mm nach mehr als 10 Umläufen ein Fehler von rund 0,5 mm, also nach jedem Umlauf im Durchschnitt ein Fehler von 0,05 mm, das sind 0,03% des Radius. Dabei muß man beachten, daß bei jedem Umlauf viermal ein Wechsel des Drehsinnes stattfindet [645]. Allgemein hat *Pösch* die Fehlermöglichkeiten einer solchen Integriermaschine untersucht [584].

4. Einführung von Funktionen durch Integration

Die hier angegebene Schaltung kann man auch benutzen, um die Funktion $y = \sin t$ oder $y = \cos t$ in den Rechnungsgang einzuführen, anstatt eine Kurve $y = \sin t$ auf einen der Eingabetische zu zeichnen und abzutasten. Noch andere Funktionen kann man in dieser Weise einführen, z. B. zeigt Abb. 249 eine Schaltung für die, wenn man noch entsprechende Übersetzungsgetriebe einschaltet, die folgende Gleichung gilt:

$$y = a x + b \int x\, d y ,$$

also

$$d y = a\, d x + b\, x\, d y ,$$

somit

$$y = \int \frac{a\, d x}{1 - b x} = \ln (1 - b x)^{-\frac{a}{b}} .$$

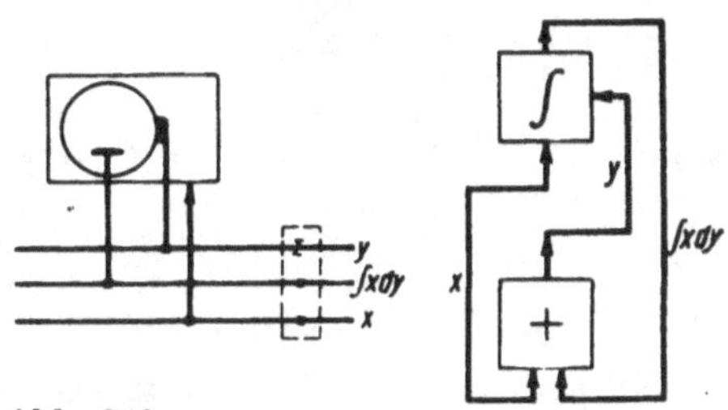

Abb. 249.
Konstruktion von $y = \ln (1 - b x)^{a/b}$

Voraussetzung ist natürlich, daß $b x < 1$ bleibt. Setzt man z. B. $a = 1$, $b = 1$ und $1 - x = y$, so kann man durch diese Schaltung durch Integration von $y dy = d x y = \sqrt{2 x}$ einführen.

Die nächste Abb. 250 zeigt eine Schaltung, durch die es möglich ist, gleichzeitig den reziproken Wert und den Logarithmus einer Variablen einzuführen. Der Integrator J_2 liefert

$$\int \frac{1}{x}\, d x = \ln x ,$$

der Integrator J_1

$$\int \frac{1}{x}\, d \ln x = C - \frac{1}{x} .$$

Die Kupplung ist in beiden Fällen zwangsläufig.

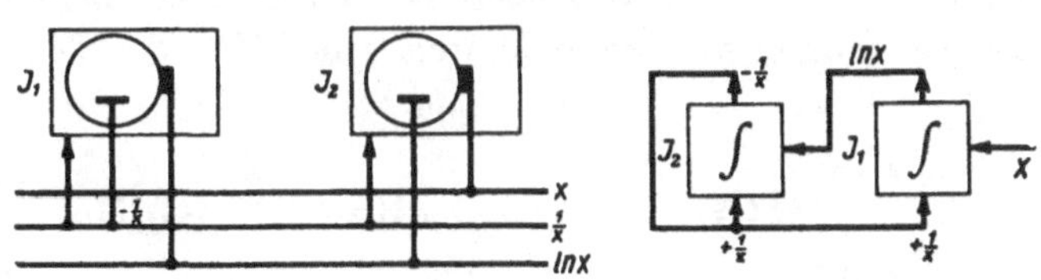

Abb. 250. Konstruktion von $\ln x$ und $1/x$

5. Beispiel für die Integration einer Differentialgleichung

In dem in Frage kommenden Schrifttum findet sich eine große Zahl von Schaltschemata [411, 485, 486], dort wird auch untersucht, welche Arten von Gleichungen man mit diesen Maschinen integrieren kann [646]. Hier soll als Beispiel nur das erste Schaltschema für die Integration der Gleichung

$$\frac{d^2 x}{d t^2} + f\left(\frac{d x}{d t}\right) + g(x) = 0 \tag{1}$$

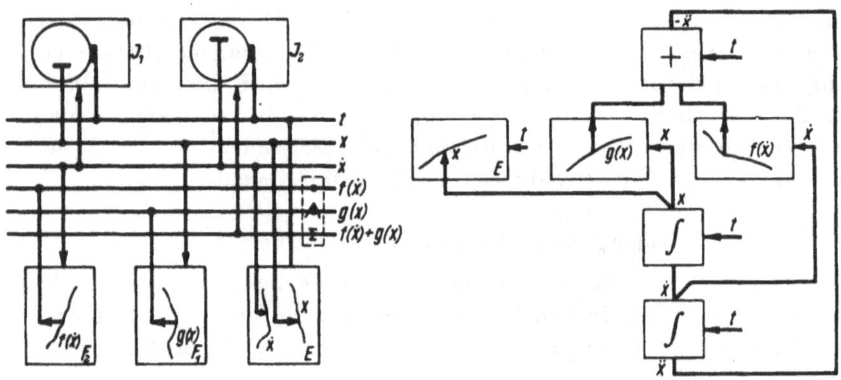

Abb. 251. Integration einer Differentialgleichung

gegeben werden (Abb. 251). Die Gleichung denkt man sich in der Form

$$\frac{dx}{dt} = -\int \left[f\left(\frac{dx}{dt}\right) + g(x) \right] dt \tag{2}$$

geschrieben. Dieses Integral wird vom zweiten Integrator J_2 gebildet, während J_1 die Integration $x = \int \frac{dx}{dt} dt$ ausführt. Durch das gestrichelte Rechteck soll angedeutet werden, daß die Umdrehungen $f\left(\frac{dx}{dt}\right)$ und $g(x)$ addiert werden. Im übrigen kann man die Wirkungsweise aus dem Schaltschema ablesen. Auf dem Resultattisch R werden dann x und $\frac{dx}{dt}$ als Funktion von t aufgezeichnet.

Anwendungen der Maschine finden sich in vielen Arbeiten [13, 137, 275—278, 283—288, 398, 411, 486, 752, 830]. Zum großen Teil sind die älteren von *Walther* [777] angegeben worden. Erwähnt sei nur, daß man den Apparat auch als Fahrdiagraph verwenden kann [283] und daß man mit ihm auch die genäherte Integration von Systemen simultaner Gleichungen und von partiellen Differentialgleichungen ausführen kann [137, 278, 288].

Q. Elektronische Differentialanalysatoren

hat während des Krieges *Jackson* konstruiert, dessen sämtliche Einheiten rein elektrisch arbeiten. Sie benutzen Elektronenröhren, Widerstände, Kondensatoren usw. Die mit dem ausgeführten Apparat erreichte Genauigkeit beträgt 5%, doch ist bei sorgfältiger Ausführung eine Genauigkeit von etwa 1% zu erreichen [330], wie das bei dem 1947 gebauten Electric Analog Computer des California Institute of Technology der Fall ist [459].

Schrifttum

1. *Abdank-Abakanowicz, B.*, Les Intégraphes. Paris 1886 (Deutsch bearbeitet von *E. Bitterli*, Leipzig 1889). S. a. C. R. Acad. Sci., Paris *92* (1881) 402—405, 515—519: *94* (1882) 783—785; *95* (1882) 1047—1048.
2. *Ackerl, F.*, Untersuchungen über die Genauigkeit des harmonischen Analysators von Dr. O. Mader. Z. Instrumentenkde. *48* (1928) 375—380.
3. *Adler, H.*, Ein Spezialplanimeter zur Bestimmung von Effektivwerten. ETZ *52* (1931) 1387—1388.
4. —, Neue Potenzplanimeter zur Bestimmung von $\oint y^2\,dx$ und $\oint \sqrt{y}\,dx$. Z. Vermessungsw. *61* (1932) 665—668.
5. *Aiken, H. H.* and *Hopper, G. M.*, The Automatic Sequence Controlled Calculator. Electr. Engineering *65* (1946) 384—391, 449—454, 522—528.
6. *Aitken, A. C.*, Note on solving algebraic equations by root cubing. Math. Gazette *15* (1936) 490—492.
7. *Ajello, C.*, Su di una importante applicazione dell'integrafo Pascal a riga curvilinea. Napoli Rend. (3) *18* (1912) 25—28.
8. —, Sopra un' equazione differenziale che si integra con l'integrafo polare Pascal. Batt. G. *51* (1913) 161—165.
9. *van den Akker, J. A.*, A mechanical integrator for evaluating the integral of the product of two functions and its application to the computation of I. C. I. color specifications from spectrophotometric curves. J. opt. Soc. Amer. *29* (1939) 364—369.
10. *Allen, A. D.*, The Slip-Curves of an Amsler Planimeter. Phil. Mag. (6) *27* (1914) 643.
11. *Alt, F. L.*, Multiplication of Matrices. Math. Tables a. o. Aids to Computation II (1946) 12—13.
12. —, A Bell Telephone Laboratories Computing Machine I. u. II. Math. Tables a. o. Aids to Computation III (1948)1—13, 69—84.
13. *Amble, O.*, On a principle of Connexion of Bush Integrators. J. Sci. Instruments *23* (1946) 284—287.
14. *Amsler, A.*, Das Planimeter und seine Erfindung. Z. Ver. Schweiz. Konkordatsgeometer *5* (1907) 117—122, 125—132.
15. —, Das Durand-Amslersche Radialplanimeter. (Mit einem Zusatz von *E. Hammer.*) Z. Instrumentenkde. *31* (1911) 213—217.
16. *Amsler, J.*, Über die mechanische Bestimmung des Flächeninhaltes, der statischen Momente und der Trägheitsmomente ebener Figuren, insbesondere über einen neuen Planimeter. (Abgedruckt aus der Vierteljahresschrift der naturforschenden Gesellschaft in Zürich.) Schaffhausen 1856.
17. *Amsler, A. J.* & Co., Verfahren zur Bestimmung des Zentrifugalmomentes $\iint x\,y\,dx\,dy$ einer Fläche mit Hilfe des Integrators. Z. Instrumentenkde. *46* (1926) 16—19.
18. —, Verfahren zur Bestimmung des polaren Trägheitsmomentes eines Umdrehungskörpers mittels des Integrators. Z. Instrumentenkde. *46* (1926) 19—25.
19. —, Integrierende Pegel. Schweiz. Techn. Z. (1928) 182—184.
20. —, Harmonischer Analysator (System Harvey). Z. Instrumentenkde. *59* (1939) 288 bis 293.
21. *Amsler-Laffon, J.*, Anwendung des Integrators (Momentenplanimeters) zur Berechnung des Auf- und Abtrages bei Anlage von Eisenbahnen, Straßen und Canälen. Zürich 1875.

21a. —, Neuere Planimeter-Construktionen. Z. Instrumentenkde. *4* (1884) 11—24.

22. *Archibald R. C.*, *P. G. Scheutz*, Publicist, Author, Scientific Mechanician, and *Edvard Scheutz*, Engineer, Biography and Bibliography. Math. Tables a. o. Aids to Computation II (1946) 238—245.
23. Aristo-Rechenschieber. ETZ *62* (1941) 244; WEZ-Messeheft (1938) 172, Anz. Maschinenwesen, Essen *60* (1938) Nr. 36.

24. *Arnold, H.*, Die Erdbewegung während des ersten Vorläufers eines Erdbebens, Diss. Göttingen 1909.
25. *Arns, J.*, Neuere Modelle der Mercedes-Euklid-Rechenmaschine. Allg. Vermess-Nachr. *42* (1930) 699—702.
26. *Askania-Werke*, Beschreibung und Gebrauchsanweisung zum Differentio-Integraphen. Druckschrift Geo 574a.
27. —, Der harmonische Analysator nach Martens. Druckschrift Geo 601b.
28. *Athen, H.*, Genauigkeitssteigerung beim Beilschneiden-Planimeter. Z. angew. Math. Mech. *29* (1949) 375—377.
29. *Babbage*'s Calculating Machine, or Difference Engine. Printed by Victoria and Albert Museum London 1872. (Neudruck 1907).
30. *Bachmann, W. K.*, Les déformations provenant du déréclage du pantographe. Schweiz. Z. Vermessungsw. *33* (1935) 35—44.
31. —, Principes pour la construction d'un nouveau planimètre. Schweiz. Z. Vermessungsw. *36* (1938) 47—51.
32. —, Réglage du planimètre linéaire à disque. Schweiz. Z. Vermessungsw. *37* (1939) 105—114.
33. —, Note sur la théorie générale des planimètres. Schweiz. Z. Vermessungsw. *41* (1943) 36—38.
34. *Baeckström, H.*, Die Dezimalgleichung beim Ablesen von symmetrischen Skalen, ihre zeitliche Beständigkeit und ihre Abhängigkeit von der Ablesungsgeschwindigkeit, der Übung usw. Z. Instrumentenkde. *60* (1940) 231—237.
35. *Baehne, G. W.*, Practical Applications of the Punched Card Method in Colleges and Universities. Columbia University Press 1935.
36. *Baer, H.*, Genauigkeitsuntersuchungen am Polarplanimeter. Z. Instrumentenkde. *57* (1937) 177—189.
37. —, Genauigkeitsuntersuchungen am harmonischen Analysator Mader-Ott. Z. Instrumentenkde. *57* (1937) 225—235.
38. *Bahlecke, F.*, Sonderrechenstäbe. Ihre Anwendung und ihr Entwurf. R.-K.-W.-Veröffentlichung Nr. 68, Berlin 1938.
39. *Barker, A. H.*, Graphical Calculus. London, New York a. Bombay. 1896. Appendix: Barkers Planimeter. 187—188.
40. *Bartels, J.*, Bemerkungen zur praktischen harmonischen Analyse. Gerlands Beitr. Geophys. *28* (1930) 1—10.
41. *Basler, P.*, Instrumente zur Flächenberechnung. Z. Vermessungsw. *19* (1890) 245—248.
42. *v. Bauernfeind, C. M.*, Die Planimeter von Ernst, Wetli, Hansen ... München 1853 und Dinglers polytechn. J. *137* (1855) 81—87.
43. —, Elemente der Vermessungskunde Bd. 2 (7. Aufl.), Stuttgart 1890, 245—249.
44. *de Beauclair, W.*, Zweidimensionale Fouriersynthese mittels elektrischer Frequenzmodulation. ZWB.-Bericht UM *780* (1944).
45. —, Geräte und Verfahren zur mehrdimensionalen Fouriersynthese. Bd. I und II. Berlin 1949.
46. *Beevers, C. A.*, A machine for the rapid summation of Fourier series. Proc. phys. Soc., Lond. *51* (1939) 660—667.
47. *v. Békésy, G.*, Über die mechanische Frequenzanalyse einmaliger Schwingungsvorgänge und die Bestimmung der Frequenzabhängigkeit von Übertragungssystemen und Impedanzen mittels Ausgleichvorgängen. Akust. Z. *2* (1937) 217—224.
48. —, Über die photoelektrische Fourieranalyse eines gegebenen Kurvenzuges. Elektr. Nachr.-Techn. *14* (1937) 157—161.
49. *Bellac, P.*, Eniac, eine Riesenrechenmaschine. Prisma Nr. *7* (1946) 28—29.
50. *Bereis, R.*, Neue Verwendungsmöglichkeiten von Inversor und Polarograph. Diss. Techn. Hochschule Wien 1928.
51. —, Mechanismen zur Verwirklichung der Joukowsky-Abbildung. Arch. Math. *2* (1950) 126—134.
52. *Berger, E. R.*, Bestimmung von Deviationsmomenten mit dem Trägheitsmomentenplanimeter. Z. Instrumentenkde. *61* (1941) 381—384.
53. —, Harmonische Analyse diskreter Zahlenreihen. Z. angew. Math. Mech. *22* (1942) 269—272.
54. *Berger, R.*, Die Lochkartenmaschine. Z. VDI *72* (1928) 1799—1807.
55. *Bergmann, St.*, Das Quadratwurzelziehen auf der Rechenmaschine. Z. angew. Math. Mech. *2* (1922) 316—317.

56. *Berkeley, E. C.*, Electronic machinery for handling information, and its uses in insurance. Actuarial Soc. Amer. Trans. *48* (1947) 36—52.
57. *Berroth, A.*, Beitrag zum Schneidenplanimeter. Schweiz. Z. Vermessungsw. *32* (1934) 1—11.
58. *Berry, M.*, Les Machines Mathématiques Modernes. La Technique Moderne *40* (1948) 246—251, 283—287.
59. *Bertram, H.*, Vorschlag zu einer Verbesserung der Doppel-Rechenmaschine Thales-Geo. Allg. Vermess.-Nachr. *55* (1943) 79—81.
60. *Bertschmann, S.*, Neuere Auftragsapparate für Polar-Koordinaten. Schweiz. Z. Vermessungsw. *26* (1928) 57—60.
61. —, Besondere Formeln für das Maschinenrechnen. Schweiz. Z. Vermessungsw. *37* (1939) 62—68.
62. *Bessler, A.*, Registrierkassen. Z. VDI *72* (1928) 1791—1798.
63. *Beyerle, K.*, Der Schlupffehler des Reibradintegrators. Z. angew. Math. Mech. *29* (1949) 186.
64. *Bihovski, M. L.*, Genauigkeit von durch gewöhnliche Differentialgleichungen kontrollierten Mechanismen. Bull. Acad. Sci. USSR. Ser. Techn. Sci (1947) 1455—1512.
65. *Billing, H.*, Eine numerische Rechenmaschine mit Magnetophonspeicher. Z. angew. Math. Mech. *29* (1949) 38—42.
66. *Bitterli, S.*, Erfahrungen bei Wassermessungen an Turbinen. Wasserkr. u. Wasserwirtsch. *32* (1937) 109—113.
67. *Blackett, P. M. S.* und *Williams, F. C.*, An automatic curvefollower for use with the differential-analyser. Proc. Cambridge philos. Soc. *35* (1939) 494—505.
68. *Bleick, W. E.*, Calculating Machine Solution of Quadratic and Cubic Equations by the Odd Number Methode. Math. Tables a. o. Aids to Computation II (1947) 321—324.
69. *R. M. Bloch, Campbell, R. V. D.* and *Ellis, M.*, The Logical Designe of Raytheon Computer. Math. Tables a. o. Aids to Computation III (1948) 286—295; General Designe Considerations for the Raytheon Computer. Math. Tables a. o. Aids to Computation III (1948) 317—323.
70. *Böhme, W.*, Leichtfaßliche Darstellung der Theorie des Polarplanimeters. Math. u. Nat. im Unterricht (1944) 65—66.
71. *Bohl, M. G.*, Appareil de la S. N. C. F. pour le race des horaires des trains. Rev. Générale des Chemins de Fer. April 1950. 164—170.
72. *von Bohl, W. I.*, Apparate und Maschinen zur mechanischen Ausführung arithmetischer Operationen (russisch), Moskau 1896.
73. *Bohnstedt, H.*, Klanganalytische Untersuchungen an Orgelpfeifen und -mensuren. Z. Instrumentenbau *52* (1931) Nr. 2.
74. *Boisseau, P.*, Sur nouveaux appareils d'intégration mécanique. C. R. Acad. Sci., Paris *196* (1933) 1863—1864.
75. —, Sur des nouveaux intégraphes et différentiateurs. C. R. Acad. Sci., Paris *198* (1934) 433—434.
76. *Booth, A. D.*, Recent computer projects. Proc. R. Soc. London (A) *195* (1948) 286—287.
77. —, A magnetic digital Storage system. Electronic Engineering *21* (1949) 234—238.
78. — and *Britten, K. H. V.*, Principles and progress in the construction of highspeed digital computers. Quart. J. Mech. appl. Math., Oxford *2* (1949) 182—197.
79. *Boucherot, P.*, L'analyse des courbes périodiques. La lumière électrique *49* (1893) 251—255.
80. *Bour, E.*, Résolution des équations numériques du troisième degrée, con moyen de la règle à calcul. C. R. Acad. Sci., Paris *44* (1857) 22—25.
81. *Bourier, A.*, Harmonische Analyse von Drehkraftkurven. AEG-Mitt. (1939) 326—330.
82. *Boys, C. V.*, An integrating-machine. Phil. Mag. (5) *11* (1881) 342—348.
83. —, On integrating and other apparatus for the measurement of mechanical and electrical forces. Phil. Mag. (5) *13* (1882) 77—95.
84. *Brack, W.*,Rekatafeln, Masch.-Bau Betr. (1938) 576.
85. *Bragg, W. L.*, An optical method of representing the results of X-ray analysis. Z. Krist. *70* (1929) 475.
86. *Brandenburg*, Einfluß der Papieränderung auf die Ergebnisse der Flächenberechnung auf der Karte und über die Maßnahmen zu dessen Beseitigung. Z. Vermessungsw. *59* (1930) 199—205.
87. *Braun, W.*, Über die Wirkungen des Papiereinganges. Z. Vermessungsw. *55* (1926) 579—586.

88. *Brauner, L.*, Wichtige Abschnitte der Rechenmaschinen-Entwicklung. Beitr. Gesch. Techn. Ind. *16* (1926) 248—260.
89. *Brend'amour, W.*, Nochmals Koordinatentransformation mit der Doppelrechenmaschine Thales-Geo. Z. Vermessungsw. *72* (1943) 93.
90. *Brown, S. L.*, A mechanical harmonic synthesizer-analyser. J. Franklin Inst. *228* (1939) 675—694.
91. *de Bruyne, P.*, Ein Rechenschema der Fourieranalyse von Vokalkurven. (Beitrag zur Einschränkung der Rechenarbeit.) Archives Néerlandaises de Phonétique Expérimentale *17* (1941) 107—121.
92. *Bückner, H.*, Über eine Näherungslösung einer gewöhnlichen linearen Differentialgleichung erster Ordnung. Z. angew. Math. Mech. *22* (1942) 143—152.
93. —, Über die Entwicklungsarbeiten an der Integrieranlage der Rechenautomaten GmbH. Göttingen. Z. angew. Math. Mech. *29* (1949) 38.
94. —, The Differential Analyser. (A theory of set-ups with several inputs.) Minden (1948), 101 S.
95. —, Zum Zirkeltest der Integrieranlagen. Z. angew. Math. Mech. *31* (1951) 224—226.
96. *Burkhardt, A.*, Die Leibniz'sche Rechenmaschine. Z. Vermessungsw. *26* (1897) 392 bis 398.
97. *Burks, Arthur W.*, Super electronic computing machine. Electronic Industries *5* (1948) 62—67, 96.
98. *Bush, V.*, The differential analyser. A new machine for solving differential equations. J. Franklin Inst. *212* (1931) 447—488.
99. —, Recent progress in analysing machines. Proc. 4th intern. Congr. appl. Mech. Cambridge (1935) 3—23.
100. —, Instrumental analysis. Bull. Amer. math. Soc. *42* (1936) 649—669.
101. — and *Cadwell, S. D.*, A new type of differential Analyzer. J. Franklin Inst. *240* (1945) 255—326.
102. —, *Gage, F. D.* and *Shewart, H. R.*, A continuous integraph. J. Franklin Inst. *203* (1927) 63—84.
103. — and *Hazen, H. L.*, Integraph solution of differential-equations. J. Franklin Inst. *204* (1927) 575—615, 813.
104. *Caldwell, S. H.* and *Curtiss, J. H.*, A Symposium of Large Scale Digital Calculating Machinery. Math. Tables a. o. Aids to Computation II (1947) 229—238.
105. *Callendar, A.*, *Hartree, D. R.* and *Porter, A.*, Time-lag in a control system II. Phil. Trans. Roy. Soc. Lond. *235* (1936) 415—444.
106. *Carter, A. E.* and *Sadler, D. H.*, The application of the national accounting machine to the solution of first-order differential equations. Quart. J. Mech. appl. Math., Oxford *1* (1948) 433—441.
107. *Cassini, G.*, Calcoli numerici, grafici e meccanici. Pisa 1928.
108. *Castleman jr., R. A.*, A device for logarithmic and semilogarithmic plotting and finding powers and exponential. J. opt. Soc. Amer. *7* (1923) 377—383; Logarithmic and semilogarithmic calculator. Phys. Rev. (2) *21* (1923) 473—474.
109. —, An improved coordinator. J. opt. Soc. Amer. *16* (1928) 287—292.
110. *Caufourier, P.*, Résolution de problèmes d'actuariat par le planimètre spiralographe. Bull. trim. Inst. Actuaries Franç. *48* (1937) 303—311.
111. —, Planimètre spiralographe pour l'intégration des fonctions dépendant du temps. Génie civ. *111* (1937) 462.
112. *Chappel, E.*, A new method of second difference integration on the Brunsviga-Dupla-machine. Monthly Notices *91* (1931) 817—818.
113. *Ciurileanu, D. J.*, Sur un nouvel appareil pour la mesure des surfaces „Le Parcellmètre". Bull. Sect. Sci. Acad. Roum. *25* (1943) 327—332.
114. *Clifford, W. K.*, Graphic representation of the harmonic components of a periodic motion. Proc. Lond. math. Soc. *5* (1873) 11—14.
115. *Closterhalfen, A.*, Stromlinienrechentafeln. Z. angew. Math. Mech. *6* (1926) 62—70.
116. *Cohen, Arnold, A.*, Magnetic Drum Storage for Digital Information Processing Systems. Math. Tables a. o. Aids to Computation IV (1950) 31—39.
117. *Collatz, L.*, Über das Quadratwurzelziehen auf der Rechenmaschine. Z. angew. Math. Mech. *16* (1936) 59—60.
118. *Colomb, M. J.*, Sur le planimètre d'Amsler. C. R. Acad. Sci., Paris *196* (1933) 93—95.
119. *Comrie, L. J.*, On the application of the Brunsviga-Dupla calculating machine to double summation with finite differences. Monthly Notices *88* (1928) 447—459.

120. *Comrie, L. J.*, Note on Mr. Chappel's method of second difference integration. Monthly Notices *91* (1931) 819.
121. —, The nautical Almanac Office Burrough machine. Monthly Notices *92* (1932) 523—541.
122. —, The application of the Hollerith tabulating machine to Browns tables of the moon. Monthly Notices *92* (1932) 694—707.
123. —, Inverse Interpolation and scientific Applications of the National accounting machine. Suppl. to the J. Roy. statist. Soc. III *2* (1936) 87—114.
124. —, The use of calculating machines in ray tracing. Proc. phys. Soc. London *52* (1940) 246—252.
125. —, Calculating-Past, Present and Future. Future, The Magazine of Industry, Government, Sciences, Arts 1947, 61—69.
126. —, Calculations and electronics, automatic computer designed by the National Physical Laboratory. Electrician *137* (1946) 1279—1280.
127. *Coradi, G.*, Neuer Polarplanimeter. Z. Vermessungsw. *9* (1880) 25—28.
128. —, Präzisions-Polarplanimeter (Patent Hohmann und Coradi DRP. 12377). Z. Vermessungsw. *10* (1881) 127—134.
129. —, Die Kugelplanimeter. Beschreibung, Theorie und Anleitung zum Gebrauch und Prüfung derselben. Zürich 1889.
130. —, Die Planimeter Coradi. (5. Aufl.) Zürich 1912.
131. —, Analysateur harmonique avec une théorie de M. le Prof. O. Henrici à Londres. (2. Aufl.) Zürich 1915.
132. *Coriolis, G.*, Intégraphes. J. de Liouville *1* (1836) 5—9.
133. *Couffignal, L.*, Sur une nouvelle machine à calculer. C. R. Acad. Sci. Paris *191* (1930) 924—925. Bemerkung dazu von d'Ocagne. C. R. Acad. Sci., Paris *191* (1930) 925—926.
134. —, Les machines à calculer, leurs principes, leur évolution. Paris 1933.
135. —, Sur l'emploi de la numération binaire dans les machines à calculer et les instruments nomomécaniques. C. R. Acad. Sci., Paris *202* (1936) 1970—1972.
136. —, Sur l'analyse mécanique. Thèse Fac. Sci. Paris 1938.
137. *Crank, J.*, The Differential-Analyser. London, New York, Toronto 1947, 137 S.
138. — and *Nicolson, P.*, A practical method for numerical evaluation of solutions of partial differential equations of the heat-conduction type. Proc. Cambridge philos. Soc. *43* (1947) 50—67.
139. *Cranz, H.* und *Härlen, H.*, Über Apparate zur mechanischen Differentiation. Z. Instrumentenkde. *45* (1925) 365—374.
140. *Crew, E. W.*, Calculating machines. Engineer *172* (1941) 438—441.
141. *Cuny, K. H.*, Wie arbeitet der Ingenieur mit dem Ott-Polarplanimeter? Maschinenmarkt 1943, Heft 2 und 3. Sonderdruck Ott D. 402.
142. *Curti, P.* und *Dubois, F.*, Die mechanische Lösung des außenballistischen Hauptproblems. Schweiz. Bauztg. *67* (1949) Nr. 3.
143. *Dällenbach, W.*, Verschärftes rechnerisches Verfahren der harmonischen Analyse. Arch. Elektrotechn. *10* (1921) 277—281.
144. *Delamain, R.*, Grammelogia or the Mathematical Ring, London 1630.
145. *Deprez, M.*, Sur les compteurs d'électricité. La lumière électrique *6* (1882) 534—535.
146. *Déribéré, M.*, La machine à calculer électronique prévoit les richesses pétrolifères. La Nature (15. Feb. 1947) 62—63. s. a. La Nature No. 3115 vom 1. 7. 1946.
147. *Diderot*, Grande Encyclopédie 1. Paris 1751 (p. 680); Déscription de la machine arithmétique de Pascal. Œuvres complètes de Blaise Pascal III, Paris 1890.
148. *Dieckmann*, Flächenmesser für Dreiecke und Vierecke von Becker. Allg. Vermessungs-Nachr. *51* (1939) 317—377.
149. *Dietsch, G.* und *Rotzeig, B.*, Eine neue Methode zur exakten Berechnung der Fourierkoeffizienten. Gerlands Beitr. Geophys. *38* (1933) 276—281.
150. *Doležal, E.*, Planimeterstudien. Berg- und Hüttenm. Jb. der k. k. mont. Hochschulen Leoben und Příbram (1906) 293—360; (1907) 81—193.
151. —, Das Stampfersche Scheibenpolarplanimeter. Sitzungsber. Wien. Akad. *118* II A (1909) 1543—1574.
152. —, Das Pantograph-Planimeter. Sitzungsber. Wien. Akad. *124* II A (1915) 845—874.
153. *Doll, M.*, Instrument zur Verwandlung von Vielecken in Dreiecke durch Parallelabschieben. Z. Vermessungsw. *3* (1874) 83—85.
154. —, Untersuchung der Genauigkeit des Planimeters Nr. 15 von Ott u. Coradi in Kempten. Z. Vermessungsw. *9* (1880) 28—32.

155. *Doll, M.*, Untersuchung der Genauigkeit zweier Planimeter von J. Amsler-Laffon in Schaffhausen. Z. Vermessungsw. *9* (1880) 33—37.
156. *Drescher*, Der behelfsmäßige Sonderrechenstab. AWF-Mitt. *26* (1944) 30, 32.
157. *Dreyer, H. J.*, Auflösung von Systemen linearer Gleichungen mit Lochkartenmaschinen. ZWB-Bericht UM 730 (1943).
158. —, Ein Gerät zum selbsttätigen Abtasten gezeichneter Funktionskurven. ZWB-Bericht F. 1979 (1944).
159. —, Automatisch arbeitende Geräte für wissenschaftliche Rechnungen. Z. angew. Math. Mech. *25—27* (1947) 141—142.
160. —, Automatisches lichtelektrisches Kurvenabtasten bei Integrieranlagen. Z. angew. Math. Mech. *30* (1950) 291—292.
161. —, und *Walther, A.*, Entwicklung mathematischer Instrumente in Deutschland 1939 bis 1945. Inst. angew. Math. d. T. H. Darmstadt 1946/47.
162. *Drodofsky, M.*, Die Division komplementärer Zahlen auf der Rechenmaschine. Z. Instrumentenkde. *57* (1937) 254—255.
163. *Dubois, Fr.*, Nouveaux planimètres pour puissances à exponents fractionaires. Génie civ. *106* (1935) 555—558.
164. —, Remarques à propos de l'historique des planimètres et intégrimètres. Génie civ. *108* (1936) 494—495.
165. —, Die Schöpfungen Jakob und Alfred Amslers auf dem Gebiet der mathematischen Instrumente. Mitt. d. Naturforsch. Ges. Schaffhausen *19* (1944) 209—275.
166. *Dufour, P. Th.*, Les Perspectives Reliefs. Rev. Geographie *8* (1916/18) Fasc. 4.
167. *Düppe, C.*, Stangenplanimeter mit korrigierbarer Schneide. DRP. 42c Nr. 319346.
168. *Dürr*, Zum Rückwärtseinschneiden mit Doppelmaschine. Allg. Vermess.-Nachr. *54* (1942) 186.
169. *v. Dyck, W.*, Katalog mathematischer und physikalisch-mathematischer Modelle, Apparate und Instrumente. München 1892. Nachtrag dazu München 1893.
170. —, Über den Verlauf der Integralkurven einer homogenen Differentialgleichung erster Ordnung. Abh. Bayr. Akad. Wiss. math.-phys. Kl. 26, *10* (1914).
171. —, Über einige neue Apparate zur mechanischen Integration. Abh. Bayr. Akad. Wiss. math.-phys. Kl. 26, *12* (1914).
172. *Eastluck, A. C.*, Methods of approximating roots of a quadratic equation with a calculating machine. Rep. Amer. Inst. Actuaries *24* (1935) 21—23.
173. *Eckert, J. P. Jr.*, *Muchly, J. W.*, *Goldstine, H. H.* and *Brainerd, J. G.*, Description of the ENIAC and Comments on Electronic Digital Computating Machines Rep. Nov. 1945. VIII + 58 S.
174. *Eckert, W. J.*, Punched Card Methods in Scientific Computation. The Thomas J. Watson Astronomical Computing Bureau 1940.
175. —, The IBM Pluggable Sequence Relay Calculator. Math. Tables a. o. Aids to Computation III (1948) 149—161.
176. *Eggert, O.*, Das Pantographenplanimeter. Z. Vermessungsw. *45* (1916) 263—265.
177. —, Das Universalplanimeter von Ott in Kempten. Z. Vermessungsw. *45* (1916) 297 bis 299.
178. —, Algebraisches Rechnen mit der Rechenmaschine. Z. Vermessungsw. *72* (1943) 1—6.
179. *Ekelöf, St.*, Matematiska maskiner i. USA. Tekn. T. 69 A (1939) 143—154.
180. —, Macchine Calcolatrici Automatiche. L'Electrotecnica *36* (1949) 306—317.
181. *Elmendorf, A.*, A differentiating machine. Amer. M. S. Bull. *22* (1916) 440—441. Amer. Math. Monthly *23* (1916) 292—295.
182. —, Mechanical differentiation. J. Franklin Inst. *185* (1918) 119—130.
183. —, The application of mechanical differentitation to engineering problems. J. Franklin Inst. *185* (1918) 269—271.
184. *Emde, F.*, Unterteilung des Tafelschrittes. Z. angew. Math. Mech. *14* (1934) 333—339.
185. —, Fortlaufende Rechnungen mit Rechenmaschinen. Z. Instrumentenkde. *56* (1936) 181—188.
186. —, Rechenmaschine und Genauigkeit. Z. Instrumentenkde. *56* (1936) 265—275.
187. —, Kurvenlineale. Z. Instrumentenkde. *58* (1938) 409—411.
188. *Engelmann, M.*, Leben und Wirken des württembergischen Pfarrers und Feintechnikers Philipp Matthäus Hahn, Berlin 1923.
189. *Eskilson, E.*, Maskinell lösning av differentialekvationer. Tekn. T. *65* (1935) 41—44.
190. *Faerber, J.*, Die Rechenmaschine im Technischen Büro. Brunsviga-Monatshefte 1929.
191. *Favaro, A.*, Beiträge zur Geschichte des Planimeters. Allg. Bauztg. *38* (1873) 68—90, 93—108. Auch Wien 1873.

192. *Ritter von Fehrentheil und Gruppenberg, L.*, Vereinfachte Quadratwurzelziehung mit der Rechenmaschine. Z. Instrumentenkde. *62* (1942) 227—230.
193. *Fenner, P.*, Beitrag zur Theorie des Rollplanimeters. Z. Vermessungsw. *15* (1886) 216—219, 242—249.
194. *Féry, Ch.*, Thermomètre intégrateur. C. R. Acad. Sci., Paris *140* (1905) 367—368.
195. *Finsterwalder, S.*, Harmonische Analyse mittels Polarplanimeters. Z. Math. Phys. *43* (1898) 85—92.
196. *Fischer, P.*, Einige praktische Winke für das Maschinenrechnen. Z. Vermessungsw. *59* (1930) 863—867.
197. *Fischer, T.*, Abgleichung des Polarplanimeters. Allg. Vermess.-Nachr. *54* (1942) 197—199.
198. *Fischer-Hinnen, J.*, Methode zur schnellen Bestimmung harmonischer Wellen. ETZ *22* (1901) 396—398.
199. *Flegel, K.*, Vorrichtung zum Strecken oder Verkürzen von Zeichnungen in einer beliebigen Richtung. Z. Vermessungsw. *46* (1917) 323—328.
200. *Flügge, J.*, Umwandlung von Winkelteilungen auf der Rechenmaschine. Z. Instrumentenkde. *61* (1941) 311—314.
201. *Föttinger, H.*, Über Maschinen zur Integration von Wirbel- und Quellfunktionen (Vektor-Integratoren). Proc. intern. Congr. appl. Mech. Delfft (1924) 215—228.
202. —, Die Entwicklung der „Vektorintegratoren" zur maschinellen Lösung von Potential- und Wirbelproblemen. Z. techn. Phys. *9* (1928) 26—39.
203. *Fourmarier, P.*, Les intégraphes électro-mécaniques et la résolution des équations différentielles à coefficients variables. Bull. Soc. franç. Electr. (5) *2* (1932) 13—43.
204. *Fox, E.*, Die Anwendung der Affinität zur Herstellung von Raumbildern und der Affinzeichner. Z. Instrumentenkde. *54* (1934) 76—87.
205. *Frank, M. L.*, On a possible construction of the polarintegraph (russisch). Proc. math. Labor. Tauric. Univ. *1* (1920) 28—32.
206. *Fromme, Th.*, Die Schachmaschine. Z. angew. Math. Mech. *30* (1950) 293—294.
207. *Fry, Th. C.*, The use of the integraph in the practical solution of differential equations by Picard's method of successive approximation. Proc. Congress Toronto *2* (1929) 405—428.
208. *Fuchs*, Theorie des Karteneingangs. Z. Vermessungsw. *36* (1907) 289—298.
209. *Füsgen, P.*, Flugbahn-Rechengerät. Diss. T. H. Aachen. Düsseldorf 1937.
210. *Fuß, H.*, Eine neue logarithmische Rechenmaschine. Z. Instrumentenkde. *53* (1933) 207—220, 257—266.
211. *Gabriel, F.*, Graphisch-rechnerisches Verfahren zur schnellen Ermittlung von Trefferprozenten unter einfachen und erschwerten Bedingungen. Luftf. Forschg. *19* (1943) 231.
212. *Galle, A.*, Mathematische Instrumente. Leipzig u. Berlin 1912.
213. —, Neuere Integraphen. Z. angew. Math. Mech. *2* (1922) 458—466.
214. *Gambert, K.*, Über Wirkung des Papiereinganges. Z. Vermessungsw. *54* (1925) 167—174.
215. *Gamburzeff, G.*, Appareils pour la détermination mécanique des éléments du champs magnétique et gravimétrique produit par un cylindre infini de section arbitraire (russisch). C. R. Acad. Sci. USSR 1928.
216. —, Mechanische Integration zur Auswertung von Beobachtungen an gestörten Schwere- und Magnetfeldern. Gerlands Beitr. Geophys. *24* (1929) 83—93.
217. *Gans, R.* und *Miguez, A. P.*, Ein thermodynamischer Integrator. Phys. Z. *16* (1915) 247—251.
218. *Gassmann, F.*, Zur Bestimmung von Bodenbewegungen aus Registrierungen von Schwingungsmessern und Seismographen. Festschrift S. I. A. d. Eidg. Techn. Hochschule Zürich 1937.
219. *Geier, K.*, Die Zehnerschaltvorrichtung und die damit zusammenhängenden Sonderfragen. Diss. T. H. Dresden 1936.
220. *Gentilli, A.*, Das Beil-Planimeter. Schweiz. Bauztg. *28* (1896) 61—64.
221. *Georgii*, Der Leichtmetall-Pantograph „Pantofix" DRP. Z. Vermessungsw. *62* (1933) 363—366.
222. *v. Gerstenbergck, J. L. J.*, Beschreibung einiger Pantographen . . . Jena 1787.
223. *Gerstenbrandt, J.*, Die graphische Integration. (Lebende Bücher, Gruppe Mathematik.) Wittenberg 1926.
224. *Goldstine, H. H.* and *Goldstine, A.*, The Electronic Numerical Integrator and Computer (ENIAC). Math. Tables a. o. Aids to Computation II (1946) 97—110.

225. *Goos, F.*, Ein einfacher Koordinatenmeßapparat. Z. Instrumentenkde. *51* (1931) 152—153.
226. *Goussinsky, B.*, Zum Problem der algebraischen Multiplikation mittels der Rechenmaschine. Schweiz. Z. Vermessungsw. *35* (1937) 258—260 und *42* (1944) 251—252.
227. *Grabowsky, L.*, Theorie des harmonischen Analysators. Diss. Univ. München 1901 und Sitzungsber. Wien. Akad. Wiss. math.-phys. Kl. *110* (1902) 717—889.
228. *Green, H. D.* und *Maurer, J.*, The Coordinatograph. Rev. sci. Instr. *7* (1936) 37—40.
229. *Greenhill, A. G.*, Lippincotts Planimeter. The Engineer *88* (1899) 614—615.
230. *Grimme, Natalis & Co.*, Durchführung einer Ephemeridenrechnung a) mit Hilfe einer 5-stelligen Logarithmentafel, b) mit Trinks-Triplex-Rechenmaschine. Braunschweig 1922.
231. *Grobe, G.*, Eine allgemeine analytische Darstellung einer Klasse geschlossener Linienzüge in der Ebene. Z. Phys. *89* (1934) 388—394.
232. —, Ein analytischer Ausdruck für die Hystereseschleife. ETZ *55* (1934) 559—561.
233. *Groeneveld, J.*, Über ein neues Verfahren zur harmonischen Analyse. Z. angew. Math. Mech. *6* (1926) 253—257.
234. —, Eine neue Planimetertheorie. Z. Instrumentenkde. *47* (1927) 1—16.
235. —, Die Planimeter als Integrationsinstrumente. Z. Instrumentenkde. *47* (1927) 113 bis 134.
236. —, Planimetrische Integration mit Nullkreis. Z. Instrumentenkde. *47* (1927) 185—189.
237. *Gröne* Ein neues Kartierungsinstrument (Kleinkoordinatograph). Allg. Vermess.-Nachr. *50* (1938) Nr. 36.
238. *Gröttrup, H.*, Ein einfaches Gerät zur Transformation ebener Kurven und seine Anwendung auf die Ermittlung von Momenten. Sitzungsber. Berl. math. Ges. *36* (1937) 33—41.
239. *Grüss, G.*, Über das Weber-Kernsche Planimeter. Z. Instrumentenkde. *53* (1933) 129—131.
240. *Grützmacher, M.*, Eine neue Darstellungsform der harmonischen Analyse und ein neuer mechanischer Kurvenanalysator. Akust. Z. *8* (1943) 49—63.
241. *Günther, F.*, Der Äquidistanz-Planimeter. Z. Vermessungsw. *11* (1882) 353—359.
242. —, Versuche über die Genauigkeit des Äquidistanzplanimeters. Z. Vermessungsw. *12* (1883) 37—43.
243. —, Der Maaßplanimeter für schmale, langgestreckte Figuren. Z. Vermessungsw. *15* (1886) 506—512.
244. *Guth, P.*, Dans une petite maison à un étage un Français construit une usine à calculer. Le Figaro Littéraire *2* (1947) No. 64 (Samedi 12. Juillet).
245. *Haberl, K.*, Eine Vorrichtung zum Umzeichnen von Photogrammen in Intensitätskurven. Phys. Z. 36 (1935) 59—61.
246. *Haeff, A. V.*, The Memory Tube and its Application to Electronic Computation. Math. Table a. o. Aids to Computation III (1948) 281—286.
247. *Haerpfer, A.*, Die Konstanten des Polarplanimeters. Z. Instrumentenkde. *44* (1924) 270—274.
248. —, Polarplanimeter-Nomogramm. Z. Vermessungsw. *55* (1926) 727—729.
249. *Hägg, G.* and *Laurent, T.*, A Machine for the Summation of Fourier Series. J. Sci. Instruments *23* (1946) 155—158.
250. *Hain, K.*, Addier- und Subtrahiergetriebe. Meßtechn. *19* (1943) 207—210.
251. —, Die Verwendung der sechsgliedrigen Gelenkgetriebe als Rechengetriebe. Z. Instrumentenkde. *64* (1944) 96—104.
252. *Hall, J. A.*, A multiple pantograph and etching apparatus. J. sci. Instr. *15* (1938) 407—413.
253. *Hallert, B.*, Über einige Verfahren zur Lösung von Normalgleichungen. Z. Vermessungsw. *72* (1943) 238—244.
254. *Hamann, Chr.*, Über elektrische Rechenmaschinen. (Nicht im Handel.)
255. *Hamann, J.*, Über das Stangenplanimeter insbesondere das Stangenplanimeter mit Rolle. Z. Vermessungsw. *25* (1896) 643—650.
256. —, Das Koordinatenplanimeter von Chr. Hamann. Z. Vermessungsw. *28* (1899) 464 bis 468.
257. —, Untersuchungen über das Harfenplanimeter von Mönkemöller. Z. Vermessungsw. *28* (1899) 549—552.
258. *Hammer, E.*, Das Stangenplanimeter von Prytz nebst einzelnen Bemerkungen zur Praxis des Polarplanimeters. Z. Instrumentenkde. *15* (1895) 90—97.

259. *Hammer, E.*, Eintragen von Messungen in gedruckte Pläne. Z. Vermessungsw. *24* (1895) 161 — 165.
260. —, Das Hamannsche Polarplanimeter. Z. Instrumentenkde. *16* (1896) 361 — 366.
261. —, Die Fortschritte der Kartenprojektionslehre, des Kartenzeichnens und der Kartenmessung. Geogr. Jahrbuch *19* (1896), insbesondere 24—27.
262. —, Neue Kontrollschienen für gewöhnliche Polarplanimeter. Z. Instrumentenkde. *17* (1897) 115—116.
263. —, Auflösung quadratischer Gleichungen mit dem Rechenschieber. Z. Vermessungsw. *29* (1900) 495—497.
264. —, Neue Schneidenradplanimeter. Z. Instrumentenkde. *22* (1902) 221—222.
265. —, Planimeter System Pregél. Z. Instrumentenkde. *28* (1908) 373.
266. —, Bericht über das neue Universal-Planimeter und weiteres Neue zur Planimeterliteratur. Z. Instrumentenkde. *34* (1914) 165—166.
267. —, Das Amslersche Radialplanimeter. Z. Instrumentenkde. *36* (1916) 66—67.
268. —, Neues Planimeter zur Bestimmung der Inhalte und höheren Momente ebener Flächen. Z. Instrumentenkde. *39* (1919) 30—33.
269. —, Neuerungen an Planimetern. Z. Instrumentenkde. *41* (1921) 358.
270. *v. Harbou, E.*, Der „Prismenderivator" und der „Differentio-Integraph". Z. angew. Math. Mech. *10* (1930) 563—585.
271. *Hardy, J.*, A new recording spectrophotometer. J. opt. Soc. Amer. *25* (1935) 305—311.
272. *Harkink, F.*, Die Brunsviga-Koordinatenmaschine. Allg. Vermess.-Nachr. *51* (1939) 597—602, 613—618.
273. *Harrison, J. O.*, Piecewise Polynomial Approximation for Large-Scale Digital Calculators. Math. Tables a. o. Aids to Computation III (1949) 400—407.
274. *Hart, H.*, On certain conversions of motion. Mess. of math. (2) *4* (1874) 82—88, 116 bis 120.
275. *Hartree, D. R.*, The differential analyser. Nature, Lond. *135* (1935) 940—943.
276. —, The mechanical integration of differential equations. Math. Gaz. London *22* (1938) 342—363.
277. —, A great Calculating Machine. The Bush Differential Analyser and its Application in Science and Industry. Roy. Instn. Great Britain *31* (1940) 30 p.
278. —, The Application of the Differential Analyser to the Evaluation of Solutions of Partial Differential Equations. Proc. First Canadian Math. Congress Montreal 1945. Toronto 1946. 327—337.
279. —, The ENIAC an electronic computing machine. Nature *158* (1946) 500—506.
280. —, Calculating Machines, Recent and Prospective Development and their Impact on Mathematical Physics. Cambridge 1947.
281. —, A historical survey of digital computing machines. Proc. Roy. Soc. London (A) *195* (1948) 265—271.
282. — Automatische Rechenmaschinen. Z. angew. Math. Mech. *31* (1951) 1—12.
283. — and *Ingham, J.*, Note on the application of the differential analyser to the calculation of train running times. Mem. Proc. Manchester lit. philos. Soc. *83* (1938) 1—15.
284. — and *Nutall, A. K.*, The Differential analyser and its applications in electrical engineering. J. Instn. electr. Engrs. *83* (1938) 643—647.
285. — —, L'analyseur différential et ses applications en électrotechnique. Rev. gén. Electr. Paris *45* (1939) 765—771.
286. — *Newman, M. H. A.*, *Wilkes, M. V.*, *Williams, F. C.*, *Wilkinson, J. H.* and *Booth, A. D.*, A discussion of digital computing machines. Proc. R. Soc. London (A) *195* (1948) 265—287.
287. — and *Porter, A.*, The construction and operation of a model differential analyser. Mem. Proc. Manchester lit. philos. Soc. *79* (1935) 51—71.
288. — and *Womersly, J. R.*, General theory of a method of applying the differential analyser to some forms of partial differential equations. Proc. Roy. Soc. London *161* (1937) 353—366.
289. *Harvard University Computation Laboratory*, A Manual of Operation for the Automatic Sequence Controlled Calculator. Cambridge Mass. 1946 (XIV + 561 S.).
290. *Harvey, J.*, An harmonic analyser. Proc. Phys. Soc. Lond. *42* (1930) 245—250.
291. —, An harmonic analyser. Engineering *138* (1934) 667—668.
292. —, Un nouvel analysateur harmonique basé sur le principe du planimètre polaire. Génie civ. *105* (1934) 552—555.
293. *Haupt, H.*, Rechenmaschinen und rechnende Technik. Sonderdruck der Brunsviga-Monatshefte.

294. *Hausmann, L. F.* and *Schwarzschild, M.*, Automatic integration of linear sixth-order differential equations by means of punched card machines. Rev. Sci. Instrum. *18* (1947) 877—883.
295. *Hazen, H. L.*, *Jaeger, J. J.* and *Brown, G. S.*, An automatic curve follower. Rev. Sci. Instrum. *7* (1936) 353—357.
296. *Heinhold, J.*, Zur mechanischen Integration von Differentialgleichungen. Z. Instrumentenkde. *63* (1943) 71—74.
297. — und *Bereis, R.*, Mechanische Durchführung der konformen Abbildung $w = z^a$ (a rational). ATM. J 081 - 15 (August 1949).
298. *Hele-Shaw, H. S.*, The theory of continuous calculating machines and of a mechanism of this class on a new principle. Phil. Trans. Roy. Soc. Lond. *176*, II (1885) 367—402.
299. *Hellmich, M.*, Beitrag zur Kenntnis der Genauigkeit der neueren Flächenberechnungs-Hülfsmittel. Z. Vermessungsw. *22* (1893) 185—187.
300. *Hendlé, P.*, Au sujet des arithmomètres de Pascal et Leibniz. Interméd. math. (2) *1* (1922) 45—47.
301. *Henrici, O.*, On a new harmonic analyser. Phil. Mag. (5) *38* (1894) 110—121.
302. —, Über einen neuen harmonischen Analysator. Gött. Nachr. (1894) 30—32.
303. —, Report on planimeters. Brit. Ass. Rep. (1894) 496—523.
304. —, Theorie des harmonischen Analysators. Druckschrift Coradi, Zürich 1894.
305. *Hermann, C.*, Methodisches zur Fourier-Analyse. Z. Elektrochem. *46* (1940) 425—436.
306. *Hermann, L.*, Phonophotographische Untersuchungen II. Pflügers Arch. ges. Physiologie *47* (1890) 44—53.
307. *Herrmann, K.*, Das Quadratwurzelziehen auf der Rechenmaschine. Allg. Vermess.-Nachr. *49* (1937) 270—276.
308. —, Genauigkeitssteigerung beim Quadratwurzelziehen mit der Rechenmaschine. Allg. Vermess.-Nachr. *50* (1938) 112—116.
309. —, Flächenberechnungen aus rechtwinkligen Koordinaten mit der Doppelrechenmaschine. Z. Vermessungsw. *67* (1938) 273—278.
310. —, Der Linienschnitt auf der Doppelrechenmaschine. Allg. Vermess.-Nachr. *53* (1941) 221—224.
311. *Heß, A.*, Instruments pour l'analyse des fonctions périodiques. La lumière électrique *52* (1894) 551—557.
312. —, Nouveaux analysateurs harmoniques. Eclair. électr. *4* (1895) 385—391.
313. *Hessenberg, G.*, Gelenkmechanismen zur Kreisverwandtschaft. (Tübinger Naturwissenschaftliche Abhandlungen Heft 6.) Tübingen 1924.
314. *Hill, F. W.*, The hatchet planimeter. Phil. Mag. (5) *38* (1894) 265—269.
315. *Hoecken, K.*, Die Rechenmaschinen von Pascal bis zur Gegenwart unter besonderer Berücksichtigung der Multiplikationsmechanismen. Sitzungsber. Berl. math. Ges. *13* (1914) 8—29.
316. *Hoffleit, D.*, A Comparision of Various Computing Machines Used in the Reduction of Doppler Observations. Math. Tables a. o. Aids to Computation III (1949) 373—377.
317. *Hofstätter, R.*, Ein weiteres Flächenberechnungsverfahren mit der Rechenmaschine. Allg. Vermess.-Nachr. *50* (1938) 389—391.
318. *Hohmann*, Das Linear-Rollplanimeter. Erlangen 1885.
319. *Hopfield, J. J.*, Apparatus for making any linear scale. J. opt. Soc. Amer. *11* (1925) 435—439.
320. *Hopf, H.*, Übertragungsgerät für die Flakartillerie. Z. VDI *87* (1943) 449—455.
321. *Hoppe, W.*, Neue einfache elektrische Rechenmaschinen zur automatischen Durchführung komplizierter Rechenoperationen. ZWB.-Bericht UM *728* (1944).
322. *Horsburgh, E. M.*, Calculating machines. Glasgow 1920.
323. *Hußmann, A.*, Rechnerische Verfahren zur harmonischen Analyse und Synthese. Berlin 1938.
324. *Hürthle, K.*, Beschreibung einer Differenziermaschine. Z. Instrumentenkde. *37* (1917) 225—230.
325. *Hüser*, Das Mönkemöllersche Planimeter. Z. Vermessungsw. *25* (1896) 443—444.
326. *Huskey, H. D.*, Electronic Digital Computing in England. Math. Tables a. o. Aids to Computation III (1948) 213—216.
327. —, Caracteristics of the Institute for Numerical Analysis Computer. Math. Tables a. o. Aids to Computation IV (1950) 103—108.
328. *Idler, R.*, Die Theorie und Genauigkeit des Scheibenrollplanimeters Nr. 4072 der Firma Coradi in Zürich. Z. Instrumentenkde. *46* (1926) 550—552 und Diss. T. H. Karlsruhe 1925.

329. *Imhof, A.*, Der Prismenderivator, ein Instrument zur Konstruktion von Kurven-Normalen und -Tangenten. Schweiz. techn. Z. *25* (1928) 204—205.
330. *Jackson, J. M.*, An Electronic Differential Analyser. Navy Department Washington D. C. Office of Research and Inventions 1946 u. J. Roy. naval sci. Serv. 1. No. 2 (1945) 53—58, 64.
331. *Jacob, L.*, Le calcul mécanique. Paris 1911.
332. *Jacobus*, A modified planimeter. Engineering *57* (1894) 186.
333. *Jacovkin, A.*, Über ein Sektoren-Planimeter. Bull. Soc. Astr., Leningrad *25* (1924) 17—19 (russisch).
334. *Jelstrup, G.*, Mathematische Instrumente (norwegisch). Norsk. Math. Tidskr. *21* (1939) 81—98.
335. *Johnstone, J. G.*, The use of the integraph in ship calculations. Trans. Instn. Engrs. Shipsb. Scotl. *47* (1903/04) 195—223.
336. —, On the application of the integraph to some ship calculations. Trans. Instn. nav. Archit. Lond. *49* (1907) 198—220.
337. —, An improved form of integrator. Trans. Istn. Engrs. Shipsb. Scotl. *57* (1913/14) 307—332.
338. *Jordan, W.*, Die Leibnizsche Rechenmaschine. Z. Vermessungsw. *16* (1887) 226—229.
339. —, Zur Geschichte der Leibniz'schen Rechenmaschine. Z. Vermessungsw. *16* (1887) 593—596.
340. —, Zur Geschichte der Leibniz'schen Rechenmaschine. Z. Vermessungsw. *21* (1892) 545—551, 584.
341. —, Die Leibniz'sche Rechenmaschine. Z. Vermessungsw. *26* (1897) 289—315.
342. —, Leibniz'sche Rechenmaschine von 1685. Z. Vermessungsw. *27* (1898) 163—167.
343. —, Stangenplanimeter Prytz. Z. Vermessungsw. *28* (1899) 315—317.
344. —, *Reinhertz, C.* und *Eggert, O.*, Handbuch der Vermessungskunde II (8. Aufl.), Stuttgart 1914, 150—151.
345. *Kajaba, J.*, Ein Beitrag zur Theorie und Praxis der hauptsächlich verwendeten Polarplanimeter. Sitzungsber. Wien. Akad. *86*, II (1882) 635—656.
346. *Kallenbach, W.*, Bemerkung zu der vorstehenden Arbeit von M. Grützmacher über ein neues Analysierverfahren. Akust. Z. *8* (1943) 63—65.
347. *Kamela, Cz.*, Einschneiden mit der Doppelrechenmaschine. Sammlung wiss. Arbeiten der in der Schweiz internierten Polen, Bd. *1*, Winterthur 1943.
348. *Karapetoff, V.*, An integraph based on parallel double tongs. J. opt. Soc. Amer. *6* (1922) 978—984.
349. *Kaselitz, F.*, Ein neuer Integrator zur Berechnung von Schwerewerten. Z. Geophys. *8* (1932) 191—195.
350. *Kasper, H.*, Nochmals das Rückwärtseinschneiden. Allg. Vermess.-Nachr. *54* (1942) 224—226.
351. *Kästner, A. G.*, Geschichte der Mathematik, Göttingen 1796—1800, III, 438.
352. *Katterbach, Kl.*, Messung der Krümmung von flachen Kurven. Z. angew. Math. Mech. *20* (1940) 284—290.
353. *Kennedy, E. C.*, On division with a calculating machine. Amer. math. Monthly. *38* (1931) 223—224.
354. *Kerl*, Ein Beitrag zur graphischen Flächenberechnung mittels der Quadratglastafel. Z. Vermessungsw. *54* (1925) 262—263.
355. —, Ein Beitrag zum Problem des Quadratwurzelziehens mit der Rechenmaschine. Allg. Vermess.-Nachr. *45* (1933) 58—59.
356. —, Über eine neue Methode der Polygonberechnung mit der Rechenmaschine. Allg. Vermess.-Nachr. *53* (1941) 26—30.
357. —, Ein Beitrag zum Schnittproblem auf der Rechenmaschine. Allg. Vermess.-Nachr. *54* (1942) 58.
358. —, Berechnung der Höhe und des Höhenfußpunktes mittels der Doppelrechenmaschine. Allg. Vermess.-Nachr. *54* (1942) 93—94.
359. —, Eine Kurzschrift für Maschinenrechnen. Allg. Vermess.-Nachr. *54* (1942) 157—159.
360. *Kerridge, S.*, Anwendung der Nationalbuchungsmaschine für wissenschaftliche Rechnungen. Z. angew. Math. Mech. *21* (1941) 242—249.
361. *Kilburn, T.*, The University of Manchester universal high-speed digital computing machine. Nature *164* (1949) 684—687.
362. *Killian, K.*, Planimeterstudie. Allg. Vermess.-Nachr. *51* (1939) 666—671.
363. *Kirkpatrick, P.*, A simplified Pascal integraph. J. opt. Soc. Amer. *13* (1926) 531—532.

364. *Klempan*, Die Doppelrechenmaschine Thales-Geo mit durchlaufendem Schlitten. Z. Vermessungsw. *61* (1932) 190—195.
365. *Kleritj, L.*, Tractoriograph und Construction der transcendenten Zahlen „π" und „e" sowie Construction von n-seitigen, dem Kreise umbeschriebenen regelmäßigen Polygonen. Dinglers polytechn. J. *305* (1897) Heft 10 u. 11.
366. —, Präzisions-Kurvenrektifikator. Z. Instrumentenkde. *18* (1898) 62; Z. Instrumentenkde. *22* (1902) 311—314.
367. *Klingatsch, A.*, Das Pantographen-Planimeter. Z. Instrumentenkde. *37* (1917) 25—32.
368. *Klingelhöffer, H.*, Der harmonische Analysator von Henrici-Coradi. Z. Instrumentenkde *54* (1934) 224—227.
369. *Kloht, F.*, Über ein neues Planimeter. Z. Vermessungsw. *12* (1883) 97—115.
370. —, Combiniertes Planimeter. Z. Instrumentenkde. *5* (1885) 41—53.
371. *Kloth, M.*, Zu dem Artikel über Kloths Flächenmeßtafeln. Z. Vermessungsw. *22* (1893) 338—340.
372. *Kneissl, M.*, Rückwärtseinschneiden nach Koordinaten mit Anwendung der Rechenmaschine. Z. Vermessungsw. *65* (1936) 665—667.
373. *Knorr, U.*, Apparat zur selbsttätigen Aufzeichnung des Fahrdiagrammes. Elektr. Kraftbetr. u. Bahnen *12* (1914) 310—313.
374. —, Der Fahrdiagraph. Elektr. Kraftbetr. u. Bahnen *18* (1920) 53—58, 61—65.
375. —, Über einen Integraphen zur mechanischen Integration einer sehr allgemeinen Gruppe von Differentialgleichungen. Diss. T. H. München 1921.
376. —, Die Lösung von Differentialgleichungen auf mechanischem Wege mittels des Fahrdiagraphen. Elektr. Kraftbetr. u. Bahnen *19* (1921) 273—276, 285—288.
377. —, Beitrag zur graphischen Behandlung von Erwärmungsproblemen. ETZ *43* (1922) 1032—1034.
378. —, Die Ausführung technischer Integrationen auf mechanischem Wege. Z. VDI *67* (1923) 957.
379. —, Der Fahrdiagraph. Org. Fortschr. Eisenbahnw. *61* (1924) 353—358.
380. —, Die Ausführung technischer Integrationen auf mechanischem Wege mit einem neuen Integraphen. ETZ *45* (1924) 869—870.
381. —, Der Fahrdiagraph. ETZ *48* (1927) 111—112.
382. *Koch*, Hülfsmittel für geometrische Arbeiten vornämlich zur Erleichterung des Überganges aus den bisherigen Landesmaßen in das Metermaß. Z. Vermessungsw. *1* (1872) 53—72.
383. *Kolbow, H.*, Die deutsche Gezeitenrechenmaschine. Himmelswelt *35* (1925) 29—36.
384. *Koll, O.*, Geodätische Rechnungen mit der Rechenmaschine. 2. Aufl. Stuttgart 1927.
385. *König, A.*, Über einen Zeiß'schen Koordinatenmeßapparat. Astr. Nachr. *246* (1932) 237—252; Z. Instrumentenkde. *53* (1933) 175—76.
386. *König, H.*, Die Ermittlung des Kippmomentes eines Konverters. Arch. Eisenhüttenwesen *4* (1930/31), 177—184.
387. *König, D.*, Vereinfachte Schnittpunktberechnung mit der Rechenmaschine. Allg. Vermess.-Nachr. *54* (1942) 226—228.
388. *Koons, Fl.* and *Lubkin, S.*, Conversion of Numbers from Dezimal to Binary Form in the EDVAC. Math. Tables a. o. Aids to Computation III (1949) 427—431.
389. *Korselt, A.*, Über den Traktoriographen von Kleritj und das Stangenplanimeter. Z. Math. Phys. *43* (1898) 312—318.
390. *Korte*, Ein Verfahren zur Umwandlung von Vielecken in Dreiecke zwecks Flächenberechnung. Z. Vermessungsw. *71* (1942) 294—298.
391. *Kranz, Fr. W.*, A mechanical synthesizer and analysizer. J. Franklin Inst. *204* (1927) 245—262.
392. *Krause, H.*, Die maßgetreue Zeichnung. Werkstattstechn. Der Betr. *37/22* (1943) 377—378.
393. *Krienes, K.*, Ein Polarplanimeter zur Bestimmung des polaren Trägheitsmomentes. Z. angew. Math. Mech. *30* (1950) 62.
394. *Kriloff, A.*, Sur un intégrateur des équations différentielles ordinaires. Bull. Acad. imp. Sci. St.-Petersburg (5) *20* (1904) 17—37. s. a. Z. Instrumentenkde. *26* (1906) 126—128.
395. —, Über das Beilschneidenplanimeter. Z. Instrumentenkde. *25* (1905) 347.
396. *Kron, A. W.*, Neuere Entwicklung der Rechenschieber. Meßtechn. *18* (1942) 131—134.
397. *Krönert, D. J.*, Entzerrung von Diagrammen. Arch. techn. Messen J 030 - 1. April 1933.

398. *Kuehini, H. P.* and *Peterson, H. A.*, A New Differential Analyser. Trans. A. I. E. E. *63* (1944) 221—228.
399. *Kulka, H.*, Neues Planimeter zur Bestimmung der Inhalte und höheren Momente ebener Figuren. Zbl. Bauverw. *36* (1916) 549—552.
400. *Kummer*, Genauigkeit der Flächenberechnung mittels der Klothschen Hyperbeltafel. Z. Vermessungsw. *32* (1903) 686—690.
401. *Lampadarios, D. N.*, Die Berechnung des einfachen Vorwärts- und des einfachen Rückwärts-Einschneidens mit der Doppelrechenmaschine. Verh. d. Akad. Athen *7* (1932) 158—164.
402. *Lang*, Das Kompensations-Polar-Planimeter von G. Coradi in Zürich. Z. Vermessungsw. *23* (1894) 353—367.
403. —, Neuerungen am Kompensationsplanimeter. Z. Vermessungsw. *27* (1898) 147—148.
404. *Lang, W.*, Drei sich ergänzende Koordinatographen. Schweiz. Z. Vermessungsw. *31* (1933) 165—169, 181—185.
405. *Laska*, Theorie des Karteneinganges. Z. Vermessungsw. *35* (1906) 113—122.
406. *Laughlin, H. H.*, Large number division by calculating machine. Amer. Math. Monthly *37* (1930) 287—293.
407. *Laurila, E.*, Über das Nyströmsche Stieltjesplanimeter. Soc. Sci. Fennica. Com. phys.-math. X, *7* (1939).
408. —, Zur mechanischen Berechnung des Fourierschen Integrales. Soc. Sci. Fennica. Com. phys.-math. X *15* (1940).
409. —, Ein Produktintegraph. Annales Acad. Sci. Fennicae, Serie A I *29* (1945) 12 S.
410. *Le Conte, J. N.*, An harmonic analyser. Phys. Rev. *7* (1898) 27—34.
411. *Le Doux, P.*, La machine à intégrer de L'Institut d'Astrophysique théor. de l'Université d'Oslo (Norvège). Ciel et Terre *55* (1939) 393—401.
412. *Lehmer, D. H.*, On the use of the calculating machine for cube and fifth roots. Amer. Math. Monthly *32* (1925) 377—379.
413. *Lennard-Jones, J. E.*, *Wilkes, M. V.* and *Bratt, J. B.*, The design of a small differential analyser. Proc. Cambridge phil. Soc. *35* (1939) 485—493.
414. *Lenz, K.*, Die Rechen- und Buchungsmaschinen. (3. Aufl.) Leipzig und Berlin 1932.
415. *Leupold, J.*, Theatrum Arithmetico-Geometricum. Das ist: Schauplatz der Rechen- und Meß-Kunst . . . Leipzig 1727.
416. *Lichti*, Die Hansensche Aufgabe und die Doppelrechenmaschine. Z. Vermessungsw. *71* (1942) 288—293.
417. *Liesche, O.*, Rechenverfahren und Rechenhilfsmittel mit Anwendung auf die analytische Chemie. (Die chemische Analyse Bd. 30.) Stuttgart 1932.
418. *Lilley, S.*, Machinery in Mathematics. Discovery *6* (1945) 150—156, 182—185.
419. —, ENIAC, ASCC and AC. Machines, that solve complex mathematical problems. Discovery *8* (1947) 23—27, 32 (Januarheft).
420. *Lind, W.*, Getriebe von Addiermaschinen. Z. VDI *75* (1931) 201—205.
421. —, Getriebe der Multipliziermaschinen. Z. VDI *75* (1931) 985—990.
422. —, und *Berger, R.*, Büromaschinen. Leipzig 1940.
423. *Lindinger, E.*, Zur Bestimmung der Krümmung flacher Kurven. Meßtechn. *17* (1941) 168—171.
424. *Linnik, V.*, Ein harmonischer Analysator. Kiev. Sci. Memoirs *2* (1924) 89—92.
425. *Lips*, Die Eignung der Rechenmaschine für die Heronische Dreiecksformel. Brunsviga-Monatshefte 1929.
426. —, Die Doppelrechenmaschine und der durchlaufende Schlitten der Thales-Geo-Maschine. Allg. Vermess.-Nachr. *44* (1932) 33—40.
427. —, Koordinatenberechnung mit der Doppelrechenmaschine Thales-Geo. Vermessungstechn. Rundschau *9* (1932) 33—41.
428. *Lipson, H.* and *Beevers, C. A.*, An improved numerical method of twodimensional Fourier synthesis for crystals. Proc. phys. Soc. Lond. *48* (1936) 772—780; Nature *137* (1936) 825.
429. *Liustich, E.*, Some schemes of mechanical integrators. C. R. Acad. Sci., USSR. *15* (1937) 9—11.
430. *Locke, L. L.*, The history of modern calculating machines, an American contribution. Amer. Math. Monthly *31* (1924) 422—429.
431. *Lohmann, W.*, Die Hermannschen Schablonen zur harmonischen Analyse. Z. angew. Math. Mech. *2* (1922) 153—156.
432. *Lohse*, Tafeln für numerisches Rechnen mit Maschinen (2. Aufl., bearb. v. P. V. Neugebauer). Leipzig 1935.

433. *Lorber, F.*, Ein Beitrag zur Bestimmung der Konstanten des Polarplanimeters. Sitzungsber. Wien. Akad. math-phys. Kl. *86* II (1882) 657—668.
434. —, Über das Präzisions-Polarplanimeter. Z. Instrumentenkde. *2* (1882) 327—331, 345—357.
435. —, Zur Genauigkeit des Präzisions-Polarplanimeters. Z. Instrumentenkde. *2* (1882) 425—431.
436. —, Über die Genauigkeit der Planimeter. Öst. Z. Berg- u. Hüttenw. *31* (1883) 239 bis 242, 257—259, 272—274, 283—284, 292—294, 315—319, 334—337, 357—359, 373—374, 389—391.
437. —, Ein Beitrag zur Justierung des Polarplanimeters. Z. Vermessungsw. *12* (1883) 457—465.
438. —, Über das freischwebende Präzisionsplanimeter von Hohmann-Coradi. Z. Vermessungsw. *13* (1884) 1—19.
439. —, Über das Rollplanimeter von Coradi. Z. öst. Ing. Archit. Ver. *36* (1884) 135—142.
440. —, Über Coradis Kugelplanimeter. Z. Vermessungsw. *17* (1888) 161—187.
441. *Lorenz, F.*, Vorrichtung zur mechanischen Bestimmung von Flächenmomenten beliebiger Ordnung. Z. Instrumentenkde. *55* (1935) 213—217.
442. —, Das Rechengetriebe für die mechanische Bestimmung von Flächenmomenten. Z. Instrumentenkde. *58* (1938) 448—452.
443. —, Das Rechengetriebe für die mechanische Bestimmung von Flächenmomenten als neuartiger Flächenmesser. Meßtechn. *15* (1939) 124—126.
444. *Lossier, H.*, L'intégraphe Abdank-Abakanowicz. Zürich 1903.
445. *Lothenington, J.*, Metode til. beregning av kvadratroten av et tall. Saerlig med sikte pa anvendelsen av regne maskin. Norsk. mat. Tidskr. *18* (1936) 10—11.
446. *Lübcke, E.*, Über einen Apparat zur harmonischen Analyse und Synthese von periodischen Kurven. Phys. Z. *16* (1915) 453—456.
447. *Lubkin, S.*, Decimal Point Location in Computing Machines. Math. Tables a. o. Aids to Computation III (1948) 44—50.
448. *Lüdemann, K.*, Über die Genauigkeit von Flächenberechnungen mit der Quadratmillimeterglastafel. Z. Vermessungsw. *36* (1907) 373—376.
449. —, Die Quadratglastafel von Koschwitz. Z. Vermessungsw. *41* (1912) 301—303.
450. —, Die Leistungsfähigkeit der Kompensationspolarplanimeter von G. Coradi und A. Ott und des Kompensationsplanimeters mit Kugellagerung von J. Schnöckel. Z. Vermessungsw. *56* (1927) 305—311.
451. —, Über die Genauigkeit von Flächenberechnungen mit dem Beilschneidenplanimeter H. Prytz. Z. Vermessungsw. *63* (1934) 259—264.
452. —, Über die Genauigkeitsleistung eines Auftragekreises für 400^g-Teilung beim Auftragen von tachymetrischen Messungen. Z. Vermessungsw. *73* (1944) 139—142.
453. *Lugeon, J.*, La détermination instantanée et sans calcul de toute altitude d'une radiosonde. C. R. Acad. Sci., Paris *208* (1939) 591—593.
454. —, Un altimètre intégrateur pour sondage aérologique. C. R. Acad. Sci., Paris *208* (1939) 1327—1329.
455. —, Un intégrateur pour coordonées polaires, rectangulaires et curvilignes. C. R. Acad. Sci., Paris *208* (1939) 1874—76.
456. *Lyndon, R. C.*, The Zuse Computer. Math. Tables a. o. Aids to Computation II (1947) 355—359.
457. *Mc Cann, G. D.* and *Wilts, C. H.*, Application of Electric-Analog Computers to Heat-Tranfer and Fluid-Flow Problems. J. Appl. Mech. *16* u. Trans. ASME *67* (1949) 247 bis 258.
458. — and *Bennet R. R.*, Vibration of Multifrequency Systens During Acceleration Trough Critical Speeds. J. Appl. Mech. *16* u. Trans. ASME *67* (1949) 375—382.
459. —, The California Institute of Technology Electric Analog Computer. Math. Tables a. o. Aids to Computation III (1949) 501—513.
460. *Mack, K.*, Über meine Perspektographen. Jber. dtsch. Math.-Ver. *31* (1922) 158 bis 162.
461. —, Tangentenkonstruktion mit Hilfe des Spiegellineals. Z. Math. Phys. *52* (1905) 435—436.
462. *McPherson, J. L.*, Applications of Large-Scale High-Speed Computing Machines to Statistical Work. Math. Tables a. o. Aids to Computation III (1948) 121—126.
463. *Mader, O.*, Ein einfacher harmonischer Analysator. ETZ *30* (1909) 847—849.
464. *Mandò, M.*, Le grandi calcolatrici moderne a successioni automatiche, I. Periodico Math. IV *27* (1949) 165—173 *28*, (1950) 28—43, 85—97.

465. *Martens, F. F.*, Rechnungsverfahren für arithmetische Analyse nach Fourier. Arch. Math. Phys. *17* (1911) 117—128.
466. *Martens, L. K.*, Dynamik der Kolbenmaschinen. Moskau 1932.
467. *Martin, E.*, Die Rechenmaschinen und ihre Entwicklung. Pappenheim 1925. (Nachtrag bis etwa 1936.)
468. *Mason, W. P.*, A new analyzer for the constants of a Bessel's series and of a zonal harmonic series. Quarterly J. *50* (1925) 224—230.
469. *Massau, J.*, Mémoire sur l'intégration graphique et ses applications. Paris-Liège 1885.
469a. —, Appendice au mémoire sur l'intégration graphique et ses applications. Paris 1890.
470. *Massey, H. S. W.*, *Wylie, J.*, *Buckingham, R. A.* and *Sullivan, R.*, A small scale differential analyser, its construction and operation. Proc. Roy. Irish Acad. (A) *45* (1938) 1—21.
471. *Mays, W.* and *Prinz, D. G.*, A relay machine for the demonstration of symbolic logic. Nature, London *165* (1950) 197—198.
472. *Mehmke, R.*, Numerisches Rechnen. Encyklopädie d. math. Wiss. I, F, 1, 941—1079. Leipzig 1902. (Hier auch die ältere Literatur.)
473. *Menzin, A. L.*, The tractigraph, an improved form of hatchet planimeter. Engineering News *56* (1906) 131—132.
474. *Meriam, J. L.*, Procedure for the Machine of Numerical Solution of Ordinary Linear Differential Equations for Two-Point Linear Boundary Values. Math. Tables a. o. Aids to Computation III (1949) 532—539.
475. *Merola, M.*, Il problema balistico col metodo Pascal. Batt. G. *58* (1920) 161—174.
476. *Merz, H. C.* and *Hartree, D. R.*, A great calculating machine: the Bush differential Analyser and its applications in Science and Industrie. Roy. Inst. of Great Britain Weekly Evening Meeting. 17. May 1940, 1—30. Abdruck aus: Proc. Roy. Inst. XXXI Teil I.
477. *Messerschmidt, J. B.* und *Lutz, C. W.*, Ablesevorrichtung zur Bestimmung von Mittelwerten registrierter Kurven. Z. Instrumentenkde. *26* (1906) 142—145.
478. *Meyer-Eppler, W.*, Die Untersuchung von Schwingungsvorgängen mit dem Projektionsperiodographen. Z. Instrumentenkde. *63* (1943) 341—355.
479. *Meyer zur Capellen, W.*, Fehlermöglichkeiten beim Integraphen von Abdank-Coradi. Feinmech. u. Präz. *41* (1933) 53—56.
480. —, Zur kinematischen Analyse einiger mathematischen Instrumente. Z. Instrumentenkde. *53* (1933) 56—64, 108—113.
481. —, Die Kinematik des harmonischen Analysators nach Martens. Arch. Getriebetechn. Reul.-Mitt. *3* (1935) 285.
482. —, Ein einfaches Integrimeter. Z. math. naturw. Unterr. *67* (1936) 323—325.
483. —, Neuere Apparate zur mechanischen Integration. Z. Instrumentenkde. *57* (1937) 103—117, 137—146.
484. —, Instrumente zum Integrieren. (Eine Übersicht.) Z. Instrumentenkde. *58* (1938) 93—99.
485. —, Mathematische Instrumente. Leipzig 1941. 2. Aufl. Leipzig 1944, 3. Aufl. Leipzig 1949.
486. —, Das Reibradgetriebe als Integrator. Z. Instrumentenkde. *63* (1943) 241—258.
487. —, Übertragungs- und Wendegetriebe bei der „Monroe"-Rechenmaschine. Z. Instrumentenkde. *63* (1943) 316—322.
488. *Michelson, A. A.* and *Stratton, S. W.*, A new harmonic analyser. Phil. Mag. *45* (1898) 85—91 und Amer. J. Sci. (4) *5* (1898) 1—13.
489. *Miller, D. C.*, A 32-element harmonic synthesizer. J. Franklin Inst. *181* (1916) 51—81.
490. —, The Henrici harmonic analyser and devices for extending and facilitating its use. J. Franklin Inst. *182* (1916) 285—322.
491. *Millimax, W. A.*, Mechanical Multiplication by use of tabulating machines. Trans. Actuarial Soc. Amer. *35* (1934) 253—264.
492. *Milne, J. R.*, A "duplex" form of harmonic synthetiser and its mathematical theory. Edinb. R. Soc. Proc. *39* (1917/18) 234—243.
493. *v. Mises, R.*, Zur harmonischen Analyse. Z. angew. Math. Mech. *3* (1923) 80.
494. *Monfraix, P.*, Théorie générale des intégrateurs à roulette coupante. C. R. Acad. Sci., Paris *216* (1943) 865—867.
495. *Mönkemöller*, Beschreibung des von dem königlichen Oberlandmesser Mönkemöller zu Arnsberg konstruierten Planimeters. Z. Vermessungsw. *24* (1895) 331—336.
496. *Montigel, R.*, Genauigkeitsuntersuchungen über Flächenbestimmungen mit dem Planimeter. Z. Vermessungsw. *55* (1926) 257—264.

497. *Montigel, R.*, De stang-planimeter von Prytz. Med. v. d. Vereen v. Off. v. d. Topogr. Dienst i Ned. Indie (1930) 1—15.
498. *de Morin, H.*, Les appareils d'intégration. Paris.1913.
499. *Morland, S.*, Machina Nova Cyclologica pro Multiplicatione or A new Multipliing Instrument. London 1666.
500. —, The Description and Use of two Arithmetic Instruments. London 1673.
501. *Müller, H.*, Die Gangverhältnisse des Blei- und Zinkbergwerkes Hilfe Gottes bei Grund im Harz, ein Vorschlag zur Verbesserung markscheiderischer Darstellungs- und Auswertungsmethoden im Gangbergbau. Diss. Clausthal 1935.
502. *Müller, F.*, Die Planimeter von Gangloff und Schlesinger. Z. Vermessungsw. *8* (1879) 150—169.
503. *Murray, F. J.*, The Theory of Mathematical Machines. New York 1947. 2. Aufl. 1948.
504. *Murray, J. E.*, A differentiating machine. Proc. Roy. Soc. Edinb. *25* (1904) 277—280.
505. *Myard, F. E.*, Sur un appareil intégrateur propre à la mesure des aires situés sur des surfaces quelconques. C. R. Acad. Sci., Paris *196* (1933) 1573—1574.
506. —, Méthode géometrique d'intégration et appareil pour mesurer les aires des surfaces courbes. Génie civ. *103* (1933) 228—232.
507. —, Nouvelles solutions de calcul grapho-mécanique. Dérivographe et planimètre. Génie civ. *104* (1934) 103—106.
508. *Myers, D. M.*, An integraph for the solution of differential equations of the second order. J. Sci. Instrum. *16* (1939) 209—222.
509. *Naatz, H.* und *Blochmann, E. W.*, Das zeichnerische Integrieren mit dem Integranten. München und Berlin 1921.
510. *Napoli, D.* und *Abdank-Abakanowicz, B.*, Sur un nouveau modèle d'intégraphe système D. Napoli et Abdank-Abakanowicz. C. R. Acad. Sci., Paris *101* (1885) 592 bis 595.
511. *Nehls, Chr.*, Über den Amslerschen Polarplanimeter und über das graphisch-mechanische Integrieren im allgemeinen. Leipzig 1874 und Civilingenieur *20* (1874) 73—123, 297—299.
512. *Nessi, A.* et *Nisolle, L.*, Machine pour calculer au moyen d'un planimètre l'intégrale du produit de deux fonctions. C. R. Acad. Sci., Paris *190* (1930) 1979—1981.
513. — —, Appareils pour le calcul mécanique de l'intégrale du produit de deux fonctions. Paris 1932.
514. *Neuendorf, H.*, Über ein neues Coordinatenplanimeter aus der Werkstatt des Mechanikers Ch. Hamann in Friedenau-Berlin. Z. Vermessungsw. *27* (1898) 553—564.
515. *Neven, M.*, Samuel Morland. Die Böttcherstraße *1* (1928) Heft 8. (Vergessenes Schöpfertum.) 14—16.
516. *Newman, M. H. A.*, General principles of the design of all-purpose Computing machines. Proc. R. soc. London (A) *195* (1948) 271—274.
517. *Nicoladze, C.*, Arithmomètre à multiplication directe purement électrique. C. R. Acad. Sci., Paris *186* (1928) 123—124. Bemerkung dazu von M. d'Ocagne. C. R. Acad. Sci., Paris *186* (1928) 124—125.
518. *Niemann, C. W.*, Bethlehem torque amplifier. Amer. Mach. N. Y. *66* (1927) 895—897.
519. —, Backlash eliminator, mechanical device that is vital to the functioning of the Bethlehem torque amplifier. Amer. Mach. N. Y. *66* (1927) 921—924.
520. *Nippold, A.*, Neue Form des Planimeters zur Bestimmung mittlerer Ordinaten beliebiger Abschnitte an registrierten Kurven. Z. Instrumentenkde. *56* (1936) 407—408.
521. *N. N.*, Goodman's hatchet-planimeter. Engineering *62* (1896) 255—256.
522. —, Amsler-Spezial-Planimeter. Schweiz. techn. Z. *25* (1928) 201—203.
523. —, Koordinaten-Transformator. ETZ *52* (1931) 276—277.
524. —, Differential analyser at Manchester university. Engineering *140* (1935) 88—90.
525. —, The differential analyser. The Engineer *160* (1935) 56—58, 82—84.
526. *Nowakowski, A.*, Zur numerischen Integration gewöhnlicher Differential-Gleichungen mit der Rechenmaschine. Z. angew. Math. Mech. *13* (1933) 299—322.
527. *Nutting, P. G.*, Design of drawing curves. J. opt. Soc. Amer. *19* (1929) 29.
528. *Nyström, E. J.*, Anwendung des Planimeters als Integrator. Soc. Sci. Fennica. Com. phys.-math. VII, *10* (1934).
529. —, Planimetrische Auswertung von Stieltjes-Integralen. Z. angew. Math. Mech. *14* (1934) 276—279.
530. —, Auswertung elliptischer Integrale 3. Gattung mit dem Planimeter. Soc. Sci. Fennica. Com. phys.-math. VIII, *12* (1935).

531. *Nyström, E. J.*, Ein Instrument zur Auswertung von Stieltjes-Integralen. Soc. Sci. Fennica. Com. phys.-math. IX, *4* (1936).
532. —, Über den Gebrauch des harmonischen Analysators Mader-Ott. Soc. Sci. Fennica. Com. phys.-math. IX, *14* (1938).
533. —, Modern mekanisk integration. Tekn. Fören. i. Finl. Förhandl. Nr. 4 (1939).
534. —, Graphisch-mechanische Auswertung von Doppelintegralen insbesondere bei Oberflächenbestimmungen. Soc. Sci. Fennica. Com. phys.-math. X, *8* (1939).
535. *Obalski, J.*, Über die Breitefehler der Flächenmeßmaschinen. Meßtechn. *15* (1939) 137—140, 156—159.
536. —, Über einige mathematische Instrumente mit einer Meßrolle, deren Achse mit Gewinden versehen ist. Z. Instrumentenkde. *63* (1943) 100—108.
537. *d'Ocagne, M.*, Vue d'ensemble sur les machines à calculer. Darboux Bull. (2) *46* (1922) 102—144.
538. —, Le calcul simplifié. (3. Aufl.) Paris 1928.
539. *Ohlemutz*, Eine Lösung des Vorwärtseinschneidens unter Verwendung der Dreieckswinkel mit der Hamann-Rechenmaschine. Allg. Vermessungs-Nachr. *48* (1936) 382 bis 386.
540. *Oltag, K.*, Das Bencze-Wolfsche Fadenpolarplanimeter. Z. Instrumentenkde. *44* (1924) 217—229.
541. *Orcutt, Guy, H.*, A new regression analyser. J. R. statist. Soc., London, (A) *111* (1948) 54—70.
542. *Ott, A.*, Integraph „Adler-Ott". Interimsliste der Firma Ott Nr. 476.
543. —, Der harmonische Analysator Mader-Ott. Kempten (Allgäu).
544. —, Prospektblatt zum Vier-Rollen-Planimeter.
545. *Ott, L. A.*, Neue Planimeter und Integrimeter. Meßtechn. *12* (1936) 41—45.
546. —, Nouveaux planimètres et intégrimètres. Génie civ. *108* (1936) 229—232.
547. —, Systematische Entwicklung der Planimeter und Integrimeter aus der einfachsten Grundform. Meßtechn. *13* (1937) 41—48.
548. —, Le développement systématique des planimètres et des intégrimètres à partir de la forme fondamentale la plus simple. Génie civ. *111* (1937) 203—207.
549. *Ottestad, P.*, Methode til beregning av kvadratroten av et tal; saerlig med sikte pa anvendelsen av regnemasin. Norsk. mat. Tidsskr. *17* (1935) 65—72.
550. *Panther, A.*, Flächenberechnung aus Koordinaten mit der Doppelrechenmaschine. Z. Vermessungsw. *67* (1938) 304—305.
551. *Pascal, E.*, L'integratore meccanico per le equazioni differenziali lineari di 1° ordine e per altre equazioni differenziali. Batt. G. *48* (1910) 16—27 und Rend. Acc. Lincei (5) *18* (1909) 304—312.
552. —, Sopra una semplice ma notevole variante nella costruzione dell'integrafo di Abdank-Abakanowicz. Napoli Rend. (3) *17* (1911) 213—215.
553. —, Sopra alcune classi di integrafi per equazioni differentiali. Napoli Rend. (3) *17* (1911) 284—292.
554. —, L'uso e le applicazioni dell'integratore meccanico per le equazioni differentiali. Batt. G. (3) *49* (1911) 155—170.
555. —, Di un nuovo integrafo per quadrature ed equazioni differentiali (integrafo polare). Napoli Rend. (3) *17* (1911) 405—411.
556. —, Il mio integrafo polare e le sue applicazioni. Batt. G. (3) *50* (1912) 265—283.
557. —, Aggiunta alla memoria sull'integrafo polare. Batt. G. (3) *50* (1912) 354.
558. —, Sul mio integrafo a riga curvilinea. Napoli Rend. (3) *18* (1912) 19—24.
559. —, Il planimetro a scure di Prytz trasformato in integrafo per una notevole equazione differentiale. Napoli Rend. (3) *19* (1913) 23—29.
560. —, Integrafo per l'equazione differenziale dell'odografo relativo al movimento di un proiettile in un mezzo comunque resistente. Rend. Acc. Lincei *22* (1913) 749—756.
561. —, I miei integrafi per equazioni differentiali. Napoli Rend. (3) *19* (1913) 151—153.
562. —, L'integrafo per la risoluzione grafica delle equazioni integrali. Napoli Rend. (3) *19* (1913) 89—96.
563. —, I miei integrafi per equazioni differentiali. Napoli Atti (2) *15* (1914) Nr. 16. Auszug daraus: Batt. G. *51* (1913) 369—375.
564. —, La risoluzione meccanica esatta delle equazioni differentiali lineari generali di 2° ordine. Rend. Acc. Lincei (5) *26* (1916) 401—405.
565. —, Sull'integrazioni meccanica delle equazioni differentiali e in particulare di quella lineari di 2° ordine ausiliaria dell'altra non lineari che è fondamentale per la fisica atomica. Atti Acc. Italia: Mem. Classe fis. mat. natur. XI, *4* (1940) 209—243.

566. *Pascal, E.*, und *Galle, A.*, Meine Integraphen für Differentialgleichungen. Z. Instrumeutenkde. *42* (1922) 232—243, 253—277, 300—311, 326—337.
567. *Patterson, A. L.*, Method in crystal analysis. I. Fourier Series and the interpretation of X-ray data. Z. Krist. *76* (1930) 177—186. II. The enhancement principle and the Fourier series of certain types of functions. Z. Krist. *76* (1930) 187—200.
568. *Peaucellier, M.*, Note sur une question de géométrie de compas. Nouv. Ann. (2) *12* (1873) 71—79.
569. *Pellehn, G.*, Der Pantograph 1603—1903. Vom Storchschnabel zur modernen Zeichenmaschine. Deutsche Mechaniker-Ztg. (1903.) Nr. 10—14.
570. *Perkinson, T. F.*, A machine for the calculation of train performance data. Gen. Electr. Rev. *40* (1937) 574—579.
571. *Perry, J.*, Remarks on prof. Henrici's paper made by prof. Perry in which he describes a simple machine, which may be used to develop any arbitrary function in series of functions of any normal form. Phil. Mag. (5) *38* (1894) 125—131.
572. —, Periodic functions developped in Fourier series. The graphical method. Electrician *35* (1895) 285—286.
573. *Pers, R.*, Un type nouveau de planimètre intégrateur. Rev. gén. Sci. *46* (1935) 600 bis 606.
574. —, Un type de planimètre-intégrateur specialement adapté au calcul des moyennes en météorologie. Assoc. Française Avanc. Sci. *59* (1935) 265—270.
575. *Petrovitch, M.*, Sur l'intégration hydraulique des équations différentielles. Amer. J. math. *20* (1898) 293—300.
576. —, Appareil à liquide pour l'intégration graphique de certains types d'équations différentielles. Amer. J. math. *22* (1900) 1—12.
577. *Peuteman, A.*, Réalisation d'un compteur électronique à éléments binaires. Electricité (Nr. 150) (1949) 75—79.
578. *Pflüger, A.*, Tangentenzeichner. Z. VDI *58* (1914) 880—881.
579. *Picht, J.*, Über neue Integraphen der Askania-Werke A. G. Z. Instrumentenkde. *52* (1932) 289—299; Z. angew. Math. Mech. *11* (1931) 442—443.
580. *Pinkwart*, Nochmals das Einschneiden auf der Doppelrechenmaschine. Allg. Vermess.-Nachr. *53* (1941) 390—397.
581. *Plakidos, S. M.*, Die Entwicklung der mechanischen Rechenhilfsmittel (griechisch). Bull. Soc. math. Grèce *19* (1939) 175—188.
582. *Pollak, L. W.*, Das Rechnen mit und ohne Maschine. Z. Instrumentenkde. *47* (1927) 340—357.
583. —, Über die Verwendung des Lochkartenverfahrens in der Klimatologie. Z. Instrumentenkde. *47* (1927) 528—532.
584. *Pösch, H.*, Über den Entwurf von Schaltungen der Universal-Integriermaschine. Anhang: Beschreibung der Integriermaschine. Habilitationsschrift Aachen 1944.
585. —, Eine automatische Rechenmaschine mittels Röhren. Z. angew. Math. Mech. *25—27* (1947) 140—141.
586. *Poulain, A.*, Le stang-planimètre. Mathesis *5* (1894) Suppl. 1—10.
587. —, Les aires des tractices et le stang-planimètre. J. math. spéc. (2) *4* (1895) 49—54.
588. *Pratelli, G.*, Planimetro a scure. Riv. Catasto Serv. tecn. erar. *6* (1939) 183—192.
589. *Pregél, Th.*, Theorie des Präzisions-Stangenplanimeters System Pregél. Chemnitz 1909.
590. *Pressel, K.*, Experimentelle Methoden der Vorausbestimmung der Gesteinstemperatur im Inneren eines Gebirgsmassivs. München 1928. (Anhang 49—58: Kurvenmesser von Pressel und Riefler.)
591. —, Kurvenmesser von Pressel und Riefler. Z. Instrumentenkde. *49* (1929) 248—252.
592. *Price, W. A.*, Petrovitch's apparatus for integrating differential equations of the first order. Phil. Mag. *49* (1900) 487—490.
593. *Prytz, H.*, The hatchet planimeter. Engineering *57* (1894) 687, 813.
594. —, The hatchet planimeter and "tractigraph". Engineering News *57* (1897) 386.
595. *Quade, W.*, Abschätzungen zur trigonometrischen Interpolation. Deutsche Math. *6* (1940/41) 482—512.
596. *Radicke, H.*, Tachygraph Fennel. Allg. Vermess.-Nachr. *54* (1942) 192—194.
597. *Rajhman, J. A.*, The Selectron. A Tube for Selective Electrostatic Storage. Math. Tables a. o. Aids to Computation II (1947) 359—361.
598. *Ramsayer, K.*, Gleichzeitige Berechnung von Höhe und Azimut eines Gestirnes mit der Doppelrechenmaschine. Z. Instrumentenkde. *60* (1940) 249—252.
599. —, Die Funktionsrechenmaschine. Z. angew. Math. Mech. *30* (1950) 294—295; Phys. Blätter *6* (1950) 435—440.

600. *Ramsayer, K.*, Funktionsrechenmaschinen mit ein- und mehrstufiger Interpolation. Z. angew. Math. Mech. *31* (1951) 301—309.
601. *Rauschelbach, H.*, Die deutsche Gezeitenmaschine. Z. Instrumentenkde. *44* (1924) 285—303.
602. *Redshaw, R. C.*, An Electrical Potential Analyser. Proc. Inst. Mech. Engs. *159* (1948) 55—62.
603. *Reek, W.*, Zur Schnittberechnung mittels „Hamann-Vollautomat"-Rechenmaschine. Allg. Vermessungs-Nachr. *48* (1936) 428—431.
604. *Rehbock, F.*, Rechenmaschinen. Naturwiss. *15* (1927) 673—677.
605. *Reich, E.*, Altes und Neues vom Rechenmaschinenrechnen. Schweiz. Z. Vermessungsw. *40* (1942) 233—241.
606. *Reiter, R.*, Das Spiegeltangentometer und seine Anwendung zur Bestimmung des Differentialquotienten von Kurven. Z. Instrumentenkde. *63* (1943) 424—426.
607. *Reitz, F. H.*, Correctur des Amslerschen Planimeters und Construktion zweier neuer Varietäten desselben. Z. Vermessungsw. *7* (1878) 249—266.
608. —, Planimeter Patent Homann-Coradi. Z. Vermessungsw. *11* (1882) 523—527.
609. —, Rollplanimeter Patent Homann-Coradi. Z. Vermessungsw. *13* (1884) 479—482.
610. *Reuleaux, F.*, Prof. Toepler's Verfahren der Wurzelausziehung mittels der Thomasschen Rechenmaschine. Dinglers polytechn. J. *179* (1866) 260—264.
611. —, Die sog. Thomas-Rechenmaschinen. (2. Aufl.) Leipzig 1892.
612. *Reuter, F.*, Ein Hilfsapparat zur harmonischen Analyse. Z. Geophys. *12* (1936) 29—32.
613. *Richtmyer, R. D.* und *Metropolis, N. C.*, Moderne Rechenautomaten. Phys. Blätter *6* (1950) 11—20. (Übersetzung aus Physics Today 2 [1949] Heft 10.)
614. *Ridenour, L. M.*, High speed digital computers. J. appl. Physics, Lancaster Pa. *21* (1950) 263—270.
615. *Ritter, H.*, Perspektographen. Apparate zur mechanischen Herstellung der Perspektive aus geometrischen Figuren sowie umgekehrt der Originalfiguren aus perspektiven Bildern. (2. Aufl.) Frankfurt a. Main 1884.
616. *Robertson, J. M.*, A simple harmonic continuous calculating machine. Phil. Mag. (7) *13* (1932) 413—419.
617. —, Numerical and mechanical methods in double Fourier synthesis. Phil. Mag. (7) *21* (1936) 176—187.
618. *Roman, J.*, Calculation of numerical roots. Amer. Math. Monthly *38* (1931) 320—322.
619. *Roos, M. A. S.*, Numerical Fourier Analysis to Twenty-Nine Harmonics. Nature *152* (1943) 302—303.
620. *Rose, H. E.*, The mechanical Differential Analyser: Its Principles, Developement, and Applications. Proc. Inst. Mech. Engs. *159* (1948) 46—54, Discussion 62—80.
621. *Rosseland, S.*, Om differensialanalysatoren (norwegisch). Norsk mat. Tidskr. *19* (1937) 134—138.
622. —, Mechanische Integrationen von Differentialgleichungen. Naturwiss. *27* (1939) 729—735.
623. *Rothé, E.* et *Rémy, A.*, Appareil de synthèse de mouvements périodiques. J. Phys. Radium (6) *8* (1926) 193—199.
624. —, Appareil pour le synthèse de mouvements périodiques. Bull. Soc. Franç. Phys. No. *242* (1927).
625. *Rothe, R.*, Über einige Verfahren und Aufgaben aus der praktischen Mathematik. ETZ *41* (1920) 999—1002.
626. —, Über die Treffwahrscheinlichkeit eines Zieles. Artill. Monatshefte *110* und *111* (1916) 65—91, 125—154.
627. *Rötscher, F.*, Einfache Verfahren zur Ermittlung des Schwerpunktes, des Rauminhaltes und der Momente höherer Ordnung. Z. VDI *80* (1936) 1351—1354.
628. *Rottsieper, W.*, Graphische Lösung einer Randwertaufgabe der Gleichung $\Delta u = \frac{\partial^2 u}{\partial x^2} + \frac{\partial^2 u}{\partial y^2} = 0$. Diss. Göttingen (1914) 14—20.
629. *Rubbert, F. K.*, Zur Radizierung mit der Rechenmaschine. Z. angew. Math. Mech. *28* (1948) 190—191.
630. *Runge, C.*, Das Stangenplanimeter. Z. Vermessungsw. *24* (1895) 321—331.
631. —, Über die Zerlegung empirisch gegebener periodischer Funktionen in Sinuswellen. Z. Math. Phys. *48* (1902) 443—456.
632. —, Praxis der Reihen. Leipzig 1904.

633. *Runge, C.*, Über die Zerlegung einer empirischen Funktion in Sinuswellen. Z. Math. Phys. *52* (1905) 117—123.
634. —, Die Zerlegung einer empirisch gegebenen periodischen Funktion in Sinuswellen. Nachr. Ges. Wiss. Göttingen, math.-phys. Kl. (1908) 275—283.
635. — und *Emde, F.*, Rechenformulare zur Zerlegung empirisch gegebener Funktionen in Sinuswellen. Braunschweig 1904.
636. *Russell, A.* and *Powles, H. H.*, A new integrator. The Engineer *81* (1896) 83.
637. *Russo, F.*, Les grandes machines mathématiques. Rev. Questions Scientifiques, V *8* (1947) 611—616.
638. *Rutishauser, H.*, Die neueste elektronische Rechenmaschine. Neue Zürcher Zeitung, Beilage: Technik 26. 4. 1950, Blatt 5, Nr. 871.
639. —, *A. Speiser* und *E. Stiefel*, Programmgesteuerte digitale Rechengeräte (elektronische Rechenmaschinen). Z. angew. Math. Phys. *1* (1950) 277—297, 339—362, 2 (1951) 1 bis 25, 63—92.
640. *Sabielny, H.*, Wie rechne ich am schnellsten? Dresden.
641. *Salomon, M. B.*, Sur des intégrateurs mécaniques à liaisons holonomes. C. R. Acad. Sci., Paris *193* (1931) 830—832.
642. *v. Sanden, H.*, Über eine zweckmäßige Konstruktion des Stangenplanimeters. Z. Math. Phys. *59* (1911) 314—318.
643. —, Ein Instrument zur graphischen harmonischen Analyse. Z. Math. Phys. *61* (1912/13) 430—433.
644. —, Graphische Synthese und Analyse von Wechselstromkurven. Arch. Electrotechn. *1* (1912) 42—46.
645. *Sauer, R.* und *Pösch, H.*, Integriermaschine für gewöhnliche Differentialgleichungen. Z. VDI *87* (1943) 221—224.
646. — —, Zur Theorie der Integriermaschine für gewöhnliche Differentialgleichungen. Z. angew. Math. Mech. *24* (1944) 63—70.
647. *Scatizzi, P.*, Un integrafo. Nuovo Cimento (6) *8* (1914) 52—63.
648. *Schaefer, O.*, Eine mechanische Vorrichtung zur Lösung einiger Differentialgleichungen. Z. Math. Phys. *61* (1912/13) 61—68.
649. *Schell, A.*, Über die Bestimmung der Constanten des Polarplanimeters. Sitzungsber. Wien. Akad. *56*, II (1867) 325—344.
650. —, Allgemeine Theorie des Polarplanimeters. Sitzungsber. Wien. Akad. *58*, II (1868) 189—209.
651. *Schieferdecker*, Rückwärtseinschneiden mit der Doppelrechenmaschine Brunsviga. Allg. Vermess.-Nachr. *53* (1941) 389—390.
652. *Schilt, H.*, Das Bestimmen von Linienintegralen mit Hilfe eines Integraphen. Z. angew. Math. Phys. *1* (1950) 145—147.
653. *Schimmack, R.*, Ein kinematisches Prinzip und seine Anwendung zu einem Katenographen. Z. Math. Phys. *52* (1905) 341—347.
654. *Schlebach*, Kloths Flächenmeßtafeln. Z. Vermessungsw. *22* (1893) 60—61.
655. *Schleiermacher, A.*, Zur Analyse von Wechselstromkurven. ETZ *31* (1910) 1246—1249.
656. *Schleiermacher, L.*, Das Stangenplanimeter von Prytz. Z. Vermessungsw. *27* (1898) 408—411.
657. *Schlemmermeier, R.*, Aufnahme und Auswertung bei der Flugabwehr. Z. VDI *86* (1942) 7—14.
658. *Schmelz*, Kartiermaßstab „Lasco" nach Coradi-Ott. Z. Vermessungsw. *63* (1934) 46—47.
659. *Schmidt, Ad.*, Ein Planimeter zur Bestimmung der mittleren Ordinate beliebiger Abschnitte von registrierten Kurven. Z. Instrumentenkde. *25* (1905) 262—273.
660. *Schmidt, J.*, Über ein neues Momentenplanimeter. Civiling. *25* (1878) 423—442.
661. *Schmidt*, Zur Wirkung des Papiereingangs. Z. Vermessungsw. *56* (1927) 225—231.
662. *Schnackel, H. G.*, *Lang, H. C.*, Accounting by machine methods. New York 1929.
663. *Schnöckel, J.*, Beiträge zur Flächenberechnung mit der Hyperbelglastafel. Z. Vermessungsw. *32* (1903) 369—378.
664. —, Ein optisches Planimeter zur Ausmessung von Registrierstreifen sowie für andere rechnerische und graphische Aufgaben. Z. Instrumentenkde. *31* (1911) 65—72.
665. —, Der Kompensations-Planimeterstab. Z. Instrumentenkde. *31* (1911) 173—179.
666. —, Das Vektor-Scheibenpräzisionsplanimeter. Z. Instrumentenkde. *46* (1926) 67—70.
667. —, Das Vektor-Präzisionsplanimeter mit selbsttätiger Kompensation. Z. Instrumentenkde. *48* (1928) 381—384.

668. *Schnyder, M.*, Das Linear-Planimeter Weber-Kern. Schweiz. Bauztg. *51* (1908) 124 bis 125. Bericht über diese Arbeit: *Hammer, E.*, Z. Instrumentenkde. *38* (1908) 247 bis 249.

669. *Schreiber, A.*, Zur Theorie des Stangenplanimeters. Z. Vermessungsw. *37* (1908) 689 bis 702.

670. —, Das Präzisionsstangenplanimeter System Pregél. Z. Vermessungsw. *38* (1909) 401 bis 414.

671. —, Der harmonische Analysator von O. Mader. Phys. Z. *11* (1910) 354—357.

672. *v. Schrutka, L.*, Über einige besondere Verwendungsarten der Rechenmaschinen. Z. angew. Math. Mech. *1* (1921) 195—199.

673. —, Vektorische Darstellung der Theorie des Polarplanimeters. Öst. Z. Vermessungsw. *5* (1927).

674. —, Zur Umwandlung der Winkelteilung mit der Rechenmaschine. Z. Vermessungsw. *73* (1944) 169—170.

675. *Schulz, G.*, Eindeutige Berechnung von Wechselrädern innerhalb gegebener Übersetzungstoleranzen mit der Rechenmaschine. Werkstattstechnik *33* (1939) 38—39.

676. *Schulz, H.*, Teilungen. Feinmech. u. Präz. *1* (1922) 232—234.

677. —, Beziehungen zwischen Teilungsintervall, Strichdicke und Strichlänge. Feinmech. u. Präz. *1* (1922) 296—299. Dtsch. opt. Wschr. *8* (1922) 496—499.

678. *Schulz, J. W. G.*, Die Hamannsche Rechenmaschine „Gauß". Z. Instrumentenkde. *26* (1906) 50—58.

679. *Schwerdtfeger, H.*, Integration vermittels Kurvimeters. Z. Instrumentenkde. *47* (1927) 544—546.

680. *Scott, E. K.*, An improved stang planimeter. Engineering *62* (1896) 205.

681. *Scribanti, A.*, Il planimetro a scure considerato come integrafo per equazioni differenziali. Atti Torino *48* (1912/13) 14—18.

682. —, Ancora intorno al planimetro a scure applicato all'integrazione di equazioni differenziali. Atti Torino *48* (1912/13) 799—814.

683. —, Complementi e varianti alla teoria del planimetro a scure considerato come apparecchio polare di quadratura. Nuovo Cimento (6) *5* (1913) 329—350.

684. —, Il planimetro a lunule considerato come strumento cartesiano d'integrazione. Batt. G. (3) *51* (1913) 169—191.

685. *Sears, Francis, W.*, An improved calculator for obtaining tristimulus values from spectrophotometric curves. J. opt. Soc. Amer. *29* (1939) 77—78.

686. *Selling, E.*, Eine neue Rechenmaschine. Berlin 1887.

687. —, Neue Rechenmaschine. Z. Math. Phys. *52* (1905) 86—103.

688. —, Rechenmaschine. Patentschrift 39634 vom 1. 7. 1887.

689. *Sellmann, A. H.*, A plotting instrument. J. opt. Soc. Amer. *8* (1924) 693—696.

690. *Semendyaer, K. A.*, An application of the integrator. J. appl. math. mech. Moskau IV *1* (1940) 139—144.

691. *Sewing, R.*, Gestaltung von Instrumenten zum Zwecke der Vereinfachung meßtechnischer Aufgaben. Z. Instrumentenkde. *56* (1936) 349—357.

692. *Sharp, A.*, Harmonic analyser giving direct readings of amplitude and epoch of various constituent simple harmonic terms. Phil. Mag. (5) *38* (1894) 121—125.

693. —, A new method in harmonic analysis. Electrician *35* (1895) 123.

694. *Sinden, R. H.*, A further search for the ideal color system. I. A New Mechanico-graphical Method. J. opt. Soc. Amer. *27* (1937) 124—131.

695. *Skibinski, K.*, Der Integrator von Prof. Dr. Zmurko in seiner Wirkungsweise und praktischen Verwendung. Denkschriften Akad. Wien. Math.-Phys. Kl. *35*, II. (1887) 35—60.

696. *Smith, D. E.*, History of Mathematics. Boston 1925 (Bd. II), 202—206.

697. *Snedecor, G. W.*, Uses of punched card equipment in mathematics. Amer. Math. Monthly *35* (1928) 161—169.

698. *Snyder, Fr. E.* a. *Livingston, H. M.*, Coding of a Laplace Boundary Value Problem for the UNIVAC. Math. Tables a. o. Aids to Computation III (1949) 341—350.

699. *Sommerfeld, A.* und *Wiechert, E.*, Über eine neue Integriermaschine. Schriften der Physikal.-Ökonom. Ges. zu Königsberg i. Pr. *32* (1891) 28—33.

700. *Sommerville, D. M. Y.*, The "slip-curves" of an Amsler planimeter. Phil. Mag. (6) *38* (1918) 489—492.

701. *Spaeth*, Der frei rollende Koordinatograph. Z. d. Ver. d. höh. Bayr. Vermessungsbeamten *18* (1914) 131—144.

702. *Sparks, R.*, The hatchet planimeter. J. Franklin Inst. *213* (1932) 661—667.

703. *Spiegler, A.*, Graphische Ermittlung von Momenten mittels Hilfsraster. Z. VDI *85* (1942) 378.
704. *Stärkle, A.*, Der Polar-Coordinatograph. Coradi, Zürich.
705. *Stampfer*, Über ein neues Planimeter des Ingenieurs Caspar Wetli in Zürich. Sitzungsber. Wien. Akad. *4* (1850) 134—155.
706. *v. Stein, M.*, Allgemeine mathematische Berechnungen mit der Brunsviga 20. Braunschweig 1940.
707. *Steinmann, A.*, Rechenmaschine Stima und Addierapparat Trebla. Techn. Rundschau Bern *34* (1942) Nr. 16, 9.
708. *Steitz*, Die Einrechnung geographischer Netzlinien in das Deutsche Grundkartenwerk mittels der Rechenmaschine. Z. Vermessungsw. *72* (1943) 256—261.
709. *Stibitz, G. R.*, Film Slide Rule. Math. Tables a. o. Aids to Computation II (1947) 325.
710. —, Should Automatic Computer be Large or Small? Math. Tables a. o. Aids to Computation II (1947) 362—364.
711. —, A New Class of Computing Aids. Math. Tables a. o. Aids to Computation III, *23* (1948) 217—221.
712. *Ströer, H. J.*, Vergleichsversuche mit Rechenhilfsmitteln. Industr. Psychotechn. *5* (1928) 111—116.
713. *Stucken, H.*, Über eine neue Rechengerätentwicklung. Naturwiss. *34* (1947) 32.
714. *Stumpff, K.*, Analyse periodischer Vorgänge. Berlin 1927.
715. —, Grundlagen und Methoden der Periodenforschung. Berlin 1937.
716. —, Tafeln und Aufgaben zur harmonischen Analyse und Periodenrechnung. Berlin 1939.
717. —, Eine neue algebraische Methode zur Ermittlung unbekannter Perioden. Gerlands Beitr. Geophys. *57* (1940/41) 1—19.
718. *Suardi, G.*, Nuovi istromenti per la descrizione di diverse curve antiche e moderne. Brescia 1752.
719. *Suprunenko, P.*, Das mechanische Prinzip der grapho-analytischen Methode zur Berechnung der Dauer der Bewegung des Zuges. Acad. Sci. Ukraine, Mém. Cl. Sci. Phys. Math. *7* (1928) 386—388 (russisch).
720. —, Die Graphoanalysatoren der Fahrtdauer des Zuges. Acad. Sci. Ukraine, Mém. Cl. Sci. Phys. Math. *7* (1928) 399—404 (russisch).
721. —, Der Integrator für die Integration der Differentialgleichung der Bewegung des Zuges. Acad. Sci. Ukraine, Mém. Cl. Sci. Phys. Math. *7* (1928) 414—424 (russisch).
722. —, Ein zweiter Integrator für die Integration der Differentialgleichung der Bewegung des Zuges. Acad. Sci. Ukraine, Mém. Cl. Sci. Phys. Math. *7* (1928) 432—438 (russisch)
723. *Sust, O.*, Die Hamannsche Rechenmaschine Mercedes-Euklid. Z. Instrumentenkde. *30* (1910) 233—245.
724. *Sutor, J.*, Bestimmung der Quadratwurzel mit der Rechenmaschine. Allg. Vermessungs-Nachr. *55* (1943) 36—37.
725. —, Das Verfahren des Gleichkurbelns bei Einzelrechenmaschinen. Allg. Vermess.-Nachr. *55* (1943) 56—58.
726. *Swank, H. W.* and *Mellon, M. G.*, A Calculator for Obtaining Tristimulus values from spectrophotometrie data. J. opt. Soc. Amer. *27* (1937) 414—415.
727. *Swartling, E.*, Svenskt stål på svenska kontor (Entwicklung schwedischer Büromaschinen). Tekn. T. Norrköping *71* (1941) 49; Industr. Ekon. o Organis. *12*, 128 bis 132.
728. *Tamées, Z.*, Koordinatenberechnung aus dem Einschneiden mittels einer Doppelrechenmaschine. Österr. Z. Vermessungsw. *34* (1936) 1—6, 26—32.
729. *Tecedor, S. C.*, Studio grafico della curva balistica qualunque sia la legge di resistenza dell'aria (metodo di Pascal). Rev. Soc. Mat. Espanola *6* (1915) 249—276. (Ins Italienische übersetzt von *M. Pascal.*) Batt. G. *54* (1916) 223—248.
730. *Teofilato, P.*, Determinazione meccanica delle derivate di una funzione assegnata mediante un diagramma. Atti di Guidonia *48* (1941) 113—132.
731. *Terebesi, P.*, Rechenschablonen für die harmonische Analyse und Synthese. Berlin 1930.
732. —, Rechenschablonen im praktischen Zahlenrechnen. Z. Instrumentenkde. *51* (1931) 535—541.
733. —, Aufsuchen versteckter Periodizitäten. Z. Geophys. *9* (1933) 313—323.
734. —, Ein neues Näherungsverfahren zur harmonischen Analyse. Arch. Elektrotechn. *38* (1934) 195—200.

735. *Theimer*, Zur Theorie der Papierdeformation. Österr. Z. Vermessungsw. *24* (1926) 69—74; *25* (1927) 9—19.
736. *Thesen, G.*, Über periodische Funktionen, ihre Observation und Ausgleichung. Skand. Aktuarietidskr. *23* (1940) 168—195.
737. *Thompson, J. E.*, A manual of the slide rule. Its history, principle and operation. (2. Aufl.) London 1931.
738. *Thomson, J.* and *Thomson, W.*, On the integrating machine having a new kinematic principle. Proc. Roy. Soc. Lond. *24* (1876) 266—268.
739. *Thomson, R. W. M.*, An Apparatur for Determining Coefficients in Power Series. Math. Notes. Edinbg. Math. Soc. *27* (1932) 1—3.
740. *Thomson, W.*, Mechanical integration of the linear differential equations of the second order with variable coefficients. Proc. Roy. Soc. Lond. *24* (1876) 269—271.
741. —, Mechanical integration of the general linear differential equation of any order with variable coefficients. Proc. Roy. Soc. Lond. *24* (1876) 271—275.
742. —, On an instrument for calculating the integral of the product of two given functions. Proc. Roy. Soc. Lond. *27* (1878) 371—373.
743. *Tiedeken, R.*, Die Verwendung moderner Rechenmaschinen für optische Rechnungen. Z. Instrumentenkde. *56* (1936) 15—26.
744. —, Fortlaufende Rechnungen auf der Rechenmaschine. Z. Instrumentenkde. *56* (1936) 466—468.
745. *Tinter, W.*, Ein Beitrag zur Leistungsfähigkeit der in der Praxis hauptsächlich verwendeten Planimeter. Z. öst. Ing.- u. Archit.-Ver. *29* (1877) 154—166.
746. —, Über Hohmann's Präzisions-Polarplanimeter. Z. öst. Ing.- u. Archit.-Ver. *34* (1882) 90—99.
747. *Tomkins*, The Slip-Curves of an Amsler Planimeter. Phil. Mag. *28* (1914) 142—143.
748. *Toops, H. A.*, On the systematic fitting of straight line trends by stencil and calculating machines. Ann. math. Statistic *5* (1934) 21—29.
749. *Töpfer, G.*, Berechnung des Schnittpunktes zweier durch je zwei Punkte gegebener Geraden mit Hilfe der Rechenmaschine nach Determinanten. Allg. Vermessungs-Nachr. *48* (1936) 619—620.
750. *Townend, H. C. H.*, A direct-reading integrator. J. Sci. Instrum. *2* (1925) 233—237
751. *Tramer, M.*, Über Messung und Entwicklung der Rindenoberfläche des menschlichen Großhirns mit Beitrag zur Kenntnis der Microcephalia vera. Arbeiten d. hirnanatomischen Inst. Zürich, Wiesbaden (1916) 1—58, insbes. 23/24.
752. *Travis, Irven*, Differential Analyser eliminates Brain. Fag. Machine Designe 1935 (Juli), 15—18.
753. *Trott, K.*, Planimeter. Z. Feinmech. *37* (1929), Nr. 3, 4—6.
754. *Tschuppik, W.*, Über den Rotationskörper $X^2 Z^2 + Y^2 Z^2 = K$ als Integrator. Z. öst. Ing.- u. Archit.-Ver. *66* (1914) 25—28.
755. *Tucker, R. L.*, A matrix multiplier. Psychometrica Chicago *5* (1940) 289—294.
756. *Ulbrich, K.*, Untersuchung über die Genauigkeit des Scheibenrollplanimeters. Z. Instrumentenkde. *50* (1930) 544—550.
757. —, Allgemeine mathematische Theorie der Umfahrungsplanimeter in vektor-analytischer Darstellung. Öst. Z. Vermessungsw. *28* (1930) 8—12, 33—36, 49—57, 75—79.
758. *Valtat, R.*, Machine à calculer fondée sur l'emploi de la numération binaire. C. R. Acad. Sci. Paris *202* (1936) 1745—1747.
759. *Varren, A.*, Systematik der Zehnerschaltvorrichtungen. Diss. T. H. Dresden. Essen 1934.
760. *Vercelli, F.*, Schemi di calcolo per analisi dei diagrammi oscillanti. Ric. Sci. Roma (2) 8, II (1937) 609—621.
761. —, Analizzatore meccanico delle curve oscillanti. Pont. Acad. Sci. Com. *3* (1939) 659—692.
762. —, Guida per l'analisi delle periodicità nei diagrammi oscillanti. Mem. 285 d. R. Com. talassografico (Cons. nation. ric.) 1940.
763. *Viëtoris, L.*, Über die Integration gewöhnlicher Differentialgleichungen durch Iteration. Mh. Math. Phys. *39* (1932) 15—50; *41* (1934) 384—391.
764. —, Unmittelbare zeichnerische Integration der Gleichung $y'' = f(x)$. Z. angew. Math. Mech. *19* (1939) 119—120.
765. —, Die Schleppe als Planimeter. Z. angew. Math. Mech. *19* (1939) 120.
766. —, Zur Theorie des Integraphen. Jber. dtsch. Math.-Ver. *52* (1942) 71—74.
767. —, Über einen mit Hilfe seines Schattens gelenkten Integraphen. Z. angew. Math. Mech. *24* (1944) 43—44.

768. *Viëtoris, L.*,, Eine Fehlerquelle bei den Führungsrädern von Integraphen. Z. Instrumentenkde. *64* (1944) 123—129.
769. —, Zum Gebrauch des harmonischen Analysators von Mader-Ott. Z. angew. Math. Mech. *31* (1951) 179—181.
770. *Vogg*, Über Wirkungen des Papiereinganges. Allg. Vermess.-Nachr. *53* (1941) 101 bis 103.
771. *Wagemann, H.*, Der erweiterte harmonische Analysator nach Mader-Ott und seine Verwendung in der synoptischen Meteorologie. Meteor. Z. *59* (1942) 134—137.
772. *Wagener, A.*, Der Spiegelderivator und seine Anwendung. Z. Instrumentenkde. *29* (1909) 122—123; Phys. Z. *10* (1909) 57—59.
773. *de Wal, R. A.*, Planimeterharfe und Planimeterschieber. Z. Vermessungsw. *39* (1910) 111—113.
774. *Walser, J.*, Polarkoordinatograph der Firma A. Streit, Bern. Schweiz. Z. Vermessungswesen *21* (1923) 71—74.
775. *Walther, A.*, Neue Potenzplanimeter zur Bestimmung von $\oint y^2\,dx$ und $\oint y\,dx$. Z. Vermessungsw. *61* (1932) 665—668.
776. —, Mathematische Geräte zum Integrieren. Z. VDI *80* (1936) 1397—1403.
777. —, Neuzeitliche mathematische Maschinen. ETZ *61* (1940) 33—36.
778. —, Wechselwirkung zwischen Mathematik und Technik. Die Welt des Ingenieurs. Vortragsreihe der Technischen Hochschule Darmstadt. Heidelberg 1946.
779. —, Lösung gewöhnlicher Differentialgleichungen mit der Integrieranlage IPM-Ott. Z. angew. Math. Mech. *29* (1949) 37—38.
780. *Walther, A.* und *Brinkmann, K.*, Zum Sprungstellen-Verfahren, insbesondere für die Entwicklung nach Kugelfunktionen. Ing.-Arch. *13* (1942) 1—8.
781. —, *Dreyer, H. J.* und *Estenfeld, H.*, Ein Gerät zur Überlagerung von Sinuslinien. Z. Instrumentenkde. *59* (1939) 162—168.
782. —. und *Dreyer, H. J.*, Die Integrieranlage IPM-Ott für gewöhnliche Differentialgleichungen. Naturw. *36* (1949) 199—206.
783. — und *Zech, Th.*, Bemerkungen zur angenäherten Tangentenkonstruktion von Pirani. Ber. Sächs. Akad. Wiss. *85* (1933) 45—56.
784. *Walther, J.*, Das Planimeter und seine Verwendung in der Textilindustrie. Monatsschr. f. Textil-Ind. 1933, Heft 7—10.
785. *Walz, A.*, Ein waageähnliches Gerät für harmonische Analyse und Synthese. ZWB-Bericht UM. *683* (1942); Z. angew. Math. Mech. *29* (1949) 42—44; Arch. d. Math. *1* (1948/49) 383—392.
786. *Webster, A. G.*, On the principles of mechanical integrators for differential equations, especially those of exterior ballistics. Amer. M. S. Bull. *28* (1922) 11 ff.
787. *Wedmore, E. B.*, A graphical method of analysing harmonic curves. Electrician *35* (1895) 512—513.
788. *Wehage, D.*, Verwendung des Planimeters zur Bestimmung mehrfacher Integrale und zur Integration partieller Differentialgleichungen. Z. Instrumentenkde. *49* (1929) 425—444, 477—496 und Diss. T. H. Berlin 1929.
789. *Weinig, F.*, Rechenpapiere zum Integrieren durch Auszählen. Z. angew. Math. Mech. *17* (1937) 369—370.
790. *Weiss, G.*, Analyse d'une périodique par le procédé de Ludimar Hermann. J. Phys. III, *7* (1898) 141—144.
791. *Weitbrecht, G.*, Ausgleichsrechnung II (Sammlung Göschen 641), Berlin-Leipzig 1913, 6—9.
792. *Werkmeister, P.*, Ein neuer Auftragsapparat für Polarkoordinaten (Polarkoordinatograph). Z. Instrumentenkde. *48* (1928) 131—134.
793. —, Der Leichtmetall-Pantograph „Pantofix". Z. Instrumentenkde. *51* (1931) 374 bis 375.
794. —, Die Auflösung eines Systemes linearer Gleichungen mit Hilfe der Rechenmaschine „Hamann-Automat". Z. Instrumentenkde. *51* (1931) 490—491.
795. —, Polarkoordinatograph der Firma Haag-Streit in Bern. Z. Instrumentenkde. *51* (1931) 494—495.
796. —, Vier neue Kartiergeräte der Firma A. Ott, Kempten. Z. Instrumentenkde. *52* (1932) 195—198.
797. —, Potenzplanimeter „Adler-Ott". Z. Instrumentenkde. *52* (1932) 324—326.
798. —, Beitrag zur Bestimmung der Konstanten eines Polarplanimeters. Z. Instrumentenkde. *52* (1932) 473—479.

799. *Werkmeister, P.*, Ergebnisse der Untersuchung von fünf Ottschen Planimetern mit Grundkreis gleich Null. Z. Instrumentenkde. *52* (1932) 528—529.

800. —, Eine neue Zehntasten-Rechenmaschine. Z. Instrumentenkde. *53* (1933) 177—179.

801. —, Ein Dreirollen-Momentplanimeter. Z. Instrumentenkde. *54* (1934) 410—412.

802. —, Ein neuer Linienmesser von A. Ott. Z. Instrumentenkde. *55* (1935) 176—177.

803. —, Neuerungen an Planimetern. Z. Instrumentenkde. *55* (1935) 266—267.

804. —, Ein neues Instrument zur Bestimmung der Richtungswinkel von Kurventangenten. Z. Instrumentenkde. *57* (1937) 379—380.

805. —, Untersuchung eines Integrimeters von A. Ott. Z. Instrumentenkde. *59* (1939) 168—172.

806. —, Das Kartiergerät Purco der Firma A. Ott, Kempten. Z. Instrumentenkde. *63* (1943) 29—30.

807. —, Eine neue Bauart der Rechenmaschine Mercedes-Euklid. Z. Instrumentenkde. *63* (1943) 359—361.

808. *Whipple, F. T. W.*, Calculating Machine, in *Horsbrugh, E. M.*, Handbook of the Exhibition at the Napier Tercentenary Celebration. Edinburgh 1914, 69.

809. *Wiebusch, C. F.*, A mechanical harmonic analyser for cathode ray oscillograms. J. opt. Soc. Amer. *15* (1927) 355—358.

810. *Wilda*, Diagramm- und Flächenmesser. Vollständiger Ersatz für das Planimeter zum schnellen und genauen Ausrechnen beliebig begrenzter Flächen, Dampfdiagrammen usw. Hannover 1905. Ref.: Hammer. Z. Instrumentenkde. *26* (1906) 340—341.

811. *Wilkes, M. V.*, The design of a practical highspeed computing machine. Proc. Roy. Soc. London (A) *195* (1948) 274—279.

812. —, Progress in high-speed calculating machine designe. Nature, London *164* (1949) 341—343.

813. —, Electronic Calculating-machine development in Cambridge. Nature, London *164* (1949) 557—558.

814. — and *Renwick, W.*, The EDSAC (Electronic Delay Storage Automatic Calculator). Math. Tables a. o. Aids to Computation IV (1950) 61—65.

815. *Wilkinson, J. H.*, The automatic computing engine at the national physical laboratory. Proc. Roy. Soc. London (A) *195* (1948) 285—286.

816. *Willers, Fr. A.*, Zum Integrator von E. Pascal. Z. Math. Phys. *59* (1910/11) 36—42.

817. —, Mathematische Instrumente. Berlin 1926.

818. —, Methoden der praktischen Analysis. Berlin 1928. (2. Aufl.) Berlin 1950.

819. *Williams, F. C.*, A reversible head for the automatic curve following device. Proc. Cambridge phil. Soc. *35* (1939) 506—511.

820. —, A cathode-ray tube digit store. Proc. Roy. Soc. London (A) *195* (1948) 279—284.

821. —, and *Kilburn, T.*, A Storage System for Use with Binary-digital Computing Machines. Proc. Inst. Electr. Engrs. Lond. *96* III (1949) 80—100.

822. *Wilski, P.*, Rollenschiefe und Scharnierschiefe beim Amslerschen Polarplanimeter. Z. Vermessungsw. *21* (1892) 609—618.

823. —, Neue mechanische Rechenhilfsmittel. Z. Vermessungsw. *21* (1892) 625—630.

824. —, Über die Ablesegenauigkeit ungleichmäßiger Skalen, insbesondere am Rechenschieber. Z. angew. Math. Mech. *13* (1933) 451—452.

825. *Wingate, Ed.*, Construction and Use of the Line of Proportion. London 1628.

826. *Wittke, H.*, Ein vorzeichentreuer Koordinatenumformer. Allg. Vermess.-Nachr. *53* (1941) 274—283, 294—301.

827. —, Die Rechenmaschine und ihre Rechentechnik. Berlin-Grunewald 1943.

828. —, Doppelrechenmaschine. Z. Instrumentenkde. *63* (1943) 396—398.

829. —, Vom Abakus zum Eniac. Z. angew. Math. Mech. *29* (1949) 34—36.

830. *Womersley, J. R.*, Scientific Computing in Great Britain. Math. Tables a. o. Aids to Computation II (1946) 110—117.

831. *Wundt*, ENIAC, eine elektrische Rechenmaschine. Physik. Blätter *3* (1947) 81.

832. *Yule, G. U.*, On a simple form of harmonic analyser. Phil. Mag. (5) *39* (1895) 367—374; Nature *51* (1895) 501.

833. *Zech, Th.*, Harmonische Analyse mit Hilfe des Lochkartenverfahrens. Z. angew. Math. Mech. *9* (1929) 425—427.

834. *Zech, Th.*, Über das Sprungstellenverfahren zur harmonischen Analyse. Arch. Elektrotechn. *36* (1942) 322—328.
835. *Zernicke, F.*, Machines als Hulpmiddelen in de Wiskunde. Euclides, Groningen *19* (1942) 40—57.
836. *Zimmermann, L.*, Der Pantograph. Vermess.-techn. Rundschau *2* (1925) 205—211.
837. *Zipperer, L.*, Tafeln zur harmonischen Analyse. Berlin 1922. S. a. Dinglers polytechn. J. (1918) 201—202; (1922) 4.
838. *Zobel, J. G.* und *Müller, J.*, Beschreibung einer Flächenberechnungs- und Theilungsmaschine nebst Anleitung zu ihrem Gebrauche. München 1815.
839. *Zurmühl, R.*, Zur numerischen Auflösung linearer Gleichungssysteme nach dem Matrizenverfahren von Banachiewicz. Z. angew. Math. Mech. *29* (1949) 76—84.
840. *Zuse, K.*, Die mathematischen Voraussetzungen für die Entwicklung logistisch-kombinativer Rechenmaschinen. Z. angew. Math. Mech. *29* (1949) 36—37.
841. — Calculator for Technical and Scientific Calculations Designed According to a Theoretical Plan. Distributed by the Office of the Publication Board Department of Commerce, Washington.
842. —, Über den allgemeinen Plankalkül als Mittel zur Formulierung schematisch-kombinativer Aufgaben. Archiv d. Math. *1* (1949) 441—449.
843. —, Programmgesteuerte Rechenmaschinen in Deutschland. Z. angew. Math. Mech. *30* (1950) 292—293.
844. *Zuvrorsky, A.*, Projet d'un intégrateur mécanique des équations différentielles ordinaires linéaires du second ordres. Shanghai 1931.
845. *Hain, K.*, Die zeichnerische Bestimmung der Schleppkurve. Ingenieur-Archiv *18* (1950) 302—309.
846. *Hartree, D. R.*, Calculating Instruments and Machines. Urbana (Ill.) 1949, Cambridge 1950.
847. *Petit, Jean*, Indications sur les machines à calculer électroniques. Bull. trimestr. Inst. Actuaries Français *61* (1950) 233—245.
848. *Rutishauser, H.*, Eine Universalrechenmaschine im Taschenformat. Beilage „Technik" d. Neuen Züricher Zeitung vom 13. 9. 50.
849. *Speiser, A. P.*, Das programmgesteuerte Rechengerät an der Eidgenössischen Technischen Hochschule in Zürich. Beilage „Technik" d. Neuen Züricher Zeitung vom 30. 8. 50.
850. —, Entwurf eines elektronischen Rechengerätes unter besonderer Berücksichtigung der Erfordernisse eines minimalen Materialaufwandes bei gegebener mathematischer Leistungsfähigkeit. (Mitteilungen des Inst. f. angew. Math. a. d. ETH. Zürich Nr. 1.) 1950.
851. *Steele, F. G.* and *Eckdahl D. E.* (Computer Research Company, Manhattan Beach, Calif.) MADDIDDA, Bericht in Electr. Eng. *69* (1950) 722—723.
852. *Stucken, H.*, Programmgesteuerte Rechenmaschinen in Deutschland. Phys. Blätter *6* (1950) 166—170.
853. *Wheeler, D. J.*, Programm organization and initial orders for the EDSAC. Proc. Roy. Soc. London (A) *202* (1950) 573—589.
854. *Andrews, E. G.*, The Bell Computer Model VI. Electr. Engng. (1949) 751—756.
855. *Murray F. J.*, Planning and Error Considerations for the Numerical Solution of a System of Differential Equations on a Sequence Calculator. Math. Tables a. o. Aids to Computation, IV, *31* (1950) 133—144.
856. *MDL-Staff*, The Incorporation of Subroutines into a Complete Problem on the NBS Eastern Automatic Computer. Math. Tables a. o. Aids to Computation IV, *31* (1950) 164—168.
857. *Couffignal, L.*, Report on the Machine of the Institut Blaise Pascal. Math. Tables a. o. Aids to Computation IV, *32* (1950) 225—229.
858. *Electronic Laboratory Staff*, The Operating Characteristics of the SEAC. Math. Tables a. o. Aids to Computation IV, *32* (1950) 229—230.
859. *Kjellberg, G.* a. *Neovius, G.*, The Bark, A Swedish General Purpose Relay Computer. Math. Tables a. o. Aids to Computation V, *33* (1951) 29—34.
860. *Votaw, D. F.* a. *Rafferty, J. A.*, High Speed Sampling. Math. Tables a. o. Aids to Computation V *33* (1951) 1—8.

861. *An Wang* a. *Way Dong Woo*, Static Magnetic Storage and Delay Line. J. of applied Physics *21* (1950) 49—54.

862. *An Wang*, Magnetic Triggers. Proc. of The I. R. E. (1950) 626—629.

863. *Hartree, D. R.*, Calculating Instruments and Machines. Cambridge 1950.

864. *Barney, K. H.* The Binary Quantizer. Electr. Engng. 68 (1949) 962—967.

865. *Bichovski*, M. *L.* Grundlagen elektronischer Rechenmaschinen diskreter Rechnung. Erfolge der Math. Wissenschaften IV, 3 (31) (1949) 69—124.

866. *Klemperer, H.*, Einige Neuentwicklungen auf dem Gebiet der Speicherröhren. Arch. Elektrotechn. XL (1950) 45—48.

867. *Stifler, Jr. W. W.*, *Tompkins, C. B. a. Wakelin, J. H.* High-Speed Computing Devices. New York, Toronto, London. 1950.

868. *Bulgakow, J. S.* Rechenmaschinen, Teil I: Konstruktion der Rechenmaschinen. Moskau 1950.

869. *Robinson, J.-R. et Courbon, J.* Le calcul numérique à la machine en réstistance des matériaux. Ann. Ponts Chauss. 121 (1951) 421—462.

870. *Bückner, H.*, Bericht über die modernen Rechengeräte. Jber. dtsch. Math.-Ver. 55 (1951) 15—38.

871. —, Über die großen Rechengeräte. Hamburg. Abhandl. 17 (1951) 22—68.

SACHVERZEICHNIS

PHYSIKALISCHE BERICHTE

Herausgegeben im Auftrag der Physikalischen Gesellschaft Württemberg/Baden/Pfalz von MICHAEL SCHÖN

Die „Physikalischen Berichte“ haben sich in drei Jahrzehnten als ein zuverlässiges Referatenorgan für die Physik bewährt. In ihnen wird die Fachliteratur des In- und Auslandes laufend referiert. Es dient mit seiner Berichterstattung der Information und Orientierung des Physikers und darüber hinaus aller, die an den neuesten Forschungsergebnissen der Physik für ihre praktischen Arbeiten interessiert sind.

Ab 1. Januar 1950 erscheinen die „Physikalischen Berichte“ wieder monatlich

Bezugspreis: je Heft DM 8.—
halbj. DM 42.—, jährl. DM 84.— (zuzügl. Porto)

1948 Der unterbrochene Jahrgang (Band 27) wurde mit dem bereits erschienenen Heft 9 bis 12 abgeschlossen. Bezugspreis DM 8.—

1949 Die Nachlieferung des Jahrganges (Band 28) erfolgt in Teilbänden. Darin wird alles wissenschaftliche Material verarbeitet, das in der Kriegs- und Nachkriegszeit noch nicht veröffentlicht werden konnte.

Der Teilband 1/2 ist ausgeliefert. Preis DM 78.—

1950 Band 29 komplett DM 84.—

AKADEMIE-VERLAG · BERLIN NW 7

MIX
Papier | Fördert gute Waldnutzung
FSC® C083411

Zeitfracht Medien GmbH
Ferdinand-Jühlke-Straße 7
99095 Erfurt, Deutschland
produktsicherheit@kolibri360.de